21世纪高等学校工科数学辅导教材

大学生数学竞赛
分类解析

聂 宏 祝丹梅 刘 晶 等编著

U0205607

化学工业出版社

·北京·

本书以"中国大学生数学竞赛大纲"的要求为依据,专门为大学生数学竞赛而编写。

全书共分八个专题,总计29节。每节内容涵盖知识要点、重点题型解析及综合训练三部分。全书知识要点、解题技巧归纳清晰明了,典型题目丰富,解析过程论述深入浅出,富有启发性。同时为方便学习,节末附有综合训练的参考答案。

本书既可作为大学生数学竞赛培训教程,也可作为硕士研究生入学考试复习的重要辅导资料,对学习高等数学的读者是一本有益的参考书。

图书在版编目(CIP)数据

大学生数学竞赛分类解析/聂宏等编著. —北京:化学工业出版社,2015.12 (2018.5重印)

21世纪高等学校工科数学辅导教材

ISBN 978-7-122-25914-1

Ⅰ.①大… Ⅱ.①聂… Ⅲ.①高等数学-高等学校-教学参考资料 Ⅳ.①O13

中国版本图书馆CIP数据核字(2015)第297841号

责任编辑:郝英华　　　　　　　　　　装帧设计:韩　飞
责任校对:战河红

出版发行:化学工业出版社(北京市东城区青年湖南街13号　邮政编码100011)
印　　装:三河市延风印装有限公司
787mm×1092mm　1/16　印张16¾　字数512千字　2018年5月北京第1版第2次印刷

购书咨询:010-64518888(传真:010-64519686)　售后服务:010-64518899
网　　址:http://www.cip.com.cn
凡购买本书,如有缺损质量问题,本社销售中心负责调换。

定　　价:39.00元　　　　　　　　　　　　　　　　版权所有　违者必究

前言

FOREWORD

2009 年，首届全国大学生数学竞赛开始举办。作为一项面向本科生的全国性高水平学科赛事，全国大学生数学竞赛为青年学子提供了一个展示数学基本功和数学思维的舞台，为发现和选拔优秀数学人才、促进高等学校数学课程建设起到了积极的推动作用，为数学课程的改革积累了丰富的调研素材。

鉴于大学生数学竞赛时效性强、目前专门指导教材不多见、考生复习缺乏针对性的现状，辽宁石油化工大学数学竞赛指导组按照"中国大学生数学竞赛大纲"的要求，结合多年指导大学生数学竞赛的经验编写此书，其目的是为考生备考提供有益的帮助和指导。

全书共分八个专题，分别为函数、极限、连续，一元函数微分学，一元函数积分学，常微分方程，向量代数与空间解析几何，多元函数微分学，多元函数积分学，无穷级数。专题 1、2 由刘敏执笔，专题 3 由李金秋执笔，专题 4、6 由聂宏执笔，专题 7 由祝丹梅执笔，专题 5、8 由刘晶执笔。全书由祝丹梅统稿，聂宏教授审阅并修改全文。

专题包含竞赛大纲（2015 版）以及各节内容。在每节中包括知识要点、重点题型解析及综合训练三部分。其中，知识要点主要阐述重要概念和基础理论知识、解题方法和处理技巧。通过重点题型解析，对竞赛真题及技巧性较强的题目进行分析、论证和评注，使学生能融会贯通地掌握相关知识。在综合训练部分配备了针对性强的习题，通过练习进一步巩固解题方法与解题技巧。

本书在编写过程中得到了辽宁石油化工大学教务处的大力支持和帮助，在此深表谢意。

由于水平有限，书中疏漏之处在所难免，敬请读者批评指正。

编著者
2015 年 12 月

专题 1 函数、极限、连续

竞赛大纲

（1）函数的概念及表示法、简单应用问题的函数关系的建立.

（2）函数的性质：有界性、单调性、周期性和奇偶性.

（3）复合函数、反函数、分段函数和隐函数、基本初等函数的性质及其图形、初等函数.

（4）数列极限与函数极限的定义及其性质、函数的左极限与右极限.

（5）无穷小和无穷大的概念及其关系、无穷小的性质及无穷小的比较.

（6）极限的四则运算、极限存在的单调有界准则和夹逼准则、两个重要极限.

（7）函数的连续性（含左连续与右连续）、函数间断点的类型.

（8）连续函数的性质和初等函数的连续性.

（9）闭区间上连续函数的性质（有界性、最大值和最小值定理、介值定理）.

1.1 函数与极限

一、知识要点

1. 函数的概念与性质

（1）函数的定义：设数集 $D \subset \mathbf{R}$，则称映射 $f: D \subset \mathbf{R}$ 为定义在 D 上的函数，简记为 $y = f(x), x \in D$，其中 x 称为自变量，y 称为因变量，D 称为定义域，记作 D_f，即 $D_f = D$.

（2）函数的性质：有界性，单调性，奇偶性，周期性.

（3）基本初等函数：幂函数 $y = x^{\mu}$ $(\mu \in \mathbf{R})$；

指数函数 $y = a^x$ $(a > 0$ 且 $a \neq 1)$；

对数函数 $y = \log_a x$ $(a > 0$ 且 $a \neq 1$，特别当 $a = \mathrm{e}$ 时，记为 $y = \ln x)$；

三角函数 $y = \sin x$，$y = \cos x$，$y = \tan x$ 等；

反三角函数 $y = \arcsin x$，$y = \arccos x$，$y = \arctan x$ 等.

（4）初等函数：由常数和基本初等函数经过有限次的四则运算和有限次的复合步骤所构成并可以用一个式子表示的函数. 如：$y = \sqrt{\sin(2^x - 1)}$.

2. 极限的概念与性质

（1）数列极限的定义：设 $\{x_n\}$ 为一数列，若存在常数 a 满足

$$\forall \varepsilon > 0,\ \exists N \in \mathbf{R}^+,\ \text{当 } n > N \text{ 时，有 } |x_n - a| < \varepsilon$$

成立，则称常数 a 是数列 $\{x_n\}$ 的极限，或称数列 $\{x_n\}$ 收敛于 a，记作

$$\lim_{n \to \infty} x_n = a \text{ 或 } x_n \to a\ (n \to \infty).$$

（2）收敛数列的性质：极限唯一性，全局有界性，局部保号性.

（3）函数极限的定义

① 函数极限的定义 1：设函数 $f(x)$ 在 $U(x_0)$ 内有定义，若存在常数 A 满足

$$\forall \varepsilon > 0,\ \exists \delta > 0,\ \text{当 } 0 < |x - x_0| < \delta \text{ 时，有 } |f(x) - A| < \varepsilon$$

成立，则称常数 A 是函数 $f(x)$ 当 $x \to x_0$ 时的极限，记作

$$\lim_{x \to x_0} f(x) = A \text{ 或 } f(x) \to A\ (x \to x_0).$$

② 函数极限的定义 2：设函数 $f(x)$ 在 $|x| > P > 0$ 内有定义，若存在常数 A 满足

$$\forall \varepsilon > 0,\ \exists X > 0,\ \text{当 } |x| > X \text{ 时，有 } |f(x) - A| < \varepsilon$$

成立，则称常数 A 是函数 $f(x)$ 当 $x \to \infty$ 时的极限，记作

$$\lim_{x \to \infty} f(x) = A \text{ 或 } f(x) \to A\ (x \to \infty).$$

（4）函数极限的性质：极限唯一性，局部有界性，局部保号性.

（5）函数极限与数列极限的关系（归结原则或海涅定理）：若极限 $\lim\limits_{x \to x_0} f(x)$ 存在，$\{x_n\}$ 为函数 $f(x)$ 的定义域内任一收敛于 x_0 的数列，且满足：$x_n \neq x_0\ (n \in \mathbf{R})$，那么相应的函数值数列 $\{f(x_n)\}$ 必收敛，且 $\lim\limits_{n \to \infty} f(x_n) = \lim\limits_{x \to x_0} f(x)$.

注意 ① 若将上述关系中的 x_0 换为 ∞，结论仍成立.

② 特别地，$\lim\limits_{x \to \infty} f(x) = A \Rightarrow \lim\limits_{n \to \infty} f(n) = A$.

3. 无穷小与无穷大

（1）无穷小的定义：若 $\lim\limits_{\substack{x \to x_0 \\ (或 x \to \infty)}} f(x) = 0$，则称函数 $f(x)$ 为当 $x \to x_0$（或 $x \to \infty$）时的无穷小.

（2）无穷小的性质：① 有限个无穷小的和、差、积也是无穷小.

② 有界函数与无穷小的乘积也是无穷小.

注意 有限个无穷小的商不一定还是无穷小，具体情况见下面无穷小的比较.

（3）无穷小的比较：设 f 及 g 都是在同一个自变量的变化过程中的无穷小，且 $g \neq 0$，$\lim \dfrac{f}{g}$ 也是在这个变化过程中的极限，

① 若 $\lim \dfrac{f}{g} = 0$，则称 f 是比 g 高阶的无穷小，g 是比 f 低阶的无穷小，记作 $f = o(g)$；

② 若 $\lim \dfrac{f}{g} = c \neq 0$，则称 f 与 g 是同阶无穷小；

③ 若 $\lim \dfrac{f}{g^k} = c \neq 0\ (k > 0)$，则称 f 是关于 g 的 k 阶无穷小；

④若 $\lim \dfrac{f}{g}=1$，则称 f 与 g 是等价无穷小，记作 $f\sim g$.

注意 当 $k=1$ 时，1 阶无穷小即为同阶无穷小；当 $c=1$ 时，同阶无穷小变成等价无穷小，即等价无穷小为同阶无穷小的特殊情况.

（4）无穷大的定义：设函数 $f(x)$ 在 $U(x_0)$（或 $|x|>P>0$）内有定义，若
$\forall M>0$，$\exists \delta>0$（或 $X>0$），当 $0<|x-x_0|<\delta$（或 $|x|>X$）时，有 $|f(x)|>M$
成立，则称函数 $f(x)$ 为当 $x\to x_0$（或 $x\to\infty$）时的无穷大.

（5）无穷小与无穷大的关系：在自变量的同一变化过程中，如果 $f(x)$ 为无穷大，则 $\dfrac{1}{f(x)}$ 为无穷小；反之，如果 $f(x)$ 为无穷小，且 $f(x)\neq 0$，则 $\dfrac{1}{f(x)}$ 为无穷大.

注意 无穷小与无穷大的关系简言之为倒数关系.

4. 极限的计算

方法总结如下.

（1）利用极限定义.

注意 此法能解决的求极限问题非常有限，更常用于证明极限的问题.

（2）利用极限运算法则. 若 $\lim\limits_{\substack{x\to x_0\\(x\to\infty)}} f(x)$ 和 $\lim\limits_{\substack{x\to x_0\\(x\to\infty)}} g(x)$ 均存在，则

$$\lim_{\substack{x\to x_0\\(x\to\infty)}}[f(x)\pm g(x)]=\lim_{\substack{x\to x_0\\(x\to\infty)}}f(x)\pm\lim_{\substack{x\to x_0\\(x\to\infty)}}g(x);$$

$$\lim_{\substack{x\to x_0\\(x\to\infty)}}[f(x)g(x)]=\lim_{\substack{x\to x_0\\(x\to\infty)}}f(x)\lim_{\substack{x\to x_0\\(x\to\infty)}}g(x);$$

$$\lim_{\substack{x\to x_0\\(x\to\infty)}}\frac{f(x)}{g(x)}=\frac{\lim\limits_{\substack{x\to x_0\\(x\to\infty)}}f(x)}{\lim\limits_{\substack{x\to x_0\\(x\to\infty)}}g(x)}\quad[\text{此时需加条件}\lim_{\substack{x\to x_0\\(x\to\infty)}}g(x)\neq 0].$$

特殊地，$\lim\limits_{\substack{x\to x_0\\(x\to\infty)}}[Cf(x)]=C\lim\limits_{\substack{x\to x_0\\(x\to\infty)}}f(x)$，$\lim\limits_{\substack{x\to x_0\\(x\to\infty)}}[f(x)]^n=[\lim\limits_{\substack{x\to x_0\\(x\to\infty)}}f(x)]^n$.

（3）利用函数的连续性：若函数 $f(x)$ 在点 $x=x_0$ 连续，则 $\lim\limits_{x\to x_0}f(x)=f(x_0)$.

（4）变形消去分母中的零因子：约分，通分，有理化，倒代换，等差、等比数列求和公式等.

（5）利用特殊极限：

$$\lim_{n\to\infty}q^n=0(|q|<1);\quad \lim_{n\to\infty}\sqrt[n]{n}=1;\quad \lim_{n\to\infty}\frac{a^n}{n!}=0(a>0);$$

$$\lim_{n\to\infty}\frac{n^p}{a^n}=0(a>0,p>0);\quad \lim_{x\to 0}\frac{\sin x}{x}=1;\quad \lim_{n\to\infty}\left(1+\frac{1}{n}\right)^n=e;$$

$$\lim_{x\to\infty}\left(1+\frac{1}{x}\right)^x=e\left[\lim_{x\to 0}(1+x)^{\frac{1}{x}}=e\right].$$

注意 通过换元法，不难发现以上特殊极限可以代表相应的一类极限：

$$\lim_{\alpha(n)\to+\infty}q^{\alpha(n)}=0(|q|<1);\quad \lim_{\alpha(n)\to+\infty}\sqrt[\alpha(n)]{\alpha(n)}=1;$$

$$\lim_{\alpha(n)\to+\infty}\frac{\alpha^p(n)}{a^{\alpha(n)}}=0(a>0,p>0); \quad \lim_{\alpha(x)\to0}\frac{\sin\alpha(x)}{\alpha(x)}=1; \quad \lim_{\alpha(n)\to+\infty}\left(1+\frac{1}{\alpha(n)}\right)^{\alpha(n)}=e;$$

$$\lim_{\alpha(x)\to\infty}\left(1+\frac{1}{\alpha(x)}\right)^{\alpha(x)}=e\left(\lim_{\alpha(x)\to0}(1+\alpha(x))^{\frac{1}{\alpha(x)}}=e\right).$$

(6) 等价无穷小代换：当 $x\to0$ 时,

$$e^x-1\sim x, a^x-1\sim x\ln a, \ln(1+x)\sim x, \log_a(1+x)\sim\frac{x}{\ln a},$$

$$\sin x\sim x, \tan x\sim x, 1-\cos x\sim\frac{1}{2}x^2, \arcsin x\sim x, \arctan x\sim x, (1+x)^\mu-1\sim\mu x.$$

注意　以上等价无穷小都代表相应的一类等价无穷小：只要 $\alpha(x)\to0$,

$$e^{\alpha(x)}-1\sim\alpha(x), a^{\alpha(x)}-1\sim\alpha(x)\ln a, \ln(1+\alpha(x))\sim\alpha(x), \log_a(1+\alpha(x))\sim\frac{\alpha(x)}{\ln a},$$

$$\sin\alpha(x)\sim\alpha(x), \tan\alpha(x)\sim\alpha(x), 1-\cos\alpha(x)\sim\frac{1}{2}\alpha^2(x),$$

$$\arcsin\alpha(x)\sim\alpha(x), \arctan\alpha(x)\sim\alpha(x), (1+\alpha(x))^\mu-1\sim\mu\alpha(x).$$

(7) 利用无穷小和无穷大的性质.

① 有限个无穷小的和、差、积也是无穷小.

② 有界函数与无穷小的乘积也是无穷小.

③ 无穷小和无穷大互为倒数关系.

④ $\lim f(x)=A\Leftrightarrow f(x)=A+\alpha$，其中 α 是同一变化过程中的无穷小.

(8) 两边夹准则（迫敛准则或夹逼准则）：若当 $x\in U(x_0)$ （或 $|x|>M$）时有 $g(x)\leqslant f(x)\leqslant h(x)$, 且 $\lim\limits_{\substack{x\to x_0\\(x\to\infty)}}g(x)=\lim\limits_{\substack{x\to x_0\\(x\to\infty)}}h(x)=A$ （或 ∞），则

$$\lim_{\substack{x\to x_0\\(x\to\infty)}}f(x)=A \text{ （或}\infty\text{）}.$$

注意　此法常用于求 n 项和式的极限.

(9) 单调有界准则：单调有界数列必有极限.

注意　此法常用于解决递推数列的极限问题，可以具体化为"单调增加有上界必有极限"和"单调减少有下界必有极限".

(10) 洛必达法则. 设 $f(x), g(x)$ 可导，且 $\lim\limits_{\substack{x\to x_0\\(\text{或}x\to\infty)}}f(x)=\lim\limits_{\substack{x\to x_0\\(\text{或}x\to\infty)}}g(x)=0$ （或 ∞），若 $\lim\limits_{\substack{x\to x_0\\(\text{或}x\to\infty)}}\frac{f'(x)}{g'(x)}=A$ （或 ∞），则

$$\lim_{\substack{x\to x_0\\(\text{或}x\to\infty)}}\frac{f(x)}{g(x)}=\lim_{\substack{x\to x_0\\(\text{或}x\to\infty)}}\frac{f'(x)}{g'(x)}=A\text{（或}\infty\text{）}.$$

注意　此法适用于求未定式： $\dfrac{0}{0}, \dfrac{\infty}{\infty}, 0\cdot\infty, \infty-\infty, 1^\infty, \infty^0, 0^0$ 的极限，其中

$$0\cdot\infty\to\frac{0}{\frac{1}{0}}\text{或}\frac{\infty}{\frac{1}{\infty}}; \quad \infty-\infty\to\frac{1}{0}-\frac{1}{0}\to\frac{0-0}{0\cdot0}\to\frac{0}{0};$$

$$1^\infty\to e^{\infty\ln1}\to e^{\infty\cdot0}; \quad \infty^0\to e^{0\ln\infty}\to e^{0\cdot\infty}; \quad 0^0\to e^{0\ln0}\to e^{0\cdot\infty}.$$

（11）利用函数极限和数列极限的关系.

注意　此法可将数列极限转化为函数极限, 进而利用求导等方法.

（12）利用泰勒展开式: 若函数 $f(x)$ 在 $U(x_0)$ 内 n 次可导, 则

$$f(x) = f(x_0) + \frac{f'(x_0)}{1!}x + \frac{f''(x_0)}{2!}x^2 + \cdots + \frac{f^{(n)}(x_0)}{n!}x^n + o(x^n).$$

常见函数在 $U(0)$ 内的麦克劳林展开式:

$$e^x = 1 + x + \frac{x^2}{2!} + \cdots + \frac{x^n}{n!} + o(x^n);$$

$$\ln(1+x) = x - \frac{x^2}{2} + \frac{x^3}{3} \cdots + (-1)^{n-1}\frac{x^n}{n} + o(x^n);$$

$$\sin x = x - \frac{x^3}{3!} + \frac{x^5}{5!} - \cdots + (-1)^{n-1}\frac{x^{2n-1}}{(2n-1)!} + o(x^{2n-1});$$

$$\cos x = 1 - \frac{x^2}{2!} + \frac{x^4}{4!} - \cdots + (-1)^n\frac{x^{2n}}{(2n)!} + o(x^{2n});$$

$$(1+x)^\alpha = 1 + \alpha x + \frac{\alpha(\alpha-1)}{2!}x^2 + \cdots + \frac{\alpha(\alpha-1)\cdots(\alpha-n+1)}{n!}x^n + o(x^n);$$

$$\frac{1}{1+x} = 1 - x + x^2 - \cdots + (-1)^n x^n + o(x^n);$$

$$\frac{1}{1-x} = 1 + x + x^2 + \cdots + x^n + o(x^n).$$

（13）利用导数的定义: 若函数 $f(x)$ 在点 x_0 可导, 则 $\lim\limits_{\Delta x \to 0}\dfrac{f(x_0+\Delta x)-f(x_0)}{\Delta x} = f'(x_0)$, $\lim\limits_{x \to x_0}\dfrac{f(x)-f(x_0)}{x-x_0} = f'(x_0)$.

（14）利用定积分的定义: 若函数 $f(x)$ 在 $[a,b]$ 上可积, 则 $\lim\limits_{n \to \infty}\sum\limits_{i=1}^{n}f(\xi_i)\Delta x_i = \int_a^b f(x)\mathrm{d}x$.

特殊地, $\lim\limits_{n \to \infty}\sum\limits_{i=1}^{n}f(\xi_i) \cdot \dfrac{1}{n} = \int_0^1 f(x)\mathrm{d}x$, 其中 $\xi_i = \dfrac{i}{n}$ 或 $\xi_i = \dfrac{i-1}{n}$ 或 $\xi_i = \dfrac{2i-1}{2n}$.

注意　此法常用于求 n 项和式的极限.

（15）利用级数的敛散性:

$$\lim\limits_{n \to \infty} s_n = s \Leftrightarrow \sum\limits_{n=1}^{\infty} u_n \text{ 收敛} \Rightarrow \lim\limits_{n \to \infty} u_n = 0.$$

注意　级数的敛散性就是其部分和数列的极限问题, 所以数列极限和级数的敛散性密切相关, 尤其是某些 n 项和式的极限可以借助级数的相关知识来解决.

（16）利用微分或积分中值公式:

拉格朗日中值定理: 若函数 $f(x)$ 在 $[a,b]$ 上连续, 在 (a,b) 内可导, 则至少存在一点 $\xi \in (a,b)$, 使得 $f(b)-f(a) = f'(\xi)(b-a)$.

积分中值定理: 若函数 $f(x)$ 在 $[a,b]$ 上连续, 则至少存在一点 $\xi \in (a,b)$, 使得 $\int_a^b f(x)\mathrm{d}x = f(\xi)(b-a)$.

二、重点题型解析

【例 1.1】 （首届全国大学生数学竞赛预赛试题）求极限

$$\lim_{x \to 0}\left(\frac{e^x + e^{2x} + \cdots + e^{nx}}{n}\right)^{\frac{e}{x}} \quad (n \in \mathbf{R}^+)$$

解析 法 1：利用恒等变形及洛必达法则，

$$\lim_{x \to 0}\left(\frac{e^x + e^{2x} + \cdots + e^{nx}}{n}\right)^{\frac{e}{x}} = \lim_{x \to 0} e^{\frac{e}{x}\ln\frac{e^x + e^{2x} + \cdots + e^{nx}}{n}}$$

$$= e^{\lim_{x \to 0}\frac{e[\ln(e^x + e^{2x} + \cdots + e^{nx}) - \ln n]}{x}} = e^{\lim_{x \to 0}\frac{e(e^x + 2e^{2x} + \cdots + ne^{nx})}{e^x + e^{2x} + \cdots + e^{nx}}} = e^{\frac{n+1}{2}e}.$$

法 2：利用第二重要极限，

$$\lim_{x \to 0}\left(\frac{e^x + e^{2x} + \cdots + e^{nx}}{n}\right)^{\frac{e}{x}} = \lim_{x \to 0}\left[\left(1 + \frac{e^x + e^{2x} + \cdots + e^{nx} - n}{n}\right)^{\frac{n}{e^x + e^{2x} + \cdots + e^{nx} - n}}\right]^{\frac{e(e^x + e^{2x} + \cdots + e^{nx} - n)}{nx}}$$

$$= e^{e\lim_{x \to 0}\frac{e^x + e^{2x} + \cdots + e^{nx} - n}{nx}} = e^{e\lim_{x \to 0}\frac{e^x + 2e^{2x} + \cdots + ne^{nx}}{n}} = e^{\frac{n+1}{2}e}.$$

【例 1.2】 （第二届全国大学生数学竞赛决赛试题）求极限 $\lim_{x \to 0}\left(\frac{\sin x}{x}\right)^{\frac{1}{1-\cos x}}$.

解析 法 1：利用恒等变形、等价无穷小代换和洛必达法则，

$$\lim_{x \to 0}\left(\frac{\sin x}{x}\right)^{\frac{1}{1-\cos x}} = e^{\lim_{x \to 0}\frac{1}{1-\cos x}\ln\frac{\sin x}{x}} = e^{\lim_{x \to 0}\frac{1}{1-\cos x}\ln(\frac{\sin x}{x} - 1 + 1)}$$

$$= e^{\lim_{x \to 0}\frac{\frac{\sin x}{x} - 1}{(1/2)x^2}} = e^{\lim_{x \to 0}\frac{\sin x - x}{(1/2)x^3}} = e^{\lim_{x \to 0}\frac{\cos x - 1}{(3/2)x^2}} = e^{-\frac{1}{3}}.$$

法 2：利用第二重要极限，

$$\lim_{x \to 0}\left(\frac{\sin x}{x}\right)^{\frac{1}{1-\cos x}} = \lim_{x \to 0}\left[\left(1 + \frac{\sin x - x}{x}\right)^{\frac{x}{\sin x - x}}\right]^{\frac{\sin x - x}{x(1-\cos x)}}$$

$$= e^{\lim_{x \to 0}\frac{\sin x - x}{x(1-\cos x)}} = e^{\lim_{x \to 0}\frac{\sin x - x}{x \cdot \frac{1}{2}x^2}} = e^{2\lim_{x \to 0}\frac{\cos x - 1}{3x^2}} = e^{2\lim_{x \to 0}\frac{-\frac{1}{2}x^2}{3x^2}} = e^{-\frac{1}{3}}.$$

评注 例 1.1 和例 1.2 均属于求"幂指函数 $f(x)^{g(x)}$"的极限，此类极限的求解常有两种方法，一种是借助恒等变形 $f(x)^{g(x)} = e^{g(x)\ln f(x)}$，转化为求指数部分的极限；另一种是利用第二重要极限（本质为 1^∞）。另外，在处理对数部分时，既可用洛必达法则，如例 1.1 的法 1，也可用等价无穷小代换，如例 1.2 的法 1.

【例 1.3】 （首届全国大学生数学竞赛决赛试题）求极限 $\lim_{n \to \infty} n\left[\left(1 + \frac{1}{n}\right)^n - e\right]$.

解析 由归结原则、倒代换和洛必达法则，

$$\lim_{n \to \infty} n\left[\left(1 + \frac{1}{n}\right)^n - e\right] = \lim_{x \to +\infty} x\left[\left(1 + \frac{1}{x}\right)^x - e\right] = \lim_{x \to +\infty}\frac{\left(1 + \frac{1}{x}\right)^x - e}{\frac{1}{x}}$$

$$= \lim_{x \to 0^+}\frac{(1+x)^{\frac{1}{x}} - e}{x} = \lim_{x \to 0^+}(1+x)^{\frac{1}{x}}\left[\frac{1}{x(1+x)} - \frac{1}{x^2}\ln(1+x)\right]$$

$$= \mathrm{e} \lim_{x \to 0^+} \frac{x - (1+x)\ln(1+x)}{x^2(1+x)} = -\frac{\mathrm{e}}{2}.$$

评注 本题将未定式 $0 \cdot \infty$ 转化为 $\frac{0}{0}$，之后借助倒代换化简函数式．一般函数式中的 $\frac{1}{x}$ 比 x 多的时候，常借助倒代换化简．另外本题又涉及到幂指函数 $f(x)^{g(x)}$ 的求导，其方法是借助恒等变形 $f(x)^{g(x)} = \mathrm{e}^{g(x)\ln f(x)}$，再利用复合函数的求导法则．

【例 1.4】 （第二届全国大学生数学竞赛决赛试题）求极限

$$\lim_{n \to \infty} \left(\frac{1}{n+1} + \frac{1}{n+2} + \cdots + \frac{1}{n+n} \right).$$

解析
$$\lim_{n \to \infty} \left(\frac{1}{n+1} + \frac{1}{n+2} + \cdots + \frac{1}{n+n} \right)$$
$$= \lim_{n \to \infty} \sum_{i=1}^{n} \frac{1}{n+i} = \lim_{n \to \infty} \sum_{i=1}^{n} \frac{1}{n} \cdot \frac{1}{1 + \frac{i}{n}}$$
$$= \int_0^1 \frac{1}{1+x} \mathrm{d}x = \ln(1+x) \Big|_0^1 = \ln 2.$$

【例 1.5】 求极限 $\lim\limits_{n \to \infty} \left(\dfrac{1}{n+1} + \dfrac{1}{n+3} + \cdots + \dfrac{1}{n+(2n-1)} \right)$.

解析
$$\lim_{n \to \infty} \left(\frac{1}{n+1} + \frac{1}{n+3} + \cdots + \frac{1}{n+(2n-1)} \right)$$
$$= \lim_{n \to \infty} \sum_{i=1}^{n} \frac{1}{n+(2i-1)} = \lim_{n \to \infty} \sum_{i=1}^{n} \frac{1}{1 + 2\frac{2i-1}{2n}} \cdot \frac{1}{n}$$
$$= \int_0^1 \frac{1}{1+2x} \mathrm{d}x = \ln\sqrt{3}.$$

评注 例 1.4 和例 1.5 属于求"n 项和式"的极限，采用的方法是利用定积分的定义，将"n 项和式"的极限转化为某个函数在某个区间的定积分，而常用的区间是 $[0,1]$．另外注意例 1.4 中 $\xi_i = \dfrac{i}{n}$，例 1.5 中 $\xi_i = \dfrac{2i-1}{2n}$．

【例 1.6】 求极限 $\lim\limits_{n \to \infty} \left(\dfrac{\sin \frac{\pi}{n}}{n+1} + \dfrac{\sin \frac{2\pi}{n}}{n+\frac{1}{2}} + \cdots + \dfrac{\sin \frac{n\pi}{n}}{n+\frac{1}{n}} \right)$.

解析 $\dfrac{1}{n+1} \left(\sin \dfrac{\pi}{n} + \cdots + \sin \dfrac{n\pi}{n} \right) \leqslant \dfrac{\sin \frac{\pi}{n}}{n+1} + \dfrac{\sin \frac{2\pi}{n}}{n+\frac{1}{2}} + \cdots + \dfrac{\sin \frac{n\pi}{n}}{n+\frac{1}{n}} \leqslant \dfrac{1}{n} \left(\sin \dfrac{\pi}{n} + \cdots + \sin \dfrac{n\pi}{n} \right),$

其中
$$\lim_{n \to \infty} \frac{1}{n} \left(\sin \frac{\pi}{n} + \cdots + \sin \frac{n\pi}{n} \right) = \int_0^1 \sin \pi x \, \mathrm{d}x = -\frac{1}{\pi} \cos \pi x \Big|_0^1 = \frac{2}{\pi},$$
$$\lim_{n \to \infty} \frac{1}{n+1} \left(\sin \frac{\pi}{n} + \cdots + \sin \frac{n\pi}{n} \right) = \lim_{n \to \infty} \frac{n}{n+1} \cdot \lim_{n \to \infty} \frac{1}{n} \left(\sin \frac{\pi}{n} + \cdots + \sin \frac{n\pi}{n} \right)$$
$$= \int_0^1 \sin \pi x \, \mathrm{d}x = -\frac{1}{\pi} \cos \pi x \Big|_0^1 = \frac{2}{\pi},$$

所以
$$\lim_{n\to\infty}\left(\frac{\sin\frac{\pi}{n}}{n+1}+\frac{\sin\frac{2\pi}{n}}{n+\frac{1}{2}}+\cdots+\frac{\sin\frac{n\pi}{n}}{n+\frac{1}{n}}\right)=\frac{2}{\pi}.$$

评注 本题是通过将定积分的定义和两边夹准则这两种方法结合在一起解决的.

【例 1.7】 （2011 年辽宁省大学生数学竞赛试题）求极限
$$\lim_{n\to\infty}\left(\frac{1}{1}+\frac{1}{1+2}+\cdots+\frac{1}{1+2+\cdots+n}\right).$$

解析 由
$$\frac{1}{1+2+\cdots+n}=\frac{2}{n(n+1)}=2\left(\frac{1}{n}-\frac{1}{n+1}\right)$$

可得
$$\lim_{n\to\infty}\left(\frac{1}{1}+\frac{1}{1+2}+\cdots+\frac{1}{1+2+\cdots+n}\right)=\lim_{n\to\infty}2\left(1-\frac{1}{n+1}\right)=2.$$

评注 本题借助了等差数列前 n 项和公式化简分母，出现 $\dfrac{1}{n(n+1)}$，考虑裂项为 $\left(\dfrac{1}{n}-\dfrac{1}{n+1}\right)$ 的技巧.

【例 1.8】 求极限 $\displaystyle\lim_{n\to\infty}\frac{1\cdot3\cdot5\cdot\cdots\cdot(2n-1)}{2\cdot4\cdot6\cdot\cdots\cdot2n}$.

解析 因为
$$u_n=\frac{1}{2}\cdot\frac{3}{4}\cdot\frac{5}{6}\cdot\cdots\cdot\frac{2n-1}{2n}\leqslant\frac{2}{3}\cdot\frac{4}{5}\cdot\frac{6}{7}\cdot\cdots\cdot\frac{2n}{2n+1}=\frac{1}{2n+1}\cdot\frac{1}{u_n},$$
$$u_n=\frac{1}{2}\cdot\frac{3}{4}\cdot\frac{5}{6}\cdot\cdots\cdot\frac{2n-1}{2n}\geqslant\frac{1}{2}\cdot\frac{2}{3}\cdot\frac{4}{5}\cdot\cdots\cdot\frac{2n-2}{2n-1}=\frac{1}{4n}\cdot\frac{1}{u_n},$$

有 $\dfrac{1}{4n}\leqslant u_n^2\leqslant\dfrac{1}{2n+1}$，即

$$\frac{1}{2\sqrt{n}}\leqslant u_n\leqslant\frac{1}{\sqrt{2n+1}},$$

所以
$$\lim_{n\to\infty}\frac{1\cdot3\cdot5\cdot\cdots\cdot(2n-1)}{2\cdot4\cdot6\cdot\cdots\cdot2n}=0.$$

评注 本题的表达式比较特殊，处理的方法是放缩，放大和缩小之后的式子中仍然出现原来的表达式，进而通过移项找到上下"界"，而后利用两边夹准则.

【例 1.9】 （首届全国大学生数学竞赛决赛试题）求极限 $\displaystyle\lim_{n\to\infty}\sum_{k=1}^{n-1}\left(1+\frac{k}{n}\right)\sin\frac{k\pi}{n^2}$.

解析 利用泰勒展开式和定积分定义
$$\lim_{n\to\infty}\sum_{k=1}^{n-1}\left(1+\frac{k}{n}\right)\sin\frac{k\pi}{n^2}=\lim_{n\to\infty}\sum_{k=1}^{n-1}\left(1+\frac{k}{n}\right)\left[\frac{k\pi}{n^2}+o\left(\frac{1}{n^2}\right)\right]$$
$$=\lim_{n\to\infty}\left[\pi\sum_{k=1}^{n-1}\left(1+\frac{k}{n}\right)\cdot\frac{k}{n}\cdot\frac{1}{n}+o\left(\frac{1}{n}\right)\right]$$
$$=\lim_{n\to\infty}\pi\sum_{k=0}^{n-1}\left(1+\frac{k}{n}\right)\cdot\frac{k}{n}\cdot\frac{1}{n}=\pi\int_0^1(1+x)x\,\mathrm{d}x=\frac{5\pi}{6}.$$

评注 本题若直接用定积分定义，很难分离出代表区间长度的项 $\dfrac{1}{n}$，故先用泰勒展开式将 sin 去掉.

【例 1.10】　求极限 $\lim\limits_{x\to 0}\dfrac{\cos x-\mathrm{e}^{-\frac{x^2}{2}}}{\tan x^2[x+\ln(1-x)]}$.

解析　利用泰勒展开式

$$\cos x=1-\frac{x^2}{2!}+\frac{x^4}{4!}+o(x^4),\ \mathrm{e}^{-\frac{x^2}{2}}=1-\frac{x^2}{2}+\frac{x^4}{8}+o(x^4),\ \ln(1-x)=-x-\frac{x^2}{2}+o(x^2),$$

于是
$$\lim_{x\to 0}\frac{\cos x-\mathrm{e}^{-\frac{x^2}{2}}}{\tan x^2[x+\ln(1-x)]}=\lim_{x\to 0}\frac{1-\dfrac{x^2}{2!}+\dfrac{x^4}{4!}+o(x^4)-1+\dfrac{x^2}{2}-\dfrac{x^4}{8}-o(x^4)}{x^2\left[x-x-\dfrac{x^2}{2}+o(x^2)\right]}$$

$$=\lim_{x\to 0}\frac{-\dfrac{x^4}{12}+o(x^4)}{-\dfrac{x^4}{2}+o(x^4)}=\frac{1}{6}.$$

评注　一般当所给的函数式中含有的函数类型很多且为代数和式时，可考虑用泰勒展开式，进而能将各种类型的函数都统一成多项式函数.

【例 1.11】　（第二届全国大学生数学竞赛预赛试题）设 $x_n=(1+a)(1+a^2)\cdots(1+a^{2^n})$，$|a|<1$，求 $\lim\limits_{n\to\infty}x_n$.

解析　根据所给表达式的特点，

$$\lim_{n\to\infty}x_n=\lim_{n\to\infty}(1+a)(1+a^2)\cdots(1+a^{2^n})$$

$$=\frac{1}{1-a}\lim_{n\to\infty}(1-a)(1+a)(1+a^2)\cdots(1+a^{2^n})$$

$$=\frac{1}{1-a}\lim_{n\to\infty}(1-a^{2^{n+1}})=\frac{1}{1-a}.$$

评注　本题借助平方差公式将所给的 $n+1$ 项的乘积进行化简减项.

【例 1.12】　设 $a_1=2$，$a_{n+1}=\dfrac{1}{2}\left(a_n+\dfrac{1}{a_n}\right)$，求 $\lim\limits_{n\to\infty}a_n$.

解析　由不等式 $\dfrac{1}{2}\left(a_n+\dfrac{1}{a_n}\right)\geqslant\sqrt{a_n\dfrac{1}{a_n}}=1$ 知 $\{a_n\}$ 有下界，故只需再证 $\{a_n\}$ 单调递减，

$$a_{n+1}-a_n=\frac{1}{2}\left(a_n+\frac{1}{a_n}\right)-a_n=\frac{1}{2}\left(\frac{1}{a_n}-a_n\right),$$

由 $a_n\geqslant 1$，有 $a_{n+1}-a_n\leqslant 0$，即 $a_{n+1}\leqslant a_n$. 由 $\{a_n\}$ 单调减少有下界，知 $\lim\limits_{n\to\infty}a_n$ 存在.

设 $\lim\limits_{n\to\infty}a_n=b$，对 $a_{n+1}=\dfrac{1}{2}\left(a_n+\dfrac{1}{a_n}\right)$，令 $n\to\infty$，两边取极限得 $b=\dfrac{1}{2}\left(b+\dfrac{1}{b}\right)$，解得 $b=\pm 1$. 舍去 -1，得 $\lim\limits_{n\to\infty}a_n=1$.

评注　本题是求"递推数列"的极限，此类极限常用的方法就是先用"单调有界准则"证明极限存在，再对递推式两边同时取极限求得.

【例 1.13】　求极限 $\lim\limits_{x\to 0}\dfrac{\mathrm{e}^{x^2}-\cos x}{\ln(1+x^2)}$.

解析　利用等价无穷小代换

$$\lim_{x\to 0}\frac{e^{x^2}-\cos x}{\ln(1+x^2)}=\lim_{x\to 0}\frac{e^{x^2}-1+1-\cos x}{\ln(1+x^2)}$$

$$=\lim_{x\to 0}\frac{e^{x^2}-1}{\ln(1+x^2)}+\lim_{x\to 0}\frac{1-\cos x}{\ln(1+x^2)}$$

$$=\lim_{x\to 0}\frac{x^2}{x^2}+\lim_{x\to 0}\frac{\frac{1}{2}x^2}{x^2}=\frac{3}{2}.$$

评注　请判别下列解法是否正确：

$$\lim_{x\to 0}\frac{e^{x^2}-\cos x}{\ln(1+x^2)}=\lim_{x\to 0}\frac{e^{x^2}-1}{\ln(1+x^2)}=\lim_{x\to 0}\frac{x^2}{x^2}=1;$$

$$\lim_{x\to 0}\frac{e^{x^2}-\cos x}{\ln(1+x^2)}=\lim_{x\to 0}\frac{e^{x^2}-1+1-\cos x}{\ln(1+x^2)}=\lim_{x\to 0}\frac{x^2+\frac{1}{2}x^2}{x^2}=\frac{3}{2}.$$

这两种解法均是错误的．第一种解法的错误是将原式中的部分先取了极限，而另一部分不取极限，这显然是不合理的，因为变量的变化过程是同时的．第二种解法的错误是对式中的加、减项作等价无穷小的代换，尽管此题的结果是对的，但这只是巧合，这样的代换是不允许的．

【例 1.14】　求极限 $\lim\limits_{x\to 0}\dfrac{e^x-e^{\sin x}}{x-\sin x}$．

解析　根据分子、分母间的特殊关系，

$$\lim_{x\to 0}\frac{e^x-e^{\sin x}}{x-\sin x}=\lim_{x\to 0}\frac{e^x(1-e^{\sin x-x})}{x-\sin x}=\lim_{x\to 0}e^x\lim_{x\to 0}\frac{1-e^{\sin x-x}}{x-\sin x}=\lim_{x\to 0}\frac{-(\sin x-x)}{x-\sin x}=1.$$

评注　在计算 $\lim\limits_{x\to 0}\dfrac{1-e^{\sin x-x}}{x-\sin x}$ 时，除了利用等价无穷小代换外，还可以利用洛必达法则．

【例 1.15】　已知 $\lim\limits_{x\to +\infty}[(x^5+7x^4+3)^a-x]=b\neq 0$，求 a，b 的值．

解析　因为

$$\lim_{x\to +\infty}[(x^5+7x^4+3)^a-x]=\lim_{x\to +\infty}x\left[x^{5a-1}\left(1+\frac{7}{x}+\frac{3}{x^5}\right)^a-1\right]=b\neq 0,$$

有 $5a-1=0$，所以

$$a=\frac{1}{5},\ b=\lim_{x\to +\infty}x\left[\left(1+\frac{7}{x}+\frac{3}{x^5}\right)^{\frac{1}{5}}-1\right]=\lim_{x\to +\infty}x\cdot\frac{1}{5}\left(\frac{7}{x}+\frac{3}{x^5}\right)=\frac{7}{5}.$$

评注　本题属未定式 $\infty-\infty$，处理方法是转化为乘积形式，并且需知道：∞ 只有当其与 0 相乘时，极限才有可能存在．

【例 1.16】　设函数 $f(x)$ 在 $x=0$ 的某邻域内具有一阶连续导数，且 $f(0)\neq 0,f'(0)\neq 0$，若 $af(x)+bf(2x)-f(0)$ 在 $x\to 0$ 时是比 x 高阶的无穷小，试确定 a，b 的值．

解析　由题设条件，运用洛必达法则可得

$$0=\lim_{x\to 0}\frac{af(x)+bf(2x)-f(0)}{x}=\lim_{x\to 0}\frac{af'(x)+2bf'(2x)}{1}=(a+2b)f'(0).$$

根据已知 $f'(0)\neq 0$，则 $a+2b=0$；又

$$0=\lim_{x\to 0}[af(x)+bf(2x)-f(0)]=(a+b-1)f(0),$$

以及已知 $f(0) \neq 0$，从而 $a+b-1=0$；所以

$$\begin{cases} a+2b=0 \\ a+b-1=0 \end{cases} \Rightarrow a=2, b=-1.$$

评注　本题考查的是无穷小比较的知识，需了解各种无穷小关系的定义．另外还用到：当分母极限为 0 时，整体极限要想存在，分子的极限必须是 0．

【例 1.17】（首届全国大学生数学竞赛决赛试题）设 $f(x)$ 在 $x=1$ 附近有定义，且在 $x=1$ 可导，$f(1)=0$，$f'(1)=2$，求 $\lim\limits_{x \to 0} \dfrac{f(\sin^2 x + \cos x)}{x^2 + x \tan x}$．

解析　借助函数在一点的导数定义凑形，

$$\lim_{x \to 0} \frac{f(\sin^2 x + \cos x)}{x^2 + x \tan x} = \lim_{x \to 0} \left[\frac{f(1 + \cos x - \cos^2 x)}{\cos x - \cos^2 x} \cdot \frac{\cos x - \cos^2 x}{x^2 + x \tan x} \right]$$

$$= 2 \lim_{x \to 0} \frac{1 - \cos x}{x(x + \tan x)} = \lim_{x \to 0} \frac{x^2}{x(x + \tan x)} = \frac{1}{2}.$$

评注　本题属于含有抽象函数的求极限问题，因为已知中给出了函数在一点的导数，故考虑应用函数在一点的导数定义，切记本题不能用洛必达法则，因为已知中没有提供函数在某个区间或邻域内可导的信息．

【例 1.18】　设函数 $f(x)$ 在 $x=a$ 可导，且 $f(a)>0$，求 $\lim\limits_{x \to \infty} \left(\dfrac{f\left(a + \dfrac{1}{x}\right)}{f(a)} \right)^x$．

解析　借助第二重要极限凑形，

$$\lim_{x \to \infty} \left[\frac{f\left(a + \dfrac{1}{x}\right)}{f(a)} \right]^x = \lim_{x \to \infty} \left[1 + \frac{f\left(a + \dfrac{1}{x}\right) - f(a)}{f(a)} \right]^x$$

$$= \lim_{x \to \infty} \left[\left(1 + \frac{f\left(a + \dfrac{1}{x}\right) - f(a)}{f(a)} \right)^{\frac{f(a)}{f\left(a + \frac{1}{x}\right) - f(a)}} \right]^{\frac{f\left(a + \frac{1}{x}\right) - f(a)}{f(a) \cdot \frac{1}{x}}}$$

$$= e^{\lim\limits_{x \to \infty} \frac{f\left(a + \frac{1}{x}\right) - f(a)}{f(a) \cdot \frac{1}{x}}} = e^{\frac{f'(a)}{f(a)}}.$$

评注　本题既用到了第二类重要极限，又用到了函数在一点的导数定义．

【例 1.19】（首届全国大学生数学竞赛决赛试题）设函数 $f(x)$ 在 $[0, +\infty)$ 连续，无穷积分 $\int_0^{+\infty} f(x) dx$ 收敛，求 $\lim\limits_{y \to +\infty} \dfrac{1}{y} \int_0^y x f(x) dx$．

解析　由题设条件，设 $F(x) = \int_0^x f(t) dt \to l \ (x \to +\infty)$，显然 $F'(x) = f(x)$．

$$\lim_{y \to +\infty} \frac{1}{y} \int_0^y x f(x) dx = \lim_{y \to +\infty} \frac{1}{y} \int_0^y x dF(x)$$

$$= \lim_{y \to +\infty} \frac{1}{y} \left[yF(y) - \int_0^y F(x) dx \right] = \lim_{y \to +\infty} \left[F(y) - \frac{1}{y} \int_0^y F(x) dx \right] = l - l = 0.$$

评注　本题属于综合求极限的问题，主要用到了反常积分、分部积分公式和积分上限函数的求导知识，需知道：一个函数的积分上限函数就是它的一个原函数．

【例 1.20】 （第三届全国大学生数学竞赛预赛试题）求极限

$$\lim_{x\to 0}\frac{(1+x)^{\frac{2}{x}}-\mathrm{e}^2\left[1-\ln(1+x)\right]}{x}.$$

解析 **法 1** $\lim\limits_{x\to 0}\dfrac{(1+x)^{\frac{2}{x}}-\mathrm{e}^2\left[1-\ln(1+x)\right]}{x}$

$$=\lim_{x\to 0}\left\{(1+x)^{\frac{2}{x}}\left[-\frac{2}{x^2}\ln(1+x)+\frac{2}{x(1+x)}\right]+\frac{\mathrm{e}^2}{1+x}\right\}$$

$$=\mathrm{e}^2\lim_{x\to 0}\left[-\frac{2}{x^2}\ln(1+x)+\frac{2}{x(1+x)}\right]+\mathrm{e}^2=2\mathrm{e}^2\lim_{x\to 0}\frac{x-(1+x)\ln(1+x)}{x^2(1+x)}+\mathrm{e}^2$$

$$=2\mathrm{e}^2\lim_{x\to 0}\frac{1-\ln(1+x)-1}{2x+3x^2}+\mathrm{e}^2=2\mathrm{e}^2\lim_{x\to 0}\frac{-x}{2x+3x^2}+\mathrm{e}^2=0.$$

法 2 $\lim\limits_{x\to 0}\dfrac{(1+x)^{\frac{2}{x}}-\mathrm{e}^2\left[1-\ln(1+x)\right]}{x}$

$$=\lim_{x\to 0}\frac{(1+x)^{\frac{2}{x}}-\mathrm{e}^2}{x}+\lim_{x\to 0}\frac{\mathrm{e}^2\ln(1+x)}{x}=\lim_{x\to 0}2(1+x)^{\frac{2}{x}}\left[-\frac{\ln(1+x)}{x^2}+\frac{1}{x(1+x)}\right]+\mathrm{e}^2$$

$$=2\mathrm{e}^2\lim_{x\to 0}\frac{x-(1+x)\ln(1+x)}{x^2(1+x)}+\mathrm{e}^2=2\mathrm{e}^2\lim_{x\to 0}\frac{-\ln(1+x)}{2x+3x^2}+\mathrm{e}^2=2\mathrm{e}^2\lim_{x\to 0}\frac{-x}{2x+3x^2}+\mathrm{e}^2=0.$$

评注 本题是求未定式 $\dfrac{0}{0}$ 的极限，主要方法是洛必达法则，但在应用时需注意，每用一次洛必达法则，一定要化简，比如借助等价无穷小代换或分离出可先求的简单极限.

【例 1.21】 求极限 $\lim\limits_{n\to\infty}n^2\left(\arctan\dfrac{1}{n}-\arctan\dfrac{1}{n+1}\right)$.

解析 极限中的 $\left(\arctan\dfrac{1}{n}-\arctan\dfrac{1}{n+1}\right)$ 是 $\arctan x$ 在 $\left[\dfrac{1}{n+1},\dfrac{1}{n}\right]$ 上的增量，故可考虑用拉格朗日中值定理，于是

$$\arctan\frac{1}{n}-\arctan\frac{1}{n+1}=\frac{1}{1+\xi^2}\left(\frac{1}{n}-\frac{1}{n+1}\right)=\frac{1}{1+\xi^2}\cdot\frac{1}{n(n+1)}\quad\left(\frac{1}{n+1}<\xi<\frac{1}{n}\right).$$

当 $n\to\infty$ 时，$\xi\to 0$，所以

$$\lim_{n\to\infty}n^2\left(\arctan\frac{1}{n}-\arctan\frac{1}{n+1}\right)=\lim_{n\to\infty}\frac{1}{1+\xi^2}\cdot\frac{n^2}{n(n+1)}=1.$$

评注 当极限式中含有某一函数的增量时，可考虑用微分中值公式.

【例 1.22】 求极限 $\lim\limits_{n\to\infty}\displaystyle\int_n^{n+1}x^2\mathrm{e}^{-x^2}\,\mathrm{d}x$.

解析 极限式中的定积分不易求出，故考虑用积分中值定理去掉积分号再求极限，于是

$$\lim_{n\to\infty}\int_n^{n+1}x^2\mathrm{e}^{-x^2}\,\mathrm{d}x=\lim_{n\to\infty}\xi^2\mathrm{e}^{-\xi^2}=\lim_{\xi\to+\infty}\xi^2\mathrm{e}^{-\xi^2}=\lim_{\xi\to+\infty}\frac{\xi^2}{\mathrm{e}^{\xi^2}}=\lim_{\xi\to+\infty}\frac{2\xi}{2\xi\mathrm{e}^{\xi^2}}=0(n<\xi<n+1).$$

评注 当极限式中含有定积分且它又很难计算时，常用两种方法处理：一种是利用积分中值公式先去掉积分号再求极限；另一种是适当地放缩被积函数，使得放大和缩小后的积分容易计算，再用两边夹准则求极限.

【例 1.23】　求极限 $\lim\limits_{x \to \infty} \sqrt[3]{x} \int_x^{x+1} \dfrac{\sin t}{\sqrt{t + \cos t}} \mathrm{d}t \,(x > 1)$.

解析　因为此极限式中的定积分难以计算，故考虑将被积函数适当放缩，

$$\sqrt[3]{x} \int_x^{x+1} \frac{\sin t}{\sqrt{t + \cos t}} \mathrm{d}t \leqslant \sqrt[3]{x} \int_x^{x+1} \frac{1}{\sqrt{t-1}} \mathrm{d}t = \frac{2\sqrt[3]{x}}{\sqrt{x} + \sqrt{x-1}},$$

$$\sqrt[3]{x} \int_x^{x+1} \frac{\sin t}{\sqrt{t + \cos t}} \mathrm{d}t \geqslant \sqrt[3]{x} \int_x^{x+1} \frac{-1}{\sqrt{t+1}} \mathrm{d}t = \frac{-2\sqrt[3]{x}}{\sqrt{x+2} + \sqrt{x+1}},$$

而

$$\lim_{x \to \infty} \frac{-2\sqrt[3]{x}}{\sqrt{x+2} + \sqrt{x+1}} = \lim_{x \to \infty} \frac{2\sqrt[3]{x}}{\sqrt{x} + \sqrt{x-1}} = 0,$$

故

$$\lim_{x \to \infty} \sqrt[3]{x} \int_x^{x+1} \frac{\sin t}{\sqrt{t + \cos t}} \mathrm{d}t = 0.$$

评注　本题还可以采用另外一种放缩方法：

$$\left| \sqrt[3]{x} \int_x^{x+1} \frac{\sin t}{\sqrt{t + \cos t}} \mathrm{d}t \right| \leqslant \sqrt[3]{x} \int_x^{x+1} \left| \frac{\sin t}{\sqrt{t + \cos t}} \right| \mathrm{d}t \leqslant \sqrt[3]{x} \int_x^{x+1} \frac{1}{\sqrt{t-1}} \mathrm{d}t \,(x > 1).$$

【例 1.24】　求极限 $\lim\limits_{n \to \infty} \dfrac{7^n \cdot n!}{(4n)^n}$.

解析　设 $a_n = \dfrac{7^n \cdot n!}{(4n)^n}$，下面考察级数 $\sum\limits_{n=1}^{\infty} a_n$ 的敛散性.

$$\lim_{n \to \infty} \frac{a_{n+1}}{a_n} = \lim_{n \to \infty} \frac{\dfrac{7^{n+1} \cdot (n+1)!}{[4(n+1)]^{n+1}}}{\dfrac{7^n \cdot n!}{(4n)^n}} = \frac{7}{4} \lim_{n \to \infty} \left(\frac{n}{n+1} \right)^n = \frac{7}{4} \lim_{n \to \infty} \frac{1}{\left(1 + \dfrac{1}{n} \right)^n} = \frac{7}{4\mathrm{e}} < 1,$$

于是 $\sum\limits_{n=1}^{\infty} a_n$ 收敛，进而

$$\lim_{n \to \infty} a_n = \lim_{n \to \infty} \frac{7^n \cdot n!}{(4n)^n} = 0.$$

评注　该方法只适用于极限为 0 的情况，即级数收敛的情况. 本题还可以采用两边夹准则或单调有界准则等方法.

【例 1.25】　求极限 $\lim\limits_{n \to \infty} \left(\dfrac{1}{9} + \dfrac{2}{9^2} + \cdots + \dfrac{n}{9^n} \right)$.

解析　本题所求极限为级数 $\sum\limits_{n=1}^{\infty} \dfrac{n}{9^n}$ 的和，所以考虑用幂级数的和函数来解决.

设 $S(x) = \sum\limits_{n=1}^{\infty} nx^n$，则 $\dfrac{S(x)}{x} = \sum\limits_{n=1}^{\infty} nx^{n-1}$，对此式两边同时积分，有

$$\int_0^x \frac{S(x)}{x} \mathrm{d}x = \int_0^x \left(\sum_{n=1}^{\infty} nx^{n-1} \right) \mathrm{d}x = \sum_{n=1}^{\infty} x^n = \frac{x}{1-x},$$

再对两边同时求导，有

$$\frac{S(x)}{x} = \left(\frac{x}{1-x} \right)' = \frac{1}{(1-x)^2},$$

于是 $S(x)=\dfrac{x}{(1-x)^2}$，进而

$$\lim_{n\to\infty}\left(\dfrac{1}{9}+\dfrac{2}{9^2}+\cdots+\dfrac{n}{9^n}\right)=S\left(\dfrac{1}{9}\right)=\dfrac{9}{64}.$$

评注 现将 n 项和式求极限的常用方法总结如下：

① 作初等运算将 n 项和变形化简进而求极限；

② 对 n 项和放缩，用两边夹准则求极限；

③ 转化为定积分计算；

④ 利用幂级数的和函数计算.

三、综合训练

（1）（2010 年首届全国大学生数学竞赛非数学类决赛试题）求极限

$$\lim_{n\to\infty}\left(\dfrac{a^{\frac{1}{n}}+b^{\frac{1}{n}}+c^{\frac{1}{n}}}{3}\right)^n\quad(a>0,b>0,c>0).$$

（2）（2011 年辽宁省大学生数学竞赛非数学类试题）求极限 $\lim\limits_{x\to0}\left[\dfrac{(1+x)^{\frac{1}{x}}}{e}\right]^{\frac{1}{x}}$.

（3）求极限 $\lim\limits_{x\to\infty}\left(\sin\dfrac{2}{x}+\cos\dfrac{1}{x}\right)^x$.

（4）求极限 $\lim\limits_{n\to\infty}\left(\dfrac{n}{n^2+1^2}+\dfrac{n}{n^2+2^2}+\cdots+\dfrac{n}{n^2+n^2}\right)$.

（5）求极限 $\lim\limits_{n\to\infty}\dfrac{\sqrt[n]{(n+1)(n+2)\cdots(n+n)}}{n}$.

（6）（2011 年辽宁省大学生数学竞赛试题）求极限

$$\lim_{n\to+\infty}\dfrac{1}{n^3}\ln(f(1)f(2)\cdots f(n)),f(x)=3^{x^2}.$$

（7）求极限 $\lim\limits_{n\to\infty}\dfrac{1}{n}(1+\sqrt[n]{2}+\cdots+\sqrt[n]{n})$.

（8）求极限 $\lim\limits_{n\to\infty}\left[\dfrac{1}{n+1}+\dfrac{1}{(n^2+1)^{1/2}}+\cdots+\dfrac{1}{(n^n+1)^{1/n}}\right]$.

（9）求极限 $\lim\limits_{x\to0}\dfrac{x^2+2-2\sqrt{1+x^2}}{\sin x^2(\cos x-e^{x^2})}$.

（10）设 $x_0>0$，$x_{n+1}=\dfrac{2(1+x_n)}{2+x_n}$，求 $\lim\limits_{n\to\infty}x_n$.

（11）设 $x_0=0$，$x_n=1+\sin(x_{n-1}-1)$，$n=1,2,\cdots$，证明数列 $\{x_n\}$ 收敛，并求 $\lim\limits_{n\to\infty}x_n$.

（12）（2011 年辽宁省大学生数学竞赛试题）求极限 $\lim\limits_{x\to0}\dfrac{\sin(x^3)\cdot\sin\dfrac{1}{x^2}}{\ln(1+x)}$.

（13）已知 $\lim\limits_{x\to+\infty}\left[\sqrt{x^2+x+1}-(ax+b)\right]=0$，求 a，b 的值.

（14）确定常数 a，b，使极限 $\lim\limits_{x\to0}\left(\dfrac{a}{x^2}+\dfrac{1}{x^4}+\dfrac{b}{x^5}\int_0^x e^{-t^2}\,dt\right)$ 存在，并求极限值.

(15) 设函数 $F(x)$ 在 $x=0$ 可导，又 $F(0)=0$，求 $\lim\limits_{x\to 0}\dfrac{F(1-\cos x)}{\tan x^2}$.

(16) 已知 $\lim\limits_{x\to 0}\dfrac{f(x)}{1-\cos x}=2$，求 $\lim\limits_{x\to 0}[1+f(x)]^{\frac{1}{x^2}}$.

(17) 求极限 $\lim\limits_{x\to 0}\dfrac{\sin x-\sin(\sin x)}{x^3}$.

(18) 求极限 $\lim\limits_{x\to\infty}\left[x-x^2\ln\left(1+\dfrac{1}{x}\right)\right]$.

(19) 求极限 $\lim\limits_{n\to\infty}\left(1-\dfrac{1}{2^2}\right)\left(1-\dfrac{1}{3^2}\right)\cdots\left(1-\dfrac{1}{n^2}\right)$.

(20) 设 $f(x)$ 是三次多项式，且有 $\lim\limits_{x\to 2a}\dfrac{f(x)}{x-2a}=\lim\limits_{x\to 4a}\dfrac{f(x)}{x-4a}=1$ $(a\neq 0)$，求 $\lim\limits_{x\to 3a}\dfrac{f(x)}{x-3a}$.

(21) 已知 $\lim\limits_{x\to 0}\left(\dfrac{a\mathrm{e}^{\frac{2}{x}}+\mathrm{e}^{\frac{1}{x}}}{\mathrm{e}^{\frac{2}{x}}+1}-\dfrac{\sin x}{|x|}\right)$ 存在，求 a.

(22)（第三届全国大学生数学竞赛预赛试题）设 $a_n=\cos\dfrac{\theta}{2}\cos\dfrac{\theta}{2^2}\cdots\cos\dfrac{\theta}{2^n}$，求 $\lim\limits_{n\to\infty}a_n$.

(23)（第二届全国大学生数学竞赛预赛试题）求极限 $\lim\limits_{x\to\infty}\mathrm{e}^{-x}\left(1+\dfrac{1}{x}\right)^{x^2}$.

(24)（第三届全国大学生数学竞赛决赛试题）求极限 $\lim\limits_{x\to 0}\dfrac{\sin^2 x-x^2\cos^2 x}{x^2\sin^2 x}$.

(25) 设 $a\leqslant f(x)\leqslant b$，$x\in[a,b]$，且对 $\forall x,y\in[a,b]$，均有
$$|f(x)-f(y)|\leqslant k|x-y|,\ 0<k<1,$$
设 $x_1\in[a,b]$，$x_{n+1}=f(x_n),n=1,2,\cdots$，证明：存在唯一的 $x\in[a,b]$，使 $x=f(x)$，其中 $x=\lim\limits_{n\to\infty}x_n$.

综合训练答案

(1) $\sqrt[3]{abc}$.　　(2) $\mathrm{e}^{-\frac{1}{2}}$.　　(3) e^2.　　(4) $\dfrac{\pi}{4}$.　　(5) $\dfrac{4}{\mathrm{e}}$.

(6) $\dfrac{\ln 3}{3}$.　　(7) 1.　　(8) 1.　　(9) $-\dfrac{1}{6}$.　　(10) $\sqrt{2}$.

(11) $0\leqslant x_n<1$，由数学归纳法证明 $\{x_n\}$ 单调增加，利用单调有界准则，可知极限存在，设 $\lim\limits_{n\to\infty}x_n=c$，则 $c=1+\sin(c-1)$，因此 $c=1$.

(12) 0.　　(13) $a=1$，$b=\dfrac{1}{2}$.　　(14) $a=-\dfrac{1}{3}$，$b=-1$，极限值为 $-\dfrac{1}{10}$.

(15) $\dfrac{1}{2}F'(0)$.　　(16) e.　　(17) $\dfrac{1}{6}$.

(18) 0.　　(19) $\dfrac{1}{2}$.　　(20) $-\dfrac{1}{2}$.

(21) 2.　　(22) $\dfrac{\sin\theta}{\theta}$.　　(23) $\mathrm{e}^{-\frac{1}{2}}$.

(24) $\dfrac{2}{3}$.

（25）证明：因为　$x_{n+1}=(x_{n+1}-x_n)+(x_n-x_{n-1})+\cdots+(x_2-x_1)+x_1$，

所以数列 $\{x_{n+1}\}$ 的敛散性等价于级数 $x_1+\sum\limits_{n=1}^{\infty}(x_{n+1}-x_n)$ 的敛散性.

由　　　　$|x_{n+1}-x_n|=|f(x_n)-f(x_{n-1})|\leqslant k|x_n-x_{n-1}|\leqslant\cdots\leqslant k^{n-1}|x_2-x_1|$，

可知级数 $x_1+\sum\limits_{n=1}^{\infty}(x_{n+1}-x_n)$ 绝对收敛，故数列 $\{x_{n+1}\}$ 收敛. 又

$$|f(x)-f(y)|\leqslant k|x-y|,0<k<1,$$

可知，$f(x)$ 连续. 对 $x_{n+1}=f(x_n)$ 两边取极限，有 $x=f(x)$，其中 $x=\lim\limits_{n\to\infty}x_n$.

1.2　连续与间断

一、知识要点

1. 连续的概念与性质

（1）函数连续的定义：设函数 $f(x)$ 在 $U(x_0)$ 内有定义，若 $\lim\limits_{x\to x_0}f(x)=f(x_0)$，则称

函数 $f(x)$ 在点 x_0 处连续. 若函数 $f(x)$ 在 (a,b) 内每一点都连续，则称 $f(x)$ 在区间 (a,b) 内连续.

（2）连续函数的和、差、积、商（分母不为 0）、复合仍连续.

（3）一切初等函数在其定义区间内都连续.

（4）闭区间上连续函数的性质：设函数 $f(x)$ 在闭区间 $[a,b]$ 上连续，则

① $f(x)$ 在 $[a,b]$ 上必有界；

② $f(x)$ 在 $[a,b]$ 上必有最大值和最小值；

③（介值定理）对于 $A,B[A=f(a),B=f(b),$ 且 $A\neq B]$ 之间的任一常数 C，在开区间 (a,b) 内至少存在一点 ξ，使得 $f(\xi)=C$；

④（零点定理）当 $f(a)f(b)<0$ 时，在开区间 (a,b) 内至少存在一点 ξ，使得 $f(\xi)=0$.

2. 间断点及其类型

（1）间断点的定义：若函数 $f(x)$ 在点 x_0 不连续，则称函数 $f(x)$ 在点 x_0 间断，即当函数 $f(x)$ 满足下列三种情形之一：

① 在 $x=x_0$ 没有定义；

② 虽在 $x=x_0$ 有定义，但 $\lim\limits_{x\to x_0}f(x)$ 不存在；

③ 虽在 $x=x_0$ 有定义，且 $\lim\limits_{x\to x_0}f(x)$ 存在，但 $\lim\limits_{x\to x_0}f(x)\neq f(x_0)$，

则函数 $f(x)$ 在点 x_0 间断，而点 x_0 称为函数 $f(x)$ 的不连续点或间断点.

（2）间断点的类型.

① 第一类间断点：左极限 $\lim\limits_{x\to x_0^-}f(x)$ 与右极限 $\lim\limits_{x\to x_0^+}f(x)$ 都存在，它分为可去间断点和跳跃间断点，其中：

可去间断点，左极限 $\lim\limits_{x\to x_0^-}f(x)$ 与右极限 $\lim\limits_{x\to x_0^+}f(x)$ 都存在且相等；

跳跃间断点，左极限 $\lim\limits_{x\to x_0^-}f(x)$ 与右极限 $\lim\limits_{x\to x_0^+}f(x)$ 都存在但不相等.

② 第二类间断点：左极限 $\lim\limits_{x\to x_0^-}f(x)$ 与右极限 $\lim\limits_{x\to x_0^+}f(x)$ 中至少有一个不存在.

无穷间断点：$\lim\limits_{x\to x_0^-}f(x)=\infty$ 或 $\lim\limits_{x\to x_0^+}f(x)=\infty$. （无穷间断点属于第二类间断点.）

简记为
$$
\text{间断点}\begin{cases}\text{第一类间断点}\begin{cases}\text{可去间断点}\\\text{跳跃间断点}\end{cases}\\\text{第二类间断点}\end{cases}
$$

二、重点题型解析

【例 1.26】（首届全国大学生数学竞赛预赛试题）设 $f(x)$ 连续，$g(x)=\int_0^1 f(xt)\mathrm{d}t$，

且 $\lim\limits_{x\to 0}\dfrac{f(x)}{x}=A$，求 $g'(x)$，并讨论 $g'(x)$ 在 $x=0$ 处的连续性.

解析 由题意有 $\lim\limits_{x\to 0}f(x)=0=f(0)$，又

$$
g(x)=\frac{1}{x}\int_0^1 f(xt)\mathrm{d}(xt)=\frac{1}{x}\int_0^x f(t)\mathrm{d}t\,(x\neq 0)，
$$

$$
g(0)=\int_0^1 f(0)\mathrm{d}t=f(0)=0，
$$

所以
$$
g'(x)=\frac{xf(x)-\int_0^x f(t)\mathrm{d}t}{x^2}\,(x\neq 0)，
$$

$$
g'(0)=\lim_{x\to 0}\frac{\frac{1}{x}\int_0^x f(t)\mathrm{d}t-0}{x-0}=\lim_{x\to 0}\frac{\int_0^x f(t)\mathrm{d}t}{x^2}=\lim_{x\to 0}\frac{f(x)}{2x}=\frac{A}{2}.
$$

因为
$$
\lim_{x\to 0}g'(x)=\lim_{x\to 0}\left(\frac{f(x)}{x}-\frac{\int_0^x f(t)\mathrm{d}t}{x^2}\right)=\frac{A}{2}=g'(0)，
$$

故 $g'(x)$ 在 $x=0$ 处连续.

评注 本题很具有综合性，考查的是求导和连续性的判断，但同时又结合了积分上限函数，未定式的极限. 需注意的是分段函数在分段点的导数必须用导数定义来求.

【例 1.27】 设 $f(x)=\lim\limits_{n\to\infty}\dfrac{x^{2n-1}+ax^2+bx}{x^{2n}+1}$ 是连续函数，求 a，b.

解析

$$
f(x)=\lim_{n\to\infty}\frac{x^{2n-1}+ax^2+bx}{x^{2n}+1}=\begin{cases}ax^2+bx, & |x|<1，\\[2mm]\dfrac{1}{x}, & |x|>1，\\[2mm]\dfrac{a+b+1}{2}, & x=1，\\[2mm]\dfrac{a-b-1}{2}, & x=-1.\end{cases}
$$

而
$$\lim_{x\to 1^-}f(x)=a+b,\quad \lim_{x\to 1^+}f(x)=1,$$
$$\lim_{x\to -1^-}f(x)=-1,\quad \lim_{x\to -1^+}f(x)=a-b,$$

因为函数连续，则 $\begin{cases}a+b=1=\dfrac{a+b+1}{2}\\[2mm]-1=a-b=\dfrac{a-b-1}{2}\end{cases}$ ，所以 $a=0$，$b=1$.

评注 本题中函数的表达式是以数列极限的形式给出的，要想讨论函数的连续性，必须先确定函数的表达式——求极限.

【例 1.28】 设 $f(x+y)=f(x)+f(y)$，$x,y\in(-\infty,+\infty)$，且 $f(x)$ 在 $x=0$ 处连续，证明：$f(x)$ 在 $(-\infty,+\infty)$ 上连续.

解析 任取 $x_0\in(-\infty,+\infty)$，只需证明 $f(x)$ 在 x_0 处连续即可. 由题设有
$$f(x_0+\Delta x)=f(x_0)+f(\Delta x),$$
$$\lim_{\Delta x\to 0}f(x_0+\Delta x)=\lim_{\Delta x\to 0}[f(x_0)+f(\Delta x)]=f(x_0)+\lim_{\Delta x\to 0}f(\Delta x),$$
再由题设 $f(x)$ 在 $x=0$ 处连续，有 $\lim\limits_{\Delta x\to 0}f(\Delta x)=f(0)$，而
$$f(0)=f(0+0)=f(0)+f(0)=2f(0)=0,$$
所以 $\lim\limits_{\Delta x\to 0}f(x_0+\Delta x)=f(x_0)$，即 $f(x)$ 在 x_0 处连续，因此 $f(x)$ 在 $(-\infty,+\infty)$ 上连续.

评注 本题考查连续性的证明，其证明形式有多种，第一种 $\lim\limits_{x\to x_0}f(x)=f(x_0)$；第二种 $\lim\limits_{\Delta x\to 0}f(x_0+\Delta x)=f(x_0)$；第三种 $\lim\limits_{\Delta x\to 0}\Delta y=0$. 选择哪一种根据已知条件而定，本题的已知条件有 $f(x+y)=f(x)+f(y)$，$x,y\in(-\infty,+\infty)$，故选择第三种证明形式.

【例 1.29】 求函数 $f(x)=(1+x)^{\frac{x}{\tan\left(x-\frac{\pi}{4}\right)}}$ 在区间 $(0,2\pi)$ 内的间断点，并判断其类型.

解析 分母 $\tan\left(x-\dfrac{\pi}{4}\right)$ 在 $x=\dfrac{\pi}{4}$，$\dfrac{5\pi}{4}$ 处均为 0，而在 $x=\dfrac{3\pi}{4}$，$\dfrac{7\pi}{4}$ 处均无定义，故函数 $f(x)$ 在区间 $(0,2\pi)$ 内的间断点是 $x=\dfrac{\pi}{4}$，$\dfrac{3\pi}{4}$，$\dfrac{5\pi}{4}$，$\dfrac{7\pi}{4}$.

在 $x=\dfrac{3\pi}{4}$ 处，$\lim\limits_{x\to\frac{3\pi}{4}}f(x)=\mathrm{e}^{\lim\limits_{x\to\frac{3\pi}{4}}\frac{x\ln(1+x)}{\tan\left(x-\frac{\pi}{4}\right)}}=\mathrm{e}^0=1$，故 $x=\dfrac{3\pi}{4}$ 为 $f(x)$ 的第一类间断点（可去间断点）；同理，$x=\dfrac{7\pi}{4}$ 也为 $f(x)$ 的第一类间断点（可去间断点）.

在 $x=\dfrac{\pi}{4}$ 处，$\lim\limits_{x\to\frac{\pi}{4}^+}f(x)=\mathrm{e}^{\lim\limits_{x\to\frac{\pi}{4}^+}\frac{x\ln(1+x)}{\tan\left(x-\frac{\pi}{4}\right)}}=+\infty$，故 $x=\dfrac{\pi}{4}$ 为 $f(x)$ 的第二类间断点；同理，$x=\dfrac{5\pi}{4}$ 也为 $f(x)$ 的第二类间断点.

评注 本题考查间断点的判定，先"找"，再"判断类型". "找"，本题函数是初等函数，故只需找无定义的点；"判断类型"，因为不是分段函数，故可考虑直接求极限. 但若函数是分段函数，则还需考虑分段点，此时需求左、右极限，看下例.

【例 1.30】 设函数

$$f(x)=\begin{cases}\dfrac{\ln(1+ax^{3})}{x-\arcsin x}, & x<0\\[2mm] 6, & x=0\\[2mm] \dfrac{\mathrm{e}^{ax}+x^{2}-ax}{x\arctan\dfrac{x}{4}}, & x<0\end{cases},$$

问：a 为何值时，$f(x)$ 在 $x=0$ 处连续？a 为何值时，$x=0$ 是 $f(x)$ 的可去间断点？

解析　由已知，

$$\lim_{x\to0^{-}}f(x)=\lim_{x\to0^{-}}\frac{\ln(1+ax^{3})}{x-\arcsin x}=\lim_{x\to0^{-}}\frac{ax^{3}}{x-\arcsin x}=\lim_{x\to0^{-}}\frac{3ax^{2}}{1-\dfrac{1}{\sqrt{1-x^{2}}}}$$

$$=\lim_{x\to0^{-}}\frac{3ax^{2}}{\sqrt{1-x^{2}}-1}=\lim_{x\to0^{-}}\frac{3ax^{2}}{-\dfrac{1}{2}x^{2}}=-6a.$$

$$\lim_{x\to0^{+}}f(x)=\lim_{x\to0^{+}}\frac{\mathrm{e}^{ax}+x^{2}-ax}{x\arctan\dfrac{x}{4}}=\lim_{x\to0^{+}}\frac{\mathrm{e}^{ax}+x^{2}-ax}{x\cdot\dfrac{x}{4}}=4\lim_{x\to0^{+}}\frac{a\mathrm{e}^{ax}+2x-a}{2x}$$

$$=4\lim_{x\to0^{+}}\frac{a^{2}\mathrm{e}^{ax}+2}{2}=4+2a^{2}.$$

令 $\lim\limits_{x\to0^{-}}f(x)=\lim\limits_{x\to0^{+}}f(x)$，则 $-6a=2a^{2}+4$，解得 $a=-1$ 或 $a=-2$.

当 $a=-1$ 时，$\lim\limits_{x\to0}f(x)=6=f(0)$，因此 $f(x)$ 在 $x=0$ 处连续；

当 $a=-2$ 时，$\lim\limits_{x\to0}f(x)=12\neq f(0)$，因此 $x=0$ 是 $f(x)$ 的可去间断点.

【例 1.31】　设 $f(x)$ 在 **R** 上连续，且 $f[f(x)]=x$，证明：存在 $\xi\in\mathbf{R}$，使 $f(\xi)=\xi$.

证明　设 $g(x)=f(x)-x$，由条件知 $g(x)$ 在 **R** 上连续.

采用反证法，假设不存在 $\xi\in\mathbf{R}$，使 $f(\xi)=\xi$，即不存在 $\xi\in\mathbf{R}$，使 $g(\xi)=0$，亦即

$$g(x)\neq0,\forall x\in\mathbf{R}.$$

不妨设 $g(x)>0,\forall x\in\mathbf{R}$，则

$$g(x)=f(x)-x=f(x)-f[f(x)]=-g[f(x)]<0,$$

矛盾，得证.

【例 1.32】　（2008 年北京市大学生数学竞赛试题）设 $f(x)$ 在 $[a,+\infty)$ 上二阶可导，且 $f(a)>0,f'(a)<0$，而当 $x>a$ 时，$f''(x)\leqslant0$，证明：在 $(a,+\infty)$ 内，方程 $f(x)=0$ 有且仅有一个实根.

证明　由于当 $x>a$ 时，$f''(x)\leqslant0$，故 $f'(x)$ 单调减少，从而

$$f'(x)\leqslant f'(a)<0,$$

于是又有 $f(x)$ 严格单调减少，再由 $f'(a)<0$ 知，$f(x)$ 最多只有一个实根.

下面证明 $f(x)=0$ 必有一个实根. 当 $x>a$ 时，

$$f(x)-f(a)=f'(\xi)(x-a)\leqslant f'(a)(x-a),$$

即

$$f(x)\leqslant f(a)+f'(a)(x-a),$$

上式右端当 x 趋于 $+\infty$ 时，即当 x 充分大时，$f(x)<0$，于是存在 $b>a$，使得 $f(b)<0$，

由零点定理，存在 $\eta(a<\eta<b)$，使得 $f(\eta)=0$.

评注 证明方程根的存在性，常用零点定理；证明方程根的唯一性，可用反证法或单调性.

三、综合训练

(1) 设 $f(x)=\dfrac{e^x-1}{x(x-1)}$，判断 $x=0$ 是 $f(x)$ 的何种间断点.

(2) 试确定 a，b 的值，使 $f(x)=\dfrac{e^x-b}{(x-a)(x-1)}$ 有无穷间断点 $x=0$ 和可去间断点 $x=1$.

(3) 分析下列函数的间断点及其类型：

①$y=\dfrac{|x|-x^2}{x(|x|-x^3)}$.　　②$y=[x]\sin\dfrac{1}{x}$.

(4) 讨论函数 $f(x)=\lim\limits_{n\to\infty}\sqrt[n]{1+x^{2n}}$ 的连续性.

(5) 讨论函数 $f(x)=\begin{cases}(1+|x|)^{\frac{1}{x}}, & x\neq0\\ e, & x=0\end{cases}$ 在 $x=0$ 处的连续性.

(6) 设 $f(x)$ 在 $[0,1]$ 上连续，且 $f(0)=f(1)$，证明：存在 $\xi\in\left[0,\dfrac{1}{2}\right]$，使 $f\left(\xi+\dfrac{1}{2}\right)=f(\xi)$.

(7) 设 $f(x)$ 满足 $f(x^2)=f(x)$，且在 $x=0$，1 处连续，证明：$f(x)$ 是常函数.

(8) 设 $f(x)$ 在 $[0,1]$ 上连续，且 $f(0)=f(1)$，证明：存在 $\xi\in[0,1]$，使 $f\left(\xi+\dfrac{1}{4}\right)=f(\xi)$.

(9) 设 $f(x)$ 在 $[a,b]$ 上连续，且对任何 $x\in[a,b]$，存在 $y\in[a,b]$，使得 $|f(y)|=\dfrac{1}{2}|f(x)|$，证明：存在 $\xi\in[a,b]$，使 $f(\xi)=0$.

(10) 设 $f(x)$ 在 $[a,b]$ 上连续，且 $f(a)=f(b)$，证明：至少存在一个区间 $[c,d]\subset[a,b]$，使得 $d-c=\dfrac{b-a}{2}$，且 $f(c)=f(d)$.

综合训练答案

(1) 可去间断点.　　　　　(2) $a=0$，$b=e$.

(3) ①$x=0$ 为第二类间断点，$x=1$ 为可去间断点，
②$x=0$ 为第二类间断点，$x=\pm1$，±2，…为跳跃间断点.

(4) $f(x)=\begin{cases}1, & |x|\leqslant1\\ x^2, & |x|>1\end{cases}$ 在 **R** 上处处连续.

(5) $\lim\limits_{x\to0^-}f(x)=\lim\limits_{x\to0^-}(1-x)^{\frac{1}{x}}=e^{-1}$，$\lim\limits_{x\to0^+}f(x)=\lim\limits_{x\to0^+}(1+x)^{\frac{1}{x}}=e$. 可见，$f(x)$ 在 $x=0$ 不连续，$x=0$ 是 $f(x)$ 的跳跃间断点.

(6) 对 $F(x)=f\left(x+\dfrac{1}{2}\right)-f(x)$ 在 $\left[0,\dfrac{1}{2}\right]$ 上应用零点定理.

(7) $f(x)=\lim\limits_{n\to\infty}f(x)=\lim\limits_{n\to\infty}f(x^{\frac{1}{2n}})=f(1)$ $(x\neq0)$.

$$f(0) = \lim_{x \to 0} f(x) = \lim_{x \to 0} f(1) = f(1), \quad \therefore f(x) \equiv f(1).$$

(8) 设 $g(x) = f\left(x + \dfrac{1}{4}\right) - f(x)$，显然 $g(x)$ 在 $\left[0, \dfrac{3}{4}\right]$ 上连续.

采用反证法，假设 $g(x)$ 在 $\left[0, \dfrac{3}{4}\right]$ 上没有零点，则不妨设 $g(x) > 0$，$\forall x \in \left[0, \dfrac{3}{4}\right]$.

$$g(0) = f\left(\frac{1}{4}\right) - f(0) > 0, \quad g\left(\frac{1}{4}\right) = f\left(\frac{2}{4}\right) - f\left(\frac{1}{4}\right) > 0,$$

$$g\left(\frac{2}{4}\right) = f\left(\frac{3}{4}\right) - f\left(\frac{2}{4}\right) > 0, \quad g\left(\frac{3}{4}\right) = f(1) - f\left(\frac{3}{4}\right) > 0,$$

从而 $f(1) - f(0) > 0$，与已知矛盾，得证.

(9) 设 $g(x) = |f(x)|$，则 $g(x)$ 在 $[a, b]$ 上连续，故必有最小值.

任取 $x_1 \in [a, b]$，存在 $x_2 \in [a, b]$，使得

$$g(x_2) = \frac{1}{2} g(x_1),$$

对于 $x_2 \in [a, b]$，存在 $x_3 \in [a, b]$，使得

$$g(x_3) = \frac{1}{2^2} g(x_1),$$

继续下去，得一数列 $\{x_n\} \subset [a, b]$，且

$$g(x_n) = \frac{1}{2^{n-1}} g(x_1),$$

设 $\lim_{n \to \infty} x_n = \xi \in [a, b]$，上式两边令 $n \to \infty$，有 $g(\xi) = 0$，即 $f(\xi) = 0$.

(10) 设 $g(x) = f(x) - f\left(x + \dfrac{b-a}{2}\right)$，则 $g(x)$ 在 $\left[a, a + \dfrac{b-a}{2}\right] \subset [a, b]$ 上连续. 往

证至少存在一点 $c \in \left[a, a + \dfrac{b-a}{2}\right]$，使得 $g(c) = 0$.

反证法，假设 $g(x) > 0$，则

$$g(a) = f(a) - f\left(\frac{a+b}{2}\right) > 0, \quad g\left(\frac{a+b}{2}\right) = f\left(\frac{a+b}{2}\right) - f(b) > 0,$$

从而 $f(a) - f(b) > 0$，与已知矛盾，故存在一点 $c \in \left[a, a + \dfrac{b-a}{2}\right]$，使得 $g(c) = 0$，即

$$f(c) = f\left(c + \frac{b-a}{2}\right),$$

令 $b = c + \dfrac{b-a}{2}$，证毕.

专题2　一元函数微分学

（1）导数和微分的概念、导数的几何意义和物理意义、函数的可导性与连续性之间的关系、平面曲线的切线和法线.

（2）基本初等函数的导数、导数和微分的四则运算、一阶微分形式的不变性.

（3）复合函数、反函数、隐函数以及参数方程所确定的函数的微分法.

（4）高阶导数的概念、分段函数的二阶导数、某些简单函数的 n 阶导数.

（5）微分中值定理，包括罗尔定理、拉格朗日中值定理、柯西中值定理和泰勒定理.

（6）洛必达（L'Hospital）法则与求未定式极限.

（7）函数的极值、函数单调性、函数图形的凹凸性、拐点及渐近线（水平、铅直和斜渐近线）、函数图形的描绘.

（8）函数最大值和最小值及其简单应用.

（9）弧微分、曲率、曲率半径.

2.1　导数与微分

一、知识要点

1. 导数的概念

（1）导数的定义：设函数 $y = f(x)$ 在 $U(x_0)$ 内有定义，若

$$\lim_{x \to x_0} \frac{f(x) - f(x_0)}{x - x_0} \text{或} \lim_{\Delta x \to 0} \frac{f(x_0 + \Delta x) - f(x_0)}{\Delta x}$$

存在，则称 $f(x)$ 在点 x_0 处可导，并称这个极限值为 $f(x)$ 在点 x_0 处的导数，记为

$$f'(x_0) \text{或} y'\big|_{x=x_0} \text{或} \frac{\mathrm{d}y}{\mathrm{d}x}\bigg|_{x=x_0} \text{或} \frac{\mathrm{d}f(x)}{\mathrm{d}x}\bigg|_{x=x_0}.$$

（2）若函数 $f(x)$ 在 (a,b) 内每一点都可导，则称 $f(x)$ 在 (a,b) 内可导. 对于 $\forall x \in (a,b)$，都对应着一个确定的导数值，这样就构成了一个新的函数，这个函数称为原来函数 $f(x)$ 的导函数（简称导数），记作

$$f'(x) \text{ 或 } y' \text{ 或 } \frac{\mathrm{d}y}{\mathrm{d}x} \text{ 或 } \frac{\mathrm{d}f(x)}{\mathrm{d}x}.$$

（3）函数 $f(x)$ 在点 x_0 处的导数 $f'(x_0)$ 与导函数 $f'(x)$ 的关系：$f'(x_0)=f'(x)\big|_{x=x_0}$.

（4）单侧导数：左导数 $f'_-(x_0)=\lim\limits_{x\to x_0^-}\dfrac{f(x)-f(x_0)}{x-x_0}=\lim\limits_{\Delta x\to 0^-}\dfrac{f(x_0+\Delta x)-f(x_0)}{\Delta x}$；

右导数 $f'_+(x_0)=\lim\limits_{x\to x_0^+}\dfrac{f(x)-f(x_0)}{x-x_0}=\lim\limits_{\Delta x\to 0^+}\dfrac{f(x_0+\Delta x)-f(x_0)}{\Delta x}$.

（5）函数 $f(x)$ 在点 x_0 处可导的充要条件是左、右导数都存在且相等.

（6）导数的几何意义：$f'(x_0)$ 代表曲线 $y=f(x)$ 在点 x_0 处的切线斜率.

（7）导数的物理意义：$y'\big|_{x=x_0}$ 代表质点在 x_0 时刻的瞬时速度.

（8）函数可导性与连续性的关系：若函数 $y=f(x)$ 在点 x 处可导，则函数 $y=f(x)$ 在点 x 处必连续.

2. 导数的计算

（1）利用导数的定义　主要用于求分段函数在分界点处的导数.

（2）利用基本求导法则与导数公式

① 基本导数公式：

$(C)'=0,$ $\qquad\qquad (x^\mu)'=\mu x^{\mu-1},$

$(\sin x)'=\cos x,$ $\qquad\qquad (\cos x)'=-\sin x,$

$(\tan x)'=\sec^2 x,$ $\qquad\qquad (\cot x)'=-\csc^2 x,$

$(\sec x)'=\sec x \tan x,$ $\qquad\qquad (\csc x)'=-\csc x \cot x,$

$(a^x)'=a^x \ln a,$ $\qquad\qquad (\mathrm{e}^x)'=\mathrm{e}^x,$

$(\log_a x)'=\dfrac{1}{x\ln a},$ $\qquad\qquad (\ln x)'=\dfrac{1}{x},$

$(\arcsin x)'=\dfrac{1}{\sqrt{1-x^2}},$ $\qquad (\arccos x)'=-\dfrac{1}{\sqrt{1-x^2}},$

$(\arctan x)'=\dfrac{1}{1+x^2},$ $\qquad (\operatorname{arccot} x)'=-\dfrac{1}{1+x^2}.$

② 基本求导法则：

$(u\pm v)'=u'\pm v'.$ $\qquad\qquad (uv)'=u'v+uv';$

$(au)'=au' \quad (a\in \mathbf{R})$ $\qquad \left(\dfrac{u}{v}\right)'=\dfrac{u'v-uv'}{v^2} \quad (v\ne 0);$

$\dfrac{\mathrm{d}y}{\mathrm{d}x}=\dfrac{1}{\dfrac{\mathrm{d}x}{\mathrm{d}y}}$ （反函数的求导法则）；

$\dfrac{\mathrm{d}y}{\mathrm{d}x}=\dfrac{\mathrm{d}y}{\mathrm{d}u}\cdot\dfrac{\mathrm{d}u}{\mathrm{d}x}$ 或 $\{f[g(x)]\}'=f'[g(x)]\cdot g'(x)$ （复合函数的链式求导法则）.

（3）隐函数的导数

① 隐函数的定义：一般地，若变量 x,y 之间的函数关系不是直接显现出来的，而是隐含在一个关于 x 和 y 的方程 $F(x,y)=0$ 中，在一定条件下，当 x 取某区间内的任一值时，

相应地总有满足这方程的唯一的 y 值存在，那么就说方程 $F(x,y)=0$ 在该区间内确定了一个隐函数.

② 把一个隐函数化成显函数，叫做隐函数的显化. 例如从 $y-2x-1=0$ 中解出 $y=2x+1$.

③ 隐函数的求导法.

直接求导法：将方程中的 y 看成 x 的函数 $y(x)$，直接对方程两边关于 x 求导，最后整理出 $y'(x)$ 即可.

公式法：$\dfrac{\mathrm{d}y}{\mathrm{d}x}=-\dfrac{F_x}{F_y}$.

（4）由参数方程所确定的函数的导数

① 一般地，若参数方程 $\begin{cases} x=\varphi(t) \\ y=\psi(t) \end{cases}$ 确定了 y 与 x 间的函数关系，则称此函数关系所表达的函数为由此参数方程所确定的函数.

② 参数方程所确定的函数的一阶导数公式为 $\dfrac{\mathrm{d}y}{\mathrm{d}x}=\dfrac{\dfrac{\mathrm{d}y}{\mathrm{d}t}}{\dfrac{\mathrm{d}x}{\mathrm{d}t}}$；二阶导数公式为 $\dfrac{\mathrm{d}y}{\mathrm{d}x}=\dfrac{\dfrac{\mathrm{d}}{\mathrm{d}t}\left(\dfrac{\mathrm{d}y}{\mathrm{d}x}\right)}{\dfrac{\mathrm{d}x}{\mathrm{d}t}}$.

（5）对数求导法

① 可用于幂指函数 $y=f(x)^{g(x)}\ [f(x)>0]$ 的求导问题. 可先在等式两边取对数，即把函数改写为隐函数 $\ln y=g(x)\ln f(x)$，然后利用隐函数的求导法，即得

$$\frac{1}{y}y'=g'(x)\ln f(x)+g(x)\frac{f'(x)}{f(x)}$$

从而

$$y'=y\left[g'(x)\ln f(x)+g(x)\frac{f'(x)}{f(x)}\right]=f(x)^{g(x)}\left[g'(x)\ln f(x)+g(x)\frac{f'(x)}{f(x)}\right].$$

注意 幂指函数 $y=f(x)^{g(x)}\ (f(x)>0)$ 也可化为 $y=\mathrm{e}^{g(x)\ln f(x)}$，直接根据复合函数的求导法则求导，即

$$y'=\mathrm{e}^{g(x)\ln f(x)}\left[g'(x)\ln f(x)+g(x)\frac{f'(x)}{f(x)}\right]$$

$$=f(x)^{g(x)}\left[g'(x)\ln f(x)+g(x)\frac{f'(x)}{f(x)}\right].$$

② 还可用于形式为多项因子相乘除的函数的求导问题. 如：$y=\sqrt{\dfrac{(x-1)(x-2)}{(x-3)(x-4)}}$.

注意 因为通过取对数可将原来复杂的乘除运算化为简单的加减运算.

（6）高阶导数

① 高阶导数的定义：一般地，函数 $y=f(x)$ 的导数 $y'=f'(x)$ 仍然是 x 的函数，若 $y'=f'(x)$ 可导，把 $y'=f'(x)$ 的导数叫做函数 $y=f(x)$ 的二阶导数，记作 y'' 或 $\dfrac{\mathrm{d}^2 y}{\mathrm{d}x^2}$，即

$$y''=(y')'=f''(x) \text{ 或 } \frac{\mathrm{d}^2 y}{\mathrm{d}x^2}=\frac{\mathrm{d}}{\mathrm{d}x}\left(\frac{\mathrm{d}y}{\mathrm{d}x}\right).$$

类似地，有三阶导数，四阶导数，$\cdots$，n 阶导数的概念，分别记作

$$y''',y^{(4)},\cdots,y^{(n)} \text{ 或 } \frac{\mathrm{d}^3 y}{\mathrm{d}x^3},\frac{\mathrm{d}^4 y}{\mathrm{d}x^4},\cdots,\frac{\mathrm{d}^n y}{\mathrm{d}x^n}.$$

二阶及二阶以上的导数统称为高阶导数.

② 高阶导数的计算方法：

a. 基本方法是逐阶计算；

b. 利用莱布尼茨公式，在函数 $y=f(x)$ 和 $y=g(x)$ 均 n 阶可导的条件下，

$$[f(x)\cdot g(x)]^{(n)}=C_n^0 f^{(n)}(x)g(x)+C_n^1 f^{(n-1)}(x)g^{(1)}(x)+$$
$$C_n^2 f^{(n-2)}(x)g^{(2)}(x)+\cdots+C_n^n f(x)g^{(n)}(x);$$

c. 利用泰勒公式，若有

$$f(x)=a_0+a_1(x-x_0)+a_2(x-x_0)^2+\cdots+a_n(x-x_0)^n+o[(x-x_0)^n],$$

则 $a_k=\dfrac{f^{(k)}(x_0)}{k!}$，进而求得 $f^{(k)}(x_0)=a_k k!$.

3. 微分的概念

（1）微分的定义：设函数 $y=f(x)$ 在 $U(x_0)$ 内有定义，若对于任意的 Δx，有

$$\Delta y=f(x_0+\Delta x)-f(x_0)=A\Delta x+o(\Delta x)$$

成立，其中 A 是常数，则称函数 $f(x)$ 在 x_0 处可微，并称 $A\Delta x$ 为 $f(x)$ 在 x_0 处相应于自变量增量 Δx 的微分，记作 $\mathrm{d}y|_{x=x_0}$，即 $\mathrm{d}y|_{x=x_0}=A\Delta x$.

（2）可微的充要条件：函数 $y=f(x)$ 在点 x_0 处可微的充要条件是 $y=f(x)$ 在点 x_0 处可导，且 $A=f'(x_0)$. 于是 $y=f(x)$ 在 x_0 处的微分为

$$\mathrm{d}y|_{x=x_0}=f'(x_0)\Delta x=f'(x_0)\mathrm{d}x\,(x \text{ 为自变量},\Delta x=\mathrm{d}x).$$

（3）函数 $y=f(x)$ 在任意点 x 处的微分，称为函数的微分，记作 $\mathrm{d}y=\mathrm{d}f(x)=f'(x)\mathrm{d}x$.

（4）一阶微分形式不变性：不论 u 是自变量还是中间变量，均有 $\mathrm{d}f(u)=f'(u)\mathrm{d}u$.

4. 微分的计算

（1）利用微分的定义 $\mathrm{d}y=f'(x)\mathrm{d}x$

（2）利用基本微分公式和微分法则

① 基本微分公式：

$$\mathrm{d}C=0, \qquad\qquad \mathrm{d}(x^\mu)=\mu x^{\mu-1}\mathrm{d}x,$$
$$\mathrm{d}(\sin x)=\cos x\,\mathrm{d}x, \qquad \mathrm{d}(\cos x)=-\sin x\,\mathrm{d}x,$$
$$\mathrm{d}(\tan x)=\sec^2 x\,\mathrm{d}x, \qquad \mathrm{d}(\cot x)=-\csc^2 x\,\mathrm{d}x,$$
$$\mathrm{d}(\sec x)=\sec x\tan x\,\mathrm{d}x, \qquad \mathrm{d}(\csc x)=-\csc x\cot x\,\mathrm{d}x,$$
$$\mathrm{d}(a^x)=a^x\ln a\,\mathrm{d}x, \qquad \mathrm{d}(e^x)=e^x\mathrm{d}x,$$
$$\mathrm{d}(\log_a x)=\frac{1}{x\ln a}\mathrm{d}x, \qquad \mathrm{d}(\ln x)=\frac{1}{x}\mathrm{d}x,$$
$$\mathrm{d}(\arcsin x)=\frac{1}{\sqrt{1-x^2}}\mathrm{d}x, \qquad \mathrm{d}(\arccos x)=-\frac{1}{\sqrt{1-x^2}}\mathrm{d}x,$$
$$\mathrm{d}(\arctan x)=\frac{1}{1+x^2}\mathrm{d}x, \qquad \mathrm{d}(\text{arccot}\,x)=-\frac{1}{1+x^2}\mathrm{d}x.$$

② 基本微分法则：

$$\mathrm{d}(u \pm v) = \mathrm{d}u \pm \mathrm{d}v, \qquad \mathrm{d}(Cu) = C\mathrm{d}u \,(C \in \mathbf{R}),$$

$$\mathrm{d}(uv) = v\mathrm{d}u + u\mathrm{d}v, \qquad \mathrm{d}\left(\frac{u}{v}\right) = \frac{v\mathrm{d}u - u\mathrm{d}v}{v^2}\,(v \neq 0).$$

（3）利用一阶微分形式不变性

如：$y = f[g(x)]$，$\mathrm{d}y = f'[g(x)]\mathrm{d}g(x) = f'[g(x)]g'(x)\mathrm{d}x$.

二、重点题型解析

【例 2.1】（首届全国大学生数学竞赛预赛试题）设函数 $y = y(x)$ 由方程

$$x\mathrm{e}^{f(y)} = \mathrm{e}^y \ln 29$$

确定，其中 f 具有二阶导数，且 $f' \neq 1$，求 $\dfrac{\mathrm{d}^2 y}{\mathrm{d}x^2}$.

解析 在已知方程两边取对数，得

$$\ln x + f(y) = y + \ln\ln 29,$$

对上式两边求导，得

$$\frac{1}{x} + f'(y)y' = y' \Rightarrow y' = \frac{1}{x[1 - f'(y)]},$$

再对两边求导，得

$$y'' = -\frac{[1 - f'(y)]^2 - f''(y)}{x^2[1 - f'(y)]^3}.$$

评注 本题采用了对数求导法，原因是所给方程中含的指数函数较多，且等式两边都是乘法形式，这恰好符合取对数的优势：通过取对数，可将复杂的乘除形式变为简单的加减形式，还可将真数部分的指数提到对数前作为系数.

【例 2.2】（2009 年北京市大学生数学竞赛试题）设 $x = \displaystyle\int_0^y \frac{\mathrm{d}t}{\sqrt{1 + 4t^2}}$，求 $\dfrac{\mathrm{d}^3 y}{\mathrm{d}x^3} - 4\dfrac{\mathrm{d}y}{\mathrm{d}x}$.

解析 对等式两边关于 y 求导，有 $\dfrac{\mathrm{d}x}{\mathrm{d}y} = \dfrac{1}{\sqrt{1 + 4y^2}}$，利用直接函数的导数和反函数导数之间的关系，

$$\frac{\mathrm{d}y}{\mathrm{d}x} = \sqrt{1 + 4y^2},\ \frac{\mathrm{d}^2 y}{\mathrm{d}x^2} = \frac{4yy'}{\sqrt{1 + 4y^2}} = 4y,\ \frac{\mathrm{d}^3 y}{\mathrm{d}x^3} = 4y' = 4\sqrt{1 + 4y^2},$$

所以 $\dfrac{\mathrm{d}^3 y}{\mathrm{d}x^3} - 4\dfrac{\mathrm{d}y}{\mathrm{d}x} = 0$.

评注 本题要求的是 y 对 x 的导数，但所给函数是 x 关于 y 的函数形式，很难将 y 整理出来，因此想到直接函数的导数和反函数的导数之间互为倒数关系，先求 x 对 y 的导数.

【例 2.3】（首届全国大学生数学竞赛决赛试题）是否存在 $\mathbf{R}$ 中的可微函数 $f(x)$ 使得 $f(f(x)) = 1 + x^2 + x^4 - x^3 - x^5$？若存在，请给出一个例子；若不存在，请给出证明.

解析 **法 1** 假设这样的函数 $f(x)$ 存在，则必有 $f(1) = 1$. 事实上，

$$f(f(f(x))) = 1 + f^2(x) + f^4(x) - f^3(x) - f^5(x).$$

由 $f(f(1)) = 1$，在上式中令 $x = 1$ 可得

$$f(1)=1+f^2(1)+f^4(1)-f^3(1)-f^5(1),$$

于是 $(1-f(1))(1+f^2(1)+f^4(1))=0$，进而 $f(1)=1$.

在题设中等式的两端求导数得到

$$f'(f(x))f'(x)=2x+4x^3-3x^2-5x^4,$$

令 $x=1$ 得到 $(f'(1))^2=-2$，这是不可能的，因此满足条件的函数 $f(x)$ 不存在.

法 2　假设这样的函数 $f(x)$ 存在. 考虑方程 $f(f(x))=x$，即

$$1+x^2+x^4-x^3-x^5=x,$$

亦即

$$(x-1)(1+x^2+x^4)=0,$$

显然 $x=1$ 是上述方程唯一的根，于是 $f(f(1))=1$.

下证 $f(1)=1$，事实上令 $f(1)=t$，则

$$f(t)=f(f(1))=1, f(f(t))=f(1)=t,$$

因此 $t=1$，进而 $f(1)=1$.

$$\left.\frac{\mathrm{d}}{\mathrm{d}x}f(f(x))\right|_{x=1}=f'(f(x))f'(x)|_{x=1}$$

$$=f'(f(1))f'(1)=(f'(1))^2\geqslant 0,$$

$$\left.\frac{\mathrm{d}}{\mathrm{d}x}f(f(x))\right|_{x=1}=(1+x^2+x^4-x^3-x^5)'|_{x=1}$$

$$=(2x+4x^3-3x^2-5x^4)|_{x=1}=-2<0,$$

产生矛盾，故满足条件的函数 $f(x)$ 不存在.

评注　本题给出的两种方法都是反证法，解决形式不同，但本质是一样的，都是先想办法说明 $f(1)=1$，再利用 $\left.\dfrac{\mathrm{d}}{\mathrm{d}x}f(f(x))\right|_{x=1}$ 产生矛盾.

【例 2.4】 （2009 年北京市大学生数学竞赛试题）设 $f(x)$ 是二次可微函数，满足 $f(0)=1$，$f'(0)=0$，且对任意的 $x\geqslant 0$ 有 $f''(x)-5f'(x)+6f(x)\geqslant 0$，证明：对每个 $x\geqslant 0$，都有 $f(x)\geqslant 3\mathrm{e}^{2x}-2\mathrm{e}^{3x}$.

证明　首先 $[f''(x)-2f'(x)]-3[f'(x)-2f(x)]\geqslant 0$，令

$$g(x)=f'(x)-2f(x),$$

显然 $g'(x)-3g(x)\geqslant 0$，则 $(g(x)\mathrm{e}^{-3x})'\geqslant 0$，所以

$$g(x)\mathrm{e}^{-3x}\geqslant g(0)=f'(0)-2f(0)=-2,$$

于是

$$f'(x)-2f(x)\geqslant -2\mathrm{e}^{3x}.$$

进一步有 $(f(x)\mathrm{e}^{-2x})'\geqslant -2\mathrm{e}^x$，即 $(f(x)\mathrm{e}^{-2x}+2\mathrm{e}^x)'\geqslant 0$，所以

$$f(x)\mathrm{e}^{-2x}+2\mathrm{e}^x\geqslant f(0)+2=3,$$

即 $f(x)\geqslant 3\mathrm{e}^{2x}-2\mathrm{e}^{3x}$.

评注　本题的证明结论中含有特殊的指数函数 e^{2x}，e^{3x}，所以应联想到这种函数的导数的特殊性并灵活运用.

【例 2.5】 已知 $\lim\limits_{x\to 0}\left(1+x+\dfrac{f(x)}{x}\right)^{\frac{1}{x}}=\mathrm{e}^3$，其中 $f(x)$ 二阶可微，求 $f(0)$，$f'(0)$，$f''(0)$

及 $\lim\limits_{x\to 0}\left(1+\dfrac{f(x)}{x}\right)^{\frac{1}{x}}$.

解析 由已知 $\lim\limits_{x\to 0}\dfrac{f(x)}{x}=0$ ，则 $f(0)=f'(0)=0$.

由泰勒公式有 $f(x)=\dfrac{f''(0)}{2!}x^2+o(x^2)$ ，代入已知极限中，

$$\lim_{x\to 0}\left(1+x+\frac{f''(0)x^2}{2x}+o(x)\right)^{\frac{1}{x}}$$

$$=\lim_{x\to 0}\left[\left(1+x+\frac{f''(0)x}{2}+o(x)\right)^{\frac{1}{x+\frac{f''(0)x}{2}+o(x)}}\right]^{\frac{x+\frac{f''(0)x}{2}+o(x)}{x}}=e^{1+\frac{f''(0)}{2}}=e^3 ,$$

所以 $f''(0)=4$ ，且

$$\lim_{x\to 0}\left(1+\frac{f(x)}{x}\right)^{\frac{1}{x}}=\lim_{x\to 0}\left[\left(1+\frac{f(x)}{x}\right)^{\frac{1}{\frac{f(x)}{x}}}\right]^{\frac{f(x)}{x^2}}=\lim_{x\to 0}\left[\left(1+\frac{f(x)}{x}\right)^{\frac{1}{\frac{f(x)}{x}}}\right]^{\frac{2x^2+o(x^2)}{x^2}}=e^2 .$$

评注 本题给出的是幂指函数的极限，故应想到恒等变形或第二重要极限．另外在求 $\lim\limits_{x\to 0}\dfrac{f(x)}{x^2}$ 时，还可用以下方法：

$$\lim_{x\to 0}\frac{f(x)}{x^2}=\lim_{x\to 0}\frac{f'(x)}{2x}=\frac{1}{2}\lim_{x\to 0}\frac{f'(x)-f'(0)}{x}=\frac{1}{2}f''(0)=2 .$$

【例 2.6】 设可微函数 $f(x)$ 满足方程 $\int_0^x f(t)\mathrm{d}t=x+\int_0^x tf(x-t)\mathrm{d}t$ ，求 $f(x)$.

解析 通过换元将所给方程变形，

$$\int_0^x f(t)\mathrm{d}t=x+\int_0^x tf(x-t)\mathrm{d}t=x+\int_0^x (x-s)f(s)\mathrm{d}s=x+x\int_0^x f(s)\mathrm{d}s-\int_0^x sf(s)\mathrm{d}s$$

两边求导有 $f(x)=1+\int_0^x f(s)\mathrm{d}s$ ，再求导有 $f'(x)=f(x)$ ，所以 $f(x)=\mathrm{e}^x$.

评注 本题给出了积分上限函数且求 $f(x)$ ，故应想到求导，但 $\int_0^x tf(x-t)\mathrm{d}t$ 的被积函数内层含 x ，故应想到换元．

【例 2.7】 （2006 年北京市大学生数学竞赛试题）设严格单调函数 $y=f(x)$ 有二阶连续导数，其反函数为 $x=\varphi(y)$ ，且 $f(1)=1,f'(1)=2,f''(1)=3$ ，求 $\varphi''(1)$.

解析 根据反函数导数与原函数导数的关系，有 $\varphi'(y)=\dfrac{1}{f'(x)}$ ，两边关于 y 求导数，有

$$\varphi''(y)=\frac{-f''(x)\dfrac{\mathrm{d}x}{\mathrm{d}y}}{(f'(x))^2}=-\frac{f''(x)}{(f'(x))^3} .$$

因为 $y=f(x)$ 是严格单调函数且 $f(1)=1$ ，则 $y=1$ 时， $x=1$ ．所以

$$\varphi''(1)=-\frac{f''(1)}{f'(1)^3}=-\frac{3}{8} .$$

【例 2.8】 已知 $f(x)=x^2\ln(1-x)$ ，求 $n>2$ 时， $f^{(n)}(0)$.

解析 利用莱布尼茨公式，因为

$$(x^2)' = 2x, (x^2)'' = 2, (x^2)^{(n)} = 0 (n \geqslant 3),$$

$$(\ln(1-x))^{(n)} = -\frac{(n-1)!}{(1-x)^n}$$

所以

$$f^{(n)}(0) = C_n^0 x^2 (\ln(1-x))^{(n)} + C_n^1 (x^2)' (\ln(1-x))^{(n-1)} + C_n^2 (x^2)'' (\ln(1-x))^{(n-2)}$$

$$= 0 + 0 - \frac{n(n-1)}{2!} 2(n-3)! = \frac{n!}{2-n}.$$

评注   当给出的函数是两个函数相乘，且要求高阶导数时，常用方法就是莱布尼茨公式．

【例 2.9】 （第二届全国大学生数学竞赛决赛试题）设 $y = y(x)$ 是由参数方程

$$\begin{cases} x = \ln(1+e^{2t}) \\ y = t - \arctan e^t \end{cases}$$

所确定的函数，求 $\dfrac{d^2 y}{dx^2}$．

解析   根据参数方程所确定函数的求导公式，

$$\frac{dy}{dx} = \frac{1 - \dfrac{e^t}{1+e^{2t}}}{\dfrac{2e^{2t}}{1+e^{2t}}} = \frac{1 - e^t + e^{2t}}{2e^{2t}} = \frac{1}{2}(1 - e^{-t} + e^{-2t}),$$

$$\frac{d^2 y}{dx^2} = \frac{\dfrac{1}{2}(e^{-t} - e^{-2t})}{\dfrac{2e^{2t}}{1+e^{2t}}} = \frac{1}{4}(-2e^{-4t} + e^{-3t} - e^{-2t} + e^{-t}).$$

评注   参数方程所确定函数的二阶导数为

$$\frac{d^2 y}{dx^2} = \frac{d}{dx}\left(\frac{dy}{dx}\right) = \frac{\dfrac{d}{dt}\left(\dfrac{dy}{dx}\right)}{\dfrac{dx}{dt}}.$$

【例 2.10】 （第六届全国大学生数学竞赛预赛试题）设函数 $y = y(x)$ 由方程

$$x = \int_1^x \sin^2\left(\frac{\pi t}{4}\right) dt$$

确定，求 $\dfrac{dy}{dx}\Big|_{x=0}$．

解析   直接对方程两边同时求导有

$$1 = \sin^2\left[\frac{\pi}{4}(y-x)\right](y'-1),$$

又 $y|_{x=0} = 1$，所以 $y'|_{x=0} = 3$．

评注   本题还可以采用隐函数求导的公式法，即 $\dfrac{dy}{dx} = -\dfrac{F_x}{F_y}$．

三、综合训练

（1）（2008 年北京市大学生数学竞赛试题）设 $y = y(x)$ 是由 $y - \displaystyle\int_{\ln(x+y)}^{\sin y} e^{-t^2} dt = 0$ 所确

定的函数，求 $\dfrac{dy}{dx}\Big|_{y=0}$.

(2) 设 $f(x)$ 连续，在 $x=1$ 处可导，且满足 $f(1+\sin x)-3f(1-\sin x)=8x+o(x)$，$x\to 0$，求曲线 $y=f(x)$ 在 $x=1$ 处的切线方程.

(3) 已知 $f(x)=\dfrac{(x-1)(x-2)\cdots(x-n)}{(x+1)(x+2)\cdots(x+n)}$，求 $f'(1)$.

(4) 设 $y=y(x)$ 由 $\ln\sqrt{x^2+y^2}-\arctan\dfrac{y}{x}=\ln 2$ 确定，求 $\dfrac{dy}{dx}$.

(5) 设 $f(x)=\dfrac{1}{x^2-3x+2}$，求 $f^{(n)}(3)$.

(6) 函数 $f(x)=(x^2-5x+6)|x^3-3x^2+2x|$ 的不可导点的个数是多少？

(7) 设 $f(x)$ 在 $(0,+\infty)$ 上有定义，$f(x)$ 在 $x=1$ 处可导，且 $f'(1)=4$，对 $\forall x$，$y\in(0,+\infty)$，恒有
$$f(xy)=xf(y)+yf(x),$$
求 $f(x)$.

(8) 设 $\begin{cases} x=\displaystyle\int_0^t 2\cos(t-s)^2\,ds \\ y=x\sin y+e^{2t} \end{cases}$，求 $\dfrac{dy}{dx}\Big|_{t=0}$.

(9) 设连续函数 $y=f(x)$ 在点 $(1,0)$ 处有 $\Delta y=\Delta x+o(\Delta x)$，求极限 $\displaystyle\lim_{x\to 0}\dfrac{\displaystyle\int_1^{e^x} f(t)\,dt}{\ln(1+x^2)}$.

(10) 设 $x=x(t)$ 由方程 $\sin t-\displaystyle\int_1^{x-t} e^{-u^2}\,du=0$ 所确定，求 $\dfrac{d^2x}{dt^2}\Big|_{t=0}$.

(11) 设 $f(x)=\begin{cases} \dfrac{\ln(1+2x)}{x}, & x>-\dfrac{1}{2}, x\neq 0 \\ 2, & x=0 \end{cases}$，求 $f^{(100)}(0)$.

综合训练答案

(1) -1.　　　　(2) $y=2(x-6)$.　　　　(3) $\dfrac{(-1)^{n-1}}{n(n+1)}$.

(4) $\dfrac{x+y}{x-y}$.　　　(5) $(-1)^n n!\left(1-\dfrac{1}{2^n}\right)$.　　　(6) 2 个.

(7) 由已知，$f(1)=0$，

$$f'(x)=\lim_{y\to 0}\dfrac{f(x+xy)-f(x)}{xy}=\lim_{y\to 0}\dfrac{f(x(1+y))-f(x)}{xy}=\lim_{y\to 0}\dfrac{xf(1+y)+(1+y)f(x)-f(x)}{xy}$$

$$=\lim_{y\to 0}\left[\dfrac{f(1+y)-f(1)}{y}+\dfrac{f(x)}{x}\right]=f'(1)+\dfrac{f(x)}{x}=\dfrac{f(x)}{x}+4,$$

解一阶线性微分方程 $f'(x)=\dfrac{f(x)}{x}+4$，得 $f(x)=4x\ln x+Cx$.

(8) 将 t 视为 x 的函数，在 $y=x\sin y+e^{2t}$ 两边对 x 求导，有

$$\dfrac{dy}{dx}=\sin y+x\cos y\,\dfrac{dy}{dx}+2e^{2t}\dfrac{dt}{dx},$$

又 $x = \int_0^t 2\cos(t-s)^2 \mathrm{d}s = t - \dfrac{1}{2}\sin 2t$ ，则 $\dfrac{\mathrm{d}x}{\mathrm{d}t} = 1 + \cos 2t = 2\cos^2 t$ ，于是 $\dfrac{\mathrm{d}t}{\mathrm{d}x} = \dfrac{1}{2\cos^2 t}$ ，

因此
$$\frac{\mathrm{d}y}{\mathrm{d}x} = \sin y + x\cos y \frac{\mathrm{d}y}{\mathrm{d}x} + 2\mathrm{e}^{2t}\frac{1}{2\cos^2 t}.$$

当 $t = 0$ 时，$x = 0$，$y = 1$，所以 $\left.\dfrac{\mathrm{d}y}{\mathrm{d}x}\right|_{t=0} = \sin 1 + 1$.

（9）由已知，$f(1) = 0$，$f'(1) = 1$.

$$\lim_{x \to 0}\frac{\displaystyle\int_1^{\mathrm{e}^x} f(t)\mathrm{d}t}{\ln(1+x^2)} = \lim_{x \to 0}\frac{\displaystyle\int_1^{\mathrm{e}^x} f(t)\mathrm{d}t}{x^2} = \lim_{x \to 0}\frac{f(\mathrm{e}^x)\mathrm{e}^x}{2x}$$

$$= \lim_{x \to 0}\left[\frac{f(\mathrm{e}^x) - f(1)}{2(\mathrm{e}^x - 1)}\mathrm{e}^x\right] = \frac{1}{2}f'(1) = \frac{1}{2}.$$

（10）在已知方程两边对 t 求导，有

$$\cos t - \mathrm{e}^{-(x-t)^2}\left(\frac{\mathrm{d}x}{\mathrm{d}t} - 1\right) = 0,$$

再求导，有
$$-\sin t - \mathrm{e}^{-(x-t)^2}\left[-2(x-t)\left(\frac{\mathrm{d}x}{\mathrm{d}t} - 1\right)^2 + \frac{\mathrm{d}^2 x}{\mathrm{d}t^2}\right] = 0,$$

当 $t = 0$ 时，$x = 1$，$\left.\dfrac{\mathrm{d}x}{\mathrm{d}t}\right|_{t=0} = 1 + \mathrm{e}$，所以 $\left.\dfrac{\mathrm{d}^2 x}{\mathrm{d}t^2}\right|_{t=0} = 2\mathrm{e}^2$.

（11）由泰勒公式，

$$\ln(1 + 2x) = \sum_{n=1}^{\infty}(-1)^{n+1}\frac{(2x)^n}{n} = \sum_{n=1}^{\infty}\frac{(-1)^{n+1}2^n}{n}x^n,$$

$$f(x) = \sum_{n=1}^{\infty}\frac{(-1)^{n+1}2^n}{n}x^{n-1},$$

所以 $f^{(100)}(0) = \dfrac{2^{101}}{101}$.

2.2　微分中值定理和导数的应用

一、知识要点

1. 罗尔中值定理

（1）若函数 $f(x)$ 满足：

① 在闭区间 $[a,b]$ 上连续；

② 在开区间 (a,b) 内可导；

③ $f(a) = f(b)$，

则至少存在一点 $\xi \in (a,b)$，使得 $f'(\xi) = 0$.

（2）作用：证明方程的根的存在性，即若证明方程 $f(x) = 0$ 在某个开区间 (a,b) 内有根，只需构造辅助函数 $F(x)$ 使得 $F'(x) = f(x)$，并说明 $F(x)$ 在 $[a,b]$ 上满足罗尔定理的条件即可。

（3）导数等于 0 的点称为函数的驻点（或稳定点，或临界点）.

2. 拉格朗日中值定理

（1）若函数 $f(x)$ 满足：

① 在闭区间 $[a,b]$ 上连续；

② 在开区间 (a,b) 内可导，

则至少存在一点 $\xi \in (a,b)$，使得 $f'(\xi) = \dfrac{f(b)-f(a)}{b-a}$ $[$ 或 $f(b)-f(a) = f'(\xi)(b-a)]$.

（2）作用：证明不等式——含有函数值之差的不等式.

（3）拉格朗日中值定理是罗尔中值定理的推广.

3. 柯西中值定理

（1）若函数 $f(x)$，$g(x)$ 满足：

① 在闭区间 $[a,b]$ 上连续；

② 在开区间 (a,b) 内可导；

③ $g'(x) \neq 0$，$\forall x \in (a,b)$，

则至少存在一点 $\xi \in (a,b)$，使得 $\dfrac{f'(\xi)}{g'(\xi)} = \dfrac{f(b)-f(a)}{g(b)-g(a)}$.

（2）作用：证明了洛必达法则和泰勒中值定理.

（3）柯西中值定理是拉格朗日中值定理的推广.

4. 泰勒中值定理

（1）若函数 $f(x)$ 在含 x_0 的某个开区间 (a,b) 内具有直到 $(n+1)$ 阶的导数，则对于 $\forall x \in (a,b)$，有

$$f(x)=f(x_0)+\frac{f'(x_0)}{1!}(x-x_0)+\frac{f''(x_0)}{2!}(x-x_0)^2+\cdots+\frac{f^{(n)}(x_0)}{n!}(x-x_0)^n+R_n(x)$$

$$(2.1)$$

其中
$$R_n(x)=\frac{f^{(n+1)}(\xi)}{(n+1)!}(x-x_0)^{n+1},$$
$$(2.2)$$

此处的 ξ 是介于 x_0 与 x 之间的某个值.

（2）说明：

① 式（2.1）称为 $f(x)$ 按 $x-x_0$ 的幂展开的带有拉格朗日型余项的 n 阶泰勒公式.

② 式（2.2）称为拉格朗日型余项.

③ 在不需要余项的精确表示式时，余项 $R_n(x)$ 也可写成 $R_n(x)=o[(x-x_0)^n]$，称为佩雅诺型余项.

④ 当 $n=0$ 时，泰勒公式变成拉格朗日中值公式 $f(x)=f(x_0)+f'(\xi)(x-x_0)$，可见，泰勒中值定理是拉格朗日中值定理的推广.

⑤ 当 $x_0=0$ 时，泰勒公式变成麦克劳林公式

$$f(x)=f(0)+\frac{f'(0)}{1!}x+\frac{f''(0)}{2!}x^2+\cdots+\frac{f^{(n)}(0)}{n!}x^n+R_n(x),$$

其中 $R_n(x)=o(x^n)$ 或 $R_n(x)=\dfrac{f^{(n+1)}(\theta x)}{(n+1)!}x^{n+1}(0<\theta<1)$.

⑥ 利用麦克劳林公式可以求极限——主要针对所含的函数类型很多的极限问题.

5. 导数的应用

（1）求极限——洛必达法则

若 ① 当 $x \to x_0$（或 $x \to \infty$）时，函数 $f(x)$ 及 $g(x)$ 都趋于 0 或都趋于 ∞；

② 在 $U(x_0)$（或 $|x| > M$）内，$f'(x)$ 及 $g'(x)$ 都存在且 $g'(x) \neq 0$；

③ $\lim\limits_{\substack{x \to x_0 \\ (\text{或} x \to \infty)}} \dfrac{f'(x)}{g'(x)}$ 存在或为无穷大，则

$$\lim_{\substack{x \to x_0 \\ (\text{或} x \to \infty)}} \frac{f(x)}{g(x)} = \lim_{\substack{x \to x_0 \\ (\text{或} x \to \infty)}} \frac{f'(x)}{g'(x)}.$$

注意 a. 洛必达法则是将函数之比的极限转化为导数之比的极限.

b. 导数之比的极限 $\lim\limits_{\substack{x \to x_0 \\ (\text{或} x \to \infty)}} \dfrac{f'(x)}{g'(x)}$ 不存在时，函数之比的极限 $\lim\limits_{\substack{x \to x_0 \\ (\text{或} x \to \infty)}} \dfrac{f(x)}{g(x)}$ 也有可能存在，

例如 $\lim\limits_{x \to \infty} \dfrac{x + \sin x}{x} = 1$，但不能用洛必达法则求出，因为导数之比的极限 $\lim\limits_{x \to \infty} \dfrac{1 + \cos x}{1}$ 不存在.

（2）讨论函数的单调性

设函数 $y = f(x)$ 在 $[a, b]$ 上连续，在 (a, b) 内可导，

① 若在 (a, b) 内 $f'(x) > 0$，那么函数 $y = f(x)$ 在 $[a, b]$ 上单调增加；

② 若在 (a, b) 内 $f'(x) < 0$，那么函数 $y = f(x)$ 在 $[a, b]$ 上单调减少.

注意 a. 若函数 $f(x)$ 在定义区间上连续，除去有限个导数不存在的点外导数存在且连续，那么只要用方程 $f'(x) = 0$ 的根及 $f'(x)$ 不存在的点来划分函数 $f(x)$ 的定义区间，就能保证 $f'(x)$ 在各个部分区间内保持固定符号，因而函数 $f(x)$ 在每个部分区间上单调.

b. 若 $f'(x)$ 在某区间内的有限个点处为 0，在其余各点处均为正或均为负，则 $f(x)$ 在该区间上仍是单调增加或单调减少的，即函数在个别点处的导数为 0 不影响它在整个区间上的单调性.

c. 利用函数的单调性可以证明不等式.

（3）研究曲线的凹凸性

① 曲线凹凸性定义：设曲线 $y = f(x)$ 在区间 I 上连续，若对于 $\forall x_1, x_2 \in I$ 恒有

$$f\left(\frac{x_1 + x_2}{2}\right) < \frac{f(x_1) + f(x_2)}{2},$$

则称 $y = f(x)$ 在 I 上的图形是凹的（或凹弧）；若恒有

$$f\left(\frac{x_1 + x_2}{2}\right) > \frac{f(x_1) + f(x_2)}{2},$$

则称 $y = f(x)$ 在 I 上的图形是凸的（或凸弧）.

② 曲线凹凸性的判断：设函数 $y = f(x)$ 在 $[a, b]$ 上连续，在 (a, b) 内具有一阶和二阶导数，那么：

a. 若 $f''(x) > 0$，$\forall x \in (a, b)$，则 $y = f(x)$ 在 $[a, b]$ 上的图形是凹的；

b. 若 $f''(x) < 0$，$\forall x \in (a, b)$，则 $y = f(x)$ 在 $[a, b]$ 上的图形是凸的.

③ 拐点：设 $y = f(x)$ 在区间 I 上连续，x_0 是 I 的内点，若曲线 $y = f(x)$ 在点 $(x_0,$

$f(x_0)$) 两侧的凹凸性相反,则称点 $(x_0,f(x_0))$ 为这曲线的拐点.

④ 可疑拐点:满足 $f''(x)=0$ 的点以及 $f''(x)$ 不存在的点.

注意 二阶导数等于 0,但三阶导数不等于 0 的点一定是拐点.

(4) 求函数的极值和最值

① 极值的定义:设函数 $f(x)$ 在 $U(x_0)$ 内有定义,若对于 $\forall x\in U(x_0)$,有

$$f(x)<f(x_0) \quad (\text{或}\ f(x)>f(x_0)),$$

则称 $f(x_0)$ 是函数 $f(x)$ 的一个极大值(或极小值),函数的极大值和极小值统称为极值,使函数取得极值的点 x_0 称为极值点.

② 极值的必要条件:若函数 $f(x)$ 在 x_0 处取得极值,且在 x_0 处可导,则 $f'(x_0)=0$.

③ 极值的第一充分条件:设函数 $f(x)$ 在 x_0 处可导,且在 x_0 的某去心邻域 $U(x_0,\delta)$ 内可导,

a. 若 $x\in(x_0-\delta,x_0)$ 时,$f'(x)>0$,而 $x\in(x_0,x_0+\delta)$ 时,$f'(x)<0$,则 $f(x)$ 在 x_0 处取得极大值;

b. 若 $x\in(x_0-\delta,x_0)$ 时,$f'(x)<0$,而 $x\in(x_0,x_0+\delta)$ 时,$f'(x)>0$,则 $f(x)$ 在 x_0 处取得极小值;

c. 若 $x\in U(x_0,\delta)$ 时,$f'(x)$ 的符号保持不变,则 $f(x)$ 在 x_0 处没有极值.

④ 极值的第二充分条件:设函数 $f(x)$ 在 x_0 处具有二阶导数,且 $f'(x_0)=0,f''(x_0)\neq 0$,则

a. 当 $f''(x_0)<0$ 时,函数 $f(x)$ 在 x_0 处取得极大值;

b. 当 $f''(x_0)>0$ 时,函数 $f(x)$ 在 x_0 处取得极小值.

注意 二阶导数不等于 0 的点一定是极值点.

⑤ 求函数的极值点和相应极值的步骤:

第一步:求出导数 $f'(x)$;

第二步:求出 $f(x)$ 的全部驻点与不可导点;

第三步:考察 $f'(x)$ 在每个驻点和不可导点两侧的符号,以确定该点是否为极值点,以及是极大值点还是极小值点;

第四步:求出各极值点的函数值,即得函数 $f(x)$ 的全部极值.

⑥ 求函数 $f(x)$ 在 $[a,b]$ 上的最值的步骤:

第一步:求出 $f(x)$ 的全部驻点和不可导点;

第二步:计算 $f(x)$ 在全部驻点和不可导点处的函数值,以及 $f(a)$,$f(b)$;

第三步:比较上一步中诸值的大小,其中最大的便是 $f(x)$ 在 $[a,b]$ 上的最大值,最小的便是 $f(x)$ 在 $[a,b]$ 上的最小值.

注意 如果函数 $f(x)$ 在一个区间(有限或无限,开或闭)内可导且只有一个驻点 x_0,并且这个驻点 x_0 是函数 $f(x)$ 的极值点,那么当 $f(x_0)$ 是极大值时,$f(x_0)$ 就是 $f(x)$ 在该区间上的最大值;当 $f(x_0)$ 是极小值时,$f(x_0)$ 就是 $f(x)$ 在该区间上的最小值.

(5) 曲率和渐近线

① 平均曲率:单位弧段上切线转过的角度的大小,记作 $\overline{K}=\left|\dfrac{\Delta\alpha}{\Delta s}\right|$.

② 曲率：平均曲率在 $\Delta s \to 0$ 时的极限称为曲线在一点处的曲率，记作 $K = \lim\limits_{\Delta s \to 0} \left| \dfrac{\Delta \alpha}{\Delta s} \right|$.

注意　$K = \left| \dfrac{\mathrm{d}\alpha}{\mathrm{d}s} \right| = \dfrac{\dfrac{y''}{1+y'^2}\mathrm{d}x}{\sqrt{1+y'^2}\,\mathrm{d}x} = \dfrac{|y''|}{(1+y'^2)^{3/2}}$.

③ 渐近线：a. 若 $\lim\limits_{\substack{x \to \infty \\ (x \to +\infty \\ x \to -\infty)}} f(x) = A$，则 $y = A$ 为 $f(x)$ 的水平渐近线；

b. 若 $\lim\limits_{x \to x_0} f(x) = \infty\,(+\infty,\,-\infty)$，则 $x = x_0$ 为 $f(x)$ 的垂直渐近线；

c. 若 $k = \lim\limits_{\substack{x \to \infty \\ (x \to +\infty \\ x \to -\infty)}} \dfrac{f(x)}{x},\ b = \lim\limits_{\substack{x \to \infty \\ (x \to +\infty \\ x \to -\infty)}} [f(x) - kx]$，则 $y = kx + b$ 为 $f(x)$ 的斜渐近线.

二、重点题型解析

【例 2.11】（首届全国大学生数学竞赛决赛试题）设函数 $f(x)$ 在 $[0,1]$ 上连续，在 $(0,1)$ 内可微，且 $f(0) = f(1) = 0, f\left(\dfrac{1}{2}\right) = 1$，证明：（1）存在 $\xi \in \left(\dfrac{1}{2},1\right)$ 使得 $f(\xi) = \xi$；（2）存在 $\eta \in (0,\xi)$ 使得 $f'(\eta) = f(\eta) - \eta + 1$.

　　解析　（1）设 $F(x) = f(x) - x, x \in [0,1]$，则

$$F\left(\frac{1}{2}\right) = f\left(\frac{1}{2}\right) - \frac{1}{2} = 1 - \frac{1}{2} = \frac{1}{2} > 0,$$
$$F(1) = f(1) - 1 = 0 - 1 < 0,$$

由零点定理，存在 $\xi \in \left(\dfrac{1}{2},1\right)$，使得 $F(\xi) = 0$，即 $f(\xi) = 0$.

　　（2）设 $G(x) = (f(x) - x)\mathrm{e}^{-x}$，则 $G(0) = 0 = G(\xi)$，又 $G(x)$ 在 $[0,\xi]$ 上连续，在 $(0,\xi)$ 内可微，且

$$G'(x) = ((f'(x) - 1) - (f(x) - x))\mathrm{e}^{-x},$$

由罗尔定理可知，存在 $\eta \in (0,\xi)$，使得 $G'(\eta) = 0$，即 $f'(\eta) = f(\eta) - \eta + 1$.

　　评注　证明"（1）存在 $\xi \in \left(\dfrac{1}{2},1\right)$ 使得 $f(\xi) = \xi$"，相当于证明方程 $f(x) - x = 0$ 在 $\left(\dfrac{1}{2},1\right)$ 内有根，恰好已知中给出了条件 $f(1) = 0, f\left(\dfrac{1}{2}\right) = 1$，因而想到零点定理；证明"（2）存在 $\eta \in (0,\xi)$ 使得 $f'(\eta) = f(\eta) - \eta + 1$"，相当于证明方程 $f'(x) - f(x) + x - 1 = 0$ 在 $(0,\xi)$ 内有根，但此方程中含有导数 $f'(x)$，故想到罗尔中值定理.

【例 2.12】（2010 年北京市大学生数学竞赛试题）设函数 $f(x)$ 在 $[a,b]$ 上连续，在 (a,b) 内可导，且 $0 \leqslant a \leqslant b \leqslant \dfrac{\pi}{2}$，证明：至少存在两点 $\xi, \eta \in (a,b)$，使得

$$f'(\eta)\tan\frac{a+b}{2} = f'(\xi)\frac{\sin\eta}{\cos\xi}.$$

　　解析　设 $g_1(x) = \sin x$，由柯西中值定理有

$$\frac{f(b) - f(a)}{\sin b - \sin a} = \frac{f'(\xi)}{\cos\xi}, a < \xi < b,$$

再设 $g_2(x)=\cos x$，由柯西中值定理有

$$\frac{f(b)-f(a)}{\cos b-\cos a}=\frac{f'(\eta)}{-\sin \eta}, a<\eta<b.$$

比较上述两式，得

$$\frac{f'(\xi)}{\cos \xi}(\sin b-\sin a)=-\frac{f'(\eta)}{\sin \eta}(\cos b-\cos a),$$

即

$$\frac{\sin \eta}{\cos \xi}f'(\xi)=-\frac{\cos b-\cos a}{\sin b-\sin a}f'(\eta),$$

亦即

$$f'(\eta)\tan \frac{a+b}{2}=f'(\xi)\frac{\sin \eta}{\cos \xi}.$$

评注 要证明的结论中存在两个中值点 ξ，η，故必须用两次微分中值定理；又因为结论中含有的函数类型较多，且出现了 $f'(\eta),\sin \eta,f'(\xi),\cos \xi$，故想到柯西中值定理.

【例 2.13】 设 $f(x)$ 在 $[0,+\infty)$ 上可导，且 $0\leqslant f(x)\leqslant \frac{x}{1+x^2}$，证明：存在 $\xi\in(0,+\infty)$，使得

$$f'(\xi)=\frac{1-\xi^2}{(1+\xi^2)^2}.$$

解析 由已知，$f(0)=0$，$\lim\limits_{x\to+\infty}f(x)=0$. 令 $g(x)=f(x)-\frac{x}{1+x^2}$，$x\in[0,+\infty)$，则 $g(0)=0$，$\lim\limits_{x\to+\infty}g(x)=0$ 且

$$g'(x)=f'(x)-\frac{1-x^2}{(1+x^2)^2}.$$

换元 $x=\frac{1}{t}-1$，则 $t=\frac{1}{x+1}$. 令 $h(t)=g\left(\frac{1}{t}-1\right)$，$t\in(0,1]$，则 $h(0)=h(1)=0$，由罗尔中值定理，存在 $\xi_0\in(0,1)$，使得 $h'(\xi_0)=0$，即

$$g'\left(\frac{1}{\xi_0}-1\right)\left(-\frac{1}{\xi_0^2}\right)=0,$$

取 $\xi=\frac{1}{\xi_0}-1$ 即可.

评注 本题中的区间是无穷区间，要想用罗尔中值定理，需将区间变为有限区间，故作变换 $x=\frac{1}{t}-1$，而且作变换的方式不是唯一的.

【例 2.14】（第三届全国大学生数学竞赛预赛试题）设函数 $f(x)$ 在 $[-1,1]$ 上具有连续的三阶导数，且 $f(-1)=0,f(1)=1,f'(0)=0$，求证：在 $(-1,1)$ 内至少存在一点 x_0，使 $f'''(x_0)=3$.

解析 $f(-1)=f(0)+f'(0)(-1-0)+\frac{f''(0)}{2!}(-1-0)^2+\frac{f'''(\xi_1)}{3!}(-1-0)^3,\xi_1\in(-1,0),$

$$f(1)=f(0)+f'(0)(1-0)+\frac{f''(0)}{2!}(1-0)^2+\frac{f'''(\xi_1)}{3!}(1-0)^3,\xi_2\in(0,1),$$

两式相减，代入已知条件，有 $\frac{f'''(\xi_1)+f'''(\xi_2)}{2}=3.$

由于函数 $f(x)$ 在 $[-1,1]$ 上具有三阶连续导数，设 $f(x)$ 在 $[-1,1]$ 上的最大值和最小值分别为 M,m，则有

$$m \leqslant \frac{f'''(\xi_1)+f'''(\xi_2)}{2}=3 \leqslant M,$$

于是由介值定理知，在 $(-1,1)$ 内至少存在一点 x_0，使 $f'''(x_0)=3$.

评注　本题主要应用了泰勒中值定理和介值定理. 因为结论中涉及了三阶导数，故考虑泰勒中值定理，又因为已知中有 $f'(0)=0$，所以将 $f(x)$ 在 0 点展开.

【例 2.15】　设 $f(x)$ 在 $[0,1]$ 上二阶可导，且 $f(0)=f(1)=0$，证明至少存在一点 $\xi \in (0,1)$，使 $f''(\xi)=\dfrac{2f'(\xi)}{1-\xi}$.

解析　由已知条件和罗尔中值定理知，存在 $a \in (0,1)$，使得 $f'(a)=0$.

设 $g(x)=(x-1)^2 f'(x)$，则 $g(1)=g(a)=0$，再由罗尔中值定理，至少存在一点 $\xi \in (a,1)$，使

$$g'(\xi)=(\xi-1)[(\xi-1)f''(\xi)+2f'(\xi)]=0,$$

又 $\xi \neq 1$，则 $f''(\xi)=\dfrac{2f'(\xi)}{1-\xi}$.

评注　因为已知中有两个函数值相等的条件，因此考虑罗尔中值定理.

【例 2.16】　（第二届全国大学生数学竞赛决赛试题）设函数 $f(x)$ 在 x_0 的某邻域内具有二阶连续导数，且 $f(0),f'(0),f''(0)$ 均不为零，证明：存在唯一一组实数 k_1,k_2,k_3，使得

$$\lim_{h \to 0} \frac{k_1 f(h)+k_2 f(2h)+k_3 f(3h)-f(0)}{h^2}=0.$$

解析　由条件有

$$0=\lim_{h \to 0}[k_1 f(h)+k_2 f(2h)+k_3 f(3h)-f(0)]=(k_1+k_2+k_3-1)f(0),$$

而 $f(0) \neq 0$，则 $k_1+k_2+k_3-1=0$.

由洛必达法则有

$$0=\lim_{h \to 0}\frac{k_1 f(h)+k_2 f(2h)+k_3 f(3h)-f(0)}{h^2}=\lim_{h \to 0}\frac{k_1 f'(h)+2k_2 f'(2h)+3k_3 f'(3h)}{2h}$$

$$=\frac{1}{2}\lim_{h \to 0}[k_1 f''(h)+4k_2 f''(2h)+9k_3 f''(3h)]=\frac{1}{2}(k_1+4k_2+9k_3)f''(0).$$

又 $f''(0) \neq 0$，所以 $k_1+4k_2+9k_3=0$.

再由上式中　　$0=\lim\limits_{h \to 0}\dfrac{k_1 f'(h)+2k_2 f'(2h)+3k_3 f'(3h)}{2h}$

知　　　　　　$0=\lim\limits_{h \to 0}[k_1 f'(h)+2k_2 f'(2h)+3k_3 f'(3h)]=(k_1+2k_2+3k_3)f'(0),$

又 $f'(0) \neq 0$，则 $k_1+2k_2+3k_3=0$. 于是

$$\begin{cases} k_1+k_2+k_3=1 \\ k_1+2k_2+3k_3=0, \\ k_1+4k_2+9k_3=0 \end{cases}$$

因为系数行列式

$$\begin{vmatrix} 1 & 1 & 1 \\ 1 & 2 & 3 \\ 1 & 4 & 9 \end{vmatrix} = 2 \neq 0,$$

根据克拉姆法则可知 k_1，k_2，k_3 有唯一解. 因此存在唯一一组实数 k_1，k_2，k_3，使得

$$\lim_{h \to 0} \frac{k_1 f(h) + k_2 f(2h) + k_3 f(3h) - f(0)}{h^2} = 0.$$

评注　解决本题的关键是：当分母的极限为 0 时，要想使整个分式的极限存在，那么分子的极限也必须是 0. 另外，本题还用到了洛必达法则和克拉姆法则.

【例 2.17】（第二届全国大学生数学竞赛决赛试题）是否存在区间 $[0,2]$ 上的连续可微函数 $f(x)$ 满足 $f(0) = f(2) = 1$，$|f'(x)| \leqslant 1$，$\left| \int_0^2 f(x) \mathrm{d}x \right| \leqslant 1$？请说明理由.

解析　不存在满足题设条件的函数.

用反证法证明：假设存在 $f(x)$ 在 $[0,2]$ 上连续可微，且

$$f(0) = f(2) = 1, \ |f'(x)| \leqslant 1, \left| \int_0^2 f(x) \mathrm{d}x \right| \leqslant 1.$$

当 $x \in (0,1]$ 时，由拉格朗日中值定理有

$$f(x) - f(0) = f'(\xi_1)x, \xi_1 \in (0,x),$$

即

$$f(x) = 1 + f'(\xi_1)x, x \in (0,1],$$

又 $|f'(x)| \leqslant 1$，则 $f(x) \geqslant 1 - x, x \in (0,1]$. 而 $f(0) = 1$，所以

$$f(x) \geqslant 1 - x, x \in [0,1].$$

当 $x \in [1,2)$ 时，由拉格朗日中值定理有

$$f(2) - f(x) = f'(\xi_2)(2-x), \xi_2 \in (x,2),$$

即

$$f(x) = 1 + f'(\xi_2)(x-2), x \in [1,2),$$

又 $|f'(x)| \leqslant 1$，则 $f(x) \geqslant x - 1, x \in [1,2)$. 而 $f(2) = 1$，所以

$$f(x) \geqslant x - 1, x \in [1,2].$$

于是

$$\int_0^2 f(x) \mathrm{d}x = \int_0^1 f(x) \mathrm{d}x + \int_1^2 f(x) \mathrm{d}x > \int_0^1 (1-x) \mathrm{d}x + \int_1^2 (x-1) \mathrm{d}x$$

$$= -\frac{1}{2}(1-x)^2 \Big|_0^1 + \frac{1}{2}(x-1)^2 \Big|_1^2 = 1.$$

这与 $\left| \int_0^2 f(x) \mathrm{d}x \right| \leqslant 1$ 矛盾.

评注　本题虽然有条件 $f(0) = f(2) = 1$，但若用罗尔中值定理，只能得到 $f'(\xi) = 0$，无法应用条件 $|f'(x)| \leqslant 1$，因此不能用罗尔定理，而用拉格朗日中值定理，再结合其他条件即可推出矛盾.

【例 2.18】（第二届全国大学生数学竞赛预赛试题）设函数 $f(x)$ 在 $(-\infty, +\infty)$ 上有二阶导数，且 $f''(x) > 0$，$\lim\limits_{x \to +\infty} f'(x) = \alpha > 0$，$\lim\limits_{x \to -\infty} f'(x) = \beta < 0$，且存在一点 x_0 使得 $f(x_0) < 0$，证明：方程 $f(x) = 0$ 在 $(-\infty, +\infty)$ 上恰有两个实根.

解析　先证 $f(x) = 0$ 至少有两个实根：由 $\lim\limits_{x \to +\infty} f'(x) = \alpha > 0$，必有一个充分大的 $a > x_0$，使得 $f'(a) > 0$. 由 $f''(x) > 0$ 知 $f(x)$ 是凹函数，从而

$$f(x)>f(a)+f'(a)(x-a),(x>a).$$

当 $x\to+\infty$ 时，$f(a)+f'(a)(x-a)\to+\infty$，故存在 $b>a$，使得
$$f(b)>f(a)+f'(a)(b-a)>0.$$

同样，由 $\lim\limits_{x\to-\infty}f'(x)=\beta<0$，必有 $c<x_0$，使得 $f'(c)<0$. 由 $f''(x)>0$ 知 $f(x)$ 是凹函数，从而
$$f(x)>f(c)+f'(c)(x-c),(x<c).$$

当 $x\to-\infty$ 时，$f(c)+f'(c)(x-c)\to+\infty$. 故存在 $d<c$，使得
$$f(d)>f(c)+f'(c)(d-c)>0.$$

在 $[x_0,b]$ 和 $[d,x_0]$ 上利用零点定理，$\exists x_1\in(x_0,b),x_2\in(d,x_0)$ 使得
$$f(x_1)=f(x_2)=0.$$

再证 $f(x)=0$ 只有两个实根.

反证法：假设方程 $f(x)=0$ 在 $(-\infty,+\infty)$ 内有三个实根，不妨设为 x_1,x_2,x_3 且 $x_1<x_2<x_3$. 对 $f(x)$ 在区间 $[x_1,x_2]$ 和 $[x_2,x_3]$ 上分别应用罗尔中值定理，则各至少存在一点 $\xi_1\in(x_1,x_2)$ 和 $\xi_2\in(x_2,x_3)$，使得 $f'(\xi_1)=f'(\xi_2)=0$. 再将 $f'(x)$ 在区间 $[\xi_1,\xi_2]$ 上使用罗尔中值定理，则至少存在一点 $\eta\in(\xi_1,\xi_2)$，使 $f''(\eta)=0$. 这与条件 $f''(x)>0$ 矛盾. 从而方程 $f(x)=0$ 在 $(-\infty,+\infty)$ 不能多于两个根.

评注 本题中给出了极限值的符号，故必须用极限的保号性；由 $f''(x)>0$ 即凹函数，将导数值的符号转化为函数值的符号，再加上条件 $f(x_0)<0$，考虑零点定理.

【例 2.19】 （首届全国大学生数学竞赛决赛试题）现要设计一个容积为 V 的一个圆柱体容器，已知上下两底的材料费为单位面积 a 元，而侧面的材料费为单位面积 b 元，试给出最节省的设计方案：即高和上下底的直径之比为何值时所需费用最少？

解析 设圆柱体容器的高为 h，底半径为 r，则上下底面积共为 $2\pi r^2$，侧面积为 $2\pi rh$，故所需费用为 $L=2\pi r^2 a+2\pi rhb$. 由于 $V=\pi r^2 h$，故 $h=\dfrac{V}{\pi r^2}$，则有
$$L(r)=2\pi r^2 a+\frac{2bV}{r},\quad r>0.$$

由于 $L'(r)=4\pi ra-\dfrac{2bV}{r^2}$，$r>0$，所以函数 $L(r)$ 有唯一驻点 $r=\sqrt[3]{\dfrac{bV}{2\pi a}}$，其为最小值点. 此时 $\dfrac{h}{2r}=\dfrac{V}{2\pi r^3}=\dfrac{a}{b}$. 故高和上下底的直径之比为 $\dfrac{a}{b}$ 时所需费用最少.

评注 本题属于最值的应用题，需知道：可导函数唯一的驻点若是极值点，则它也一定是最值点.

【例 2.20】 （2008 年北京市大学生数学竞赛试题）设 $f(x)$ 有连续的二阶导数，$f(0)=f'(0)=0$，且 $f''(x)>0$，求 $\lim\limits_{x\to0^+}\dfrac{\displaystyle\int_0^{u(x)}f(t)\mathrm{d}t}{\displaystyle\int_0^x f(t)\mathrm{d}t}$，其中 $u(x)$ 是曲线 $y=f(x)$ 在点 $(x,f(x))$ 处切线在 x 轴上的截距.

解析 切线方程：$Y-f(x)=f'(x)(X-x)$，它在 x 轴上的截距为

$$u(x) = x - \frac{f(x)}{f'(x)},$$

于是

$$u'(x) = \frac{f(x)f''(x)}{[f'(x)]^2}.$$

由 $f(x) = \frac{1}{2}f''(0)x^2 + o(x^2)$，$f'(x) = f''(0)x + o(x)$，知 $u(x) = \frac{x}{2} + o(x)$. 由洛必达法则有

$$\lim_{x \to 0^+} \frac{\int_0^{u(x)} f(t)\,dt}{\int_0^x f(t)\,dt} = \lim_{x \to 0^+} \frac{f(u(x))u'(x)}{f(x)} = \lim_{x \to 0^+} \frac{f(u(x))f''(x)}{[f'(x)]^2}$$

$$= \lim_{x \to 0^+} \frac{\left[\frac{1}{2}f''(0)u^2(x) + o(u^2(x))\right]f''(x)}{[f''(0)x + o(x)]^2}$$

$$= \lim_{x \to 0^+} \frac{\left[\frac{1}{2}f''(0)\frac{x^2}{4} + o(x^2)\right]f''(x)}{[f''(0)x + o(x)]^2} = \frac{1}{8}.$$

【例 2.21】 设 $f''(x) < 0$，$f(0) = 0$，证明：对任意的 $x_1, x_2 > 0$，有
$$f(x_1 + x_2) < f(x_1) + f(x_2).$$

解析 不妨设 $0 < x_1 < x_2$，因 $f(0) = 0$，则由拉格朗日中值定理，存在 ξ_1, ξ_2, ξ 满足
$$0 < \xi_1 < x_1 < x_2 < \xi_2 < x_1 + x_2, \xi_1 < \xi < \xi_2,$$
使得 $f(x_1 + x_2) - f(x_2) - f(x_1) = [f(x_1 + x_2) - f(x_2)] - [f(x_1) - f(0)]$
$$= f'(\xi_2)x_1 - f'(\xi_1)x_1 = [f'(\xi_2) - f'(\xi_1)]x_1 = f''(\xi)(\xi_2 - \xi_1)x_1 < 0,$$
因此当 $x_1, x_2 > 0$ 时，有 $f(x_1 + x_2) < f(x_1) + f(x_2)$.

评注 本题要证的结论涉及三个函数值，移项即得到函数值之差，且只有一类函数，故想到拉格朗日中值定理.

【例 2.22】（第五届全国大学生数学竞赛预赛试题）设函数 $y = y(x)$ 由 $x^3 + 3x^2y - 2y^3 = 2$ 确定，求 $y(x)$ 的极值.

解析 对方程两边同时关于 x 求导有
$$3x^2 + 6xy + 3x^2y' - 6y^2y' = 0,$$
令 $y' = 0$，得 $x = 0$ 或 $x = -2y$.

将 $x = 0$ 代入已知方程，得 $y = -1$. 再将 $x = -2y$ 代入已知方程，得 $y = 1$，$x = -2$.

又
$$y'' = \frac{(2x + 2y + 2xy')(2y^2 - x^2) - (x^2 + 2xy)(4yy' - 2x)}{(2y^2 - x^2)^2},$$

则
$$y''\big|_{\substack{x=0 \\ y=-1 \\ y'=0}} = -1 < 0, \quad y''\big|_{\substack{x=-2 \\ y=1 \\ y'=0}} = 1 > 0.$$

因此 $y\big|_{x=0} = -1$ 为极大值，$y\big|_{x=-2} = 1$ 为极小值.

评注 本题考查极值的求解，需知可疑极值点为驻点和不可导点，此题函数无不可导点，同时还需熟练掌握判断极值的两种方法.

三、综合训练

(1) 设 $f(x)$，$g(x)$ 均在 $[a, b]$ 上有定义，且均可导，$f(a) = g(a)$，$f(b) = g(b)$，证

明：存在 $\xi \in (a,b)$ 使 $f'(\xi) = g'(\xi)$.

(2) 设 $f(x)$ 在 $[0,1]$ 上可导，且 $f(0)=0, f(1)=1$，证明：在开区间 $(0,1)$ 内存在 x_1, x_2，使

$$\frac{1}{f'(x_1)} + \frac{1}{f'(x_2)} = 2.$$

(3) 设 $f(x)$ 在 $[1,2]$ 上有二阶导数，且 $f(1)=f(2)=0$，又 $F(x)=(x-1)^2 f(x)$，证明在 $(1,2)$ 内至少存在一点 ξ，使得 $F''(\xi)=0$.

(4) 已知函数 $f(x)$ 在 $[0,1]$ 上连续，在 $(0,1)$ 内可导，且 $f(0)=0, f(1)=1$，证明：

① 存在 $\xi \in (0,1)$，使 $f(\xi) = 1-\xi$;

② 存在两个不同的 $\zeta, \eta \in (0,1)$，使 $f'(\eta) f'(\zeta) = 1$.

(5) 设 $f(x)$ 在 $[0,2a]$ 上连续，$f(0)=f(2a)$，证明：在 $[0,a]$ 上至少存在一点 ξ，使 $f(\xi)=f(\xi+a)$.

(6) 设 $f(x)$ 在 $[0,2]$ 上二阶可微，且 $|f(x)| \leqslant 1$，$|f''(x)| \leqslant 1$，证明：$|f'(x)| \leqslant 2$.

(7) 设 $e < a < b < e^2$，证明：$\ln^2 b - \ln^2 a > \dfrac{4}{e^2}(b-a)$.

(8) 设 $a > e$，$0 < x < y < \dfrac{\pi}{2}$，证明：$a^y - a^x > (\cos x - \cos y) a^x \ln a$.

(9) 设 $f(x)$ 在 $(-\infty, +\infty)$ 内可导，且 $\lim\limits_{x \to -\infty} f(x) = \lim\limits_{x \to +\infty} f(x)$，证明：$\exists c \in (-\infty, +\infty)$，使 $f'(c)=0$.

(10) 设 $f(x), g(x)$ 在 $[a,b]$ 上连续，且 $g(x) \neq 0, \forall x \in (a,b)$，证明：存在 $\xi \in (a,b)$，使

$$\frac{\int_a^b f(x)\mathrm{d}x}{\int_a^b g(x)\mathrm{d}x} = \frac{f(\xi)}{g(\xi)}.$$

(11) 设 $f(x)$ 在 $[0,1]$ 上有连续导数，且 $f(0)=f(1)=0$，证明：

$$\left| \int_0^1 f(x)\mathrm{d}x \right| \leqslant \frac{1}{4} M,$$

其中 M 是 $|f'(x)|$ 在 $[0,1]$ 上的最大值.

(12) 求数列 $1, \sqrt{2}, \sqrt[3]{3}, \cdots, \sqrt[n]{n}, \cdots$ 中的最大者.

(13) 证明：$x > 0$ 时，$(x^2-1)\ln x \geqslant (x-1)^2$.

(14) 设 $f(x)$ 在 $[a,b]$ 上连续，在 (a,b) 内可导，$f'(x) > 0$ 且 $\lim\limits_{x \to a^+} \dfrac{f(2x-a)}{x-a}$ 存在，证明：

① 在 (a,b) 内，$f(x) > 0$;

② 存在 $\xi \in (a,b)$，使得

$$\frac{b^2-a^2}{\int_a^b f(x)\mathrm{d}x} = \frac{2\xi}{f(\xi)};$$

③ 存在 $\eta \in (a,b)$，$\eta \neq \xi$，使得

$$f'(\eta)(b^2 - a^2) = \frac{2\xi}{\xi - a} \int_a^b f(x)\mathrm{d}x .$$

（15）设 $f(x)$ 在 **R** 上有定义，且对任何 $x,y \in \mathbf{R}$ 有

$$f(x+y) = f(x)f(y)$$

且 $f'(0) = 1$，证明：当 $x \in \mathbf{R}$ 时，$f'(x) = f(x)$.

（16）设 $f(x)$ 在 $[a, +\infty)$ 内二阶可导，且 $f(a) > 0$，$f'(a) < 0$，又当 $x > a$ 时，$f''(x) < 0$，证明：方程 $f(x) = 0$ 在 $[a, +\infty)$ 内必有唯一实根.

综合训练答案

（1）证明：设 $F(x) = f(x) - g(x)$，由已知可得 $F(a) = F(b) = 0$，且 $F(x)$ 在 $[a,b]$ 上连续且可导，故 $F(x)$ 在 $[a,b]$ 上满足罗尔定理的条件，所以至少存在一点 $\xi \in (a,b)$，使得 $F'(\xi) = 0$，即 $f'(\xi) = g'(\xi)$.

（2）证明：由于 $f(0) = 0, f(1) = 1$ 和 $f(x)$ 在 $[0,1]$ 上连续，根据介值定理，存在 $\hat{x} \in (0,1)$ 使 $f(\hat{x}) = \frac{1}{2}$. $f(x)$ 在 $[0, \hat{x}]$ 和 $[\hat{x}, 1]$ 上都满足拉格朗日中值定理的条件，因此存在 $x_1 \in (0, \hat{x})$ 和 $x_2 \in (\hat{x}, 1)$，使得

$$f'(x_1) = \frac{f(\hat{x}) - f(0)}{\hat{x} - 0} = \frac{1}{2\hat{x}},$$

$$f'(x_2) = \frac{f(1) - f(\hat{x})}{1 - \hat{x}} = \frac{1}{2(1 - \hat{x})}$$

于是

$$\frac{1}{f'(x_1)} + \frac{1}{f'(x_2)} = 2\hat{x} + 2(1 - \hat{x}) = 2.$$

（3）证明：由已知条件有 $F(1) = F(2) = 0$，根据罗尔定理，存在 $c \in (1,2)$，使 $F'(c) = 0$. 又 $F'(x) = 2(x-1)f(x) + (x-1)^2 f'(x)$，可知 $F'(1) = 0$.

再次应用罗尔定理，存在 $\xi \in (1, c)$，使得 $F''(\xi) = 0$.

（4）证明：① 设 $\quad F(x) = f(x) - (1-x) = f(x) + x - 1$，

$$F(0) = f(0) - 1 = -1 < 0, F(1) = f(1) = 1 > 0,$$

由零点定理，存在 $\xi \in (0,1)$，使 $f(\xi) = 1 - \xi$；

② 对 $F(x) = f(x) - (1-x) = f(x) + x - 1$ 分别在 $[0, \xi]$ 和 $[\xi, 1]$ 上应用拉格朗日中值定理，则

$$0 - (-1) = F(\xi) - F(0) = F'(\eta)(\xi - 0), \eta \in (0, \xi),$$

$$1 - 0 = F(1) - F(\xi) = F'(\zeta)(1 - \xi), \zeta \in (\xi, 1)$$

即

$$1 = [f'(\eta) + 1]\xi, 1 = [f'(\zeta) + 1](1 - \xi),$$

亦即

$$f'(\eta) = \frac{1 - \xi}{\xi}, \quad f'(\zeta) = \frac{\xi}{1 - \xi},$$

于是

$$f'(\eta)f'(\zeta) = 1.$$

（5）证明：设 $F(x) = f(x+a) - f(x)$，则有 $F(0) = f(a) - f(0)$，$F(a) = f(2a) - f(a)$，又 $f(0) = f(2a)$，所以 $F(0)F(a) < 0$，根据零点定理，存在 $\xi \in [0, a]$，使得 $F(\xi) = 0$，即

$$f(\xi)=f(\xi+a).$$

（6）证明：由泰勒展式，有

$$f(x)=f(x_0)+f'(x_0)(x-x_0)+\frac{f''(\xi)}{2}(x-x_0)^2,\forall x_0\in[0,2],\xi\text{ 介于 }x_0\text{ 和 }x\text{ 之间}.$$

$$f(0)=f(x_0)+f'(x_0)(-x_0)+\frac{f''(\xi_1)}{2}(-x_0)^2,\forall x_0\in[0,2],$$

$$f(2)=f(x_0)+f'(x_0)(2-x_0)+\frac{f''(\xi_2)}{2}(2-x_0)^2,\forall x_0\in[0,2],$$

$$f(2)-f(0)=2f'(x_0)+\frac{f''(\xi_2)}{2}(2-x_0)^2-\frac{f''(\xi_1)}{2}(-x_0)^2,\forall x_0\in[0,2],$$

由已知

$$|2f'(x_0)|=\left|f(2)-f(0)-\frac{f''(\xi_2)}{2}(2-x_0)^2+\frac{f''(\xi_1)}{2}(-x_0)^2\right|$$

$$\leqslant|f(2)|+|f(0)|+\frac{|f''(\xi_2)|}{2}(2-x_0)^2+\frac{|f''(\xi_1)|}{2}(-x_0)^2$$

$$\leqslant1+1+\frac{1}{2}(2-x_0)^2+\frac{1}{2}(-x_0)^2=x_0^2-2x_0+4=(x_0-1)^2+3\leqslant4.$$

由 x_0 得任意性，可知 $|f'(x)|\leqslant2$.

（7）证明：根据拉格朗日中值定理，$\ln^2 b-\ln^2 a>\dfrac{2\ln\xi}{\xi}(b-a),a<\xi<b$，下证 $\dfrac{2\ln\xi}{\xi}>\dfrac{4}{e^2}$.

设 $g(t)=\dfrac{2\ln t}{t}$，$g'(t)=2\left(\dfrac{1-\ln t}{t^2}\right)<0,t\in(e,e^2)$，从而 $g(t)$ 单调减少，且 $g(e^2)=\dfrac{4}{e^2}$，

所以 $g(t)>\dfrac{4}{e^2},t\in(e,e^2)$，证毕.

（8）证明：根据柯西中值定理，存在 $\xi\in(x,y)\subset\left(0,\dfrac{\pi}{2}\right)$，使得 $\dfrac{a^y-a^x}{\cos y-\cos x}=\dfrac{a^\xi\ln a}{-\sin\xi}$，

于是

$$a^y-a^x=(\cos x-\cos y)\frac{a^\xi\ln a}{\sin\xi}>(\cos x-\cos y)a^x\ln a.$$

（9）证明：设 $\lim\limits_{x\to-\infty}f(x)=\lim\limits_{x\to+\infty}f(x)=a$.

若 $f(x)\equiv a$，则结论显然成立；若 $\exists x_0\in(-\infty,+\infty)$，使 $f(x_0)=b\neq a$，不妨设 $b>a$，由极限保号性知，$\exists M>0$，当 $x<-M$ 时，$f(x)<b$；当 $x>M$ 时，$f(x)<b$.

由 $f(x)$ 在 $[-M,M]$ 上连续和 $x_0\in[-M,M]$，则必有最大点 $c\in(-M,M)\subset(-\infty,+\infty)$. 另外由 $f(x)$ 可导，故 $f'(c)=0$.

（10）证明：设 $F(x)$ 和 $G(x)$ 分别是 $f(x)$ 和 $g(x)$ 的一个原函数，则

$$\frac{\int_a^b f(x)\mathrm{d}x}{\int_a^b g(x)\mathrm{d}x}=\frac{F(b)-F(a)}{G(b)-G(a)}$$

根据柯西中值定理，存在 $\xi\in(a,b)$，使得 $\dfrac{F(b)-F(a)}{G(b)-G(a)}=\dfrac{F'(\xi)}{G'(\xi)}=\dfrac{f(\xi)}{g(\xi)}$，于是

$$\frac{\int_a^b f(x)\mathrm{d}x}{\int_a^b g(x)\mathrm{d}x}=\frac{f(\xi)}{g(\xi)}.$$

(11) 证明：由拉格朗日中值定理，$\exists\,\xi\in\left(0,\dfrac{1}{2}\right),\eta\in\left(\dfrac{1}{2},\,1\right)$ 使得

$$\left|\int_0^1 f(x)\mathrm{d}x\right|\leqslant\left|\int_0^{\frac{1}{2}}(f(x)-f(0))\,\mathrm{d}x\right|+\left|\int_{\frac{1}{2}}^1(f(x)-f(1))\,\mathrm{d}x\right|$$

$$=\left|\int_0^{\frac{1}{2}}f'(\xi)x\,\mathrm{d}x\right|+\left|\int_{\frac{1}{2}}^1 f'(\eta)(x-1)\,\mathrm{d}x\right|$$

$$\leqslant M\left(\left|\int_0^{\frac{1}{2}}x\,\mathrm{d}x\right|+\left|\int_{\frac{1}{2}}^1(x-1)\,\mathrm{d}x\right|\right)=\frac{1}{4}M.$$

(12) 解：考虑函数 $y=f(x)=x^{\frac{1}{x}}$，$x\geqslant1$，用对数求导法，

$$\ln y=\frac{\ln x}{x},\quad\frac{1}{y}y'=\frac{1-\ln x}{x^2},\quad y'=x^{\frac{1}{x}}\frac{1-\ln x}{x^2}=0,\ 得\ x=\mathrm{e},$$

根据导数符号判断可知 $f(x)$ 在 $[1,\mathrm{e})$ 上单调增加，在 $(\mathrm{e},+\infty)$ 上单调减小，故 e 为 $f(x)$ 在 $[1,+\infty)$ 上的最大值点，由此可知 $\sqrt{2}$ 和 $\sqrt[3]{3}$ 可能为最大者，因为 $(\sqrt{2})^6=8$，$(\sqrt[3]{3})^6=9$，故 $\sqrt[3]{3}$ 为最大者.

(13) 证明：① $x=1$ 显然成立.

② $0<x<1$，只需证明 $(x+1)\ln x\leqslant x-1$，令

$$F(x)=x-1-(x+1)\ln x,$$

$$F'(x)=-\ln x-\frac{1}{x},\quad F''(x)=\frac{1-x}{x^2}>0$$

所以 $F'(x)$ 在 $[0,1]$ 上单调减少，$F'(1)=-1<0$，所以 $F'(x)<0$，因此 $F(x)$ 在 $[0,1]$ 上单调减少，$F(1)=0$，于是 $F(x)>0$，即 $(x+1)\ln x\leqslant x-1$，亦即 $(x^2-1)\ln x\geqslant(x-1)^2$.

③ $x>1$，只需证明 $(x+1)\ln x\geqslant x-1$，令 $G(x)=(x+1)\ln x-(x-1)$，$G'(x)=\ln x+\dfrac{1}{x}$，所以 $G(x)$ 在 $[1,+\infty]$ 上单调增加，又 $G(1)=0$，进而 $G(x)>0$，即 $(x+1)\ln x\geqslant x-1$，亦即 $(x^2-1)\ln x\geqslant(x-1)^2$.

(14) 证明：① 由 $\lim\limits_{x\to a^+}\dfrac{f(2x-a)}{x-a}$ 存在，知 $f(a)=0$，再由 $f'(x)>0$，可知 $x\in(a,b)$ 时，$f(x)>0$.

② 设 $h(x)=x^2$，$g(x)=\displaystyle\int_a^x f(t)\mathrm{d}t$，应用柯西中值定理，存在 $\xi\in(a,b)$，使得

$$\frac{b^2-a^2}{\int_a^b f(x)\mathrm{d}x}=\frac{2\xi}{f(\xi)}.$$

③ 由①，②可得 $\dfrac{b^2-a^2}{\int_a^b f(x)\mathrm{d}x}=\dfrac{2\xi}{f(\xi)}=\dfrac{2\xi}{f(\xi)-f(a)}=\dfrac{2\xi}{f'(\eta)(\xi-a)}.$

(15) 证明：令 $y=0$，可得 $f(0)=1$，于是 $\forall x\in\mathbf{R}$，

$$f'(x) = \lim_{\Delta x \to 0} \frac{f(x + \Delta x) - f(x)}{\Delta x} = \lim_{\Delta x \to 0} \frac{f(x)f(\Delta x) - f(x)f(0)}{\Delta x}$$

$$= f(x) \lim_{\Delta x \to 0} \frac{f(\Delta x) - f(0)}{\Delta x} = f(x)f'(0) = f(x).$$

(16) 证明：由 $f''(x) < 0$ 知，$f'(x)$ 单调减少，即当 $x \in [a, +\infty)$ 时，$f'(x) < f'(a) < 0$，因此 $f(x)$ 单调减少，即 $f(x) = 0$ 至多有一个根.

又当 $x \in [a, +\infty)$ 时，$f(x) = f(a) + f'(\xi)(x - a) < f(a) + f'(a)(x - a), a < \xi < x$，所以当 $x \to +\infty$ 时，$f(x) \to -\infty$，而 $f(a) > 0$，故 $f(x) = 0$ 至少有一个根.

因此 $f(x) = 0$ 有唯一实根.

专题3 一元函数积分学

竞赛大纲

（1）原函数和不定积分的概念.

（2）不定积分的基本性质、基本积分公式.

（3）定积分的概念和基本性质、定积分中值定理、变上限定积分确定的函数及其导数、牛顿–莱布尼茨（Newton-Leibniz）公式.

（4）不定积分和定积分的换元积分法与分部积分法.

（5）有理函数、三角函数有理式和简单无理函数的积分.

（6）广义积分.

（7）定积分的应用：平面图形的面积、平面曲线的弧长、旋转体的体积及侧面积、平行截面面积为已知的立体体积、功、引力、压力及函数的平均值.

3.1 不定积分

一、知识要点

1. 原函数与不定积分的概念

（1）如果对于区间 I 上的任意 x 都有 $F'(x)=f(x)$ 或者 $\mathrm{d}F(x)=f(x)\mathrm{d}x$，那么 $F(x)$ 称为 $f(x)$ 在区间 I 上的一个原函数.

（2）在区间 I 上，函数 $f(x)$ 的带有任意常数项的原函数称为 $f(x)$ 在区间 I 上的不定积分，记作 $\displaystyle\int f(x)\mathrm{d}x$.

2. 不定积分的基本性质

（1）设函数 $f(x)$ 与 $g(x)$ 的原函数存在，则

$$\int [af(x)\pm bg(x)]\mathrm{d}x = a\int f(x)\mathrm{d}x \pm b\int g(x)\mathrm{d}x,$$

其中 a,b 为任意常数；

（2）$\dfrac{\mathrm{d}}{\mathrm{d}x}\left[\displaystyle\int f(x)\mathrm{d}x\right]=f(x)$ 或 $\mathrm{d}\left[\displaystyle\int f(x)\mathrm{d}x\right]=f(x)\mathrm{d}x$；

(3) $\int f'(x)\mathrm{d}x = f(x) + C$ 或 $\int \mathrm{d}f(x) = f(x) + C$.

3. 不定积分基本公式

(1) $\int k\,\mathrm{d}x = kx + C$（$k$ 为常数），特别地 $\int 0\,\mathrm{d}x = C$;

(2) $\int x^{\mu}\mathrm{d}x = \dfrac{x^{\mu+1}}{\mu+1} + C$（$\mu \neq -1$）;

(3) $\int \dfrac{\mathrm{d}x}{x} = \ln|x| + C$;

(4) $\int a^{x}\mathrm{d}x = \dfrac{a^{x}}{\ln a} + C$，$a > 0$，$a \neq 1$，特别地 $\int \mathrm{e}^{x}\mathrm{d}x = \mathrm{e}^{x} + C$;

(5) $\int \cos x\,\mathrm{d}x = \sin x + C$，$\int \sin x\,\mathrm{d}x = -\cos x + C$;

(6) $\int \dfrac{\mathrm{d}x}{\cos^{2}x} = \int \sec^{2}x\,\mathrm{d}x = \tan x + C$，$\int \dfrac{\mathrm{d}x}{\sin^{2}x} = \int \csc^{2}x\,\mathrm{d}x = -\cot x + C$;

(7) $\int \sec x\tan x\,\mathrm{d}x = \sec x + C$，$\int \csc x\cot x\,\mathrm{d}x = -\csc x + C$;

(8) $\int \tan x\,\mathrm{d}x = -\ln|\cos x| + C$，$\int \cot x\,\mathrm{d}x = \ln|\sin x| + C$;

(9) $\int \sec x\,\mathrm{d}x = \ln|\sec x + \tan x| + C$，$\int \csc x\,\mathrm{d}x = \ln|\csc x - \cot x| + C = \ln\left|\tan\dfrac{x}{2}\right| + C$;

(10) $\int \dfrac{\mathrm{d}x}{a^{2} + x^{2}} = \dfrac{1}{a}\arctan\dfrac{x}{a} + C$，特别地 $\int \dfrac{\mathrm{d}x}{1 + x^{2}} = \arctan x + C$;

(11) $\int \dfrac{\mathrm{d}x}{a^{2} - x^{2}} = \dfrac{1}{2a}\ln\left|\dfrac{a + x}{a - x}\right| + C$，或 $\int \dfrac{\mathrm{d}x}{x^{2} - a^{2}} = \dfrac{1}{2a}\ln\left|\dfrac{x - a}{x + a}\right| + C$;

(12) $\int \dfrac{\mathrm{d}x}{\sqrt{a^{2} - x^{2}}} = \arcsin\dfrac{x}{a} + C$，特别地 $\int \dfrac{\mathrm{d}x}{\sqrt{1 - x^{2}}} = \arcsin x + C$;

(13) $\int \dfrac{\mathrm{d}x}{\sqrt{x^{2} + a^{2}}} = \ln(x + \sqrt{x^{2} + a^{2}}) + C$，$\int \dfrac{\mathrm{d}x}{\sqrt{x^{2} - a^{2}}} = \ln|x + \sqrt{x^{2} - a^{2}}| + C$;

(14) $\int \sqrt{a^{2} - x^{2}}\,\mathrm{d}x = \dfrac{x}{2}\sqrt{a^{2} - x^{2}} + \dfrac{a^{2}}{2}\arcsin\dfrac{x}{a} + C$;

(15) $\int \sqrt{x^{2} \pm a^{2}}\,\mathrm{d}x = \dfrac{x}{2}\sqrt{x^{2} \pm a^{2}} \pm \dfrac{a^{2}}{2}\ln|x + \sqrt{x^{2} \pm a^{2}}| + C$.

4. 不定积分的计算法

(1) 第一类换元法（凑微分法）　设函数 $f(u)$ 具有原函数 $F(u)$，$u = \varphi(x)$ 可导，则有换元公式

$$\int f[\varphi(x)]\varphi'(x)\mathrm{d}x = \int f[\varphi(x)]\mathrm{d}\varphi(x) \xrightarrow{u = \varphi(x)} \int f(u)\mathrm{d}u = F(u) + C = F[\varphi(x)] + C .$$

常见的凑微分公式有：

① $\int f(ax + b)\mathrm{d}x = \dfrac{1}{a}\int f(ax + b)\mathrm{d}(ax + b)$　（$a \neq 0$）;

② $\int \dfrac{1}{x}f(\ln x)\mathrm{d}x = \int f(\ln x)\mathrm{d}(\ln x)$;

③ $\int f(ax^n + b)x^{n-1}\mathrm{d}x = \dfrac{1}{na}\int f(ax^n + b)\mathrm{d}(ax^n + b)$,

特别地 $\int f\left(\dfrac{1}{x}\right)\dfrac{1}{x^2}\mathrm{d}x = -\int f\left(\dfrac{1}{x}\right)\mathrm{d}\left(\dfrac{1}{x}\right)$, $\int \dfrac{1}{\sqrt{x}}f(\sqrt{x})\mathrm{d}x = 2\int f(\sqrt{x})\mathrm{d}(\sqrt{x})$;

④ $\int a^x f(a^x)\mathrm{d}x = \dfrac{1}{\ln a}\int f(a^x)\mathrm{d}(a^x)$, 特别地 $\int \mathrm{e}^x f(\mathrm{e}^x)\mathrm{d}x = \int f(\mathrm{e}^x)\mathrm{d}(\mathrm{e}^x)$;

⑤ $\int \sin x f(\cos x)\mathrm{d}x = -\int f(\cos x)\mathrm{d}(\cos x)$, $\int \cos x f(\sin x)\mathrm{d}x = \int f(\sin x)\mathrm{d}(\sin x)$;

⑥ $\int \dfrac{1}{\cos^2 x}f(\tan x)\mathrm{d}x = \int \sec^2 x f(\tan x)\mathrm{d}x = \int f(\tan x)\mathrm{d}(\tan x)$,

$\int \dfrac{1}{\sin^2 x}f(\cot x)\mathrm{d}x = \int \csc^2 x f(\cot x)\mathrm{d}x = -\int f(\cot x)\mathrm{d}(\cot x)$;

⑦ $\int \sec x \tan x f(\sec x)\mathrm{d}x = \int f(\sec x)\mathrm{d}(\sec x)$, $\int \csc x \cot x f(\csc x)\mathrm{d}x = -\int f(\csc x)\mathrm{d}(\csc x)$;

⑧ $\int \dfrac{1}{1+x^2}f(\arcsin x)\mathrm{d}x = \int f(\arcsin x)\mathrm{d}(\arcsin x)$;

⑨ $\int \dfrac{1}{\sqrt{1-x^2}}f(\arctan x)\mathrm{d}x = \int f(\arctan x)\mathrm{d}(\arctan x)$;

⑩ $\int \dfrac{f'(x)}{f(x)}\mathrm{d}x = \int \dfrac{\mathrm{d}f(x)}{f(x)} = \ln|f(x)| + C$.

（2）第二类换元法　设函数 $x = \varphi(t)$ 单调、可微且 $\varphi'(t) \neq 0$, $t = \varphi^{-1}(x)$ 是 $x = \varphi(t)$ 的反函数，又设 $f[\varphi(t)]\varphi'(t)$ 具有原函数 $F(t)$ ，则有换元公式

$$\int f(x)\mathrm{d}x = \int f[\varphi(t)]\varphi'(t)\mathrm{d}t = F(t) + C = F[\varphi^{-1}(x)] + C .$$

常见的代换如下.

① 三角函数代换. 变根式积分为三角有理式积分（$a > 0$）：

当被积函数中含有 $\sqrt{a^2 - x^2}$ 时，令 $x = a\sin t\left(-\dfrac{\pi}{2} < t < \dfrac{\pi}{2}\right)$;

当被积函数中含有 $\sqrt{a^2 + x^2}$ 时，令 $x = a\tan t\left(-\dfrac{\pi}{2} < t < \dfrac{\pi}{2}\right)$;

当被积函数中含有 $\sqrt{x^2 - a^2}$ 时，当 $x > a$ 时，令 $x = a\sec t\left(0 < t < \dfrac{\pi}{2}\right)$; 当 $x < -a$ 时，令 $x = -u$.

② 倒代换. 设 m , n 分别为被积函数的分子、分母关于 x 的最高次数，当 $n - m > 1$ 时，可以考虑利用倒代换计算，即令 $x = \dfrac{1}{t}$.

③ 指数代换. 当被积函数是由指数 a^x 所构成的代数式时，可以考虑利用指数代换计算，即令 $a^x = t$.

④ 其他代换. 当被积函数中含有反三角函数 $\arcsin x$, $\arctan x$ 等时，可以考虑作代换 $\arcsin x = t$, $\arctan x = t$.

（3）分部积分法　设函数 $u = u(x)$, $v = v(x)$ 具有连续导数，则有分部积分公式

$$\int vu'\mathrm{d}x = uv - \int vu'\mathrm{d}x \ \text{或者} \int u\mathrm{d}v = uv - \int v\mathrm{d}u .$$

公式使用的关键在于如何恰当地选取 u 和 $\mathrm{d}v$，选取原则一般考虑两点：①积分容易者选为 $\mathrm{d}v$；②求导简单者选为 u. 当二者不可兼得的情况下，首先要保证①.

注意 ① 当被积函数为反三角函数、对数函数、幂函数、指数函数以及三角函数中两个的乘积时，通常按照"反对幂指三"的口诀，排在前面的函数记为 u，将另一个函数与 $\mathrm{d}x$ 凑成 $\mathrm{d}v$；

② 被积函数为指数函数和三角函数的乘积时，将三角函数记为 u 也可以应用分部积分公式.

二、重点题型解析

【例 3.1】 计算不定积分 $\displaystyle\int \frac{\mathrm{d}x}{\sqrt{x(4-x)}}$.

解析 方法 1 $\displaystyle\int \frac{\mathrm{d}x}{\sqrt{x(4-x)}} = \int \frac{\mathrm{d}x}{\sqrt{x}\sqrt{4-x}} = \int \frac{2\mathrm{d}(\sqrt{x})}{\sqrt{2^2-(\sqrt{x})^2}} = 2\arcsin\frac{\sqrt{x}}{2} + C$.

方法 2 $\displaystyle\int \frac{\mathrm{d}x}{\sqrt{x(4-x)}} = \int \frac{\mathrm{d}x}{\sqrt{4x-x^2}} = \int \frac{\mathrm{d}(x-2)}{\sqrt{4-(x-2)^2}} = \arcsin\frac{x-2}{2} + C$.

评注 此题中的两种方法均是使用了凑微分法，虽然两种解法中的原函数表达式 $2\arcsin\dfrac{\sqrt{x}}{2}$ 与 $\arcsin\dfrac{x-2}{2}$ 不同，但它们至多只差一个常数. 对于不定积分，可以通过验证计算结果的导数是否为被积函数，来验证计算结果的正确性.

【例 3.2】 计算不定积分 $\displaystyle\int (x\ln x)^{3/2}(\ln x + 1)\mathrm{d}x$.

解析 观察被积函数发现 $(x\ln x)' = \ln x + 1$，所以

$$\int (x\ln x)^{3/2}(\ln x + 1)\mathrm{d}x = \int (x\ln x)^{3/2}\mathrm{d}(x\ln x) = \frac{2}{5}(x\ln x)^{5/2} + C .$$

评注 对于某些复杂积分式 $\displaystyle\int g(x)\mathrm{d}x$ ，将被积表达式 $g(x)\mathrm{d}x$ 写成 $f(x)\varphi(x)\mathrm{d}x$ 或 $\dfrac{\varphi(x)}{f(x)}\mathrm{d}x$ ，其中 $f(x)$ 较 $\varphi(x)$ 复杂. 对 $f(x)$ 或者构成 $f(x)$ 的主要部分求导，若其导数为 $\varphi(x)$ 的常数倍，则 $\varphi(x)\mathrm{d}x = k\mathrm{d}[f(x)]$ 或 $\varphi(x)\mathrm{d}x = k\mathrm{d}[f_*(x)]$，其中 $f_*(x)$ 为 $f(x)$ 的主要部分.

上题中取 $\varphi(x) = \ln x + 1$，$f(x) = (x\ln x)^{3/2}$，$f_*(x) = x\ln x$.

【例 3.3】 计算不定积分 $\displaystyle\int \frac{\ln x + 2}{x\ln x(1 + x\ln^2 x)}\mathrm{d}x$.

解析 $\displaystyle\int \frac{\ln x + 2}{x\ln x(1 + x\ln^2 x)}\mathrm{d}x = \int \frac{\ln x(\ln x + 2)}{x\ln^2 x(1 + x\ln^2 x)}\mathrm{d}x = \int \frac{\mathrm{d}(x\ln^2 x)}{x\ln^2 x(1 + x\ln^2 x)}$

$\displaystyle = \int \left(\frac{1}{x\ln^2 x} - \frac{1}{1 + x\ln^2 x}\right)\mathrm{d}(x\ln^2 x) = \ln|x\ln^2 x| - \ln|1 + x\ln^2 x| + C$.

评注 分子分母同时乘以或除以一个因子，再凑微分也是凑微分法中经常使用的方法.

此题中注意到 $(x\ln^2 x)'=\ln x(\ln x+2)$，因此将被积函数的分子分母同时乘以 $\ln x$ 再凑微分.

【例 3.4】 计算不定积分 $\displaystyle\int\frac{\mathrm{d}x}{(x+1)^2\sqrt{x^2+2x+2}}$.

解析 先将根式中的二次三项式配方，再作三角函数代换；或者由于分母次数较高，也可考虑倒代换.

方法 1 $\displaystyle\int\frac{\mathrm{d}x}{(x+1)^2\sqrt{x^2+2x+2}}$

$$=\int\frac{\mathrm{d}(x+1)}{(x+1)^2\sqrt{(x+1)^2+1}}\xlongequal{x+1=\tan t}\int\frac{1}{\tan^2 t\sec t}\sec^2 t\,\mathrm{d}t$$

$$=\int\frac{\cos t}{\sin^2 t}\mathrm{d}t=-\frac{1}{\sin t}+C=-\frac{\sqrt{x^2+2x+2}}{x+1}+C.$$

方法 2 $\displaystyle\int\frac{\mathrm{d}x}{(x+1)^2\sqrt{x^2+2x+2}}=\int\frac{\mathrm{d}(x+1)}{(x+1)^2\sqrt{(x+1)^2+1}}\xlongequal{x+1=\frac{1}{t}}-\int\frac{t\,\mathrm{d}t}{\sqrt{1+t^2}}$

$$=-\sqrt{1+t^2}+C=-\frac{\sqrt{x^2+2x+2}}{x+1}+C.$$

评注 对于无理函数的积分，一般通过变量代换，去掉根号，化为三角函数有理式的积分. 常用的变量代换方法有三角函数代换，详见知识要点 4(2). 对于形如 $\displaystyle\int R(x,\sqrt[n]{ax+b})\mathrm{d}x$ 的积分，可作变量代换 $\sqrt[n]{ax+b}=t$；形如 $\displaystyle\int R\left(x,\sqrt[n]{\frac{ax+b}{cx+d}}\right)\mathrm{d}x$ 的积分，可作变量代换 $\sqrt[n]{\frac{ax+b}{cx+d}}=t$；形如 $\displaystyle\int R(x,\sqrt[n]{ax+b},\sqrt[m]{ax+b})\mathrm{d}x$ 的积分，可作变量代换 $\sqrt[k]{ax+b}=t$，其中 k 为 m 和 n 的最小公倍数.

【例 3.5】 计算不定积分 $\displaystyle\int\frac{\mathrm{d}x}{\sqrt[3]{(x+1)^2(x-1)^4}}$.

解析 $\sqrt[3]{(x+1)^2(x-1)^4}=\sqrt[3]{\left(\frac{x-1}{x+1}\right)^4}(x+1)^2$，令 $t=\dfrac{x-1}{x+1}$，则有 $\mathrm{d}t=\dfrac{2}{(x+1)^2}\mathrm{d}x$，

$$\int\frac{\mathrm{d}x}{\sqrt[3]{(x+1)^2(x-1)^4}}$$

$$=\int\frac{\mathrm{d}x}{\sqrt[3]{\left(\frac{x-1}{x+1}\right)^4}(x+1)^2}=\frac{1}{2}\int t^{-\frac{4}{3}}\mathrm{d}t=-\frac{3}{2}t^{-\frac{1}{3}}+C=-\frac{3}{2}\sqrt[3]{\frac{x+1}{x-1}}+C.$$

【例 3.6】 计算不定积分 $\displaystyle\int\frac{2^x}{1+2^x+4^x}\mathrm{d}x$.

解析 令 $2^x=t$，则 $\mathrm{d}x=\dfrac{1}{\ln 2}\dfrac{\mathrm{d}t}{t}$，有

$$\int\frac{2^x}{1+2^x+4^x}\mathrm{d}x=\int\frac{t}{1+t+t^2}\frac{1}{\ln 2}\frac{\mathrm{d}t}{t}=\frac{1}{\ln 2}\int\frac{\mathrm{d}\left(t+\frac{1}{2}\right)}{\left(t+\frac{1}{2}\right)^2+\left(\frac{\sqrt{3}}{2}\right)^2}$$

$$= \frac{1}{\ln 2} \frac{2}{\sqrt{3}} \arctan \frac{t + \frac{1}{2}}{\frac{\sqrt{3}}{2}} + C = \frac{2}{\sqrt{3} \ln 2} \arctan \frac{2^{x+1} + 1}{\sqrt{3}} + C.$$

评注 当被积函数是由指数 a^x 所构成的代数式时，可以考虑利用指数代换计算，即令 $a^x = t$.

【例 3.7】 计算不定积分 $I = \int \frac{e^{\arctan x}}{(1+x^2)^{3/2}} dx$.

解析 方法 1 令 $\arctan x = t$，则 $x = \tan t$，有

$$I = \int \frac{e^{\arctan x}}{(1+x^2)^{3/2}} dx = \int \frac{e^t}{\sec^3 t} \sec^2 t \, dt = \int e^t \cos t \, dt = e^t \sin t - \int e^t \sin t \, dt$$

$$= e^t \sin t + e^t \cos t - \int e^t \cos t \, dt = e^t \sin t + e^t \cos t - I,$$

从而有
$$I = \frac{1}{2}(\sin t + \cos t) e^t + C = \frac{x+1}{2\sqrt{1+x^2}} e^{\arctan x} + C.$$

方法 2
$$I = \int \frac{e^{\arctan x}}{(1+x^2)^{1/2}} d(\arctan x) = \int \frac{1}{\sqrt{1+x^2}} d(e^{\arctan x})$$

$$= \frac{1}{\sqrt{1+x^2}} e^{\arctan x} + \int \frac{x e^{\arctan x}}{(1+x^2)^{3/2}} dx = \frac{1}{\sqrt{1+x^2}} e^{\arctan x} + \int \frac{x}{(1+x^2)^{1/2}} d(e^{\arctan x})$$

$$= \frac{1}{\sqrt{1+x^2}} e^{\arctan x} + \frac{x}{\sqrt{1+x^2}} e^{\arctan x} - I.$$

从而有
$$I = \frac{x+1}{2\sqrt{1+x^2}} e^{\arctan x} + C.$$

评注 当被积函数含有反三角函数 $\arcsin x$，$\arctan x$ 等时，可以考虑作代换 $\arcsin x = t$，$\arctan x = t$.

【例 3.8】 计算不定积分 $\int \frac{x^4 + x + 1}{x^3 + 1} dx$.

解析 $\frac{x^4 + x + 1}{x^3 + 1} = x + \frac{1}{x^3 + 1}$，由于

$$x^3 + 1 = (x+1)(x^2 - x + 1),$$

设
$$\frac{1}{x^3 + 1} = \frac{A}{x+1} + \frac{Bx + C}{x^2 - x + 1},$$

将右边通分合并，再比较两边分子解得 $A = \frac{1}{3}$，$B = -\frac{1}{3}$，$C = \frac{2}{3}$.

从而
$$\int \frac{x^4 + x + 1}{x^3 + 1} dx = \int x \, dx + \int \frac{dx}{x^3 + 1} = \frac{1}{2} x^2 + \frac{1}{3} \int \left[\left(\frac{1}{x+1} - \frac{x-2}{x^2 - x + 1} \right) \right] dx$$

$$= \frac{1}{2} x^2 + \frac{1}{3} \int \frac{1}{x+1} dx - \frac{1}{6} \int \frac{2x-1}{x^2 - x + 1} dx + \frac{1}{2} \int \frac{d\left(x - \frac{1}{2} \right)}{\left(x - \frac{1}{2} \right)^2 + \frac{3}{4}}$$

$$= \frac{1}{2}x^2 + \frac{1}{6}\ln \frac{(x+1)^2}{x^2-x+1} + \frac{1}{\sqrt{3}}\arctan \frac{2x-1}{\sqrt{3}} + C$$

评注 两个多项式的商 $\frac{P(x)}{Q(x)}$ 称为有理函数，又称为有理分式．当 $P(x)$ 的次数小于 $Q(x)$ 的次数时，称该有理函数为真分式，否则称为假分式．若有理函数的积分不能通过凑微分或换元法来化简，一般的求解方法是：①用多项式除法化被积函数为整式与真分式之和；②将真分式的分母作因式分解（分解为一次与二次不可约因式的乘积），再化分式为部分分式之和；③积分各项部分分式，这些部分分式的积分形式为 $\int \frac{1}{(x-a)^n}dx, n \in N$ 与 $\int \frac{Ax+B}{(x^2+px+q)^n}dx$，$p^2 < 4q, n \in N$，这两种形式的积分都可用第一类换元积分法积分．

【例 3.9】 计算不定积分 $\int \frac{1}{x+x^9}dx$．

解析 方法 1 $\quad \int \frac{1}{x+x^9}dx = \int \frac{1}{x(1+x^8)}dx = \int \frac{x^7}{x^8(1+x^8)}dx = \frac{1}{8}\int \frac{dx^8}{x^8(1+x^8)}$

$$= \frac{1}{8}\int \left(\frac{1}{x^8} - \frac{1}{1+x^8} \right)d(x^8) = \frac{1}{8}[\ln x^8 - \ln(1+x^8)] + C = \frac{1}{8}\ln \frac{x^8}{1+x^8} + C.$$

方法 2 $\quad \int \frac{1}{x+x^9}dx = \int \frac{1}{x(1+x^8)}dx = \int \left(\frac{1}{x} - \frac{x^7}{1+x^8} \right)dx = \ln|x| - \frac{1}{8}\ln(1+x^8) + C.$

方法 3 $\quad \int \frac{1}{x+x^9}dx = \int \frac{1}{x^9\left(1+\frac{1}{x^8}\right)}dx = -\frac{1}{8}\int \frac{d(x^{-8})}{1+x^{-8}} = -\frac{1}{8}\ln(1+x^{-8}) + C.$

评注 从理论上讲，使用例 3.8 中所陈述的一般求解方法总可以将有理函数的不定积分"积"出来，但在计算时未必是最简单的方法．遇到有理函数的积分，应该根据被积函数的特点，灵活选择解法．常用的方法有凑微分法和变量替换法．

【例 3.10】 计算不定积分 $\int \frac{1}{\sin 2x + 2\sin x}dx$．

解析 由 $\sin x$，$\cos x$ 以及常数经过有限次的四则运算所构成的函数称为三角函数有理式，记为 $R(\sin x, \cos x)$，积分 $\int R(\sin x, \cos x)dx$ 称为三角函数有理式的积分．三角函数有理式的积分的主要处理方法有：换元积分法、分部积分法、万能变换和一些巧妙方法．

方法 1 $\quad \int \frac{1}{\sin 2x + 2\sin x}dx = \int \frac{1}{2\sin x(1+\cos x)}dx = \int \frac{dx}{4\sin x \cos^2 \frac{x}{2}} = \int \frac{dx}{8\sin \frac{x}{2}\cos^3 \frac{x}{2}}$

$$= \int \frac{\sin^2 \frac{x}{2} + \cos^2 \frac{x}{2}}{8\sin \frac{x}{2}\cos^3 \frac{x}{2}}dx = \int \frac{\sin \frac{x}{2}}{8\cos^3 \frac{x}{2}}dx + \int \frac{dx}{4\sin x} = -\int \frac{d\left(\cos \frac{x}{2}\right)}{4\cos^3 \frac{x}{2}} + \frac{1}{4}\int \csc x \, dx$$

$$= \frac{1}{8\cos^2 \frac{x}{2}} + \frac{1}{4}\ln|\csc x - \cot x| + C.$$

方法 2　$\displaystyle\int\frac{1}{\sin 2x+2\sin x}\mathrm{d}x=\frac{1}{8}\int\frac{\mathrm{d}x}{\sin\frac{x}{2}\cos^3\frac{x}{2}}=\frac{1}{4}\int\frac{\sec^4\frac{x}{2}}{\tan\frac{x}{2}}\mathrm{d}\frac{x}{2}=\frac{1}{4}\int\frac{\sec^2\frac{x}{2}}{\tan\frac{x}{2}}\mathrm{d}\left(\tan\frac{x}{2}\right)$

$\displaystyle=\frac{1}{4}\int\frac{1+\tan^2\frac{x}{2}}{\tan\frac{x}{2}}\mathrm{d}\left(\tan\frac{x}{2}\right)=\frac{1}{4}\ln\left|\tan\frac{x}{2}\right|+\frac{1}{8}\tan^2\frac{x}{2}+C.\,\rrbracket$

评注　遇到三角函数有理式的积分，要根据被积函数的特点，利用三角函数的性质，包括积化和差公式、和差化积公式、倍角公式、半角公式等，尽量化简被积函数，运用"巧妙方法"计算积分. 本题方法 1 中使用了技巧"$\sin^2 x+\cos^2 x=1$".

【例 3.11】　计算不定积分 $\displaystyle\int\frac{x+\sin x}{1+\cos x}\mathrm{d}x$.

解析　$\displaystyle\int\frac{x+\sin x}{1+\cos x}\mathrm{d}x=\int\frac{x+\sin x}{2\cos^2\frac{x}{2}}\mathrm{d}x=\frac{1}{2}\int x\sec^2\frac{x}{2}\mathrm{d}x+\int\frac{2\sin\frac{x}{2}\cos\frac{x}{2}}{2\cos^2\frac{x}{2}}\mathrm{d}x$

$\displaystyle=\int x\,\mathrm{d}\left(\tan\frac{x}{2}\right)+\int\tan\frac{x}{2}\mathrm{d}x=x\tan\frac{x}{2}-\int\tan\frac{x}{2}\mathrm{d}x+\int\tan\frac{x}{2}\mathrm{d}x=x\tan\frac{x}{2}+C.$

评注　对于有些三角函数有理式的积分，如果被积函数是一分式的形式，且分母为 $(1\pm\cos x)^k$，$(1\pm\sin x)^k$ 或者 $(\cos x\pm\sin x)^k$，可考虑将分母化为单项式，一般做法如下：

① $\displaystyle\int\frac{P^*(\sin x,\cos x)}{(1\pm\cos x)^k}\mathrm{d}x=\int\frac{P^*(\sin x,\cos x)(1\mp\cos x)^k}{(\sin^2 x)^k}\mathrm{d}x$，

或者 $\displaystyle\int\frac{P^*(\sin x,\cos x)}{(1+\cos x)^k}\mathrm{d}x=\int\frac{P^*(\sin x,\cos x)}{\left(2\cos^2\frac{x}{2}\right)^k}\mathrm{d}x$，

$\displaystyle\int\frac{P^*(\sin x,\cos x)}{(1-\cos x)^k}\mathrm{d}x=\int\frac{P^*(\sin x,\cos x)}{\left(2\sin^2\frac{x}{2}\right)^k}\mathrm{d}x$；

② $\displaystyle\int\frac{P^*(\sin x,\ \cos x)}{(1\pm\sin x)^k}\mathrm{d}x=\int\frac{P^*(\sin x,\ \cos x)(1\mp\sin x)^k}{(\cos^2 x)^k}\mathrm{d}x$；

③ $\displaystyle\int\frac{P^*(\sin x,\ \cos x)}{(\cos\pm\sin x)^k}\mathrm{d}x=\int\frac{P^*(\sin x,\ \cos x)(\cos x\mp\sin x)^k}{(\cos 2x)^k}\mathrm{d}x$，

其中，$P^*(\sin x,\cos x)$ 为由 $\sin x$ 和 $\cos x$ 构成的多项式.

【例 3.12】　（第二十届大连市高等数学竞赛试题）计算不定积分 $\displaystyle\int\frac{3\cos x+\sin x}{2\sin x+\cos x}\mathrm{d}x$.

解析　令 $3\cos x+\sin x=A(2\sin x+\cos x)+B(2\sin x+\cos x)'$，解得 $A=B=1$.

所以　$\displaystyle\int\frac{3\cos x+\sin x}{2\sin x+\cos x}\mathrm{d}x=\int\frac{(2\sin x+\cos x)+(2\sin x+\cos x)'}{2\sin x+\cos x}\mathrm{d}x$

$\displaystyle=\int\mathrm{d}x+\int\frac{\mathrm{d}(2\sin x+\cos x)}{2\sin x+\cos x}=x+\ln|2\sin x+\cos x|+C.$

评注　当被积函数是正余弦的线性齐次分式函数时，可将分子拆分为分母及其导数的常

数倍之和，再分项积分，即若被积函数形为 $\dfrac{a\sin x+b\cos x}{c\sin x+d\cos x}$，可令

$$a\sin x+b\cos x=A(c\sin x+d\cos x)+B(c\sin x+d\cos x)',$$

解出 A，B 后再分项积分.

【例 3.13】（首届全国大学生数学竞赛决赛试题）已知 $f(x)$ 在区间 $\left(\dfrac{1}{4},\dfrac{1}{2}\right)$ 内满足

$f'(x)=\dfrac{1}{\sin^3 x+\cos^3 x}$，求 $f(x)$.

解析 方法 1 $\quad f(x)=\displaystyle\int\dfrac{1}{\sin^3 x+\cos^3 x}\mathrm{d}x=\int\dfrac{1}{(\sin x+\cos x)(1-\sin x\cos x)}\mathrm{d}x$

$$=\dfrac{1}{3}\int\left(\dfrac{2}{\sin x+\cos x}+\dfrac{\sin x+\cos x}{1-\sin x\cos x}\right)\mathrm{d}x,$$

其中

$$\int\dfrac{2}{\sin x+\cos x}\mathrm{d}x=\int\dfrac{2\mathrm{d}\left(x+\dfrac{\pi}{4}\right)}{\sqrt{2}\sin\left(x+\dfrac{\pi}{4}\right)}=\sqrt{2}\ln\left|\csc\left(x+\dfrac{\pi}{4}\right)-\cot\left(x+\dfrac{\pi}{4}\right)\right|+C_1,$$

$$\int\dfrac{\sin x+\cos x}{1-\sin x\cos x}\mathrm{d}x=\int\dfrac{\sin x+\cos x}{1-\dfrac{1-(\sin x-\cos x)^2}{2}}\mathrm{d}x=\int\dfrac{2(\sin x+\cos x)}{1+(\sin x-\cos x)^2}\mathrm{d}x$$

$$=2\int\dfrac{\mathrm{d}(\sin x-\cos x)}{1+(\sin x-\cos x)^2}=2\arctan(\sin x-\cos x)+C_2,$$

所以

$$f(x)=\dfrac{\sqrt{2}}{3}\ln\left|\csc\left(x+\dfrac{\pi}{4}\right)-\cot\left(x+\dfrac{\pi}{4}\right)\right|+\dfrac{2}{3}\arctan(\sin x-\cos x)+C.$$

方法 2 $\quad f(x)=\displaystyle\int\dfrac{1}{\sin^3 x+\cos^3 x}\mathrm{d}x=\int\dfrac{1}{(\sin x+\cos x)(1-\sin x\cos x)}\mathrm{d}x$

$$=\int\dfrac{\mathrm{d}x}{\sqrt{2}\sin\left(x+\dfrac{\pi}{4}\right)\left(1-\dfrac{1}{2}\sin 2x\right)}=\int\dfrac{\mathrm{d}x}{\sqrt{2}\sin\left(x+\dfrac{\pi}{4}\right)\left[1+\dfrac{1}{2}\cos\left(\dfrac{\pi}{2}+2x\right)\right]}$$

$$=\int\dfrac{\mathrm{d}x}{\sqrt{2}\sin\left(x+\dfrac{\pi}{4}\right)\left[\dfrac{1}{2}+\dfrac{1+\cos\left(\dfrac{\pi}{2}+2x\right)}{2}\right]}=\int\dfrac{\mathrm{d}x}{\sqrt{2}\sin\left(x+\dfrac{\pi}{4}\right)\left[\dfrac{1}{2}+\cos^2\left(x+\dfrac{\pi}{4}\right)\right]}$$

$$=\int\dfrac{\sin\left(x+\dfrac{\pi}{4}\right)\mathrm{d}x}{\sqrt{2}\sin^2\left(x+\dfrac{\pi}{4}\right)\left[\dfrac{1}{2}+\cos^2\left(x+\dfrac{\pi}{4}\right)\right]}\xrightarrow{u=\cos\left(x+\frac{\pi}{4}\right)}\int\dfrac{-\mathrm{d}u}{\sqrt{2}(1-u^2)\left(\dfrac{1}{2}+u^2\right)}$$

$$=-\dfrac{1}{\sqrt{2}}\dfrac{2}{3}\int\left(\dfrac{1}{1-u^2}+\dfrac{1}{\dfrac{1}{2}+u^2}\right)\mathrm{d}u=-\dfrac{\sqrt{2}}{3}\left[\int\dfrac{\mathrm{d}u}{1-u^2}+\sqrt{2}\int\dfrac{\mathrm{d}(\sqrt{2}u)}{1+(\sqrt{2}u)^2}\right]$$

$$=-\dfrac{\sqrt{2}}{3}\left[\dfrac{1}{2}\ln\left|\dfrac{1+u}{1-u}\right|+\sqrt{2}\arctan(\sqrt{2}u)\right]+C$$

$$= \frac{-1}{3\sqrt{2}} \ln \left| \frac{1+\cos\left(x+\frac{\pi}{4}\right)}{1-\cos\left(x+\frac{\pi}{4}\right)} \right| - \frac{2}{3} \arctan\left[\sqrt{2}\cos\left(x+\frac{\pi}{4}\right)\right] + C.$$

【例 3.14】 设 $f(x) = \lim\limits_{n\to\infty} \sqrt[n]{1+x^n+\left(\frac{x^2}{2}\right)^n}$ $(x>0)$，求积分 $\int f(x)\mathrm{d}x$.

解析　先计算极限，求出 $f(x)$ 的表达式，再作积分.

由极限运算的两边夹法则易得 $\lim\limits_{n\to\infty}\sqrt[n]{a^n+b^n+c^n}=\max\{a,b,c\}$，$(a,b,c>0)$，所以

$$f(x) = \max_{(0,+\infty)}\left\{1,x,\frac{x^2}{2}\right\} = \begin{cases} 1, & 0<x\leqslant 1, \\ x, & 1<x\leqslant 2, \\ \dfrac{x^2}{2}, & x>2. \end{cases}$$

当 $x>0$ 时 $f(x)$ 连续，存在原函数.

记 $F(x)=\int f(x)\mathrm{d}x$，则有

$$F(x) = \begin{cases} x+C_1, & 0<x\leqslant 1, \\ \dfrac{1}{2}x^2+C_2, & 1<x\leqslant 2, \\ \dfrac{x^3}{6}+C_3, & x>2. \end{cases}$$

由于 $F(x)$ 连续，有 $\lim\limits_{x\to 1^-}F(x)=\lim\limits_{x\to 1^+}F(x)$，$\lim\limits_{x\to 2^-}F(x)=\lim\limits_{x\to 2^+}F(x)$，得 $C_2=C_1+\dfrac{1}{2}$，$C_3=C_2+\dfrac{2}{3}$，记 C_1 为 C，则有

$$F(x) = \begin{cases} x+C, & 0<x\leqslant 1, \\ \dfrac{1}{2}(x^2+1)+C, & 1<x\leqslant 2, \\ \dfrac{1}{6}(x^3+7)+C, & x>2. \end{cases}$$

评注　分段函数的不定积分解题方法为：先分别求出各区间段的不定积分表达式，再由连续函数的原函数一定存在且连续的特点确定出各积分常数的关系，最后保留一个积分常数.

【例 3.15】　（1996 年南京大学数学竞赛试题）已知 $f''(x)$ 连续，$f'(x)\neq 0$，求 $\int\left\{\dfrac{f(x)}{f'(x)}-\dfrac{f^2(x)f''(x)}{[f'(x)]^3}\right\}\mathrm{d}x$.

解析　$\int\left\{\dfrac{f(x)}{f'(x)}-\dfrac{f^2(x)f''(x)}{[f'(x)]^3}\right\}\mathrm{d}x = \int\dfrac{f(x)}{f'(x)}\left\{\dfrac{[f'(x)]^2-f(x)f''(x)}{[f'(x)]^2}\right\}\mathrm{d}x$

$=\int\dfrac{f(x)}{f'(x)}\mathrm{d}\left[\dfrac{f(x)}{f'(x)}\right]=\dfrac{1}{2}\left[\dfrac{f(x)}{f'(x)}\right]^2+C.$

【例 3.16】　求积分 $I_n=\int\dfrac{\mathrm{d}x}{\sin^n x}(n>2)$ 的递推公式，并计算 $I_5=\int\dfrac{\mathrm{d}x}{\sin^5 x}$.

解析 $I_n = -\int \dfrac{\mathrm{d}(\cot x)}{\sin^{n-2}x} = -\dfrac{\cot x}{\sin^{n-2}x} - (n-2)\int \dfrac{\cot x \cos x}{\sin^{n-1}x}\mathrm{d}x$

$$= -\dfrac{\cos x}{\sin^{n-1}x} - (n-2)\int \dfrac{1-\sin^2 x}{\sin^n x}\mathrm{d}x = -\dfrac{\cos x}{\sin^{n-1}x} - (n-2)(I_n - I_{n-2}),$$

移项得 $I_n = -\dfrac{\cos x}{(n-1)\sin^{n-1}x} + \dfrac{n-2}{n-1}I_{n-2}.$

$$I_5 = \int \dfrac{\mathrm{d}x}{\sin^5 x} = -\dfrac{\cos x}{4\sin^4 x} + \dfrac{3}{4}I_3 = -\dfrac{\cos x}{4\sin^4 x} + \dfrac{3}{4}\left(-\dfrac{\cos x}{2\sin^2 x} + \dfrac{1}{2}I_1\right)$$

$$= -\dfrac{\cos x}{4\sin^4 x} - \dfrac{3\cos x}{8\sin^2 x} + \dfrac{3}{8}\ln\left|\tan\dfrac{x}{2}\right| + C.$$

评注 若 $I_n = \int f(x,n)\mathrm{d}x$，设法找到 I_n 与 I_{n-1} 或 I_{n-2} 之间的关系，算出 I_1，I_0，就可求得 I_n；对于 $I_n = \int f^n(x)\mathrm{d}x$ 的情形，常利用分解 $f^n(x) = f^{n-1}(x)[1+g(x)]$ 或 $f^n(x) = f^{n-2}(x)[1+g(x)]$ 作分部积分以获得递推公式. 例如：$J_n = \int \sin^n x\,\mathrm{d}x$，利用 $\sin^n x = \sin^{n-2}x(1-\cos^2 x)$ 及分部积分可得

$$J_n = \dfrac{n-1}{n}J_{n-2} - \dfrac{1}{n}\sin^{n-1}x\cos x.$$

【例 3.17】 （2006 年北京市大学数学竞赛试题）已知 $f'(\sin x) = \cos x + \tan x + x$，$-\dfrac{\pi}{2} < x < \dfrac{\pi}{2}$，且 $f(0)=1$，求 $f(x)$.

解析 令 $\sin x = u$，则 $\cos x = \sqrt{1-u^2}$，$\tan x = \dfrac{u}{\sqrt{1-u^2}}\left(-\dfrac{\pi}{2} < x < \dfrac{\pi}{2}\right).$

从而有 $f'(u) = \sqrt{1-u^2} + \dfrac{u}{\sqrt{1-u^2}} + \arcsin u,$

即 $f'(x) = \sqrt{1-x^2} + \dfrac{x}{\sqrt{1-x^2}} + \arcsin x.$

所以 $f(x) = \int\left(\sqrt{1-x^2} + \dfrac{x}{\sqrt{1-x^2}} + \arcsin x\right)\mathrm{d}x = \int\sqrt{1-x^2}\,\mathrm{d}x + \int\dfrac{x}{\sqrt{1-x^2}}\mathrm{d}x + \int\arcsin x\,\mathrm{d}x.$

$$= \int\sqrt{1-x^2}\,\mathrm{d}x + \int\dfrac{x}{\sqrt{1-x^2}}\mathrm{d}x + x\arcsin x - \int\dfrac{x}{\sqrt{1-x^2}}\mathrm{d}x$$

$$= \dfrac{1}{2}\arcsin x + \dfrac{1}{2}x\sqrt{1-x^2} + x\arcsin x + C,$$

又 $f(0)=1$，所以 $C=1$. 故 $f(x) = \dfrac{1}{2}\arcsin x + \dfrac{1}{2}x\sqrt{1-x^2} + x\arcsin x + 1.$

【例 3.18】 （第三届全国大学生数学竞赛决赛试题）计算不定积分 $I = \int\left(1+x-\dfrac{1}{x}\right)\mathrm{e}^{x+\frac{1}{x}}\mathrm{d}x.$

解析 $I = \int\left(1+x-\dfrac{1}{x}\right)\mathrm{e}^{x+\frac{1}{x}}\mathrm{d}x = \int\mathrm{e}^{x+\frac{1}{x}}\mathrm{d}x + \int x\left(1-\dfrac{1}{x^2}\right)\mathrm{e}^{x+\frac{1}{x}}\mathrm{d}x$

$$= \int e^{x+\frac{1}{x}} dx + \int x e^{x+\frac{1}{x}} d\left(x+\frac{1}{x}\right)$$

$$= \int e^{x+\frac{1}{x}} dx + \int x de^{x+\frac{1}{x}} = \int e^{x+\frac{1}{x}} dx + x e^{x+\frac{1}{x}} - \int e^{x+\frac{1}{x}} dx = x e^{x+\frac{1}{x}} + C.$$

评注 这里注意到 $\left(x+\dfrac{1}{x}\right)' = 1-\dfrac{1}{x^2}$，因此将被积函数变形为 $e^{x+\frac{1}{x}} + x\left(1-\dfrac{1}{x^2}\right)e^{x+\frac{1}{x}}$，再分项积分. 利用分部积分法将复杂积分 $\int e^{x+\frac{1}{x}} dx$ 消去也是解此题的一个关键.

【例 3.19】（第四届全国大学生数学竞赛决赛试题）计算不定积分 $\int x \arctan x \ln(1+x^2) dx$.

解析 因为 $\quad \int x \ln(1+x^2) dx = \dfrac{1}{2}\int \ln(1+x^2) d(1+x^2)$

$$= \frac{1}{2}(1+x^2)\ln(1+x^2) - \frac{1}{2}\int (1+x^2) d\ln(1+x^2)$$

$$= \frac{1}{2}(1+x^2)\ln(1+x^2) - \frac{1}{2}x^2 + C,$$

所以 $\quad \int x \arctan x \ln(1+x^2) dx = \int \arctan x \, d\left[\dfrac{1}{2}(1+x^2)\ln(1+x^2) - \dfrac{1}{2}x^2\right]$

$$= \frac{1}{2}\left[(1+x^2)\ln(1+x^2) - x^2\right]\arctan x - \frac{1}{2}\int \left[\ln(1+x^2) - \frac{x^2}{1+x^2}\right] dx$$

$$= \frac{1}{2}\left[(1+x^2)\ln(1+x^2) - x^2\right]\arctan x - \frac{1}{2}x\ln(1+x^2) + \frac{1}{2}\int x \, d\ln(1+x^2) +$$

$$\frac{1}{2}\int \frac{x^2}{1+x^2} dx$$

$$= \frac{1}{2}\left[(1+x^2)\ln(1+x^2) - x^2\right]\arctan x - \frac{1}{2}x\ln(1+x^2) + \frac{3}{2}\int \frac{x^2}{1+x^2} dx$$

$$= \frac{1}{2}\left[(1+x^2)\ln(1+x^2) - x^2 - 3\right]\arctan x - \frac{1}{2}x\ln(1+x^2) + \frac{3}{2}x + C.$$

【例 3.20】（第二十二届大连市高等数学竞赛试题）设 $y(x-y)^2 = x$，计算不定积分 $\int \dfrac{1}{x-3y} dx$.

解析 令 $x-y = t$，则 $y = x-t$，代入 $y(x-y)^2 = x$ 中，得 $(x-t)t^2 = x$，解得

$$x = \frac{t^3}{t^2-1}, y = \frac{t}{t^2-1}, dx = \frac{t^2(t^2-3)}{(t^2-1)^2} dt,$$

$$\int \frac{1}{x-3y} dx = \int \frac{1}{\dfrac{t^3}{t^2-1} - \dfrac{3t}{t^2-1}} \frac{t^2(t^2-3)}{(t^2-1)^2} dt = \int \frac{t^2-1}{t(t^2-3)} \frac{t^2(t^2-3)}{(t^2-1)^2} dt = \int \frac{t}{t^2-1} dt$$

$$= \frac{1}{2}\ln|t^2-1| + C = \frac{1}{2}\ln|(x-y)^2-1| + C.$$

评注 由所给的隐函数方程难以得到函数 $y=y(x)$［或 $x=x(y)$］的显式表达，因此要将隐函数化为参数式函数，再代入积分式化为对参变量的积分，最后再消去参数.

三、综合训练

（1）计算积分：① $\int \dfrac{x^5}{\sqrt[3]{1+x^3}}\mathrm{d}x$ ；② $\int \dfrac{\mathrm{e}^x(1+x)}{(1-x\mathrm{e}^x)^2}\mathrm{d}x$ ；

③ $\int \dfrac{x^2+1}{x^4+1}\mathrm{d}x$ ；④ $\int \sqrt{(x^2+x)\mathrm{e}^x}\,(x^2+3x+1)\mathrm{e}^x\mathrm{d}x$.

（2）计算积分：① $\int \dfrac{\mathrm{d}x}{1+\sqrt{x^2+2x+2}}$ ；② $\int x^3\sqrt{4-x^2}\,\mathrm{d}x$ ；

③ $\int \dfrac{\mathrm{d}x}{x^2\sqrt{a^2+x^2}}(a>0)$ ；④ $\int \dfrac{\mathrm{d}x}{\mathrm{e}^x(1+\mathrm{e}^{2x})}$.

（3）计算积分：① $\int \dfrac{1+x^4}{1+x^6}\mathrm{d}x$ ；② $\int \dfrac{x^5-x}{x^8+1}\mathrm{d}x$.

（4）计算积分：① $\int \dfrac{\sqrt{x(x+1)}}{\sqrt{x}+\sqrt{x+1}}\mathrm{d}x$ ；② $\int \dfrac{\mathrm{d}x}{\sqrt{x}+\sqrt[3]{x}}$.

（5）计算积分：① $\int \dfrac{3\sin x+4\cos x}{2\sin x+\cos x}\mathrm{d}x$ ；② $\int \dfrac{\sin x\cos x}{\sin x+\cos x}\mathrm{d}x$ ；

③ $\int \dfrac{\cos^2 x}{\sin x+\sqrt{3}\cos x}\mathrm{d}x$ ；④ $\int \sqrt{1+\sin x}\,\mathrm{d}x$.

（6）计算积分：①（江苏省 1998 年竞赛题）$\int |\ln x|\,\mathrm{d}x$ ；② $\int \max(x^3,x^2,1)\mathrm{d}x$.

（7）设当 $x\neq 0$ 时，$f'(x)$ 连续，求 $\int \dfrac{xf'(x)-(1+x)f(x)}{x^2\mathrm{e}^x}\mathrm{d}x$.

（8）（北京市大学数学竞赛试题）设 $f(x)$ 可导，且 $\int x^3 f'(x)\mathrm{d}x = x^2\cos x-4x\sin x-6\cos x+C$ ，求 $f(x)$.

（9）设 $f(\ln x)=\dfrac{\ln(1+x)}{x}$ ，计算 $\int f(x)\mathrm{d}x$.

（10）设不定积分 $\int xf(x)\mathrm{d}x=\arcsin x+C$ ，求 $\int \dfrac{1}{f(x)}\mathrm{d}x$.

（11）设 $f(x)$ 的原函数为 $\dfrac{\sin x}{x}$ ，求 $\int xf'(2x)\mathrm{d}x$.

（12）设 $f(\sin^2 x)=\dfrac{x}{\sin x}$ ，求 $\int \dfrac{\sqrt{x}}{\sqrt{1-x}}f(x)\mathrm{d}x$.

（13）设 $\int f(x)\mathrm{d}x=F(x)+C$ ，$f(x)$ 可微，且 $f(x)$ 的反函数 $f^{-1}(x)$ 存在，求证

$$\int f^{-1}(x)\mathrm{d}x=xf^{-1}(x)-F[f^{-1}(x)]+C .$$

综合训练答案

（1）① $\dfrac{1}{5}(1+x^3)^{\frac{5}{3}}-\dfrac{1}{2}(1+x^3)^{\frac{2}{3}}+C$ ；② $\dfrac{1}{1-x\mathrm{e}^x}+C$ ；

③ $\dfrac{1}{\sqrt{2}}\arctan\dfrac{x-\dfrac{1}{x}}{\sqrt{2}}+C$；　④ $\dfrac{2}{3}\left[(x^2+x)\mathrm{e}^x\right]^{\frac{3}{2}}+C$.

(2)　① $\ln(\sqrt{x^2+2x+2}+x+1)-\dfrac{\sqrt{x^2+2x+2}-1}{x+1}+C$；

② $-\dfrac{4}{3}\left(\sqrt{4-x^2}\right)^3+\dfrac{1}{5}\left(\sqrt{4-x^2}\right)^5+C$；

③ $-\dfrac{\sqrt{a^2+x^2}}{a^2x}+C$；　④ $-\mathrm{e}^{-x}-\arctan(\mathrm{e}^x)+C$.

(3)　① $\arctan x+\dfrac{1}{3}\arctan x^3+C$；　② $\dfrac{1}{4\sqrt{2}}\ln\left|\dfrac{x^4-\sqrt{2}\,x^2+1}{x^4+\sqrt{2}\,x^2+1}\right|+C$.

(4)　① $\dfrac{2}{5}x^{5/2}+\dfrac{2}{3}x^{3/2}-\dfrac{2}{5}(x+1)^{5/2}+\dfrac{2}{3}(x+1)^{3/2}+C$；

② $2\sqrt{x}-3\sqrt[3]{x}+6\sqrt[6]{x}-6\ln(\sqrt[6]{x}+1)+C$.

(5)　① $2x+\ln|2\sin x+\cos x|+C$；

② $\dfrac{1}{2}(\sin x-\cos x)-\dfrac{1}{2\sqrt{2}}\ln\left|\csc\left(x+\dfrac{\pi}{4}\right)-\cot\left(x+\dfrac{\pi}{4}\right)\right|+C$；

③ $\dfrac{1}{4}\cos x+\dfrac{\sqrt{3}}{4}\sin x+\dfrac{1}{8}\ln\left|\tan\left(\dfrac{x}{2}+\dfrac{\pi}{6}\right)\right|+C$；　④ $-2\cos\dfrac{x}{2}+2\sin\dfrac{x}{2}+C$.

(6)　① $\displaystyle\int|\ln x|\,\mathrm{d}x=\begin{cases}x(\ln x-1)+C,\ x\geqslant 1,\\ x(1-\ln x)+C-2,\ 0<x<1.\end{cases}$　② $\begin{cases}\dfrac{x^4}{4}+\dfrac{3}{4}+C,\ x>1,\\ x+C,\ -1\leqslant x\leqslant 1,\\ \dfrac{x^3}{3}-\dfrac{2}{3}+C,\ x<-1.\end{cases}$

(7)　$\dfrac{f(x)}{x\mathrm{e}^x}+C$.　　　　(8)　$\dfrac{\cos x}{x}-\dfrac{\sin x}{x^2}+C$.

(9)　$-\mathrm{e}^{-x}\ln(1+\mathrm{e}^x)+x-\ln(1+\mathrm{e}^x)+C$.　　　(10)　$-\dfrac{1}{3}\sqrt{(1-x^2)^3}+C$.

(11)　$\dfrac{x\cos 2x-\sin 2x}{4x}+C$.　　　(12)　$-2\sqrt{1-x}\arcsin\sqrt{x}+2\sqrt{x}+C$.

(13)　提示：作变量代换 $x=f(y)$，将被积函数转化为 $f(y)$ 的形式.

3.2　定积分

一、知识要点

1. 定积分的基本概念

（1）定义

① 分割（大化小）：设函数 $f(x)$ 在 $[a,b]$ 上有界，在 $[a,b]$ 中任意插入 $n-1$ 个分点

$$a = x_0 < x_1 < x_2 < \cdots < x_{n-1} < x_n = b,$$

把区间 $[a,b]$ 分成 n 个小区间 $[x_0,x_1],[x_1,x_2],\cdots,[x_{n-1},x_n]$，各个小区间的长度依次为

$$\Delta x_1 = x_1 - x_0, \Delta x_2 = x_2 - x_1, \cdots, \Delta x_n = x_n - x_{n-1};$$

② 以常代变：在每个小区间 $[x_{i-1},x_i]$ 上任意取一点 $\xi_i(x_{i-1} \leqslant \xi_i \leqslant x_i)$，作函数值 $f(\xi_i)$ 与小区间长度 Δx_i 的乘积 $f(\xi_i)\Delta x_i (i=1,2,\cdots,n)$；

③ 作和（近似和）：作出和 $S = \sum\limits_{i=1}^{n} f(\xi_i)\Delta x_i$；

④ 取极限：记 $\lambda = \max\{\Delta x_1, \Delta x_2, \cdots, \Delta x_n\}$，如果不论对 $[a,b]$ 怎样划分，也不论在小区间 $[x_{i-1},x_i]$ 上点 ξ_i 怎样选取，只要当 $\lambda \to 0$ 时，和 S 总趋于确定的极限，那么这个极限称为函数 $f(x)$ 在区间 $[a,b]$ 上的定积分，记作 $\int_a^b f(x)\mathrm{d}x$，即

$$\int_a^b f(x)\mathrm{d}x = \lim_{\lambda \to 0} \sum_{i=1}^{n} f(\xi_i)\Delta x_i.$$

注意 a. 这里有两个任意，将 $[a,b]$ 任意分为 n 个子区间 $\Delta x_i (i=1,2,\cdots,n)$，$\xi_i$ 是在 Δx_i 中任意取的点．如果在这"两个任意"条件下，极限 $\lim\limits_{\lambda \to 0} \sum\limits_{i=1}^{n} f(\xi_i)\Delta x_i$ 均存在，才能称它为 $f(x)$ 在 $[a,b]$ 上的定积分；b. 如果 $\int_a^b f(x)\mathrm{d}x = \lim\limits_{\lambda \to 0} \sum\limits_{i=1}^{n} f(\xi_i)\Delta x_i$ 存在 $\Rightarrow$ 要求 Δx_i 可以任意分，要求 ξ_i 可以任意取 $\Rightarrow \Delta x_i$ 可以 n 等分，$\Delta x_i = \dfrac{b-a}{n}$，$\xi_i$ 可以取为 Δx_i 的左端点、右端点或者中点，即若 $\int_a^b f(x)\mathrm{d}x$ 存在 $\Rightarrow \int_a^b f(x)\mathrm{d}x = \lim\limits_{n \to \infty} \dfrac{b-a}{n} \sum\limits_{i=1}^{n} f\left[a + \dfrac{i}{n}(b-a)\right] = \lim\limits_{n \to \infty} \dfrac{b-a}{n} \sum\limits_{i=1}^{n} f\left[a + \dfrac{i-1}{n}(b-a)\right] = \lim\limits_{n \to \infty} \dfrac{b-a}{n} \sum\limits_{i=1}^{n} f\left[a + \dfrac{(2i-1)}{2n}(b-a)\right].$

（2）定积分存在的条件

① $\int_a^b f(x)\mathrm{d}x$ 存在的必要条件：$f(x)$ 在 $[a,b]$ 上有界；

② $\int_a^b f(x)\mathrm{d}x$ 存在的充分条件：$f(x)$ 在 $[a,b]$ 上连续或者 $f(x)$ 在 $[a,b]$ 上有界且仅有有限个间断点．

（3）定积分的几何意义

① 在 $[a,b]$ 上 $f(x) \geqslant 0$ 时，$\int_a^b f(x)\mathrm{d}x$ 表示曲线 $y=f(x)$、两条直线 $x=a,x=b$ 与 x 轴所围成的曲边梯形面积；

② 在 $[a,b]$ 上 $f(x) \leqslant 0$ 时，$\int_a^b f(x)\mathrm{d}x$ 表示上述曲边梯形面积的负值；

③ 在 $[a,b]$ 上 $f(x)$ 既有正值又有负值时，$\int_a^b f(x)\mathrm{d}x$ 表示曲线 $y=f(x)$、两条直线 $x=a,x=b$ 与 x 轴所围图形面积的代数和（x 轴上方面积为正，x 轴下方面积为负）．

（4）定积分的主要性质

① 定积分只与被积函数以及积分限有关，而与积分变量无关，即

$$\int_a^b f(x)\mathrm{d}x = \int_a^b f(u)\mathrm{d}u = \int_a^b f(t)\mathrm{d}t = \cdots;$$

② $\int_a^b f(x)\mathrm{d}x = -\int_b^a f(x)\mathrm{d}x$，特别地 $\int_a^a f(x)\mathrm{d}x = \int_b^b f(x)\mathrm{d}x = 0$；

③ 线性性质：设 $f(x), g(x)$ 可积，则 $\int_a^b [\alpha f(x) \pm \beta g(x)]\mathrm{d}x = \alpha \int_a^b f(x)\mathrm{d}x \pm \beta \int_a^b g(x)\mathrm{d}x$，
其中 α, β 为常数；

④ 区间可加性：设 $f(x)$ 可积，则 $\int_a^b f(x)\mathrm{d}x = \int_a^c f(x)\mathrm{d}x + \int_c^b f(x)\mathrm{d}x$；

⑤ 如果在区间 $[a,b]$ 上 $f(x) \equiv 1$，则 $\int_a^b 1\mathrm{d}x = \int_a^b \mathrm{d}x = b-a$；

⑥ 定积分比较定理：设 $f(x), g(x)$ 可积，且 $f(x) \leqslant g(x)$，$\forall x \in [a,b]$，则
$\int_a^b f(x)\mathrm{d}x \leqslant \int_a^b g(x)\mathrm{d}x$；

推论：a. 当 $f(x) \geqslant 0$，$x \in [a,b]$ 时，$\int_a^b f(x)\mathrm{d}x \geqslant 0$；

b. $\left| \int_a^b f(x)\mathrm{d}x \right| \leqslant \int_a^b |f(x)|\mathrm{d}x (a < b)$.

注意 $\int_a^b f(x)\mathrm{d}x \leqslant \int_a^b g(x)\mathrm{d}x \nRightarrow f(x) \leqslant g(x)$，$x \in [a,b]$.

⑦ 估值定理：设 $m \leqslant f(x) \leqslant M$，$x \in [a,b]$，其中 m, M 为常数，则

$$m(b-a) \leqslant \int_a^b f(x)\mathrm{d}x \leqslant M(b-a);$$

⑧ 定积分中值定理：如果函数 $f(x)$ 在 $[a,b]$ 上连续，则在 $[a,b]$ 上至少存在一点 ξ，使

$$\int_a^b f(x)\mathrm{d}x = f(\xi)(b-a);$$

注意 ξ 可在开区间 (a,b) 内取到，即 $\xi \in (a,b)$.

⑨ 广义积分中值定理：若 $f(x)$ 在 $[a,b]$ 上连续，$g(x)$ 在 $[a,b]$ 上可积且 $g(x)$
不变号，则至少存在一点 $\xi \in [a,b]$，使得 $\int_a^b f(x)g(x)\mathrm{d}x = f(\xi)\int_a^b g(x)\mathrm{d}x$.

2. 积分上限函数及其导数

（1）如果函数 $f(x)$ 在区间 $[a,b]$ 上连续，则积分上限的函数 $\varPhi(x) = \int_a^x f(t)\mathrm{d}t$ 在 $[a,b]$
上可导，并且它的导数 $\varPhi'(x) = f(x)(a \leqslant x \leqslant b)$；

（2）若 $f(x)$ 在区间 $[a,b]$ 上连续，$\varphi(x), \psi(x)$ 可导，则有变限积分求导公式：

$$\frac{\mathrm{d}}{\mathrm{d}x}\left[\int_{\varphi(x)}^{\psi(x)} f(t)\mathrm{d}t \right] = f[\psi(x)]\psi'(x) - f[\varphi(x)]\varphi'(x).$$

3. 定积分的计算

（1）牛顿–莱布尼茨公式　设 $f(x)$ 在区间 $[a,b]$ 上连续，$F(x)$ 是 $f(x)$ 在 $[a,b]$
上的一个原函数，则

$$\int_a^b f(x)\mathrm{d}x = [F(x)]_a^b = F(b) - F(a).$$

牛顿-莱布尼茨公式也称为微积分基本公式.

（2）换元积分法　如果函数 $f(x)$ 在区间 $[a,b]$ 上连续，函数 $x = \varphi(t)$ 满足：$\varphi(\alpha) = a$，$\varphi(\beta) = b$，$\varphi(t)$ 在 $[\alpha, \beta]$（或 $[\beta, \alpha]$）上具有连续导数，且其值域 $R_\varphi = [a,b]$，则

$$\int_a^b f(x)\mathrm{d}x = \int_\alpha^\beta f[\varphi(t)]\varphi'(t)\mathrm{d}t.$$

（3）分部积分法　设函数 $u(x), v(x)$ 在 $[a,b]$ 上具有连续导数，则有分部积分公式：

$$\int_a^b u(x)\mathrm{d}v(x) = [u(x)v(x)]_a^b - \int_a^b v(x)\mathrm{d}u(x).$$

4. 定积分的重要公式与结论

（1）对称区间上的积分　设 $f(x)$ 在对称区间 $[-a,a]$ 上连续，则

$$\int_{-a}^a f(x)\mathrm{d}x = \int_0^a [f(x) + f(-x)]\mathrm{d}x = \begin{cases} 0, & f(x) \text{ 为奇函数}, \\ 2\int_0^a f(x)\mathrm{d}x, & f(x) \text{ 为偶函数}. \end{cases}$$

（2）周期函数的积分　设 $f(x)$ 是以 T 为周期的连续函数，则

① $\displaystyle\int_a^{a+T} f(x)\mathrm{d}x = \int_0^T f(x)\mathrm{d}x = \int_{-\frac{T}{2}}^{\frac{T}{2}} f(x)\mathrm{d}x$；

② $\displaystyle\int_a^{a+nT} f(x)\mathrm{d}x = \int_0^{nT} f(x)\mathrm{d}x = n\int_0^T f(x)\mathrm{d}x \ (n \in N)$，

特别地，$\displaystyle\int_a^{a+\pi} |\sin x|\,\mathrm{d}x = \int_0^\pi \sin x\,\mathrm{d}x = 2$，$\displaystyle\int_a^{a+\pi} |\cos x|\,\mathrm{d}x = \int_0^\pi |\cos x|\,\mathrm{d}x = 2$.

（3）若 $f(x)$ 在 $[0,1]$ 上连续，则

① $\displaystyle\int_0^{\frac{\pi}{2}} f(\sin x)\mathrm{d}x = \int_0^{\frac{\pi}{2}} f(\cos x)\mathrm{d}x$；

② $\displaystyle\int_0^\pi x f(\sin x)\mathrm{d}x = \frac{\pi}{2}\int_0^\pi f(\sin x)\mathrm{d}x$；

③ $\displaystyle\int_{\frac{n}{2}\pi}^{\frac{n+1}{2}\pi} f(|\sin x|)\mathrm{d}x = \int_{\frac{n}{2}\pi}^{\frac{n+1}{2}\pi} f(|\cos x|)\mathrm{d}x = \int_0^{\frac{\pi}{2}} f(\sin x)\mathrm{d}x \ (n \in Z)$.

（4）$\displaystyle I_n = \int_0^{\frac{\pi}{2}} \sin^n x\,\mathrm{d}x = \int_0^{\frac{\pi}{2}} \cos^n x\,\mathrm{d}x = \begin{cases} \dfrac{n-1}{n} \cdot \dfrac{n-3}{n-2} \cdot \cdots \cdot \dfrac{3}{4} \cdot \dfrac{1}{2} \cdot \dfrac{\pi}{2}, & \text{当 } n \text{ 为偶数时}, \\ \dfrac{n-1}{n} \cdot \dfrac{n-3}{n-2} \cdot \cdots \cdot \dfrac{4}{5} \cdot \dfrac{2}{3} \cdot 1, & \text{当 } n \text{ 为奇数时}. \end{cases}$

$(n \in N^+ \text{ 且 } n > 1)$.

（5）三角函数系的正交性：任取三角函数系 $F = \{1, \cos x, \sin x, \cdots, \cos mx, \sin mx, \cdots\}$ 中的两个不同的函数，它们的乘积在 $[0, 2\pi]$ 上的积分都为零，例如

$$\int_0^{2\pi} \cos 2x \sin 3x\,\mathrm{d}x = 0, \quad \int_0^{2\pi} \cos 7x\,\mathrm{d}x = 0.$$

（6）设 $f(x)$ 连续，如果 $f(x)$ 为偶（奇）函数，则 $\displaystyle\int_0^x f(t)\mathrm{d}t$ 为奇（偶）函数；如果 $f(x)$ 为奇函数，则对任意 a，$\displaystyle\int_a^x f(t)\mathrm{d}t$ 为偶函数.

5. 广义积分

（1）**无穷限的反常积分**　设函数 $f(x)$ 在区间 $[a,+\infty)$ 上连续，取 $t>a$，如果极限 $\lim\limits_{t\to+\infty}\int_a^t f(x)\mathrm{d}x$ 存在，则称此极限为 $f(x)$ 在无穷区间 $[a,+\infty)$ 上的反常积分，记作 $\int_a^{+\infty} f(x)\mathrm{d}x$，即 $\int_a^{+\infty} f(x)\mathrm{d}x=\lim\limits_{t\to+\infty}\int_a^t f(x)\mathrm{d}x$，这时也称反常积分 $\int_a^{+\infty} f(x)\mathrm{d}x$ 收敛；如果上述极限不存在，函数 $f(x)$ 在无穷区间 $[a,+\infty)$ 上的反常积分 $\int_a^{+\infty} f(x)\mathrm{d}x$ 就没有意义，这时称反常积分 $\int_a^{+\infty} f(x)\mathrm{d}x$ 发散.

同理可定义：$\int_{-\infty}^b f(x)\mathrm{d}x=\lim\limits_{t\to-\infty}\int_t^b f(x)\mathrm{d}x$；

$\int_{-\infty}^{+\infty} f(x)\mathrm{d}x=\lim\limits_{a\to-\infty}\int_a^c f(x)\mathrm{d}x+\lim\limits_{b\to+\infty}\int_c^b f(x)\mathrm{d}x$，当且仅当右端两个极限都存在时，才称反常积分 $\int_{-\infty}^{+\infty} f(x)\mathrm{d}x$ 收敛，否则称 $\int_{-\infty}^{+\infty} f(x)\mathrm{d}x$ 发散.

无穷限的反常积分可由式(3.1)～式(3.3) 简单说明：

$$\int_a^{+\infty} f(x)\mathrm{d}x=\lim\limits_{t\to+\infty}\int_a^t f(x)\mathrm{d}x，\tag{3.1}$$

$$\int_{-\infty}^b f(x)\mathrm{d}x=\lim\limits_{t\to-\infty}\int_t^b f(x)\mathrm{d}x，\tag{3.2}$$

$$\int_{-\infty}^{+\infty} f(x)\mathrm{d}x=\lim\limits_{a\to-\infty}\int_a^c f(x)\mathrm{d}x+\lim\limits_{b\to+\infty}\int_c^b f(x)\mathrm{d}x.\tag{3.3}$$

注意　若右边的极限存在，则无穷限的反常积分收敛，否则发散；式(3.3) 右边的两个极限若有一个不存在，则 $\int_{-\infty}^{+\infty} f(x)\mathrm{d}x$ 发散.

（2）**无界函数的反常积分**

① 瑕点：如果函数 $f(x)$ 在点 a 的任一邻域内都无界，那么点 a 称为函数 $f(x)$ 的瑕点（也称为无界间断点）.

② 无界函数的反常积分（也称瑕积分）：设函数 $f(x)$ 在 $(a,b]$ 上连续，点 a 为 $f(x)$ 的瑕点，取 $t>a$，如果极限 $\lim\limits_{t\to a+}\int_t^b f(x)\mathrm{d}x$ 存在，则称此极限为 $f(x)$ 在 $(a,b]$ 上的反常积分，仍然记作 $\int_a^b f(x)\mathrm{d}x$，即 $\int_a^b f(x)\mathrm{d}x=\lim\limits_{t\to a+}\int_t^b f(x)\mathrm{d}x$，这时也称反常积分 $\int_a^b f(x)\mathrm{d}x$ 收敛. 如果上述极限不存在，则称反常积分 $\int_a^b f(x)\mathrm{d}x$ 发散.

同理，若 $f(x)$ 在 $[a,b)$ 上连续，点 b 为 $f(x)$ 的瑕点，则定义 $\int_a^b f(x)\mathrm{d}x=\lim\limits_{t\to b-}\int_a^t f(x)\mathrm{d}x$；若 $f(x)$ 在 $[a,b]$ 上除点 $c(a<c<b)$ 外连续，点 c 为 $f(x)$ 的瑕点，则定义 $\int_a^b f(x)\mathrm{d}x=\int_a^c f(x)\mathrm{d}x+\int_c^b f(x)\mathrm{d}x=\lim\limits_{t\to c-}\int_a^t f(x)\mathrm{d}x+\lim\limits_{t\to c+}\int_t^b f(x)\mathrm{d}x$，当且仅当右端两个极限都存在时，才称反常积分 $\int_a^b f(x)\mathrm{d}x$ 收敛，否则称 $\int_a^b f(x)\mathrm{d}x$ 发散.

无界函数的反常积分可由式(3.4)~式(3.6) 简单说明：

$$
\begin{cases}
\displaystyle\int_a^b f(x)\mathrm{d}x = \lim_{t\to b^-}\int_a^t f(x)\mathrm{d}x, (当\ x\to b^-\ 时, f(x)\to\infty), & (3.4) \\[3mm]
\displaystyle\int_a^b f(x)\mathrm{d}x = \lim_{t\to a^+}\int_t^b f(x)\mathrm{d}x, (当\ x\to a^+\ 时, f(x)\to\infty), & (3.5) \\[3mm]
\displaystyle\int_a^b f(x)\mathrm{d}x = \lim_{t\to c^-}\int_a^t f(x)\mathrm{d}x + \lim_{t\to c^+}\int_t^b f(x)\mathrm{d}x. & (3.6)
\end{cases}
$$

注意 若右边的极限存在，则瑕积分收敛，否则发散；式(3.6) 右边的两个极限若有一个不存在，则瑕积分发散.

（3）反常积分的计算

① 反常积分也有普通积分的相应性质与计算方法，如换元积分法、分部积分法，只是在计算过程中分解为加减运算时应注意每一项均保证收敛（即极限存在）.

② 反常积分的计算也有类似的牛顿-莱布尼茨公式：设 $f(x)$ 在 $[a,+\infty)$ 上连续，$F(x)$ 为 $f(x)$ 在 $[a,+\infty)$ 上的一个原函数，若 $\lim\limits_{x\to+\infty}F(x)$ 存在，则反常积分

$$
\int_a^{+\infty}f(x)\mathrm{d}x = [F(x)]_a^{+\infty} = F(+\infty) - F(a) = \lim_{x\to+\infty}F(x) - F(a);
$$

若 $\lim\limits_{x\to+\infty}F(x)$ 不存在，则 $\displaystyle\int_a^{+\infty}f(x)\mathrm{d}x$ 发散，其他情形可类似计算.

（4）反常积分的常用结论

① $\displaystyle\int_1^{+\infty}\frac{\mathrm{d}x}{x^p} = \begin{cases} \dfrac{1}{p-1}, & p>1, \\[2mm] +\infty, & p\leqslant 1. \end{cases}$ ② $\displaystyle\int_a^b\frac{\mathrm{d}x}{(x-a)^p} = \begin{cases} +\infty, & p\geqslant 1, \\[2mm] \dfrac{(b-a)^{1-p}}{1-p}, & p<1. \end{cases}$

③ $\displaystyle\int_e^{+\infty}\frac{1}{x\ln^p x}\mathrm{d}x = \begin{cases} \dfrac{1}{p-1}, & p>1, \\[2mm] +\infty, & p\leqslant 1. \end{cases}$

④ $\displaystyle\int_0^{+\infty} x^n \mathrm{e}^{-kx}\mathrm{d}x\ (n>0)$，当 $k>0$ 时收敛，当 $k\leqslant 0$ 时发散.

二、重点题型解析

【例 3.21】 求极限 $\displaystyle\lim_{n\to\infty}\ln\sqrt[n]{\left(1+\frac{1}{n}\right)^2\left(1+\frac{2}{n}\right)^2\cdots\left(1+\frac{n}{n}\right)^2}$.

解析 $\displaystyle\lim_{n\to\infty}\ln\sqrt[n]{\left(1+\frac{1}{n}\right)^2\left(1+\frac{2}{n}\right)^2\cdots\left(1+\frac{n}{n}\right)^2} = \lim_{n\to\infty}\frac{2}{n}\sum_{i=1}^n\ln\left(1+\frac{i}{n}\right) = 2\int_1^2\ln x\mathrm{d}x$

$= 2[x\ln x]_1^2 - 2\int_1^2\mathrm{d}x = 4\ln 2 - 2.$

评注 这是一个利用定积分的定义计算极限的问题，根据定积分的定义知，如果 $\displaystyle\int_a^b f(x)\mathrm{d}x$ 存在，那么

$$
\int_a^b f(x)\mathrm{d}x = \lim_{n\to\infty}\frac{b-a}{n}\sum_{i=1}^n f\left[a+\frac{i}{n}(b-a)\right],
$$

通常将

$$\lim_{n \to \infty} \frac{b-a}{n} \sum_{i=1}^{n} f\left[a + \frac{i}{n}(b-a)\right]$$

称为积分和式的极限，当数列可化为（或等价于）一个积分和式时，用定积分来计算极限较方便. 该题中，由对数的性质，将 $\ln \sqrt[n]{\left(1+\frac{1}{n}\right)^2 \left(1+\frac{2}{n}\right)^2 \cdots \left(1+\frac{n}{n}\right)^2}$ 转化为和式 $\frac{2}{n} \sum_{i=1}^{n} \ln\left(1+\frac{i}{n}\right)$ 是关键.

【例 3.22】 （第二十届大连市高等数学竞赛试题）设函数 $f(x)$ 在 $[0,1]$ 上可积，且满足关系式 $f(x) = \frac{1}{1+x^2} + x^3 \int_0^1 f(x)\mathrm{d}x$，求 $f(x)$ 的表达式.

解析　此题的关键是求出 $\int_0^1 f(x)\mathrm{d}x$.

设 $\int_0^1 f(x)\mathrm{d}x = A$，则 $f(x) = \frac{1}{1+x^2} + Ax^3$，将该式两边同时在 $[0,1]$ 上求积分，得

$A = \int_0^1 \frac{1}{1+x^2}\mathrm{d}x + A\int_0^1 x^3 \mathrm{d}x$，解得 $A = \frac{\pi}{3}$，从而 $f(x) = \frac{1}{1+x^2} + \frac{\pi}{3}x^3$.

评注　由定积分的性质知，定积分是只与被积函数以及积分限有关、而与积分变量无关的常数，因此这里可以将 $\int_0^1 f(x)\mathrm{d}x$ 设为常数 A.

【例 3.23】 计算 $I = \int_2^4 \frac{\sqrt{\ln(9-x)}}{\sqrt{\ln(9-x)} + \sqrt{\ln(x+3)}}\mathrm{d}x$.

解析　$I = \int_2^4 \frac{\sqrt{\ln(9-x)}}{\sqrt{\ln(9-x)} + \sqrt{\ln(x+3)}}\mathrm{d}x \xlongequal{x = 6-u} \int_2^4 \frac{\sqrt{\ln(u+3)}}{\sqrt{\ln(u+3)} + \sqrt{\ln(9-u)}}\mathrm{d}u$，

$$2I = \int_2^4 \frac{\sqrt{\ln(9-x)}}{\sqrt{\ln(9-x)} + \sqrt{\ln(x+3)}}\mathrm{d}x + \int_2^4 \frac{\sqrt{\ln(x+3)}}{\sqrt{\ln(x+3)} + \sqrt{\ln(9-x)}}\mathrm{d}x = \int_2^4 \mathrm{d}x = 2,$$

所以 $I = 1$.

评注　该题的特点是，被积函数的分母有两项，分子是分母中的一项，解题时可以考虑作满足如下两点要求的变换：①变换前后积分上下限或者不变，或者交换位置；②变换后，分母中的另一项成为分子，而分母不变. 其一般情况为：

$$I = \int_a^b \frac{f(x)\mathrm{d}x}{f(x) + f(a+b-x)} \xlongequal{a+b-x = t} \int_a^b \frac{f(a+b-t)\mathrm{d}t}{f(t) + f(a+b-t)},$$

因此，$I = \frac{1}{2}\int_a^b \mathrm{d}x = \frac{b-a}{2}$.

【例 3.24】 （第五届全国大学生数学竞赛预赛试题）计算定积分 $I = \int_{-\pi}^{\pi} \frac{x\sin x \arctan \mathrm{e}^x}{1+\cos^2 x}\mathrm{d}x$.

解析　方法 1　$I = \int_{-\pi}^{\pi} \frac{x\sin x \cdot \arctan \mathrm{e}^x}{1+\cos^2 x}\mathrm{d}x \xlongequal{x = -t} \int_{-\pi}^{\pi} \frac{t\sin t \arctan \mathrm{e}^{-t}}{1+\cos^2 t}\mathrm{d}t$，

$$2I = \int_{-\pi}^{\pi} (\arctan \mathrm{e}^x + \arctan \mathrm{e}^{-x}) \frac{x\sin x}{1+\cos^2 x}\mathrm{d}x = \frac{\pi}{2}\int_{-\pi}^{\pi} \frac{x\sin x}{1+\cos^2 x}\mathrm{d}x,$$

于是

$$I = \frac{\pi}{4} \int_{-\pi}^{\pi} \frac{x \sin x}{1+\cos^2 x} dx = \frac{\pi}{2} \int_0^{\pi} \frac{x \sin x}{1+\cos^2 x} dx = \left(\frac{\pi}{2}\right)^2 \int_0^{\pi} \frac{\sin x}{1+\cos^2 x} dx,$$

因此

$$I = -\frac{\pi^2}{4} \int_0^{\pi} \frac{d(\cos x)}{1+\cos^2 x} = -\frac{\pi^2}{4} \left[\arctan(\cos x)\right]_0^{\pi} = \frac{\pi^3}{8}.$$

方法 2 对称区间上的积分, 被积函数不具奇偶性, 可考虑用

$$\int_{-a}^{a} f(x) dx = \int_0^a [f(x) + f(-x)] dx$$

来化简. 记 $f(x) = \dfrac{x \sin x \arctan e^x}{1+\cos^2 x}$, 则

$$I = \int_0^{\pi} [f(x) + f(-x)] dx = \int_0^{\pi} \frac{x \sin x}{1+\cos^2 x} (\arctan e^x + \arctan e^{-x}) dx$$

$$= \frac{\pi}{2} \int_0^{\pi} \frac{x \sin x}{1+\cos^2 x} dx = \frac{\pi^3}{8}.$$

评注 a. 这里用到了结论 $\arctan e^x + \arctan e^{-x} = \dfrac{\pi}{2}$ 和 $\int_0^{\pi} x f(\sin x) dx = \dfrac{\pi}{2} \int_0^{\pi} f(\sin x) dx$.

b. 对于三角函数式的积分, 往往通过变量代换把原积分分解成可抵消或易积分的若干个积分, 一般而言, 变量代换这样做: 当积分区间对称时, 令 $x = -u$; 当积分区间为 $[0, \pi]$ 时, 令 $x = \pi - u$; 当积分区间为 $\left[0, \dfrac{\pi}{2}\right]$ 时, 令 $x = \dfrac{\pi}{2} - u$; 当积分区间为 $\left[0, \dfrac{\pi}{4}\right]$ 时, 令 $x = \dfrac{\pi}{4} - u$. 其一般形式为: $\int_0^a f(x) dx \xrightarrow{x = a-t} \int_0^a f(a-t) dt$. 由此还可得到较常用的积分公式: $\int_0^a f(x) dx = \dfrac{1}{2} \int_0^a [f(x) + f(a-x)] dx$.

c. 对称区间上的积分首先要考察被积函数 (或其部分项) 的奇偶性, 对不具奇偶性的可考虑应用公式 $\int_{-a}^{a} f(x) dx = \int_0^a [f(x) + f(-x)] dx$ 来化简.

【例 3.25】 计算 $I = \displaystyle\int_0^{\frac{\pi}{2}} \frac{\sin^{10} x - \cos^{10} x}{4 - \sin x - \cos x} dx$.

解析 设 $x = \dfrac{\pi}{2} - u$, 则 $dx = -du$, 当 $x = 0$ 时, $u = \dfrac{\pi}{2}$; 当 $x = \dfrac{\pi}{2}$ 时, $u = 0$.

$$I = \int_0^{\frac{\pi}{2}} \frac{\sin^{10} x - \cos^{10} x}{4 - \sin x - \cos x} dx = -\int_{\frac{\pi}{2}}^0 \frac{\cos^{10} u - \sin^{10} u}{4 - \sin u - \cos u} du$$

$$= -\int_0^{\frac{\pi}{2}} \frac{\sin^{10} x - \cos^{10} x}{4 - \sin x - \cos x} dx = -I,$$

所以

$$I = \int_0^{\frac{\pi}{2}} \frac{\sin^{10} x - \cos^{10} x}{4 - \sin x - \cos x} dx = 0.$$

【例 3.26】 计算 $I = \displaystyle\int_0^1 \frac{\ln(1+x)}{1+x^2} dx$.

解析 **方法 1** 令 $x = \tan t$, 则 $dx = \sec^2 t \, dt$, 于是

$$I = \int_0^1 \frac{\ln(1+x)}{1+x^2} dx = \int_0^{\frac{\pi}{4}} \frac{\ln(1+\tan t)}{1+\tan^2 t} \sec^2 t \, dt$$

$$= \int_0^{\frac{\pi}{4}} \ln(1+\tan t)\,\mathrm{d}t \xrightarrow{t=\frac{\pi}{4}-u} \int_0^{\frac{\pi}{4}} \ln\left[1+\tan\left(\frac{\pi}{4}-u\right)\right]\mathrm{d}u$$

$$= \int_0^{\frac{\pi}{4}} \ln\left(1+\frac{1-\tan u}{1+\tan u}\right)\mathrm{d}u = \int_0^{\frac{\pi}{4}} \ln\left(\frac{2}{1+\tan u}\right)\mathrm{d}u = \int_0^{\frac{\pi}{4}} \ln 2\,\mathrm{d}u - \int_0^{\frac{\pi}{4}} \ln(1+\tan u)\,\mathrm{d}u = \frac{\pi}{4}\ln 2 - I,$$

因此 $I = \int_0^1 \dfrac{\ln(1+x)}{1+x^2}\,\mathrm{d}x = \dfrac{\pi}{8}\ln 2$.

方法 2　利用例 3.24 评注中的公式 $\int_0^a f(x)\,\mathrm{d}x = \dfrac{1}{2}\int_0^a [f(x)+f(a-x)]\,\mathrm{d}x$，有

$$I = \int_0^{\frac{\pi}{4}} \ln(1+\tan t)\,\mathrm{d}t = \frac{1}{2}\int_0^{\frac{\pi}{4}} \left\{\ln(1+\tan t) + \ln\left[1+\tan\left(\frac{\pi}{4}-t\right)\right]\right\}\mathrm{d}t$$

$$= \frac{1}{2}\int_0^{\frac{\pi}{4}} \ln\left\{(1+\tan t)\left[1+\tan\left(\frac{\pi}{4}-t\right)\right]\right\}\mathrm{d}t = \frac{1}{2}\int_0^{\frac{\pi}{4}} \ln 2\,\mathrm{d}t = \frac{\pi}{8}\ln 2.$$

评注　有些积分不能直接求出，可以通过适当的变量代换或者分部积分的方法，再次得到含有该积分的式子，然后移项、合并，从而得到最终的积分结果，这种方法称为循环计算法. 该题中的方法 1 便使用了循环计算法，$\int_a^b \mathrm{e}^x \cos x\,\mathrm{d}x$ 和 $\int_a^b \mathrm{e}^x \sin x\,\mathrm{d}x$ 是典型的使用循环计算法的积分.

【例 3.27】　（第六届全国大学生数学竞赛预赛试题）设 n 为正整数，计算

$$I = \int_{\mathrm{e}^{-2n\pi}}^1 \left|\frac{\mathrm{d}}{\mathrm{d}x}\cos\left(\ln\frac{1}{x}\right)\right|\mathrm{d}x.$$

解析　$I = \int_{\mathrm{e}^{-2n\pi}}^1 \left|\dfrac{\mathrm{d}}{\mathrm{d}x}\cos\left(\ln\dfrac{1}{x}\right)\right|\mathrm{d}x = \int_{\mathrm{e}^{-2n\pi}}^1 \left|\dfrac{\mathrm{d}}{\mathrm{d}x}\cos(\ln x)\right|\mathrm{d}x = \int_{\mathrm{e}^{-2n\pi}}^1 |\sin(\ln x)|\dfrac{1}{x}\mathrm{d}x$

令 $\ln x = t$，有

$$I = \int_{-2n\pi}^0 |\sin t|\,\mathrm{d}t \xrightarrow{t=-u} \int_0^{2n\pi} |\sin u|\,\mathrm{d}u = 2n\int_0^{\pi} |\sin u|\,\mathrm{d}u = 4n\int_0^{\frac{\pi}{2}} \sin u\,\mathrm{d}u = 4n.$$

评注　由结论 $\int_0^{nT} f(x)\,\mathrm{d}x = n\int_0^T f(x)\,\mathrm{d}x$ （$n\in N$，T 是 $f(x)$ 的周期）知，

$$\int_0^{2n\pi} |\sin u|\,\mathrm{d}u = 2n\int_0^{\pi} |\sin u|\,\mathrm{d}u\,(|\sin u| \text{ 是周期为 } \pi \text{ 的周期函数});$$

由结论 $\int_{\frac{n}{2}\pi}^{\frac{n+1}{2}\pi} f(|\sin x|)\,\mathrm{d}x = \int_0^{\frac{\pi}{2}} f(\sin x)\,\mathrm{d}x$ （$n\in Z$）知，$\int_{\frac{\pi}{2}}^{\pi} |\sin u|\,\mathrm{d}u = \int_0^{\frac{\pi}{2}} \sin u\,\mathrm{d}u$.

【例 3.28】　计算 $\int_{-\frac{\pi}{4}}^{\frac{\pi}{4}} \dfrac{\mathrm{e}^{\frac{x}{2}}(\cos x - \sin x)}{\sqrt{\cos x}}\mathrm{d}x$.

解析　$\displaystyle\int_{-\frac{\pi}{4}}^{\frac{\pi}{4}} \frac{\mathrm{e}^{\frac{x}{2}}(\cos x - \sin x)}{\sqrt{\cos x}}\mathrm{d}x = \int_{-\frac{\pi}{4}}^{\frac{\pi}{4}} \frac{\mathrm{e}^{\frac{x}{2}}\cos x}{\sqrt{\cos x}}\mathrm{d}x - \int_{-\frac{\pi}{4}}^{\frac{\pi}{4}} \frac{\mathrm{e}^{\frac{x}{2}}\sin x}{\sqrt{\cos x}}\mathrm{d}x$

$$= \int_{-\frac{\pi}{4}}^{\frac{\pi}{4}} \mathrm{e}^{\frac{x}{2}}\sqrt{\cos x}\,\mathrm{d}x + \int_{-\frac{\pi}{4}}^{\frac{\pi}{4}} \frac{\mathrm{e}^{\frac{x}{2}}}{\sqrt{\cos x}}\mathrm{d}(\cos x) = \int_{-\frac{\pi}{4}}^{\frac{\pi}{4}} \mathrm{e}^{\frac{x}{2}}\sqrt{\cos x}\,\mathrm{d}x + 2\int_{-\frac{\pi}{4}}^{\frac{\pi}{4}} \mathrm{e}^{\frac{x}{2}}\mathrm{d}(\sqrt{\cos x})$$

$$= \int_{-\frac{\pi}{4}}^{\frac{\pi}{4}} \mathrm{e}^{\frac{x}{2}}\sqrt{\cos x}\,\mathrm{d}x + \left[2\mathrm{e}^{\frac{x}{2}}\sqrt{\cos x}\right]_{-\frac{\pi}{4}}^{\frac{\pi}{4}} - \int_{-\frac{\pi}{4}}^{\frac{\pi}{4}} \mathrm{e}^{\frac{x}{2}}\sqrt{\cos x}\,\mathrm{d}x = \sqrt[4]{8}\left(\mathrm{e}^{\frac{\pi}{8}} - \mathrm{e}^{-\frac{\pi}{8}}\right).$$

评注　有些定积分可以通过拆项把被积函数中复杂部分的积分消去，进而求得结果.

【例 3.29】 （第二十一届大连市高等数学竞赛试题）设 n 为正整数，计算定积分 $\int_0^{2n} x(x-1)(x-2)\cdots(x-2n)\mathrm{d}x$.

解析 令 $t=x-n$，则

$$\int_0^{2n} x(x-1)(x-2)\cdots(x-2n)\mathrm{d}x = \int_{-n}^{n}(t+n)(t+n-1)\cdots(t+1)t(t-1)\cdots[t-(n-1)](t-n)\mathrm{d}t$$

$$= \int_{-n}^{n}(t^2-n^2)[t^2-(n-1)^2](t^2-1)t\mathrm{d}t = 0.$$

评注 观察被积函数与积分区间的特点，作适当的变量代换，将积分转化为奇函数在对称区间上的积分，是解此题的关键.

【例 3.30】 （第二十届大连市高等数学竞赛试题）已知 $f(\pi)=2$，$\int_0^{\pi}[f(x)+f''(x)]\sin x\mathrm{d}x=5$，求 $f(0)$.

解析
$$\int_0^{\pi}[f(x)+f''(x)]\sin x\mathrm{d}x = \int_0^{\pi}f(x)\sin x\mathrm{d}x + \int_0^{\pi}\sin x\mathrm{d}f'(x)$$

$$=\int_0^{\pi}f(x)\sin x\mathrm{d}x + [\sin x f'(x)]_0^{\pi} - \int_0^{\pi}f'(x)\cos x\mathrm{d}x = \int_0^{\pi}f(x)\sin x\mathrm{d}x - \int_0^{\pi}\cos x\mathrm{d}f(x)$$

$$=\int_0^{\pi}f(x)\sin x\mathrm{d}x - [\cos x f(x)]_0^{\pi} - \int_0^{\pi}f(x)\sin x\mathrm{d}x = f(\pi)+f(0),$$

由已知得 $f(\pi)+f(0)=5$，而 $f(\pi)=2$，故 $f(0)=3$.

评注 含有抽象函数导数的积分往往考虑用分部积分法求解.

【例 3.31】 设 $f'(x)=\arcsin(x-1)^2$，$f(0)=0$，求 $I=\int_0^1 f(x)\mathrm{d}x$.

解析 本题解题时分部积分法与换元积分法结合使用.

$$I=\int_0^1 f(x)\mathrm{d}(x-1) = [(x-1)f(x)]_0^1 - \int_0^1(x-1)f'(x)\mathrm{d}x$$

$$=-\int_0^1(x-1)f'(x)\mathrm{d}x = -\int_0^1(x-1)\arcsin(x-1)^2\mathrm{d}x$$

$$=-\frac{1}{2}\int_0^1\arcsin(x-1)^2\mathrm{d}(x-1)^2 \xlongequal{(x-1)^2=u} \frac{1}{2}\int_0^1\arcsin u\,\mathrm{d}u = \frac{\pi}{4}-\frac{1}{2}.$$

【例 3.32】 设 $f(x)$ 在 $(-\infty,+\infty)$ 上连续，且对于任何 x,y 有 $f(x+y)=f(x)+f(y)$，计算 $\int_{-1}^1(x^2+1)f(x)\mathrm{d}x$.

解析 取 $y=0$，则由 $f(x+y)=f(x)+f(y)$ 可得 $f(x)=f(x)+f(0)$，故 $f(0)=0$. 又取 $y=-x$，可得 $f(0)=f[x+(-x)]=f(x)+f(-x)$，从而有 $f(-x)=-f(x)$，即 $f(x)$ 为奇函数，因此 $\int_{-1}^1(x^2+1)f(x)\mathrm{d}x=0$.

【例 3.33】 已知函数 $f(x)=\begin{cases}x, & 0\leqslant x\leqslant 1,\\ 2-x, & 1<x\leqslant 2,\end{cases}$ 求

$$I_n=\int_{2n}^{2n+2}f(x-2n)\mathrm{e}^{-x}\mathrm{d}x \quad (n=2,3,\cdots).$$

解析 由于仅知道 $f(x)$ 在区间 $[0,2]$ 的表达式，所以需作换元积分，将积分区间平移至 $[0,2]$ 区间计算.

设 $x-2n=t$，则 $x=t+2n$. 当 $x=2n$ 时，$t=0$；当 $x=2n+2$ 时，$t=2$.

$$I_n = \int_{2n}^{2n+2} f(x-2n)e^{-x}dx = \int_0^2 f(t)e^{-t-2n}dt$$

$$= e^{-2n}\int_0^2 f(t)e^{-t}dt = e^{-2n}\left[\int_0^1 te^{-t}dt + \int_1^2 (2-t)e^{-t}dt\right]$$

$$= e^{-2n}\left\{-[te^{-t}]_0^1 + \int_0^1 e^{-t}dt + [(t-2)e^{-t}]_1^2 - \int_1^2 e^{-t}dt\right\} = e^{-2n}(1-e^{-1})^2.$$

评注 定积分的计算中常出现分段函数，除了明显的分段形式外，常见的分段函数还有绝对值函数、符号函数、取整函数、最值函数和极限形式的函数等. 计算分段函数的积分时，若分段点在积分区间中，要将分段点插入，分段作积分.

【例 3.34】 设 $f(x)=\begin{cases}2x+\dfrac{3}{2}x^2, & -1\leqslant x<0,\\[2mm]\dfrac{xe^x}{(e^x+1)^2}, & 0\leqslant x\leqslant 1,\end{cases}$ 求函数 $F(x)=\int_{-1}^x f(t)dt$ 的表达式.

解析 当 $-1\leqslant x<0$ 时，

$$F(x)=\int_{-1}^x f(t)dt = \int_{-1}^x\left(2t+\frac{3}{2}t^2\right)dt = x^2+\frac{x^3}{2}-\frac{1}{2};$$

当 $0\leqslant x\leqslant 1$ 时，

$$F(x)=\int_{-1}^x f(t)dt = \int_{-1}^0\left(2t+\frac{3}{2}t^2\right)dt + \int_0^x\frac{te^t}{(e^t+1)^2}dt$$

$$=-\frac{1}{2}+\int_0^x\frac{t}{(e^t+1)^2}d(e^t+1) = -\frac{1}{2}-\int_0^x td\left(\frac{1}{e^t+1}\right)$$

$$=-\frac{1}{2}-\left[\frac{t}{e^t+1}\right]_0^x + \int_0^x\frac{dt}{e^t+1} = -\frac{1}{2}-\frac{x}{e^x+1}+\int_0^x\frac{e^t}{e^t(e^t+1)}dt$$

$$=-\frac{1}{2}-\frac{x}{e^x+1}+[t-\ln(e^t+1)]_0^x$$

$$=-\frac{1}{2}-\frac{x}{e^x+1}+x-\ln(e^x+1)+\ln 2,$$

综上 $$F(x)=\begin{cases}x^2+\dfrac{x^3}{2}-\dfrac{1}{2}, & -1\leqslant x<0,\\[2mm]-\dfrac{1}{2}-\dfrac{x}{e^x+1}+x-\ln(e^x+1)+\ln 2, & 0\leqslant x\leqslant 1.\end{cases}$$

【例 3.35】 计算积分 $\int_0^1 x^m(\ln x)^n dx$，$(m,n\in N)$.

解析 用分部积分法推出积分关于 n 的递推关系式，再算出积分.

记 $I_n=\int_0^1 x^m(\ln x)^n dx$，则

$$I_n=\int_0^1 (\ln x)^n d\left(\frac{x^{m+1}}{m+1}\right) = \left[\frac{x^{m+1}}{m+1}(\ln x)^n\right]_0^1 - \int_0^1\frac{x^{m+1}}{m+1}n(\ln x)^{n-1}\frac{1}{x}dx$$

$$=-\frac{n}{m+1}\int_0^1 x^m(\ln x)^{n-1}dx,$$

因此有
$$I_n = -\frac{n}{m+1}I_{n-1} = (-1)\frac{n}{m+1}(-1)\frac{n-1}{m+1}I_{n-2}$$
$$= \cdots = \frac{(-1)n}{m+1}\frac{(-1)(n-1)}{m+1}\cdots\frac{(-1)2}{m+1}I_1,$$

由于
$$I_1 = \int_0^1 x^m \ln x \, \mathrm{d}x = \int_0^1 \ln x \, \mathrm{d}\left(\frac{x^{m+1}}{m+1}\right) = \left[\frac{x^{m+1}}{m+1}\ln x\right]_0^1 - \int_0^1 \frac{x^{m+1}}{m+1}\frac{1}{x}\mathrm{d}x = \frac{-1}{(m+1)^2},$$

所以
$$I_n = \frac{(-1)^n n!}{(m+1)^{n+1}}.$$

评注 若被积函数中含有自然数为参数，而积分又难以直接积出时，常用分部积分法建立积分的递推公式来求积分值. 该题解题过程中用到了 $\lim\limits_{x\to 0}\frac{x^{m+1}}{m+1}(\ln x)^n = 0$.

【例 3.36】 (第二十一届大连市高等数学竞赛试题) 设函数 $f(x)$ 连续，且 $\int_0^x tf(2x-t)\mathrm{d}t = \frac{1}{2}\arctan x^2$，已知 $f(1)=1$，求 $\int_1^2 f(x)\mathrm{d}x$.

解析 令 $2x-t=u$，则 $t=2x-u$，$\mathrm{d}t=-\mathrm{d}u$；$t=0$ 时，$u=2x$；$t=x$ 时，$u=x$.
$$\int_0^x tf(2x-t)\mathrm{d}t = -\int_{2x}^x (2x-u)f(u)\mathrm{d}u = 2x\int_x^{2x}f(u)\mathrm{d}u - \int_x^{2x}uf(u)\mathrm{d}u.$$

由已知可得 $2x\int_x^{2x}f(u)\mathrm{d}u - \int_x^{2x}uf(u)\mathrm{d}u = \frac{1}{2}\arctan x^2$，两边同时对 x 求导，得

$$2\int_x^{2x}f(u)\mathrm{d}u + 2x[2f(2x)-f(x)] - [4xf(2x)-xf(x)] = \frac{x}{1+x^4},$$

即 $\int_x^{2x}f(u)\mathrm{d}u = \frac{1}{2}xf(x) + \frac{x}{2(1+x^4)}$，取 $x=1$，有 $\int_1^2 f(x)\mathrm{d}x = \frac{3}{4}$.

评注 a. 变限积分函数的求导公式：设 $f(x)$ 在区间 $[a,b]$ 上连续，$\varphi(x)$、$\psi(x)$ 可导，则

$$\frac{\mathrm{d}}{\mathrm{d}x}\left[\int_{\varphi(x)}^{\psi(x)}f(t)\mathrm{d}t\right] = f[\psi(x)]\psi'(x) - f[\varphi(x)]\varphi'(x).$$

b. 对于形如 $F(x) = \int_{\varphi(x)}^{\psi(x)}f(t,x)\mathrm{d}t$ 的变限积分函数求导，常有以下两种方式：

第一种，作积分变量替换，使被积函数中不含有参变量 x，再求导；

第二种，若 $f(t,x)$ 与 $f_x(t,x)$ 在所讨论的区域内连续，则有

$$F'(x) = \int_{\varphi(x)}^{\psi(x)}f_x(t,x)\mathrm{d}t + f[\psi(x),x]\psi'(x) - f[\varphi(x),x]\varphi'(x).$$

该题是用第一种方法求解的，若按第二种方法中的求导公式计算导数，有

$$\frac{\mathrm{d}}{\mathrm{d}x}\int_0^x tf(2x-t)\mathrm{d}t = 2\int_0^x tf_x'(2x-t)\mathrm{d}t + xf(x).$$

【例 3.37】 (第四届全国大学生数学竞赛预赛试题) 求极限 $\lim\limits_{x\to+\infty}\sqrt[3]{x}\int_x^{x+1}\frac{\sin t}{\sqrt{t+\cos t}}\mathrm{d}t$.

解析 $0 \leqslant \left|\sqrt[3]{x}\int_x^{x+1}\frac{\sin t}{\sqrt{t+\cos t}}\mathrm{d}t\right| \leqslant \sqrt[3]{x}\int_x^{x+1}\frac{1}{\sqrt{t-1}}\mathrm{d}t = 2\sqrt[3]{x}(\sqrt{x}-\sqrt{x-1}) = \frac{2\sqrt[3]{x}}{\sqrt{x}+\sqrt{x-1}},$

而 $\lim\limits_{x\to+\infty}\dfrac{2\sqrt[3]{x}}{\sqrt{x}+\sqrt{x-1}}=0$，故由两边夹法则得 $\lim\limits_{x\to+\infty}\sqrt[3]{x}\displaystyle\int_x^{x+1}\dfrac{\sin t}{\sqrt{t+\cos t}}\mathrm{d}t=0$.

评注　涉及积分变限函数的极限问题，通常有以下三种处理方式：

① 用洛必达法则计算极限；

② 用积分中值定理去掉积分号求极限；

③ 将积分作放大与缩小，利用两边夹法则求极限.

【例 3.38】　求极限 $\lim\limits_{x\to0}\dfrac{\displaystyle\int_0^x\left[\displaystyle\int_0^{u^2}\arctan(1+t)\mathrm{d}t\right]\mathrm{d}u}{\sin x\displaystyle\int_0^1\tan(xt)^2\mathrm{d}t}$.

解析　这是 $\dfrac{0}{0}$ 型的未定式，可用洛必达法则求解.

令 $xt=v$，则 $\displaystyle\int_0^1\tan(xt)^2\mathrm{d}t=\dfrac{1}{x}\displaystyle\int_0^x\tan v^2\mathrm{d}v$，于是

$$\lim\limits_{x\to0}\frac{\displaystyle\int_0^x\left[\displaystyle\int_0^{u^2}\arctan(1+t)\mathrm{d}t\right]\mathrm{d}u}{\sin x\displaystyle\int_0^1\tan(xt)^2\mathrm{d}t}=\lim\limits_{x\to0}\frac{\displaystyle\int_0^x\left[\displaystyle\int_0^{u^2}\arctan(1+t)\mathrm{d}t\right]\mathrm{d}u}{\dfrac{\sin x}{x}\displaystyle\int_0^x\tan v^2\mathrm{d}v}=\lim\limits_{x\to0}\frac{\displaystyle\int_0^x\left[\displaystyle\int_0^{u^2}\arctan(1+t)\mathrm{d}t\right]\mathrm{d}u}{\displaystyle\int_0^x\tan v^2\mathrm{d}v}$$

$$=\lim\limits_{x\to0}\frac{\displaystyle\int_0^{x^2}\arctan(1+t)\mathrm{d}t}{\tan x^2}=\lim\limits_{x\to0}\frac{\displaystyle\int_0^{x^2}\arctan(1+t)\mathrm{d}t}{x^2}=\lim\limits_{x\to0}\frac{2x\arctan(1+x^2)}{2x}=\frac{\pi}{4}.$$

评注　在使用洛必达法则前，需要先对分母作积分变量代换，使被积函数中不含有参变量 x.

【例 3.39】　（第一届全国大学生数学竞赛预赛试题）设函数 $f(x)$ 连续，$g(x)=\displaystyle\int_0^1 f(xt)\mathrm{d}t$，且 $\lim\limits_{x\to0}\dfrac{f(x)}{x}=A$，$A$ 为常数，求 $g'(x)$ 并讨论 $g'(x)$ 在 $x=0$ 处的连续性.

解析　根据 $\lim\limits_{x\to0}\dfrac{f(x)}{x}=A$，有 $\lim\limits_{x\to0}f(x)=0$. 又根据 $f(x)$ 连续，有 $f(0)=0$，所以 $g(0)=0$. 令 $xt=u$，得

$$g(x)=\frac{\displaystyle\int_0^x f(u)\mathrm{d}u}{x}\quad(x\neq0),$$

从而

$$g'(x)=\frac{xf(x)-\displaystyle\int_0^x f(u)\mathrm{d}u}{x^2}\quad(x\neq0),$$

由导数的定义有

$$g'(0)=\lim\limits_{x\to0}\frac{g(x)-g(0)}{x-0}=\lim\limits_{x\to0}\frac{\displaystyle\int_0^x f(u)\mathrm{d}u}{x^2}=\lim\limits_{x\to0}\frac{f(x)}{2x}=\frac{A}{2},$$

故

$$g'(x)=\begin{cases}\dfrac{xf(x)-\displaystyle\int_0^x f(u)\mathrm{d}u}{x^2},&x\neq0,\\[4mm]\dfrac{A}{2},&x=0.\end{cases}$$

又由于 $\lim\limits_{x\to 0}g'(x)=\lim\limits_{x\to 0}\dfrac{xf(x)-\displaystyle\int_0^x f(u)\mathrm{d}u}{x^2}=\lim\limits_{x\to 0}\dfrac{f(x)}{x}-\lim\limits_{x\to 0}\dfrac{\displaystyle\int_0^x f(u)\mathrm{d}u}{x^2}=A-\dfrac{A}{2}=\dfrac{A}{2}=g'(0)$ ，

所以 $g'(x)$ 在 $x=0$ 处连续.

评注 a. 分段函数在分段点处的导数要用定义计算.

b. 对于极限 $\lim\limits_{x\to 0}\dfrac{xf(x)-\displaystyle\int_0^x f(u)\mathrm{d}u}{x^2}$ ，不能直接使用洛必达法则计算，因为题设中没有说明 $f(x)$ 可导，因此不满足洛必达法则使用条件.

【例 3.40】（第二十二届大连市高等数学竞赛试题）已知 $I=\displaystyle\int_0^{n\pi}x\,|\sin x|\,\mathrm{d}x$（$n$ 为正整数），求 I.

解析 令 $x=n\pi-t$，则

$$I=-\int_{n\pi}^0 (n\pi-t)\,|\sin(n\pi-t)|\,\mathrm{d}t=\int_0^{n\pi}(n\pi-t)\,|\sin t|\,\mathrm{d}t=n\pi\int_0^{n\pi}|\sin t|\,\mathrm{d}t-I$$

$$=n^2\pi\int_0^\pi \sin t\,\mathrm{d}t-I=2n^2\pi-I,$$

故 $I=n^2\pi$.

【例 3.41】（第四届全国大学生数学竞赛决赛试题）求在 $[0,+\infty)$ 上的可微函数 $f(x)$，使 $f(x)=\mathrm{e}^{-u(x)}$，其中 $u(x)=\displaystyle\int_0^x f(t)\mathrm{d}t$.

解析 由题意知 $f(x)=\mathrm{e}^{-\int_0^x f(t)\mathrm{d}t}$，将其两边同时求导得

$$f'(x)=-\mathrm{e}^{-\int_0^x f(t)\mathrm{d}t}f(x)=-f^2(x),$$

设 $y=f(x)$，则 $\dfrac{\mathrm{d}y}{\mathrm{d}x}=y^2$，这是一个可分离变量的微分方程，求解得 $y=\dfrac{1}{x+C}$，即 $f(x)=\dfrac{1}{x+C}$，又知 $f(0)=\mathrm{e}^0=1$，解得 $C=1$，$f(x)=\dfrac{1}{x+1}$.

【例 3.42】 设 $f(x)=\displaystyle\int_0^{a-x}\mathrm{e}^{y(2a-y)}\mathrm{d}y$，求 $\displaystyle\int_0^a f(x)\mathrm{d}x$.

解析 方法 1 转化成二重积分计算.

$$\int_0^a f(x)\mathrm{d}x=\int_0^a\left[\int_0^{a-x}\mathrm{e}^{y(2a-y)}\mathrm{d}y\right]\mathrm{d}x=\int_0^a\left[\int_0^{a-y}\mathrm{e}^{y(2a-y)}\mathrm{d}x\right]\mathrm{d}y=\int_0^a(a-y)\mathrm{e}^{y(2a-y)}\mathrm{d}y$$

$$=\int_0^a(a-y)\mathrm{e}^{-(a-y)^2+a^2}\mathrm{d}y=\mathrm{e}^{a^2}\left(-\frac{1}{2}\right)\int_0^a\mathrm{e}^{-(a-y)^2}\mathrm{d}(a-y)^2=\frac{1}{2}(\mathrm{e}^{a^2}-1)$$

方法 2 利用分部积分法计算.

$$\int_0^a f(x)\mathrm{d}x=\int_0^a\left[\int_0^{a-x}\mathrm{e}^{y(2a-y)}\mathrm{d}y\right]\mathrm{d}x=\left[x\int_0^{a-x}\mathrm{e}^{y(2a-y)}\mathrm{d}y\right]_0^a-\int_0^a x\,\mathrm{d}\left[\int_0^{a-x}\mathrm{e}^{y(2a-y)}\mathrm{d}y\right]$$

$$=\int_0^a x\,\mathrm{e}^{a^2-x^2}\mathrm{d}x=\frac{1}{2}(\mathrm{e}^{a^2}-1).$$

评注 对于这种被积函数中含有变限积分函数的积分，通常有两种解题思路：①将原积分化为二重积分，再更换累次积分的次序；②直接利用分部积分法，将变上限积分取作 u，其余部分取作 $\mathrm{d}v$.

【例 3.43】 设 $f'(x)$ 连续，$F(x) = \displaystyle\int_0^x f(t)f'(2a-t)\mathrm{d}t$ ，证明：

$$F(2a) - 2F(a) = f^2(a) - f(0)f(2a).$$

解析　$F(2a) - 2F(a) = \displaystyle\int_0^{2a} f(t)f'(2a-t)\mathrm{d}t - 2\int_0^a f(t)f'(2a-t)\mathrm{d}t$

$$= \int_0^{2a} f(t)f'(2a-t)\mathrm{d}t - \int_0^a f(t)f'(2a-t)\mathrm{d}t$$

又　$\displaystyle\int_a^{2a} f(t)f'(2a-t)\mathrm{d}t \xlongequal{2a-t=u} \int_0^a f(2a-u)f'(u)\mathrm{d}u = \int_0^a f(2a-u)\mathrm{d}f(u)$

$$= [f(2a-u)f(u)]_0^a - \int_0^a f(u)\mathrm{d}f(2a-u) = f^2(a) - f(0)f(2a) + \int_0^a f(u)f'(2a-u)\mathrm{d}u$$

因此　$F(2a) - 2F(a) = \displaystyle\int_a^{2a} f(t)f'(2a-t)\mathrm{d}t - \int_0^a f(t)f'(2a-t)\mathrm{d}t = f^2(a) - f(0)f(2a)$.

评注　对于被积函数中含有抽象函数的导数、反函数或积分上限函数的积分，考虑分部积分法求解。

【例 3.44】 设 $f(x)$，$g(x)$ 在 $[a,b]$ 上连续，证明至少存在一个 $\xi \in (a,b)$，使得 $f(\xi)\displaystyle\int_\xi^b g(x)\mathrm{d}x = g(\xi)\int_a^\xi f(x)\mathrm{d}x$.

解析　令 $F'(x) = f(x)\displaystyle\int_x^b g(t)\mathrm{d}t - g(x)\int_a^x f(t)\mathrm{d}t$ ，即 $F(x) = \displaystyle\int_a^x f(t)\mathrm{d}t \int_x^b g(t)\mathrm{d}t$ ，
因为 $f(x)$，$g(x)$ 在 $[a,b]$ 上连续，所以 $F(x)$ 在 $[a,b]$ 上连续，在 (a,b) 内可导，又 $F(a) = F(b) = 0$，故由罗尔定理至少存在一点 $\xi \in (a,b)$，使得 $F'(\xi) = 0$，即

$$\left[\int_a^x f(t)\mathrm{d}t \int_x^b g(t)\mathrm{d}t\right]'\Bigg|_{x=\xi} = f(\xi)\int_\xi^b g(x)\mathrm{d}x - g(\xi)\int_a^\xi f(x)\mathrm{d}x = 0 ,$$

亦即　　　　　$f(\xi)\displaystyle\int_\xi^b g(x)\mathrm{d}x = g(\xi)\int_a^\xi f(x)\mathrm{d}x$ ，$\xi \in (a,b)$.

评注　证明在积分限中至少存在一点 ξ 或 x_0，使等式成立的命题，考虑构造辅助函数法，证明思路：① 将 ξ 或 x_0 改成 x，移项使等式一端为零，另一端即为所作的辅助函数 $F(x)$ 或 $F'(x)$；② 验证 $F(x)$ 满足介值定理或微分中值定理的条件；③ 由介值或微分中值定理，即可证得命题。

【例 3.45】（第二十一届大连市高等数学竞赛试题）设 n 为正整数，$I_n = \displaystyle\int_0^{\frac{\pi}{4}} \tan^n x \,\mathrm{d}x$.

证明：$\dfrac{1}{2(n+1)} < I_n < \dfrac{1}{2(n-1)}$ $(n \geqslant 3)$.

解析　$I_n + I_{n+2} = \displaystyle\int_0^{\frac{\pi}{4}} (\tan^n x + \tan^{n+2} x)\mathrm{d}x = \int_0^{\frac{\pi}{4}} \tan^n x \,\mathrm{d}(\tan x) = \dfrac{\tan^{n+1} x}{n+1}\Bigg|_0^{\frac{\pi}{4}} = \dfrac{1}{n+1}$ ，
因为数列 $\{I_n\}$ 单调减少，所以

$$2I_n > I_n + I_{n+2} = \dfrac{1}{n+1}, \quad 即 \ I_n > \dfrac{1}{2(n+1)};$$

$$2I_{n+2} < I_n + I_{n+2} = \dfrac{1}{n+1},$$

从而 $I_{n+2} < \dfrac{1}{2(n+1)}$，即 $I_n < \dfrac{1}{2(n-1)}$ $(n \geqslant 3)$.

评注 积分不等式的证明主要有四种途径：①对被积函数作适当的放大或缩小，再利用定积分的单调性作证明；②利用积分变限函数将积分不等式转化为函数不等式，再利用微分学的方法（如有界性、单调性、极值、凹凸性等）完成不等式的证明；③利用积分中值定理或通过积分的计算去掉积分号再作估计；④利用一些已知不等式（如柯西不等式、三角不等式等）．

【例 3.46】（第五届全国大学生数学竞赛决赛试题）设 $f(x)$ 是 $[0,1]$ 上的连续函数，且满足 $\int_0^1 f(x)\mathrm{d}x = 1$，求一个这样的函数 $f(x)$ 使得积分 $I = \int_0^1 (1+x^2)f^2(x)\mathrm{d}x$ 取得最小值．

解析 $\displaystyle 1 = \int_0^1 f(x)\mathrm{d}x = \int_0^1 f(x)\sqrt{1+x^2}\,\frac{1}{\sqrt{1+x^2}}\mathrm{d}x$

$$\leqslant \left[\int_0^1 (1+x^2)f^2(x)\mathrm{d}x\right]^{1/2}\left(\int_0^1 \frac{1}{1+x^2}\mathrm{d}x\right)^{1/2}$$

$$= \left(\frac{\pi}{4}\right)^{1/2}\left[\int_0^1 (1+x^2)f^2(x)\mathrm{d}x\right]^{1/2},$$

从而 $\displaystyle \int_0^1 (1+x^2)f^2(x)\mathrm{d}x \geqslant \frac{4}{\pi}$，取 $\displaystyle f(x) = \frac{2}{\sqrt{\pi(1+x^2)}}$ 即可．

评注 ① 这不是通常意义下函数的最小（大）值问题，不能用求函数极值的方法来解决．满足题设条件的函数有很多，只要能使 $\displaystyle \int_0^1 (1+x^2)f^2(x)\mathrm{d}x = \frac{4}{\pi}$ 的函数均可．

② 该题中用到了柯西不等式：设 $f(x)$ 与 $g(x)$ 在 $[a,b]$ 上可积，则有

$$\left(\int_a^b f(x)g(x)\mathrm{d}x\right)^2 \leqslant \int_a^b f^2(x)\mathrm{d}x\int_a^b g^2(x)\mathrm{d}x,$$

当 $f(x) = kg(x)$ 时，等号成立．

【例 3.47】（第二届全国大学生数学竞赛决赛试题）试问：在区间 $[0,2]$ 上是否存在连续可微的函数 $f(x)$，满足 $f(0) = f(2) = 1$，$|f'(x)| \leqslant 1$，$\left|\int_0^2 f(x)\mathrm{d}x\right| \leqslant 1$？请说明理由．

解析 假设存在这样的函数 $f(x)$，则当 $x \in [0,1]$ 时，由拉格朗日中值定理知，存在 $\xi_1 \in (0,x)$，使得 $f(x) = f(0) + f'(\xi_1)x$．同理，当 $x \in [1,2]$ 时，由拉格朗日中值定理知，存在 $\xi_2 \in (x,2)$，使得 $f(x) = f(2) + f'(\xi_2)(x-2)$．即

$$f(x) = 1 + f'(\xi_1)x,\ x \in [0,1];\quad f(x) = 1 + f'(\xi_2)(x-2),\ x \in [1,2].$$

因为 $-1 \leqslant f'(x) \leqslant 1$，所以 $0 \leqslant 1-x \leqslant f(x) \leqslant 1+x$，$x \in [0,1]$，

$$x-1 \leqslant f(x) \leqslant 3-x,\ x \in [1,2].$$

从而 $\displaystyle \int_0^2 f(x)\mathrm{d}x \geqslant 0$，$\displaystyle 1 = \int_0^1 (1-x)\mathrm{d}x + \int_1^2 (x-1)\mathrm{d}x \leqslant \int_0^2 f(x)\mathrm{d}x \leqslant \int_0^1 (1+x)\mathrm{d}x +$

$\displaystyle \int_1^2 (3-x)\mathrm{d}x = 3$，$\displaystyle \left|\int_0^2 f(x)\mathrm{d}x\right| \geqslant 1$．又由题意知 $\displaystyle \left|\int_0^2 f(x)\mathrm{d}x\right| \leqslant 1$，因此 $\displaystyle \left|\int_0^2 f(x)\mathrm{d}x\right| = 1$，

即 $\displaystyle \int_0^2 f(x)\mathrm{d}x = 1$，且 $f(x) = \begin{cases} 1-x, & x \in [0,1] \\ x-1, & x \in (1,2] \end{cases}$．由于 $\displaystyle \lim_{x \to 1^+} \frac{f(x) - f(1)}{x-1} = \lim_{x \to 1^+} \frac{x-1}{x-1} = 1$，

$\lim\limits_{x \to 1^-} \dfrac{f(x) - f(1)}{x - 1} = \lim\limits_{x \to 1^-} \dfrac{1-x}{x-1} = -1$，故 $f'(1)$ 不存在，但 $f(x)$ 是在区间 $[0,2]$ 上的连续可微函数，即 $f'(1)$ 存在，矛盾，故原假设不成立，所以不存在满足题意的函数 $f(x)$.

【例 3.48】（第四届全国大学生数学竞赛预赛试题）求最小实数 C，使得满足 $\displaystyle\int_0^1 |f(x)| \,\mathrm{d}x = 1$ 的连续的函数 $f(x)$ 都有 $\displaystyle\int_0^1 f(\sqrt{x})\,\mathrm{d}x \leqslant C$.

解析　由已知可得

$$\int_0^1 f(\sqrt{x})\,\mathrm{d}x \leqslant \int_0^1 |f(\sqrt{x})|\,\mathrm{d}x \xlongequal{\sqrt{x}=t} \int_0^1 |f(t)|\,2t\,\mathrm{d}t \leqslant 2\int_0^1 |f(t)|\,\mathrm{d}t = 2 ,$$

取 $f_n(x) = (n+1)x^n$，则

$$\int_0^1 |f_n(x)|\,\mathrm{d}x = \int_0^1 f_n(x)\,\mathrm{d}x = 1 ,$$

而

$$\int_0^1 f_n(\sqrt{x})\,\mathrm{d}x \xlongequal{\sqrt{x}=t} 2\int_0^1 t f_n(t)\,\mathrm{d}t = \frac{2(n+1)}{n+2} \to 2 \ (n \to \infty) ,$$

因此最小的实数 $C = 2$.

【例 3.49】　计算 $\displaystyle\int_1^{+\infty} \dfrac{1}{x\sqrt{x-1}}\,\mathrm{d}x$.

解析　这是一个混合型的反常积分，既是无穷限的反常积分，又是瑕积分.

由于 $\lim\limits_{x \to 1^+} \dfrac{1}{x\sqrt{x-1}} = \infty$，所以 $x = 1$ 为被积函数的瑕点，故

$$\int_1^{+\infty} \frac{1}{x\sqrt{x-1}}\,\mathrm{d}x = \int_1^2 \frac{1}{x\sqrt{x-1}}\,\mathrm{d}x + \int_2^{+\infty} \frac{1}{x\sqrt{x-1}}\,\mathrm{d}x ,$$

其中

$$\int_1^2 \frac{1}{x\sqrt{x-1}}\,\mathrm{d}x \xlongequal{\sqrt{x-1}=t} \int_0^1 \frac{2t\,\mathrm{d}t}{(t^2+1)t} = 2\int_0^1 \frac{\mathrm{d}t}{1+t^2} = 2[\arctan t]_0^1 = \frac{\pi}{2} ,$$

$$\int_2^{+\infty} \frac{1}{x\sqrt{x-1}}\,\mathrm{d}x \xlongequal{\sqrt{x-1}=t} 2\int_1^{+\infty} \frac{\mathrm{d}t}{1+t^2} = 2[\arctan t]_1^{+\infty} = 2\left(\frac{\pi}{2} - \frac{\pi}{4}\right) = \frac{\pi}{2} ,$$

所以 $\displaystyle\int_1^{+\infty} \dfrac{1}{x\sqrt{x-1}}\,\mathrm{d}x = \pi$.

【例 3.50】　计算 $\displaystyle\int_{-\infty}^{+\infty} \dfrac{1}{x^2+4x+9}\,\mathrm{d}x$.

解析　$\displaystyle\int_{-\infty}^{+\infty} \frac{1}{x^2+4x+9}\,\mathrm{d}x = \int_{-\infty}^0 \frac{1}{x^2+4x+9}\,\mathrm{d}x + \int_0^{+\infty} \frac{1}{x^2+4x+9}\,\mathrm{d}x$

$$= \int_{-\infty}^0 \frac{\mathrm{d}(x+2)}{(x+2)^2 + (\sqrt{5})^2} + \int_0^{+\infty} \frac{\mathrm{d}(x+2)}{(x+2)^2 + (\sqrt{5})^2}$$

$$= \left[\frac{1}{\sqrt{5}} \arctan \frac{x+2}{\sqrt{5}}\right]_{-\infty}^0 + \left[\frac{1}{\sqrt{5}} \arctan \frac{x+2}{\sqrt{5}}\right]_0^{+\infty}$$

$$= \frac{1}{\sqrt{5}} \arctan \frac{2}{\sqrt{5}} - \lim_{x \to -\infty} \frac{1}{\sqrt{5}} \arctan \frac{x+2}{\sqrt{5}} + \lim_{x \to +\infty} \frac{1}{\sqrt{5}} \arctan \frac{x+2}{\sqrt{5}} - \frac{1}{\sqrt{5}} \arctan \frac{2}{\sqrt{5}} = \frac{\pi}{\sqrt{5}} .$$

评注　为书写方便，在反常积分的计算中常常保留原积分限而略去极限符号.

【例 3.51】（第四届全国大学生数学竞赛预赛试题）计算 $\int_0^{+\infty} e^{-2x} |\sin x| \, dx$.

解析 由于

$$\int_0^{n\pi} e^{-2x} |\sin x| \, dx = \sum_{k=1}^n \int_{(k-1)\pi}^{k\pi} e^{-2x} |\sin x| \, dx = \sum_{k=1}^n \int_{(k-1)\pi}^{k\pi} (-1)^{k-1} e^{-2x} \sin x \, dx,$$

应用分部积分法得

$$\int_{(k-1)\pi}^{k\pi} (-1)^{k-1} e^{-2x} \sin x \, dx = \frac{1}{5} e^{-2k\pi} (1 + e^{2\pi}),$$

$$\int_0^{n\pi} e^{-2x} |\sin x| \, dx = \frac{1}{5}(1 + e^{2\pi}) \sum_{k=1}^n e^{-2k\pi} = \frac{1}{5}(1 + e^{2\pi}) \frac{e^{-2\pi} - e^{-2(n+1)\pi}}{1 - e^{-2\pi}}$$

当 $n\pi \leqslant x < (n+1)\pi$ 时，

$$\int_0^{n\pi} e^{-2x} |\sin x| \, dx = \int_0^x e^{-2x} |\sin x| \, dx < \int_0^{(n+1)\pi} e^{-2x} |\sin x| \, dx,$$

令 $n \to +\infty$，由两边夹法则，得

$$\int_0^{+\infty} e^{-2x} |\sin x| \, dx = \lim_{x \to +\infty} \int_0^x e^{-2x} |\sin x| \, dx = \frac{1}{5} \frac{e^{2\pi} + 1}{e^{2\pi} - 1}.$$

【例 3.52】（第五届全国大学生数学竞赛预赛试题）证明广义积分 $\int_0^{+\infty} \frac{\sin x}{x} dx$ 不是绝对收敛的.

解析 记 $a_n = \int_{n\pi}^{(n+1)\pi} \frac{|\sin x|}{x} dx$，只要证明 $\sum_{n=0}^{\infty} a_n$ 发散. 因为

$$a_n \geqslant \frac{1}{(n+1)\pi} \int_{n\pi}^{(n+1)\pi} |\sin x| \, dx = \frac{1}{(n+1)\pi} \int_0^\pi \sin x \, dx = \frac{2}{(n+1)\pi},$$

而 $\sum_{n=0}^{\infty} \frac{2}{(n+1)\pi}$ 发散，故 $\sum_{n=0}^{\infty} a_n$ 发散，即广义积分 $\int_0^{+\infty} \frac{\sin x}{x} dx$ 不是绝对收敛的.

三、综合训练

(1)（江苏省 2004 年竞赛题）求极限 $\lim_{n \to \infty} \left(\frac{n}{n^2+1} + \frac{n}{n^2+4} + \cdots + \frac{n}{n^2+n^2} \right)$.

(2) 设 $f(x) = x e^x$，求极限 $\lim_{n \to \infty} \sum_{k=1}^n \frac{f\left[\frac{f^{(k)}(0)}{n} \right]}{f^{(n)}(0)}$.

(3)（首届全国大学生数学竞赛预赛试题）设 $f(x)$ 是连续函数，满足 $f(x) = 3x^2 - \int_0^2 f(x) dx - 2$，求 $f(x)$.

(4)（2005 年北京竞赛题）已知函数 $f(x) = 3x - \sqrt{1-x^2} \int_0^1 f^2(x) dx$，求 $f(x)$.

(5) 计算下列定积分.

① $\int_0^{\frac{\pi}{2}} \frac{dx}{1 + (\tan x)^\alpha}$（$\alpha$ 为常数）； ② $I = \int_0^\pi \frac{x \sin^3 x}{1 + \cos^2 x} dx$； ③ $\int_0^1 \frac{\arctan x}{(1+x^2)^{\frac{3}{2}}} dx$；

④ $\int_{\frac{1}{4}}^{\frac{1}{2}} \frac{\arcsin \sqrt{x}}{\sqrt{x(1-x)}} dx$； ⑤ $\int_{-2}^2 \frac{x + |x|}{2 + x^2} dx$； ⑥ $\int_{-\frac{\pi}{2}}^{\frac{\pi}{2}} \frac{x + \sin^2 x}{(1 + \cos x)^2} dx$；

⑦ $\int_0^{x^3-1} \max\{1,t^2\}\mathrm{d}t, x \in \mathbf{R}$; ⑧ $\int_0^\pi \max(\sin x, \cos x)\mathrm{d}x$; ⑨ $\int_0^1 t\,|\,t-x\,|\,\mathrm{d}t$;

⑩ $\int_{-\frac{\pi}{4}}^{\frac{\pi}{4}} \dfrac{\sin^2 x}{1+\mathrm{e}^{-x}}\mathrm{d}x$; ⑪ $\int_{\frac{\pi}{4}}^{\frac{\pi}{2}} \dfrac{1+\sin x}{1+\cos x}\mathrm{e}^x\mathrm{d}x$; ⑫ $\int_0^2 \dfrac{x}{\mathrm{e}^x+\mathrm{e}^{2-x}}\mathrm{d}x$;

⑬ $\int_0^\pi \dfrac{2}{2+\cos x}\mathrm{d}x$; ⑭ $\int_1^{+\infty} \dfrac{\mathrm{d}x}{x(x^2+1)}$; ⑮ $\int_0^a x^3\sqrt{\dfrac{x}{a-x}}\mathrm{d}x\ (a>0)$.

(6) 设 $f(x)$ 在 $\left[0,\dfrac{\pi}{2}\right]$ 上连续，求 $\int_0^{\frac{\pi}{2}} \dfrac{f(\sin x)}{f(\cos x)+f(\sin x)}\mathrm{d}x$.

(7) 计算 $\int_0^{\frac{\pi}{4}} \ln\sin 2x\,\mathrm{d}x$.

(8) (2009 年北京大学生数学竞赛试题) 设 $f(x)$ 有一个原函数是 $\dfrac{\sin x}{x}$，求 $\int_{\frac{\pi}{2}}^{\pi} xf'(x)\mathrm{d}x$.

(9) 设 $f(x)$ 在 $[0,1]$ 上具有二阶连续导数，证明：

$$\int_0^1 f(x)\mathrm{d}x = \dfrac{1}{2}[f(0)+f(1)] - \dfrac{1}{2}\int_0^1 x(1-x)f''(x)\mathrm{d}x.$$

(10) 设 $f(x),g(x)$ 在区间 $[-a,a]$ $(a>0)$ 上连续，$g(x)$ 为偶函数，且 $f(x)$ 满足 $f(x)+f(-x)=A$，（A 为常数）. ①证明：$\int_{-a}^a f(x)g(x)\mathrm{d}x = A\int_0^a g(x)\mathrm{d}x$；②利用①的结论计算定积分 $\int_{-\frac{\pi}{2}}^{\frac{\pi}{2}} |\sin x|\arctan \mathrm{e}^x\mathrm{d}x$.

(11) (2000 年江苏省竞赛题) $\int_{-a}^a [f(x)+f(-x)]\sin x\,\mathrm{d}x$.

(12) 计算积分 $\int_{-\pi}^{\pi} x\sin^5 x\arctan \mathrm{e}^x\mathrm{d}x$.

(13) (2006 年北京大学生数学竞赛试题) 计算积分 $\int_0^{2006\pi} x\,|\sin x\,|\,\mathrm{d}x$.

(14) 已知 $f(x)=\begin{cases} x^2, & 0\leqslant x<1 \\ 1, & 1\leqslant x\leqslant 2, \end{cases}$ 记 $F(x)=\int_1^x f(t)\mathrm{d}t$，$0\leqslant x\leqslant 2$，求 $F(x)$.

(15) 已知 $|\,y\,|<1$，求 $\int_{-1}^1 |\,x-y\,|\mathrm{e}^x\mathrm{d}x$.

(16) 设 $|\,a\,|\leqslant 1$，求 $I(a)=\int_{-1}^1 |\,x-a\,|\mathrm{e}^x\mathrm{d}x$ 的最大值.

(17) 设 $I_n=\int_0^{\frac{\pi}{4}} \tan^{2n}x\,\mathrm{d}x$，求①建立 I_n 关于下标 n 的递推公式；②计算 I_n 的值.

(18) 设 $f(x)$ 连续，且 $f(0)\neq 0$，求极限 $\lim\limits_{x\to 0} \dfrac{\int_0^x (x-t)f(t)\mathrm{d}t}{x\int_0^x f(x-t)\mathrm{d}t}$.

(19) 设 $f(x)=\int_0^x \dfrac{\sin t}{\pi-t}\mathrm{d}t$，计算 $\int_0^\pi f(x)\mathrm{d}x$.

(20) 已知 $f(x)=\int_1^x \mathrm{e}^{-y^2}\mathrm{d}y$，计算积分 $\int_0^1 x^2 f(x)\mathrm{d}x$.

(21) 设 $f(t)=\int_1^t \mathrm{e}^{-x^2}\mathrm{d}x$ ，求 $\int_0^1 t^2 f(t)\mathrm{d}t$.

(22) 设 $\varphi(x)$ 为可微函数 $y=f(x)$ 的反函数，且 $f(1)=0$，证明：

$$\int_0^1\left[\int_0^{f(x)}\varphi(t)\mathrm{d}t\right]\mathrm{d}x=2\int_0^1 xf(x)\mathrm{d}x .$$

(23)（第五届全国大学生数学竞赛预赛试题）设 $|f(x)|\leqslant\pi$，$f'(x)\geqslant m>0$ $(a\leqslant x\leqslant b)$，证明：$\left|\int_a^b \sin f(x)\mathrm{d}x\right|\leqslant\dfrac{2}{m}$.

(24) 设 $f(x)$ 在 $[0,1]$ 上连续，且 $1\leqslant f(x)\leqslant 3$，证明：

$$1\leqslant\int_0^1 f(x)\mathrm{d}x\int_0^1\frac{1}{f(x)}\mathrm{d}x\leqslant\frac{4}{3} .$$

(25)（第二十届大连市高等数学竞赛试题）设 $a_n=\int_{n\pi}^{(n+1)\pi}\dfrac{\sin x}{x}\mathrm{d}x$，$n$ 为正整数，证明：① $|a_{n+1}|<|a_n|$；② $\lim\limits_{n\to+\infty}a_n=0$.

(26) 设 $f(x)=\int_x^{x+1}\sin \mathrm{e}^t\mathrm{d}t$，证明：$\mathrm{e}^x|f(x)|\leqslant 2$.

(27)（第五届全国大学生数学竞赛决赛试题）设当 $x>-1$ 时，可微函数 $f(x)$ 满足条件 $f'(x)+f(x)-\dfrac{1}{x+1}\int_0^x f(t)\mathrm{d}t=0$，且 $f(0)=1$，试证：当 $x\geqslant 0$ 时，有 $\mathrm{e}^{-x}\leqslant f(x)\leqslant 1$ 成立.

(28) 设 $f(x)$ 在 $[a,b]$ 上连续且单调增加，证明：$\int_a^b xf(x)\mathrm{d}x\geqslant\dfrac{a+b}{2}\int_a^b f(x)\mathrm{d}x$.

(29)（第二届全国大学生数学竞赛预赛试题）设 $s>0$，求 $I_n=\int_0^{+\infty}\mathrm{e}^{-sx}x^n\mathrm{d}x$ $(n=1,2,\cdots)$.

(30)（第三届全国大学生数学竞赛决赛试题）讨论 $\int_0^{+\infty}\dfrac{x}{\cos^2 x+x^\alpha\sin^2 x}\mathrm{d}x$ 的敛散性，其中 α 是一个实常数.

综合训练答案

(1) $\dfrac{\pi}{4}$. 　　(2) 1 . 　　(3) $f(x)=3x^2-\dfrac{10}{3}$.

(4) $f(x)=3x-3\sqrt{1-x^2}$ 或者 $f(x)=3x-\dfrac{3}{2}\sqrt{1-x^2}$.

(5) 计算下列定积分.

① $\dfrac{\pi}{4}$；　　② $\dfrac{\pi(\pi-2)}{2}$；　　③ $\dfrac{\sqrt{2}}{8}\pi+\dfrac{\sqrt{2}}{2}-1$；　　④ $\dfrac{5\pi^2}{144}$；

⑤ $\ln 3$；　　⑥ $4-\pi$；　　⑦ $\begin{cases}-\dfrac{2}{3}+\dfrac{1}{3}(x^3-1)^3, & x<0, \\ x^3-1, & 0\leqslant x\leqslant\sqrt[3]{2}, \\ \dfrac{2}{3}+\dfrac{1}{3}(x^3-1)^3, & x>\sqrt[3]{2};\end{cases}$

⑧ $1+\sqrt{2}$ ；　　　⑨ $\begin{cases}\dfrac{1}{3}-\dfrac{x}{2}, & x<0,\\[2mm]\dfrac{x^3}{3}-\dfrac{x}{2}+\dfrac{1}{3}, & 0\leqslant x<1,\\[2mm]\dfrac{x}{2}-\dfrac{1}{3}, & x\geqslant 1;\end{cases}$ 　　　⑩ $\dfrac{\pi}{8}-\dfrac{1}{4}$ ；

⑪ $e^{\frac{\pi}{2}}-e^{\frac{\pi}{4}}\tan\dfrac{\pi}{8}$ ；　⑫ $\dfrac{2}{e}\left(\arctan e-\dfrac{\pi}{4}\right)$ ；　　⑬ $\dfrac{2\pi}{\sqrt{3}}$ ；　　　⑭ $\dfrac{1}{2}\ln 2$ ；　　⑮ $\dfrac{7!!}{8!!}\pi a^4$.

(6) $\dfrac{\pi}{4}$.

(7) $-\dfrac{\pi}{4}\ln 2$. 提示：一方面作变量代换 $2x=t$ ，$\displaystyle\int_0^{\frac{\pi}{4}}\ln\sin 2x\,\mathrm{d}x=\dfrac{1}{2}\int_0^{\frac{\pi}{2}}\ln\sin t\,\mathrm{d}t$ ，另一方面

$\ln\sin 2x=\ln 2+\ln\cos x+\ln\sin x$ ，$\displaystyle\int_0^{\frac{\pi}{4}}\ln\sin 2x\,\mathrm{d}x=\dfrac{\pi}{4}\ln 2+\int_0^{\frac{\pi}{2}}\ln\sin x\,\mathrm{d}x$ ，由此可找到积分结果.

(8) $\dfrac{4}{\pi}-1$.　　　(9) 略.

(10) ① 提示：$\displaystyle\int_{-a}^{a}f(x)g(x)\,\mathrm{d}x=\int_0^{a}[f(x)g(x)+f(-x)g(-x)]\,\mathrm{d}x$

$$=\int_0^{a}[f(x)+f(-x)]g(x)\,\mathrm{d}x .\qquad ② \dfrac{\pi}{2} .$$

(11) 0 .　　　(12) $\dfrac{4\pi^2}{15}$.　　　(13) $2006^2\pi$.　　　(14) $F(x)=\begin{cases}\dfrac{x^3}{3}-\dfrac{1}{3}, & 0\leqslant x<1,\\[2mm]x-1, & 1\leqslant x\leqslant 2.\end{cases}$

(15) $\displaystyle\int_{-1}^{1}|x-y|e^x\,\mathrm{d}x=2e^y-\left(\dfrac{1}{e}+e\right)y-\dfrac{2}{e}$.

提示：$|x-y|=\begin{cases}x-y, & x\geqslant y,\\ y-x, & x<y,\end{cases}$ 由于 $|y|<1$ ，所以

$$\int_{-1}^{1}|x-y|e^x\,\mathrm{d}x=\int_{-1}^{y}(y-x)e^x\,\mathrm{d}x+\int_{y}^{1}(x-y)e^x\,\mathrm{d}x .$$

(16) $\dfrac{1}{e}+e$.　　(17) ① $I_n=\dfrac{1}{2n-1}-I_{n-1}$ ；② $(-1)^n\left[\dfrac{\pi}{4}-1+\dfrac{1}{3}-\cdots+(-1)^n\dfrac{1}{2n-1}\right]$.

(18) $\dfrac{1}{2}$.　　(19) 2.　　(20) $\dfrac{1}{6}\left(\dfrac{2}{e}-1\right)$.　　(21) $\dfrac{1}{3e}-\dfrac{1}{6}$.

(22) 提示：利用分部积分化简.

(23) 提示：先说明 $f(x)$ 在 $[a,b]$ 上严格单增，有反函数，且记其反函数为 $\varphi(y)$ ，则 $0<\varphi'(y)=\dfrac{1}{f'(x)}\leqslant\dfrac{1}{m}$. 对积分 $\left|\displaystyle\int_a^b\sin f(x)\,\mathrm{d}x\right|$ 作变换 $x=\varphi(y)$ ，再利用定积分比较定理即可得结论.

(24) 提示：左侧不等式由柯西不等式证明，右侧不等式可利用均值不等式 $ab\leqslant\dfrac{(a+b)^2}{4}$ 证明.

(25) 令 $x=n\pi+t$, 得 $a_n=\int_{n\pi}^{(n+1)\pi}\dfrac{\sin x}{x}\mathrm{d}x=(-1)^n\int_0^\pi\dfrac{\sin t}{n\pi+t}\mathrm{d}t$.

① $|a_{n+1}|=\int_0^\pi\dfrac{\sin t}{(n+1)\pi+t}\mathrm{d}t<\int_0^\pi\dfrac{\sin t}{n\pi+t}\mathrm{d}t=|a_n|$;

② $|a_n|=\int_0^\pi\dfrac{\sin t}{n\pi+t}\mathrm{d}t<\int_0^\pi\dfrac{\sin t}{n\pi}\mathrm{d}t<\dfrac{2}{n\pi}$, 再由两边夹法则, $\lim\limits_{n\to+\infty}a_n=0$.

(26) 提示: 只需证 $|f(x)|\leqslant 2\mathrm{e}^{-x}$, 作变量代换 $u=\mathrm{e}^x$ 并分部积分, 再对积分式作放大处理.

(27) 将所给等式变形为 $[f'(x)+f(x)](x+1)-\int_0^x f(t)\mathrm{d}t=0$, 两边对 x 求导并整理得 $(x+1)f''(x)+(x+2)f'(x)=0$, 这是一个可降阶的二阶微分方程 $[$不显含 $f(x)]$, 求得 $f'(x)=\dfrac{C\mathrm{e}^{-x}}{x+1}$. 由已知可得 $f'(0)=-1$, 解出 $C=-1$, $f'(x)=-\dfrac{\mathrm{e}^{-x}}{x+1}<0$, $f(x)$ 单调减少. $x\geqslant 0$ 时, $f(x)\leqslant f(0)=1$, 不等式右侧得证. 对 $f'(t)=-\dfrac{\mathrm{e}^{-t}}{t+1}$ 在 $[0,x]$ 上积分得 $f(x)=f(0)-\int_0^x\dfrac{\mathrm{e}^{-t}}{t+1}\mathrm{d}t\geqslant f(0)-\int_0^x\mathrm{e}^{-t}\mathrm{d}t=1+[\mathrm{e}^{-t}]_0^x=\mathrm{e}^{-x}$, 不等式左侧得证.

(28) 提示: 移项, 将参数 b 或 a 作为自变量引入辅助函数 $\left(F(x)=\int_a^x tf(t)\mathrm{d}t-\dfrac{a+x}{2}\int_a^x f(x)\mathrm{d}x,\ x\in[a,b]\right)$, 利用函数的单调性就可证明不等式.

(29) $\dfrac{n!}{s^{n+1}}$.　　　(30) $\alpha\leqslant 2$ 时, 发散; $\alpha>2$ 时, 收敛.

3.3　定积分的应用

一、知识要点

1. 定积分在几何上的应用

(1) 平面图形的面积

① 直角坐标情形.

a. 由两条直线 $x=a$, $x=b$ ($a<b$) 和两条曲线 $y=f(x)$, $y=g(x)$ 所围成平面图形的面积为 $S=\int_a^b|f(x)-g(x)|\mathrm{d}x$, 其中曲线 $y=f(x)$, $y=g(x)$ ($x\in[a,b]$) 可以有有限个交点.

若 $f(x)\geqslant g(x)$ ($\forall x\in[a,b]$), 则 $S=\int_a^b[f(x)-g(x)]\mathrm{d}x$; 若 $g(x)=0$, 则 $S=\int_a^b f(x)\mathrm{d}x$.

b. 由两条直线 $y=c$, $y=d$ ($c<d$) 和两条曲线 $x=\varphi(y)$, $x=\psi(y)$ 所围成平面图形的面积为 $S=\int_c^d|\varphi(y)-\psi(y)|\mathrm{d}y$, 其中曲线 $x=\varphi(y)$, $x=\psi(y)$ ($y\in[c,d]$) 可以有

有限个交点.

② 极坐标情形. 由曲线 $\rho=\rho_1(\theta)$，$\rho=\rho_2(\theta)$（$\rho_1(\theta)\leqslant\rho_2(\theta)$，$\forall\theta\in[\alpha,\beta]$）及射线 $\theta=\alpha$，$\theta=\beta$（$\alpha<\beta$）所围成平面图形的面积为 $S=\dfrac{1}{2}\displaystyle\int_\alpha^\beta[\rho_2^2(\theta)-\rho_1^2(\theta)]\mathrm{d}\theta$.

特别地，当 $\rho_2(\theta)=\rho(\theta)$，$\rho_1(\theta)=0$ 时，有 $S=\dfrac{1}{2}\displaystyle\int_\alpha^\beta\rho^2(\theta)\mathrm{d}\theta$.

（2）立体的体积

① 平行截面面积已知的立体体积. 设空间某立体由一曲面和垂直于 x 轴的两平面 $x=a$，$x=b$（$a<b$）围成，如果垂直于 x 轴的平面截立体 Ω 的截面面积是 x 的连续函数 $S(x)$（$a\leqslant x\leqslant b$），则 Ω 的体积为 $V=\displaystyle\int_a^b S(x)\mathrm{d}x$.

② 旋转体体积. 由连续曲线 $y=f(x)$（$f(x)\geqslant 0$，$\forall x\in[a,b]$），直线 $x=a$，$x=b$（$a<b$）及 x 轴所围成的平面图形绕 x 轴旋转一周所得旋转体体积为 $V_x=\pi\displaystyle\int_a^b f^2(x)\mathrm{d}x$.

当 $a>0$ 时，该平面图形绕 y 轴旋转一周所得的旋转体体积为 $V=2\pi\displaystyle\int_a^b xf(x)\mathrm{d}x$.

（3）旋转面的面积

在 x 轴上方有一平面曲线 $\overset{\frown}{AB}$ 绕 x 轴旋转一周得旋转曲面，其面积记为 S.

① 若 $\overset{\frown}{AB}$ 的方程为 $y=f(x)$（$a\leqslant x\leqslant b$），则 $S=2\pi\displaystyle\int_a^b f(x)\sqrt{1+f'^2(x)}\mathrm{d}x$，其中 $f(x)$ 在 $[a,b]$ 上具有连续导数.

② 若 $\overset{\frown}{AB}$ 的参数方程为 $x=x(t),y=y(t)$（$\alpha\leqslant t\leqslant\beta$），则 $S=2\pi\displaystyle\int_\alpha^\beta y(t)\sqrt{x'^2(t)+y'^2(t)}\mathrm{d}t$，其中 $x(t),y(t)$ 在 $[\alpha,\beta]$ 上具有连续导数.

③ 若 $\overset{\frown}{AB}$ 的极坐标方程为 $\rho=\rho(\theta)$（$\alpha\leqslant\theta\leqslant\beta$），则 $S=2\pi\displaystyle\int_\alpha^\beta\rho(\theta)\sin\theta\sqrt{\rho^2(\theta)+\rho'^2(\theta)}\mathrm{d}\theta$，其中 $\rho(\theta)$ 在 $[\alpha,\beta]$ 上具有连续导数.

（4）平面曲线的弧长

① 直角坐标的情形. 设曲线弧由直角坐标方程 $y=f(x)$（$a\leqslant x\leqslant b$）给出，则弧长为 $s=\displaystyle\int_a^b\sqrt{1+f'^2(x)}\mathrm{d}x$，其中 $f(x)$ 在 $[a,b]$ 上具有连续导数.

② 参数方程的情形. 设曲线弧由参数方程 $x=x(t),y=y(t)$（$\alpha\leqslant t\leqslant\beta$）给出，则弧长为 $s=\displaystyle\int_\alpha^\beta\sqrt{x'^2(t)+y'^2(t)}\mathrm{d}t$，其中 $x(t),y(t)$ 在 $[\alpha,\beta]$ 上具有连续导数，且 $x'^2(t)+y'^2(t)\neq 0$.

③ 极坐标的情形. 设曲线弧由极坐标方程 $\rho=\rho(\theta)$（$\alpha\leqslant\theta\leqslant\beta$）给出，则弧长为 $s=\displaystyle\int_\alpha^\beta\sqrt{\rho^2(\theta)+\rho'^2(\theta)}\mathrm{d}\theta$，其中 $\rho(\theta)$ 在 $[\alpha,\beta]$ 上具有连续导数.

2. 定积分在物理上的应用

（1）变力做功　设一物体沿 x 轴运动，在运动过程中始终有力 F 作用于物体上，力 F 的方向或与 Ox 轴方向一致（此时 F 取正值）或与 Ox 轴方向相反（此时 F 取负值）. 物体在 x 处的力为 $F(x)$，则物体从 a 移动到 b 时变力 $F(x)$ 做的功为

$$W = \int_a^b F(x)\,\mathrm{d}x.$$

（2）**液体压力**　根据物理学的知识，在液体深为 h 处的压强为 $p = \rho g h$，其中 ρ 为液体的密度，g 是重力加速度. 如果有一面积为 A 的平板水平地放置在液体深为 h 处，那么平板一侧所受的液体压力为 $P = pA = \rho g h A$.

设一薄板垂直放在密度为 ρ 的液体中，薄板垂直液面方向的长为 x，宽为 $f(x)$，则液体对薄板的压力为 $P = \int_a^b \rho g x f(x)\,\mathrm{d}x$.

（3）**引力**　根据物理学的知识，质量分别为 m_1，m_2，相距为 r 的两质点间的引力大小为 $F = G\dfrac{m_1 m_2}{r^2}$，其中 G 为引力系数，引力的方向沿着两质点的连线方向.

当计算一根细棒对一个质点的引力时，细棒上各点与该质点的距离是变化的，且各点对该质点的引力的方向也是变化的，这时可以利用微元法计算引力.

3. 函数的平均值

设函数 $y = f(x)$ 在区间 $[a,b]$ 上连续，则 $f(x)$ 在 $[a,b]$ 上的平均值为 $\overline{y} = \dfrac{1}{b-a}\int_a^b f(x)\,\mathrm{d}x.$

二、重点题型解析

【例 3.53】（第二十二届大连市高等数学竞赛试题）设 D_1 是由抛物线 $y = 2x^2$ 和直线 $x = a$，$x = 2$ 及 $y = 0$ 所围成的平面区域；D_2 是由抛物线 $y = 2x^2$ 和直线 $y = 0$，$x = a$ 所围成的平面区域，其中 $0 < a < 2$.（1）试求 D_1 绕 x 轴旋转而成的旋转体的体积 V_1 及 D_2 绕 y 轴旋转而成的旋转体的体积 V_2；（2）问：当 a 为何值时，$V_1 + V_2$ 取得最大值？试求此最大值.

解析　（1）由题设及旋转体体积公式，有

$$V_1 = \pi\int_0^2 (2x^2)^2\,\mathrm{d}x = \frac{4\pi}{5}(32 - a^5), \quad V_2 = \pi a^2 \cdot 2a^2 - \pi\int_0^{2a^2} \frac{y}{2}\,\mathrm{d}y = 2\pi a^4 - \pi a^4 = \pi a^4.$$

（2）设 $V = V_1 + V_2 = \dfrac{4\pi}{5}(32 - a^5) + \pi a^4$，令 $V' = 4\pi a^3(1 - a) = 0$，得 $(0,2)$ 内的唯一驻点 $a = 1$.

当 $0 < a < 1$ 时，$V' > 0$；当 $1 < a < 2$ 时，$V' < 0$. 故 $a = 1$ 是极大值点，亦即最大值点，此时 $V_1 + V_2$ 取得最大值 $\dfrac{129}{5}\pi$.

【例 3.54】（第一届全国大学生数学竞赛预赛试题）设抛物线 $y = ax^2 + bx + 2\ln c$ 过原点，当 $0 \leqslant x \leqslant 1$ 时，$y \geqslant 0$，又已知该抛物线与 x 轴及直线 $x = 1$ 所围图形的面积为 $\dfrac{1}{3}$. 试确定 a,b,c，使此图形绕 x 轴旋转一周而成的旋转体的体积 V 最小.

解析　因为抛物线过原点，所以 $c = 1$.

由题设有　　$\displaystyle\int_0^1 (ax^2 + bx)\,\mathrm{d}x = \frac{a}{3} + \frac{b}{2} = \frac{1}{3}$，即 $b = \dfrac{2}{3}(1 - a)$，

而
$$V = \pi \int_0^1 (ax^2 + bx)^2 \, \mathrm{d}x = \pi \left(\frac{1}{5} a^2 + \frac{1}{2} ab + \frac{1}{3} b^2 \right)$$

$$= \pi \left[\frac{1}{5} a^2 + \frac{1}{3} a(1-a) + \frac{1}{3} \times \frac{4}{9} (1-a)^2 \right],$$

令
$$\frac{\mathrm{d}V}{\mathrm{d}a} = \pi \left[\frac{2}{5} a + \frac{1}{3} - \frac{2}{3} a - \frac{8}{27} (1-a) \right] = 0,$$

得 $a = -\dfrac{5}{4}$，代入 b 的表达式得 $b = \dfrac{3}{2}$，所以 $y \geqslant 0$.

又因为 $\dfrac{\mathrm{d}^2 V}{\mathrm{d}a^2}\bigg|_{a=-\frac{5}{4}} = \pi \left(\dfrac{2}{5} - \dfrac{2}{3} + \dfrac{8}{27} \right) = \dfrac{4}{135}\pi > 0$ 及实际情况，当 $a = -\dfrac{5}{4}$，$b = \dfrac{3}{2}$，$c = 1$ 时，体积最小.

【例 3.55】 求曲线 $|\ln x| + |\ln y| = 1$ 所围成的平面图形的面积.

解析 方法1 曲线方程去绝对值后为

$$\begin{cases} xy = \mathrm{e}, & x \geqslant 1, \ y \geqslant 1, \\ y = \dfrac{x}{\mathrm{e}}, & x \geqslant 1, \ 0 < y < 1, \\ y = \mathrm{e}x, & 0 < x < 1, \ y \geqslant 1, \\ xy = \dfrac{1}{\mathrm{e}}, & 0 < x < 1, \ 0 < y < 1, \end{cases}$$

所求面积为
$$S = \int_{\frac{1}{\mathrm{e}}}^1 \left(\mathrm{e}x - \frac{1}{\mathrm{e}x} \right) \mathrm{d}x + \int_1^{\mathrm{e}} \left(\frac{\mathrm{e}}{x} - \frac{x}{\mathrm{e}} \right) \mathrm{d}x = \mathrm{e} - \frac{1}{\mathrm{e}}.$$

方法2 利用极坐标计算.

直线 $y = \dfrac{x}{\mathrm{e}}$ 与 $y = \mathrm{e}x$（$x > 0$）的极坐标方程为 $\theta = \arctan \dfrac{1}{\mathrm{e}}$，$\theta = \arctan \mathrm{e}$；

曲线 $xy = \dfrac{1}{\mathrm{e}}$ 与 $xy = \mathrm{e}$（$x > 0$）的极坐标方程为 $\rho^2 = \dfrac{2}{\mathrm{e}\sin 2\theta}$，$\rho^2 = \dfrac{2\mathrm{e}}{\sin 2\theta}$.

所求面积为

$$A = \frac{1}{2} \int_{\arctan\frac{1}{\mathrm{e}}}^{\arctan \mathrm{e}} \left(\frac{2\mathrm{e}}{\sin 2\theta} - \frac{2}{\mathrm{e}\sin 2\theta} \right) \mathrm{d}\theta = \left(\mathrm{e} - \frac{1}{\mathrm{e}} \right) \times \frac{1}{2} \ln\tan\theta \bigg|_{\arctan\frac{1}{\mathrm{e}}}^{\arctan \mathrm{e}} = \mathrm{e} - \frac{1}{\mathrm{e}}.$$

评注 当平面图形由过原点的直线（或以原点为中心的圆周）与其他曲线所围成时，宜选用极坐标计算.

【例 3.56】 某反光镜可近似看作介于 $x = 0$ 与 $x = \dfrac{1}{4}$ 之间的抛物线 $y^2 = 8x$ 绕 x 轴旋转所成的旋转抛物面，求此反光镜镜面的面积.

解析 根据旋转面的面积公式，有

$$S = 2\pi \int_0^{\frac{1}{4}} y \sqrt{1 + (y')^2} \, \mathrm{d}x = 2\pi \int_0^{\frac{1}{4}} \sqrt{8x} \sqrt{\frac{x+2}{x}} \, \mathrm{d}x$$

$$= 2\pi \int_0^{\frac{1}{4}} \sqrt{8(x+2)} \, \mathrm{d}x = \frac{\pi}{3} \left(27\sqrt{2} - 32 \right).$$

【例 3.57】 在摆线 $x = a(t - \sin t)$，$y = a(1 - \cos t)$ 上求分摆线第一拱成 $1:3$ 的点的

坐标.

解析 设分点的坐标对应着参数 $t=t_0$，分点将摆线分成的两段曲线弧长分别为 s_1 和 s_2，

$$s_1 = \int_0^{t_0} \sqrt{[a(1-\cos t)]^2 + (a\sin t)^2}\, dt = 2a\int_0^{t_0} \sin\frac{t}{2}\, dt = 4a\left(1-\cos\frac{t_0}{2}\right),$$

$$s_2 = \int_{t_0}^{t} \sqrt{[a(1-\cos t)]^2 + (a\sin t)^2}\, dt = 2a\int_{t_0}^{t} \sin\frac{t}{2}\, dt = 4a\left(1+\cos\frac{t_0}{2}\right),$$

由已知 $s_1 : s_2 = 1 : 3$，得 $\cos\dfrac{t_0}{2} = \dfrac{1}{2}$，解得 $t_0 = \dfrac{2}{3}\pi$，故分点的坐标为 $\left(\left(\dfrac{2}{3}\pi - \dfrac{\sqrt{3}}{2}\right)a, \dfrac{3}{2}a\right)$.

【例 3.58】 设函数 $f(x)$ 在 $[0,1]$ 上连续，在 $(0,1)$ 内大于零，且满足 $xf'(x) = f(x) + \dfrac{3a}{2}x^2$（$a$ 为常数），又设曲线 $y=f(x)$ 与 $x=1$ 及 $y=0$ 所围图形 S 的面积值为 2. 求 a 为何值时，图形 S 绕 x 轴旋转一周所得的旋转体的体积最小.

解析 由已知得 $\qquad \left(\dfrac{f(x)}{x}\right)' = \dfrac{xf'(x) - f(x)}{x^2} = \dfrac{3a}{2}$，

故 $\dfrac{f(x)}{x} = \dfrac{3a}{2}x + C$，即有 $f(x) = \dfrac{3a}{2}x^2 + Cx$，$x \in [0,1]$.

再由已知条件有

$$2 = \int_0^1 \left(\frac{3a}{2}x^2 + Cx\right) dx = \frac{a}{2} + \frac{C}{2},$$

得 $C = 4 - a$，因此 $f(x) = \dfrac{3a}{2}x^2 + (4-a)x$，旋转体体积

$$V(a) = \pi\int_0^1 f^2(x)\, dx = \frac{\pi}{30}(a^2 + 10a + 160),$$

令 $V'(a) = \dfrac{\pi}{30}(2a + 10) = 0$ 得 $a = -5$. 又 $V''(a) = \dfrac{\pi}{15} > 0$，故 $a = -5$ 时，旋转体的体积最小.

【例 3.59】（第三届全国大学生数学竞赛预赛试题）在平面上，有一条从点 $(a,0)$ 向右的射线，线密度为 ρ，在点 $(0,h)$ 处（其中 $h > 0$）有一质量为 m 的质点，求射线对该质点的引力.

解析 在 x 轴的 x 处取一小段 dx，其质量为 ρdx，到质点的距离为 $\sqrt{h^2 + x^2}$，这一小段与质点的引力是 $dF = \dfrac{Gm\rho dx}{h^2 + x^2}$（其中 G 为引力系数）.

这个引力在水平方向的分量为 $dF_x = \dfrac{Gm\rho dx}{(h^2 + x^2)^{3/2}}$，从而

$$F_x = \int_a^{+\infty} \frac{Gm\rho dx}{(h^2 + x^2)^{3/2}} = \frac{Gm\rho}{2}\int_a^{+\infty} \frac{dx^2}{(h^2 + x^2)^{3/2}} = -Gm\rho(h^2 + x^2)^{-1/2}\Big|_a^{+\infty} = \frac{Gm\rho}{\sqrt{h^2 + a^2}}.$$

而 dF 在竖直方向的分量为 $dF_y = \dfrac{Gm\rho h\, dx}{(h^2 + x^2)^{3/2}}$，故

$$F_y = \int_a^{+\infty} \frac{Gm\rho h\, dx}{(h^2 + x^2)^{3/2}} = Gm\rho\int_{\arctan\frac{a}{h}}^{\frac{\pi}{2}} \frac{h^2\sec^2 t\, dt}{h^3\sec^3 t} = \frac{Gm\rho}{h}\int_{\arctan\frac{a}{h}}^{\frac{\pi}{2}} \cos t\, dt = \frac{Gm\rho}{h}\left(1 - \sin\arctan\frac{a}{h}\right)$$

所求引力向量为 $F = (F_x, F_y)$.

【例 3.60】　某建筑工程打地基时，需用汽锤将桩打进地层．汽锤每次击打，都将克服土层对桩的阻力而做功．设土层对桩的阻力的大小与桩被打进地下的深度成正比（比例系数为 k，$k>0$），汽锤第一次击打将桩打进地下深度为 a（单位：m），根据设计方案，要求汽锤每次击打桩时所做的功与前一次击打时所做的功之比为常数 r（$0<r<1$）（桩的重力不计）．问：（1）汽锤击打桩 3 次后，可将桩打进地下多深？（2）若击打次数不限，汽锤至多将桩打进地下多深？

解析　（1）设第 n 次击打后，桩被打进地下 x_n，第 n 次击打时，汽锤所做的功为 W_n（$n=1,2,3,\cdots$），由题设，当桩被打进地下的深度为 x 时，土层对桩的阻力的大小为 kx，所以

$$W_1=\int_0^{x_1}kx\,\mathrm{d}x=\frac{k}{2}x_1^2=\frac{k}{2}a^2,$$

$$W_2=\int_{x_1}^{x_2}kx\,\mathrm{d}x=\frac{k}{2}(x_2^2-x_1^2)=\frac{k}{2}(x_2^2-a^2),$$

由 $W_2=rW_1$ 可得，$x_2^2-a^2=ra^2$，即 $x_2=\sqrt{1+r}\cdot a$，

$$W_3=\int_{x_2}^{x_3}kx\,\mathrm{d}x=\frac{k}{2}(x_3^2-x_2^2)=\frac{k}{2}[x_3^2-(1+r)a^2].$$

由 $W_3=rW_2=r^2W_1$，可得 $x_3^2-(1+r)a^2=r^2a^2$，从而 $x_3=\sqrt{1+r+r^2}\cdot a$．即汽锤击打 3 次后，可将桩打进地下的深度为 $\sqrt{1+r+r^2}\cdot a$．

（2）由归纳法，设 $x_n=\sqrt{1+r+\cdots+r^{n-1}}\cdot a$，则

$$W_{n+1}=\int_{x_n}^{x_{n+1}}kx\,\mathrm{d}x=\frac{k}{2}(x_{n+1}^2-x_n^2)=\frac{k}{2}[x_{n+1}^2-(1+r+\cdots+r^{n-1})a^2],$$

由于 $W_{n+1}=rW_n=r^2W_{n-1}=\cdots=r^nW_1$，故得 $x_{n+1}^2-(1+r+\cdots+r^{n-1})a^2=r^na^2$，从而有

$$x_{n+1}=\sqrt{1+r+\cdots+r^n}\cdot a=\sqrt{\frac{1-r^{n+1}}{1-r}}\cdot a,$$

于是 $\lim\limits_{n\to\infty}x_{n+1}=\sqrt{\dfrac{1}{1-r}}\cdot a$，即若不限击打次数，汽锤至多将桩打进地下的深度为 $\sqrt{\dfrac{1}{1-r}}\cdot a$．

【例 3.61】　设底边为 a，高为 h 的等腰三角形平板铅直没入水中，水的密度记为 ρ，重力加速度记为 g，试比较下列两种情况下该平板每侧所受的压力 P．（1）底边 a 与水面平齐；（2）底边 a 在水中与水平面平行，a 对的顶点恰在水面上．

解析　（1）水面下 x 处所对应平板的宽度记为 y，则根据三角形的比例关系有 $\dfrac{h-x}{h}=\dfrac{y}{a}$，得 $y=a\left(1-\dfrac{x}{h}\right)$，所以区间 $[x,x+\mathrm{d}x]$ 对应的压力为 $\mathrm{d}P=\rho gxa\left(1-\dfrac{x}{h}\right)\mathrm{d}x$，整个平板每侧所受的压力为 $P=\int_0^h\rho gxa\left(1-\dfrac{x}{h}\right)\mathrm{d}x=\dfrac{a\rho gh^2}{6}$．

（2）水面下 x 处所对应平板的宽度记为 y，则根据三角形的比例关系有 $\dfrac{x}{h}=\dfrac{y}{a}$，得 $y=\dfrac{ax}{h}$，所以区间 $[x,x+\mathrm{d}x]$ 对应的压力为 $\mathrm{d}P=\rho gx\dfrac{ax}{h}\mathrm{d}x$，整个平板每侧所受的压力为

$$P = \int_0^h \rho g x \, \frac{ax}{h} \mathrm{d}x = \frac{a\rho g h^2}{3} .$$

三、综合训练

(1) 求由曲线 $y = \lim\limits_{n \to +\infty} \dfrac{x}{1+x^2+\mathrm{e}^{nx}}$，$y = \dfrac{x}{2}$ 及 $x=1$ 围成的平面图形的面积.

(2) 求由 xOy 面上的闭合曲线 $L : y^2 + x^4 - x^3 = 0$ 所围平面图形绕 x 轴旋转一周所得立体的体积.

(3)（第五届全国大学生数学竞赛预赛试题）过曲线 $y = \sqrt[3]{x}$（$x \geqslant 0$）上的点 A 作切线，使该切线与曲线及 x 轴所围成的平面图形的面积为 $\dfrac{3}{4}$，求点 A 的坐标.

(4) 设曲线为 $f(x) = ax + b - \ln x$，在 $[1,3)$ 上 $f(x) \geqslant 0$，求常数 a,b，使 $\int_1^3 f(x)\mathrm{d}x$ 最小.

(5) 在 y 轴上过坐标为 $t(0 \leqslant t \leqslant 1)$ 的点 A 作平行于 x 轴的直线 AB，它与 $y = x^2$，$x=1$ 以及 y 轴所围成阴影部分 D_1 和 D_2 的面积之和为 S，求 S 的最大值和最小值.

(6) 计算由曲线 $y = x^2$ 与直线 $y = mx(m > 0)$ 在第一象限所围成的图形绕该直线旋转所产生的体积.

(7) 求曲线 $y = 3 - |x^2 - 1|$ 与 x 轴围成的封闭图形绕直线 $y = 3$ 旋转所得的旋转体体积.

(8) 求心形线 $r = a(1 + \cos\theta)$ 的全长，其中 $a > 0$ 是常数.

(9) 设有一长度为 l、线密度为 μ 的均匀细直棒，在与棒的一端垂直距离为 a 单位处有一质量为 m 的质点 M，试求此细棒对质点 M 的引力.

(10) 半径为 r 的球体沉入水中，球的上顶与水平面齐平. 球的密度与水相同，现将球从水中取出，需做多少功？

综合训练答案

(1) $\dfrac{1}{2}\ln 2$.　　(2) $\dfrac{\pi}{20}$.　　(3) $(1,1)$.　　(4) $a = \dfrac{1}{2}$，$b = \ln 2 - 1$.

(5) $\max S = \dfrac{2}{3}$，$\min S = \dfrac{1}{4}$.　　(6) $\dfrac{\pi m^5}{30\sqrt{1+m^2}}$.　　(7) $\dfrac{448\pi}{15}$.　　(8) $8a$.

(9) $F_x = \mu Gm\left(\dfrac{1}{a} - \dfrac{1}{\sqrt{a^2+l^2}}\right)$，$F_y = \dfrac{-\mu Gml}{a\sqrt{a^2+l^2}}$，$F = (F_x, F_y)$.　　(10) $\dfrac{4}{3}g\pi r^4$

专题 4   常微分方程

竞赛大纲

（1）常微分方程的基本概念：微分方程及其解、阶、通解、初始条件和特解等．

（2）变量可分离的微分方程、齐次微分方程、一阶线性微分方程、伯努利（Bernoulli）方程、全微分方程．

（3）可用简单的变量代换求解的某些微分方程、可降阶的高阶微分方程：$y^{(n)}=f(x)$，$y''=f(x,y')$，$y''=f(y,y')$．

（4）线性微分方程解的性质及解的结构定理．

（5）二阶常系数齐次线性微分方程、高于二阶的某些常系数齐次线性微分方程．

（6）简单的二阶常系数非齐次线性微分方程：自由项为多项式、指数函数、正弦函数、余弦函数，以及它们的和与积．

（7）欧拉（Euler）方程．

（8）微分方程的简单应用．

4.1   一阶微分方程的类型和求解方法

一、知识要点

在介绍本节内容之前，首先介绍本专题所涉及的微分方程的基本概念、基本题型和解题技巧．

1. 微分方程的基本概念

（1）微分方程的阶、微分方程的初值问题、微分方程的通解与特解．

（2）线性与非线性微分方程   线性方程的特征是未知函数，且未知函数的各阶导数都是一次的，其系数与非齐次项（下面方程的右端项）为常数或者仅是关于自变量的已知函数．

一阶线性方程的标准形式是

$$y'+P(x)y=Q(x) \tag{4.1}$$

其中，当 $Q(x)=0$ 时称为一阶线性齐次微分方程．当 $Q(x)\neq 0$ 时称为一阶线性非齐次微分方程．

二阶线性方程的标准形式是

$$y'' + P(x)y' + G(x)y = f(x) \tag{4.2}$$

其中，当 $f(x) = 0$ 时称为二阶线性齐次微分方程. 当 $f(x) \neq 0$ 时称为二阶线性非齐次微分方程.

（3）线性微分方程解的性质与通解的结构.

2. 微分方程的基本题型和解题技巧

（1）基本题型

① 求已知微分方程的通解或满足初始条件的特解.

② 根据已知条件，建立微分方程并求解（微分方程的应用）.

（2）求通解的技巧

首先，对于一阶微分方程（包括：可分离变量方程、齐次方程、一阶线性方程、伯努利方程、全微分方程）或可降阶的高阶微分方程（三种类型），要根据方程的特点，识别方程的类型，采用相应的变量替换方法，给出方程的通解.

其次，对于二阶或二阶以上常系数非齐次线性微分方程，首先写出它所对应的齐次方程的特征方程，并求解特征方程的根（特征根），根据特征根得到齐次微分方程的通解；再由非齐次项给出非齐次线性微分方程特解的表示形式，采用待定系数法，得到非齐次线性微分方程的特解，进而，获得非齐次线性微分方程的通解.

对于二阶或二阶以上变系数非齐次线性微分方程，要根据方程的特点，采用适当的变量替换方法，得到方程的通解.

3. 一阶微分方程的基本类型、表示形式及解法

（1）变量可分离的方程（或可分离变量的方程）

形式一：
$$\frac{dy}{dx} = f(x)g(y)$$

解法：
$$\frac{dy}{g(y)} = f(x)dx \Rightarrow \int \frac{dy}{g(y)} = \int f(x)dx + C$$

形式二：
$$M_1(x)N_1(y)dx + M_2(x)N_2(y)dy = 0$$

解法：
$$\frac{N_2(y)}{N_1(y)}dy = -\frac{M_1(x)}{M_2(x)}dx \Rightarrow \int \frac{N_2(y)}{N_1(y)}dy = -\int \frac{M_1(x)}{M_2(x)}dx + C$$

注意 对于 $P(x,y)dx + Q(x,y)dy = 0$ 类型的一阶微分方程，当 dx，dy 前面的项均可分解为仅含 x 的函数与仅含 y 的函数三积时，这个方程为可分离变量的方程. 其解法为将只含 x 的函数与 dx，只含 y 的函数与 dy 分别放到等号两边，然后两边同时求不定积分即可.

（2）齐次方程

形式：
$$\frac{dy}{dx} = f\left(\frac{y}{x}\right) \tag{4.3}$$

解法：作变量代换，令 $\frac{y}{x} = u$，这里 u 为新函数，x 仍为自变量，即 $u = u(x)$. 由 $y = ux$，两边同时关于 x 求导，可得：$\frac{dy}{dx} = u + x\frac{du}{dx}$，将方程式(4.3)中 $\frac{dy}{dx}$，$\frac{y}{x}$ 分别替换成 $u + x\frac{du}{dx}$，u，方程式(4.3)化为

$$u + x\frac{\mathrm{d}u}{\mathrm{d}x} = f(u)$$

这是以 u 为未知函数，x 为自变量的可分离变量的方程，分离变量后有

$$\frac{\mathrm{d}u}{f(u)-u} = \frac{\mathrm{d}x}{x}$$

可利用可分离变量方程的求解方法，求出其通解，不妨设通解为 $u = \varphi(x, C)$，则原方程的通解为 $y = x\varphi(x, C)$.

注意　齐次方程的特点为在 $\mathrm{d}y$ 和 $\mathrm{d}x$ 的系数中，每一项的次数都是相同的. 有时齐次方程化为形如 $\dfrac{\mathrm{d}x}{\mathrm{d}y} = g\left(\dfrac{x}{y}\right)$ 进行求解会更简单，这里将变量 x 看作未知函数，y 看作自变量. 此时令 $\dfrac{x}{y} = u$，显然 $u = u(y)$. 由 $x = uy$，可知 $\dfrac{\mathrm{d}x}{\mathrm{d}y} = u + y\dfrac{\mathrm{d}u}{\mathrm{d}y}$，进一步，方程化为 $\dfrac{\mathrm{d}u}{g(u)-u} = \dfrac{\mathrm{d}y}{y}$，这里变量 u 为新的未知函数，y 仍为自变量，利用可分离变量方程的解法，求出其通解.

（3）一阶线性方程

① 以 x 为自变量，y 为函数的一阶线性齐次方程的形式为

$$y' + P(x)y = 0 \tag{4.4}$$

显然，该方程为可分离变量的方程，其通解为

$$y = C\mathrm{e}^{-\int P(x)\mathrm{d}x} \tag{4.5}$$

② 以 x 为自变量，y 为函数的一阶线性非齐次方程的形式为

$$y' + P(x)y = Q(x) \tag{4.6}$$

解法：利用通解公式得通解为

$$y = \mathrm{e}^{-\int P(x)\mathrm{d}x}\left[\int Q(x)\mathrm{e}^{\int P(x)\mathrm{d}x}\mathrm{d}x + C\right] \tag{4.7}$$

通解式（4.7）可使用常数变易法由齐次微分方程的通解式（4.5）推出. 还可以利用凑导数法得到，即在方程式（4.6）两边同乘因子 $\mu = \mathrm{e}^{\int P(x)\mathrm{d}x}$，可得

$$y'\mathrm{e}^{\int P(x)\mathrm{d}x} + \mathrm{e}^{\int P(x)\mathrm{d}x}P(x)y = Q(x)\mathrm{e}^{\int P(x)\mathrm{d}x}$$

$$(y\mathrm{e}^{\int P(x)\mathrm{d}x})' = Q(x)\mathrm{e}^{\int P(x)\mathrm{d}x}$$

因此

$$y\mathrm{e}^{\int P(x)\mathrm{d}x} = \int Q(x)\mathrm{e}^{\int P(x)\mathrm{d}x}\mathrm{d}x + C$$

注意　由一阶线性非齐次微分方程通解的表示式（4.7），不难看出，其通解为对应的齐次微分方程的通解与非齐次微分方程的特解之和.

如果方程不是以 x 为自变量，y 为函数的一阶线性微分方程，有时可以考虑将自变量 x 看做未知函数，将函数 y 视为自变量，观察此时方程是否为以 y 为自变量，x 为函数的一阶线性微分方程. 其中，以 y 为自变量，x 为函数的一阶线性方程的形式为

$$x' + P(y)x = Q(y)$$

其通解公式为

$$x = \mathrm{e}^{-\int P(y)\mathrm{d}y}\left[\int Q(y)\mathrm{e}^{\int P(y)\mathrm{d}y}\mathrm{d}y + C\right]$$

（4）伯努利（Bernoulli）方程

形式：

$$y' + P(x)y = Q(x)y^n \ (n \neq 0, 1)$$

解法：方程两边同乘 $(1-n)y^{-n}$，可得

$$(1-n)y^{-n}y' + (1-n)P(x)y^{1-n} = (1-n)Q(x)$$

作变量代换，令 $z = y^{1-n}$，则 $\dfrac{\mathrm{d}z}{\mathrm{d}x} = (1-n)y^{-n}\dfrac{\mathrm{d}y}{\mathrm{d}x}$，代入原方程得

$$z' + (1-n)P(x)z = (1-n)Q(x)$$

这是关于 z 的一阶线性微分方程，可利用一阶线性微分方程的通解公式求出其通解.

（5）全微分方程

形式：
$$P(x,y)\mathrm{d}x + Q(x,y)\mathrm{d}y = 0$$

且满足 $\dfrac{\partial P}{\partial y} = \dfrac{\partial Q}{\partial x}$.

解法：

① 原函数法. 若存在一个二元函数 $u(x,y)$，使

$$\mathrm{d}u(x,y) = \frac{\partial u}{\partial x}\mathrm{d}x + \frac{\partial u}{\partial y}\mathrm{d}y = P(x,y)\mathrm{d}x + Q(x,y)\mathrm{d}y$$

可推断出 $\dfrac{\partial u}{\partial x} = P(x,y)$，$\dfrac{\partial u}{\partial y} = Q(x,y)$.

$$\frac{\partial u}{\partial x} = P(x,y) \Rightarrow u(x,y) = \int P(x,y)\mathrm{d}x + \phi(y)$$

$$\Rightarrow \frac{\partial u}{\partial y} = \frac{\partial u}{\partial y}\left(\int P(x,y)\mathrm{d}x\right) + \phi'(y) = Q(x,y)$$

$$\Rightarrow \phi'(y) = \qquad \Rightarrow \phi(y) =$$

$$\Rightarrow u(x,y) = \int P(x,y)\mathrm{d}x + \phi(y) + C$$

② 分项组合法. 将已经是全微分的项提出，将不是全微分的项凑成全微分，这样的方法称为分项组合法. 用此法求解，一般需要将方程重新分项组合，且还需熟记一些简单函数的全微分.

（ⅰ）$x\mathrm{d}y + y\mathrm{d}x = \mathrm{d}(xy)$，$x\mathrm{d}x + y\mathrm{d}y = \mathrm{d}\left(\dfrac{x^2+y^2}{2}\right)$，$xy^2\mathrm{d}x + x^2y\mathrm{d}y = \mathrm{d}\left(\dfrac{x^2y^2}{2}\right)$；

（ⅱ）$\dfrac{y\mathrm{d}x - x\mathrm{d}y}{y^2} = \mathrm{d}\left(\dfrac{x}{y}\right)$，$\dfrac{x\mathrm{d}y - y\mathrm{d}x}{x^2} = \mathrm{d}\left(\dfrac{y}{x}\right)$，$\dfrac{x\mathrm{d}x + y\mathrm{d}y}{\sqrt{x^2+y^2}} = \mathrm{d}\left(\sqrt{x^2+y^2}\right)$；

（ⅲ）$\dfrac{y\mathrm{d}x - x\mathrm{d}y}{x^2+y^2} = \mathrm{d}\left(\arctan\dfrac{x}{y}\right)$，$\dfrac{x\mathrm{d}y - y\mathrm{d}x}{x^2+y^2} = \mathrm{d}\left(\arctan\dfrac{y}{x}\right)$；

（ⅳ）$\dfrac{y\mathrm{d}x - x\mathrm{d}y}{xy} = \mathrm{d}\left(\ln\dfrac{x}{y}\right)$，$\dfrac{x\mathrm{d}y - y\mathrm{d}x}{xy} = \mathrm{d}\left(\ln\dfrac{y}{x}\right)$；

（ⅴ）$\dfrac{x\mathrm{d}x + y\mathrm{d}y}{x^2+y^2} = \mathrm{d}\left(\dfrac{1}{2}\ln(x^2+y^2)\right)$；

（ⅵ）$\dfrac{y\mathrm{d}x - x\mathrm{d}y}{x^2-y^2} = \mathrm{d}\left(\dfrac{1}{2}\ln\dfrac{x-y}{x+y}\right)$.

③ 曲线积分法. $\dfrac{\partial P}{\partial y} = \dfrac{\partial Q}{\partial x}$ 既是 $P(x,y)\mathrm{d}x + Q(x,y)\mathrm{d}y = 0$ 为全微分方程的充要条件，

也是曲线积分 $\int_{L(x_0,y_0)}^{L(x,y)} P(x,y)\mathrm{d}x + Q(x,y)\mathrm{d}y$ 与路径无关的充要条件，因此可以考虑选取特殊路径，如平行于 x 轴和 y 轴的折线段

$$u(x,y) = \int_{L(x_0,y_0)}^{L(x,y)} P(x,y)\mathrm{d}x + Q(x,y)\mathrm{d}y$$

$$= \int_{x_0}^{x} P(x,y_0)\mathrm{d}x + \int_{y_0}^{y} Q(x,y)\mathrm{d}y$$

选取 (x_0,y_0) 的原则：第一，简单；第二，$P(x,y)$，$Q(x,y)$ 在 (x_0,y_0) 处具有一阶连续的偏导数．

变量代换是求解微分方程常用的方法，不同类型的方程使用不同的变量替换．如方程中出现 $f(x\pm y)$，$f(xy)$，$f(x^2\pm y^2)$，$f\left(\dfrac{y}{x}\right)$，$f\left(\dfrac{x}{y}\right)$ 等复合函数，通常作相应的变量代换 $u=x\pm y$，xy，$x^2\pm y^2$，$\dfrac{y}{x}$，$\dfrac{x}{y}$，将方程化为上述的基本类型．

二、重点题型解析

【例 4.1】 设 $f(x)$ 具有二阶连续导数，$f(0)=0$，$f'(0)=1$ 且 $[xy(x+y)-f(x)y]\mathrm{d}x + [f'(x)+x^2y]\mathrm{d}y=0$ 为一全微分方程，求 $f(x)$ 及此全微分方程的通解．

解析 由一阶微分方程 $[xy(x+y)-f(x)y]\mathrm{d}x + [f'(x)+x^2y]\mathrm{d}y=0$ 为全微分方程的充要条件得

$$\frac{\partial[f'(x)+x^2y]}{\partial x} = \frac{\partial[xy(x+y)-f(x)y]}{\partial y}$$

即
$$f''(x)+2xy = x^2+2xy-f(x)$$

进一步化简得：$f''(x)+f(x)=x^2$．求解此二阶常系数非齐次线性微分方程，得通解
$$f(x) = C_1\cos x + C_2\sin x + x^2 - 2,$$

代入 $f(0)=0$，$f'(0)=1$，得 $C_1=2$，$C_2=1$．即 $f(x)=2\cos x+\sin x+x^2-2$，因此，
$$f'(x) = -2\sin x + \cos x + 2x.$$

将 $f(x)$ 及 $f'(x)$ 的表达式代入到原方程中，原方程变为
$$[xy^2 - y(2\cos x+\sin x)+2y]\mathrm{d}x + [-2\sin x+\cos x+2x+x^2y]\mathrm{d}y=0,$$

使用分项组合法，将方程重新分项组合：
$$(xy^2\mathrm{d}x + x^2y\mathrm{d}y) - 2(y\cos x\mathrm{d}x+\sin x\mathrm{d}y) + (-y\sin x\mathrm{d}x+\cos x\mathrm{d}y) + 2(y\mathrm{d}x+x\mathrm{d}y)=0$$

即
$$-2\mathrm{d}(y\sin x) + \mathrm{d}(y\cos x) + \frac{1}{2}\mathrm{d}(x^2y^2) + 2\mathrm{d}(xy)=0,$$

因此，原方程的通解为 $-2y\sin x+y\cos x+\dfrac{1}{2}x^2y^2+2xy=C$．

评注 ①$P(x,y)\mathrm{d}x+Q(x,y)\mathrm{d}y=0$ 为全微分方程的充要条件是 $\dfrac{\partial Q}{\partial x}=\dfrac{\partial P}{\partial y}$，由此可得关于函数 $f(x)$ 的微分方程，求解此微分方程获得 $f(x)$．将 $f(x)$ 及 $f'(x)$ 的表达式代入到原方程中，再求原方程的通解．

②本题也可采用曲线积分法，取特殊路径积分，求出 $P(x,y)\mathrm{d}x+Q(x,y)\mathrm{d}y$ 的原函数

$$u(x,y) = \int_0^x P(x,0)\mathrm{d}x + \int_0^y Q(x,y)\mathrm{d}y = 0 + \int_0^y (-2\sin x + \cos x + 2x + x^2 y)\mathrm{d}y$$

$$= -2y\sin x + y\cos x + \frac{1}{2}x^2 y^2 + 2xy$$

则方程的通解为 $u(x,y)=C$，即

$$-2y\sin x + y\cos x + \frac{1}{2}x^2 y^2 + 2xy = C.$$

【例 4.2】 求 $(x^2 - y^2 - 2y)\mathrm{d}x + (x^2 + 2x - y^2)\mathrm{d}y = 0$ 的通解.

解析 由于 $P(x,y)=x^2-y^2-2y$，$Q(x,y)=x^2+2x-y^2$，可知

$$\frac{\partial P(x,y)}{\partial y} = -2y - 2, \qquad \frac{\partial Q(x,y)}{\partial x} = 2x + 2$$

故 $\dfrac{\partial P}{\partial y} \neq \dfrac{\partial Q}{\partial x}$，原方程不属于全微分方程. 将原方程改为

$$(x^2 - y^2)\mathrm{d}(x+y) + 2(x\mathrm{d}y - y\mathrm{d}x) = 0,$$

故可令 $\mu(x,y)=\dfrac{1}{x^2-y^2}$，方程两边乘以积分因子 $\mu(x,y)$，则方程变为

$$\mathrm{d}(x+y) + 2\,\frac{x\mathrm{d}y - y\mathrm{d}x}{x^2 - y^2} = 0,$$

即为

$$\mathrm{d}(x+y) - 2\mathrm{d}\left(\frac{1}{2}\ln\frac{x-y}{x+y}\right) = 0,$$

故 $x+y = \ln\dfrac{x-y}{x+y} + C$ 是原方程的解.

评注 原方程有因子 $(x^2-y^2)(\mathrm{d}x+\mathrm{d}y)$ 及 $2(x\mathrm{d}y-y\mathrm{d}x)$，因此方程可用积分因子 $\dfrac{1}{x^2-y^2}$.

【例 4.3】 设 $f(x)$ 为连续函数，解方程 $f(x) = \mathrm{e}^x + \mathrm{e}^x \int_0^x [f(t)]^2 \mathrm{d}t$.

解析 根据 $f(x)$ 的连续性可知右端函数可导，方程两边关于 x 求导得

$$f'(x) = \mathrm{e}^x + \mathrm{e}^x \int_0^x [f(t)]^2 \mathrm{d}t + \mathrm{e}^x [f(x)]^2$$

将原方程代入到上式中，可得 $\qquad f'(x) = f(x) + \mathrm{e}^x [f(x)]^2$，

这是一个伯努利方程. 两边除以 $f^2(x)$ 得

$$\frac{f'(x)}{f^2(x)} - \frac{1}{f(x)} = \mathrm{e}^x$$

令 $u = \dfrac{1}{f(x)}$，则方程化为 $\qquad u' + u = -\mathrm{e}^x$

这是一个一阶线性非齐次微分方程，由其通解公式解出

$$u(x) = C\mathrm{e}^{-x} - \frac{1}{2}\mathrm{e}^x, \quad 即 \ f(x) = \frac{1}{C\mathrm{e}^{-x} - \frac{1}{2}\mathrm{e}^x}.$$

由原方程知 $f(0)=1$，代入上式得 $C = \dfrac{3}{2}$，所以 $f(x) = \dfrac{2}{3\mathrm{e}^{-x} - \mathrm{e}^x}$.

评注 若方程中含有未知函数的积分，常采用积分方程两边同时求导的方法以去掉积分

号，将其化为微分方程来求解．积分方程通常是求特解问题，故在求解此类问题时应注意利用原方程确定初始条件．

【例 4.4】 设 $f(x)$ 在 $(0, +\infty)$ 内可导，$f(x) > 0$，且 $\lim\limits_{x \to +\infty} f(x) = 1$，又
$\lim\limits_{h \to 0} \left[\dfrac{f(x+xh)}{f(x)} \right]^{\frac{1}{h}} = \mathrm{e}^{\frac{1}{x}}$，求 $f(x)$．

解析 由于

$$\mathrm{e}^{\frac{1}{x}} = \lim_{h \to 0} \left[\frac{f(x+xh)}{f(x)} \right]^{\frac{1}{h}} = \lim_{h \to 0} \left[1 + \frac{f(x+xh) - f(x)}{f(x)} \right]^{\frac{1}{h}}$$

$$= \exp \left(\lim_{h \to 0} \frac{f(x+xh) - f(x)}{f(x)} \cdot \frac{1}{h} \right) = \exp \left(f'(x) \cdot \frac{x}{f(x)} \right)$$

则有

$$\frac{1}{x} = f'(x) \cdot \frac{x}{f(x)}, \quad 即 \frac{f'(x)}{f(x)} = \frac{1}{x^2}$$

两边积分得 $f(x) = C\mathrm{e}^{-\frac{1}{x}}$．由 $\lim\limits_{x \to +\infty} f(x) = 1$ 得 $C = 1$，故 $f(x) = \mathrm{e}^{-\frac{1}{x}}$．

评注 求未知函数首先需建立关于未知函数的方程（代数方程或微分方程），该题的关键是 1^∞ 型未定式极限的求解，以及利用导数的定义来计算极限．在利用导数的定义算出等式右边的极限后，可以得到关于 $f(x)$ 的微分方程．

【例 4.5】 已知函数 $f(x)$ 满足方程 $f''(x) + f'(x) - 2f(x) = 0$ 及 $f''(x) + f(x) = 2\mathrm{e}^x$．

(1) 求 $f(x)$ 的表达式；

(2) 求曲线 $y = f(x^2) \int_0^x f(-t^2) \mathrm{d}t$ 的拐点．

解析 (1) 解联立方程组 $\begin{cases} f''(x) + f'(x) - 2f(x) = 0 \\ f''(x) + f(x) = 2\mathrm{e}^x \end{cases}$，可得

$$f'(x) - 3f(x) = -2\mathrm{e}^x$$

这是一个一阶线性非齐次微分方程，由其通解公式解出

$$f(x) = \mathrm{e}^{\int 3\mathrm{d}x} \left(\int (-2\mathrm{e}^x) \mathrm{e}^{-\int 3\mathrm{d}x} \mathrm{d}x + C \right) = \mathrm{e}^x + C\mathrm{e}^{3x}$$

将 $f(x) = \mathrm{e}^x + C\mathrm{e}^{3x}$ 代入到方程 $f''(x) + f(x) = 2\mathrm{e}^x$ 中，得 $C = 0$，所以 $f(x) = \mathrm{e}^x$．

(2) 使用 (1) 的结论 $f(x) = \mathrm{e}^x$，可知 $y = f(x^2) \int_0^x f(-t^2) \mathrm{d}t = \mathrm{e}^{x^2} \int_0^x \mathrm{e}^{-t^2} \mathrm{d}t$，方程两边求关于 x 的一阶、二阶导数，可得

$$y' = 2x\mathrm{e}^{x^2} \int_0^x \mathrm{e}^{-t^2} \mathrm{d}t + 1$$

$$y'' = 2x + 2(1 + 2x^2)\mathrm{e}^{x^2} \int_0^x \mathrm{e}^{-t^2} \mathrm{d}t$$

当 $x < 0$ 时，有 $y'' < 0$；当 $x > 0$ 时，有 $y'' > 0$，又 $y|_{x=0} = 0$，所以曲线的拐点为点 $(0, 0)$．

评注 本题是一道综合题，主要考查的知识点为一阶线性微分方程的求解，积分上限函数求导及求曲线的拐点等．

【例 4.6】 设 y_1, y_2 是一阶线性非齐次微分方程 $y' + p(x)y = q(x)$ 的两个特解，若常数 λ, μ 使 $\lambda y_1 + \mu y_2$ 是该方程的解，$\lambda y_1 - \mu y_2$ 是该方程对应的齐次方程的解，则

(A) $\lambda = \dfrac{1}{2}, \mu = \dfrac{1}{2}$ (B) $\lambda = -\dfrac{1}{2}, \mu = -\dfrac{1}{2}$ (C) $\lambda = \dfrac{2}{3}, \mu = \dfrac{1}{3}$ (D) $\lambda = \dfrac{2}{3}, \mu = \dfrac{2}{3}$

解析 将 $\lambda y_1 + \mu y_2$ 代入方程 $y' + p(x)y = q(x)$，得

$$\lambda[y'_1 + p(x)y_1] + \mu[y'_2 + p(x)y_2] = q(x).$$

由题设可知

$$y'_1 + p(x)y_1 = q(x), \quad y'_2 + p(x)y_2 = q(x),$$

从而有

$$\lambda + \mu = 1.$$

类似地，将 $\lambda y_1 - \mu y_2$ 代入方程 $y' + p(x)y = 0$，得

$$\lambda - \mu = 0.$$

解得 $\lambda = \dfrac{1}{2}$，$\mu = \dfrac{1}{2}$. 故选项（A）正确.

事实上，当 $\lambda = -\dfrac{1}{2}$，$\mu = -\dfrac{1}{2}$ 时，$\lambda y_1 + \mu y_2$ 不是方程 $y' + p(x)y = q(x)$ 的解，与题设矛盾，故选项（B）不正确. 同理可知选项（D）也不正确.

当 $\lambda = \dfrac{2}{3}$，$\mu = \dfrac{1}{3}$ 时，$\lambda y_1 - \mu y_2$ 不是齐次方程 $y' + p(x)y = 0$ 的解，与题设矛盾，故选项（C）不正确.

评注 本题考查一阶线性微分方程解的相关概念. 根据题设条件分别把 $\lambda y_1 + \mu y_2$，$\lambda y_1 - \mu y_2$ 代入相应的方程中可得关于 λ，μ 的关系式，从而解出 λ 和 μ. 用排除法也可得到正确的选项.

【例 4.7】 设对于半空间 $x > 0$ 内任意的光滑有向封闭曲面 S，都有

$$\oiint\limits_{S} xf(x)\,\mathrm{d}y\,\mathrm{d}z - xyf(x)\,\mathrm{d}z\,\mathrm{d}x - \mathrm{e}^{2x}z\,\mathrm{d}x\,\mathrm{d}y = 0$$

其中，函数 $f(x)$ 在 $(0, +\infty)$ 内具有连续一阶导数，且 $\lim\limits_{x \to 0^+} f(x) = 1$. 求 $f(x)$.

解析 由已知条件和高斯公式可得

$$0 = \oiint\limits_{S} xf(x)\,\mathrm{d}y\,\mathrm{d}z - xyf(x)\,\mathrm{d}z\,\mathrm{d}x - \mathrm{e}^{2x}z\,\mathrm{d}x\,\mathrm{d}y$$

$$= \pm\iiint\limits_{\Omega}[xf'(x) + f(x) - xf(x) - \mathrm{e}^{2x}]\,\mathrm{d}v$$

其中 Ω 是 S 围成的有界闭区间. 由 S 的任意性可得

$$xf'(x) + f(x) - xf(x) - \mathrm{e}^{2x} = 0 \quad (x > 0)$$

即

$$f'(x) + \left(\frac{1}{x} - 1\right)f(x) = \frac{1}{x}\mathrm{e}^{2x} \quad (x > 0)$$

这是一个一阶线性非齐次微分方程，由其通解公式知

$$f(x) = \mathrm{e}^{\int\left(1 - \frac{1}{x}\right)\mathrm{d}x}\left[\int \frac{1}{x}\mathrm{e}^{2x}\mathrm{e}^{\int\left(\frac{1}{x} - 1\right)\mathrm{d}x}\,\mathrm{d}x + C\right] = \frac{\mathrm{e}^x}{x}\left(\int \frac{1}{x}\mathrm{e}^{2x}x\mathrm{e}^{-x}\,\mathrm{d}x + C\right) = \frac{\mathrm{e}^x}{x}(\mathrm{e}^x + C)$$

由于

$$\lim_{x \to 0^+} f(x) = \lim_{x \to 0^+}\left(\frac{\mathrm{e}^{2x} + C\mathrm{e}^x}{x}\right) = 1$$

故必有

$$\lim_{x \to 0^+}(\mathrm{e}^{2x} + C\mathrm{e}^x) = 0, \quad \text{即 } C + 1 = 0，\text{从而 } C = -1$$

于是

$$f(x) = \frac{\mathrm{e}^x}{x}(\mathrm{e}^x - 1)$$

评注 本题是一道综合性试题，主要考查的知识点为高斯公式和一阶线性微分方程的求

解方法. 由于本题所给的是一个闭曲面上的曲面积分，从而应先从高斯公式入手. 由已知条件可知，使用高斯公式后得到的三重积分在任意光滑有向闭曲面 S 所围成的区域 Ω 上的积分均为零，则三重积分的被积函数应当恒为零，从而得到 $f(x)$ 的一个微分方程，解此方程即可求得 $f(x)$.

【例 4.8】　求下列微分方程的通解.

(1) $\dfrac{\mathrm{d}y}{\mathrm{d}x}=\dfrac{y}{x+y^4}$, 　　　(2) $(x-\sin y)\mathrm{d}y+\tan y\,\mathrm{d}x=0$.

解析　(1) 此题不是一阶线性微分方程，但把 x 看作未知函数，y 看作自变量，所得微分方程

$$\frac{\mathrm{d}x}{\mathrm{d}y}=\frac{x+y^4}{y},$$

即

$$\frac{\mathrm{d}x}{\mathrm{d}y}-\frac{1}{y}x=y^3,$$

这是一阶线性非齐次微分方程，其中，$P(y)=-\dfrac{1}{y}$，$Q(y)=y^3$. 由通解公式，可得通解

$$x=\mathrm{e}^{\int\frac{1}{y}\mathrm{d}y}\left(\int y^3\mathrm{e}^{-\int\frac{1}{y}\mathrm{d}y}\mathrm{d}y+C\right)=\frac{1}{3}y^4+Cy.$$

(2) 此题把 x 看作未知函数，y 看作自变量所得微分方程为

$$\frac{\mathrm{d}x}{\mathrm{d}y}+(\cot y)x=\cos y,$$

是一阶线性非齐次微分方程，其中，$P(y)=\cot y$，$Q(y)=\cos y$，通解为

$$x=\mathrm{e}^{-\int\cot y\mathrm{d}y}\left(\int\cos y\,\mathrm{e}^{\int\cot y\mathrm{d}y}\mathrm{d}y+C\right)=\frac{1}{\sin y}\left(\frac{1}{2}\sin^2 y+C\right).$$

评注　这两个方程都不是以 x 为自变量，y 为函数的一阶线性非齐次微分方程，但把 x 看作未知函数，y 看作自变量，微分方程转化为一阶线性非齐次微分方程.

【例 4.9】　设 $f(x)$ 在 $(-\infty,+\infty)$ 上有定义，$f'(0)=1$，且对任何 $x,y\in(-\infty,+\infty)$ 恒有 $f(x+y)=\mathrm{e}^y f(x)+\mathrm{e}^x f(y)$，求 $f(x)$.

解析　令 $x=y=0$，可得 $f(0)=f(0)+f(0)\Rightarrow f(0)=0$，因为

$$f'(0)=\lim_{\Delta x\to 0}\frac{f(0+\Delta x)-f(0)}{\Delta x}=\lim_{\Delta x\to 0}\frac{f(\Delta x)}{\Delta x}=1$$

则

$$f'(x)=\lim_{y\to 0}\frac{f(x+y)-f(x)}{y}=\lim_{y\to 0}\frac{\mathrm{e}^y f(x)+\mathrm{e}^x f(y)-f(x)}{y}$$

$$=\lim_{y\to 0}\left[\mathrm{e}^x\cdot\frac{f(y)}{y}+f(x)\cdot\frac{\mathrm{e}^y-1}{y}\right]=\mathrm{e}^x+f(x)$$

得一阶线性微分方程

$$f'(x)-f(x)=\mathrm{e}^x$$

方程的通解为

$$f(x)=\mathrm{e}^{\int\mathrm{d}x}\left(\int\mathrm{e}^x\mathrm{e}^{-\int\mathrm{d}x}\mathrm{d}x+C\right)=\mathrm{e}^x(x+C)$$

评注　利用函数一点导数的定义，建立一阶微分方程求解. 一阶微分方程 $y'+p(x)y=q(x)$ 的求解有以下三种常见的方法：

① 公式法：$y=\mathrm{e}^{-\int p(x)\mathrm{d}x}\left[\int q(x)\mathrm{e}^{\int p(x)\mathrm{d}x}\mathrm{d}x+C\right]$.

② 常数变异法：先求对应齐次方程的通解 $y = C e^{-\int p(x) \mathrm{d}x}$；变动常数，设非齐次方程的解为 $y = C(x) e^{-\int p(x) \mathrm{d}x}$，代入非齐次方程解得 $C(x) = \int q(x) e^{\int p(x) \mathrm{d}x} \mathrm{d}x + C$，所以 $y = e^{-\int p(x) \mathrm{d}x} \left[\int q(x) e^{\int p(x) \mathrm{d}x} \mathrm{d}x + C \right]$.

③ 积分因子法：方程两边乘 $e^{\int p(x) \mathrm{d}x}$ 得 $\dfrac{\mathrm{d}}{\mathrm{d}x}(e^{\int p(x) \mathrm{d}x} y) = q(x) e^{\int p(x) \mathrm{d}x}$，两边积分得通解.

【例 4.10】 设 $F(x) = f(x)g(x)$，其中 $f(x)$，$g(x)$ 在 $(-\infty, +\infty)$ 内满足以下条件 $f'(x) = g(x)$，$g'(x) = f(x)$，且 $f(0) = 0$，$f(x) + g(x) = 2e^x$.

(1) 求 $F(x)$ 所满足的一阶微分方程；

(2) 求出 $F(x)$ 的表达式.

解析 由
$$F'(x) = f'(x)g(x) + f(x)g'(x) = g^2(x) + f^2(x)$$
$$= [f(x) + g(x)]^2 - 2f(x)g(x) = (2e^x)^2 - 2F(x),$$

可知 $F(x)$ 所满足的一阶微分方程为
$$F'(x) + 2F(x) = (2e^x)^2,$$

由一阶线性非齐次微分方程的通解公式，可得通解
$$F(x) = e^{-\int 2\mathrm{d}x} \left(\int 4e^{2x} \cdot e^{\int 2\mathrm{d}x} \mathrm{d}x + C \right) = e^{-2x} \left(\int 4e^{4x} \mathrm{d}x + C \right) = e^{2x} + Ce^{-2x}$$

将 $F(0) = f(0)g(0) = 0$ 代入，可知 $C = -1$. 于是 $F(x) = e^{2x} - e^{-2x}$.

评注 此题的两个问题分别为根据已知条件建立微分方程，并求解微分方程，属于基本题型.

【例 4.11】 设 $y = e^x$ 是 $xy' + p(x)y = x$ 的一个解，求此微分方程满足 $y\big|_{x=\ln 2} = 0$ 的特解.

解析 将 $y = e^x$ 代入微分方程 $xy' + p(x)y = x$ 中，求出 $p(x) = xe^{-x} - x$，方程化为
$$\frac{\mathrm{d}y}{\mathrm{d}x} + (e^{-x} - 1)y = 1.$$

先求出对应的齐次线性方程 $\dfrac{\mathrm{d}y}{\mathrm{d}x} + (e^{-x} - 1)y = 0$ 的通解为
$$y = Ce^{x + e^{-x}}.$$

根据非齐次线性方程通解的结构，可以得到非齐次线性方程的通解为
$$y = e^x + Ce^{x + e^{-x}}.$$

再由 $y\big|_{x=\ln 2} = 0$，得 $2 + 2e^{\frac{1}{2}}C = 0$，即 $C = -e^{-\frac{1}{2}}$，故所求解 $y = e^x - e^{x + e^{-x} - \frac{1}{2}}$.

评注 此题通过方程的特解，求出方程中的未知函数，进而求出方程满足初始条件的特解.

【例 4.12】 设函数 $f(t)$ 在 $[0, +\infty)$ 上可导，且满足
$$f(t) = e^{\pi t^2} + \iint\limits_{D} f\left(\sqrt{x^2 + y^2}\right) \mathrm{d}\sigma,$$

其中，$D: x^2 + y^2 \leqslant t^2$. 求 $f(t)$.

解析
$$\iint\limits_{D} f\left(\sqrt{x^2 + y^2}\right) \mathrm{d}\sigma = \int_0^{2\pi} \mathrm{d}\theta \int_0^t f(\rho)\rho \mathrm{d}\rho = 2\pi \int_0^t f(\rho)\rho \mathrm{d}\rho,$$

依题意，得
$$f(t) = e^{\pi t^2} + 2\pi \int_0^t f(\rho)\rho \mathrm{d}\rho.$$

方程两边求导数得

$$f'(t) = 2\pi t\,\mathrm{e}^{\pi t^2} + 2\pi t f(t),\quad \text{即 } f'(t) - 2\pi t f(t) = 2\pi t\,\mathrm{e}^{\pi t^2},$$

由一阶线性非齐次微分方程的通解公式，可得通解

$$f(t) = \mathrm{e}^{\int 2\pi t\,\mathrm{d}t}\left(\int 2\pi t\,\mathrm{e}^{\pi t^2}\,\mathrm{e}^{\int -2\pi t\,\mathrm{d}t}\,\mathrm{d}t + C\right) = (C + \pi t^2)\mathrm{e}^{\pi t^2}$$

由 $f(0) = 1$ 得 $C = 1$，所以，$f(t) = (1 + \pi t^2)\mathrm{e}^{\pi t^2}$.

评注　此题根据极坐标将二重积分转化为二次积分，通过求积分上限函数的导数，建立微分方程，并求解微分方程，是一道综合性的题目，要注意此类题型所隐含的初始条件.

【**例 4.13**】　设函数 $f(x)$ 具有连续的一阶导数，且满足

$$f(x) = \int_0^x (x^2 - t^2) f'(t)\,\mathrm{d}t + x^2,$$

求 $f(x)$ 的表达式.

解析　首先将方程化为

$$f(x) = x^2 \int_0^x f'(t)\,\mathrm{d}t - \int_0^x t^2 f'(t)\,\mathrm{d}t + x^2.$$

然后在方程的两边关于 x 求导，可得

$$f'(x) = x^2 f'(x) + 2x \int_0^x f'(t)\,\mathrm{d}t + 2x - x^2 f'(t)$$
$$= 2x[f(x) - f(0)] + 2x.$$

又由于 $f(0) = 0$，故 $f'(x) - 2x f(x) = 2x$.

由一阶线性非齐次微分方程的通解公式，可得通解

$$f(x) = \mathrm{e}^{\int 2x\,\mathrm{d}x}\left(\int 2x\,\mathrm{e}^{-\int 2x\,\mathrm{d}x}\,\mathrm{d}x + C\right) = \mathrm{e}^{x^2}\left(\int 2x\,\mathrm{e}^{-x^2}\,\mathrm{d}x + C\right)$$
$$= \mathrm{e}^{x^2}(-\mathrm{e}^{-x^2} + C) = -1 + C\mathrm{e}^{x^2}.$$

由 $f(0) = 0$，得 $C = 1$，所以 $f(x) = \mathrm{e}^{x^2} - 1$.

评注　积分上限函数求导时，如果被积函数中包含 x，则需要先拆项，将与 x 有关的量提到积分符号的外面，然后再求导.

【**例 4.14**】　设连续函数 $f(x)$ 满足 $\dfrac{1}{2} f(x) = x \int_0^1 f(tx)\,\mathrm{d}t + \dfrac{1}{2}\mathrm{e}^{x^2}(1 - x)$ 且 $f(0) = 1$，求 $f(x)$.

解析　设 $z = tx$，则 $\mathrm{d}z = x\,\mathrm{d}t$，可得 $x\int_0^1 f(tx)\,\mathrm{d}t = \int_0^x f(z)\,\mathrm{d}z$. 令 $y = \int_0^x f(z)\,\mathrm{d}z$，则 $y' = f(x)$，由题设可知

$$\frac{1}{2} y' = y + \frac{1}{2}\mathrm{e}^{x^2}(1 - x)$$

即

$$y' - 2y = \mathrm{e}^{x^2}(1 - x)$$

为一阶线性非齐次微分方程. 故通解为

$$y = \mathrm{e}^{2x}\left[\int (1 - x)\mathrm{e}^{x^2}\,\mathrm{e}^{-2x}\,\mathrm{d}x + C\right] = \mathrm{e}^{2x}\left[-\frac{1}{\mathrm{e}}\int (x - 1)\mathrm{e}^{(x-1)^2}\,\mathrm{d}x + C\right]$$
$$= C\mathrm{e}^{2x} - \frac{1}{2\mathrm{e}}\mathrm{e}^{2x}\,\mathrm{e}^{(x-1)^2} = C\mathrm{e}^{2x} - \frac{1}{2}\mathrm{e}^{x^2}.$$

于是 $f(x) = y' = 2Ce^{2x} - xe^{x^2}$，由 $f(0) = 1$，求出 $C = \dfrac{1}{2}$，因此 $f(x) = e^{2x} - xe^{x^2}$.

评注 先进行变量替换，将 $x\displaystyle\int_0^1 f(tx)\mathrm{d}t$ 转化为积分上限函数，等式两边同时求导，将其转化为微分方程，再求出微分方程满足初始条件的特解.

【例 4.15】 求微分方程 $(x^2 + y)\mathrm{d}x + (x - 2y)\mathrm{d}y = 0$ 的通解.

解析 所给方程不能分离变量，又不是齐次的，也不是线性的，更不是伯努利型的，但若令

$$P(x,y) = x^2 + y, \quad Q(x,y) = x - 2y,$$

则有

$$\frac{\partial P}{\partial y} = \frac{\partial Q}{\partial x} = 1$$

可知原方程为全微分方程，故可设

$$(x^2 + y)\mathrm{d}x + (x - 2y)\mathrm{d}y = \mathrm{d}u(x,y) \tag{4.8}$$

并且给出求 $u(x,y)$ 的三种方法.

法 1 因它是全微分方程，故可直接应用全微分方程求积分的公式

$$u(x,y) = \int_{x_0}^x P(x,y)\mathrm{d}x + \int_{y_0}^y Q(x_0,y)\mathrm{d}y.$$

这里取 $x_0 = y_0 = 0$，便得

$$u(x,y) = \int_0^x (x^2 + y)\mathrm{d}x + \int_0^y (0 - 2y)\mathrm{d}y = \frac{1}{3}x^3 + xy - y^2.$$

法 2 由于 $\dfrac{\partial u}{\partial x} = x^2 + y$，$\dfrac{\partial u}{\partial y} = x - 2y$，所以

$$u(x,y) = \int (x^2 + y)\mathrm{d}x + \varphi(y) = \frac{1}{3}x^3 + xy + \varphi(y).$$

将上式两端对 y 求导，有 $\dfrac{\partial u}{\partial y} = x + \varphi'(y)$，故 $x + \varphi'(y) = x - 2y$，亦即 $\varphi'(y) = -2y$，从而 $\varphi(y) = -y^2$（取积分常数为 0），因此 $u(x,y) = \dfrac{1}{3}x^3 + xy - y^2$.

法 3 将式(4.8)左端的表达式进行分组组合成为全微分的形式，由

$$\mathrm{d}u(x,y) = (x^2 + y)\mathrm{d}x + (x - 2y)\mathrm{d}y = x^2\mathrm{d}x - 2y\mathrm{d}y + (y\mathrm{d}x + x\mathrm{d}y)$$

$$= \mathrm{d}\left(\frac{x^3}{3}\right) - \mathrm{d}y^2 + \mathrm{d}(xy),$$

积分得

$$u(x,y) = \frac{1}{3}x^3 + xy - y^2.$$

评注 一般来说，对于比较容易通过分组组合为全微分的方程，用法 3 求 $u(x,y)$ 最为简便.

【例 4.16】 求微分方程 $\dfrac{\mathrm{d}y}{\mathrm{d}x}\sec^2 y + \dfrac{x}{1+x^2}\tan y = x$ 的通解.

解析 作变量代换，令 $u = \tan y$，则方程化为

$$\frac{\mathrm{d}u}{\mathrm{d}x} + \frac{x}{1+x^2}u = x,$$

由一阶线性非齐次微分方程的通解公式，得通解为

$$u = e^{-\int \frac{x}{1+x^2} dx} \left(\int x e^{\int \frac{x}{1+x^2} dx} dx + C \right) = \frac{1}{3}(1+x^2) + \frac{C}{\sqrt{1+x^2}}$$

原方程通解为 $\tan y = \frac{1}{3}(1+x^2) + \frac{C}{\sqrt{1+x^2}}$.

评注 所给方程使用变量替换将其转化为一阶线性方程，具有一定的技巧性. 根据方程的特点，采用适当的变量替换形式是求解微分方程应掌握的方法.

【例 4.17】 （第十六届北京市数学竞赛试题）$du = (x^2 - 2yz) dx + (y^2 - 2xz) dy + (z^2 - 2xy) dz$，则 $u(x, y, z) = $ _____.

解析
$$\begin{aligned}
du &= (x^2 - 2yz) dx + (y^2 - 2xz) dy + (z^2 - 2xy) dz \\
&= x^2 dx + y^2 dy + z^2 dz - 2(yz dx + xz dy + xy dz) \\
&= d\left(\frac{1}{3}x^3 + \frac{1}{3}y^3 + \frac{1}{3}z^3 \right) - 2d(xyz) \\
&= d\left(\frac{x^3 + y^3 + z^3}{3} - 2xyz \right)
\end{aligned}$$

因此，$u = \frac{x^3 + y^3 + z^3}{3} - 2xyz + C$.

评注 通过分项组合凑成全微分方程，要熟记一些函数的全微分形式.

三、综合训练

(1) 已知 $y = \frac{x}{\ln x}$ 是微分方程 $y' = \frac{y}{x} + \varphi\left(\frac{x}{y}\right)$ 的解，则 $\varphi\left(\frac{x}{y}\right)$ 的表达式为（   ）.

A. $-\frac{y^2}{x^2}$ B. $\frac{y^2}{x^2}$ C. $-\frac{x^2}{y^2}$ D. $\frac{x^2}{y^2}$

(2) （第四届全国大学生数学竞赛预赛试题）设函数 $u = u(x)$ 连续可微，$u(2) = 1$，且 $\int_L (x + 2y)u dx + (x + u^3)u dy$ 在右半平面上与路径无关，求 $u(x)$.

(3) 设 $f(x)$ 为定义在 $(0, +\infty)$ 上的连续函数，且满足

$$f(t) = \iiint\limits_{x^2+y^2+z^2 \leqslant t^2} f(\sqrt{x^2+y^2+z^2}) dV + t^3$$

求 $f(1)$.

(4) （高等数学竞赛试题）设函数 $f(x)$ 在 $(0, +\infty)$ 内具有连续的导数，且满足

$$f(t) = 2\iint\limits_D (x^2 + y^2) f(\sqrt{x^2+y^2}) dx dy + t^4$$

其中，D 是由 $x^2 + y^2 = t^2$ 所围成的闭区域，求当 $x \in (0, +\infty)$ 时 $f(x)$ 的表达式.

(5) 求分别满足下列关系式的 $f(x)$:

① $f(x) = \int_0^x f(t) dt$，其中 $f(x)$ 为连续函数；

② $f'(x) + xf'(-x) = x$.

(6) 设 $f(x)$ 连续，且 $\int_0^1 f(tx)\mathrm{d}t = \dfrac{1}{2}f(x)+1$，求 $f(x)$.

(7) 设函数 $y(x)$ 具有二阶导数，且曲线 $l：y=y(x)$ 与直线 $y=x$ 相切于原点，记 α 为曲线 l 在点 (x,y) 处切线的倾角，若 $\dfrac{\mathrm{d}\alpha}{\mathrm{d}x}=\dfrac{\mathrm{d}y}{\mathrm{d}x}$，求 $y(x)$ 的表达式.

(8) 求方程 $\dfrac{\mathrm{d}y}{\mathrm{d}x}-\dfrac{y}{x}=\dfrac{1}{\ln(x^2+y^2)-2\ln x}$ 的通解.

(9) 求方程 $(y^4-3x^2)\mathrm{d}y+xy\mathrm{d}x=0$ 的通解.

(10) 求方程 $x\mathrm{d}y-[y+xy^3(1+\ln x)]\mathrm{d}x=0$ 的通解.

(11) 设 $\varphi(x)$ 连续，且 $\varphi(x)+\int_0^x (x-u)\varphi(u)\mathrm{d}u=\mathrm{e}^x+2x\int_0^1 \varphi(xu)\mathrm{d}u$，试求 $\varphi(x)$.

(12) 设 $f(x)$ 在 $(0,+\infty)$ 上可导，$f(1)=3$，且
$$\int_1^{xy} f(t)\mathrm{d}t = x\int_1^y f(t)\mathrm{d}t + y\int_1^x f(t)\mathrm{d}t$$
求 $f(x)$.

(13) 求微分方程 $(x^2-y^2+y)\mathrm{d}x-x\mathrm{d}y=0$ 的通解.

综合训练答案

(1) A.　　(2) $u=\left(\dfrac{x}{2}\right)^{1/3}$.　　(3) $f(1)=\dfrac{3}{4\pi}(\mathrm{e}^{\frac{4}{3}\pi}-1)$.　　(4) $f(x)=\dfrac{1}{\pi}(\mathrm{e}^{\pi x^4}-1)$.

(5) ① $f(x)=0$；② $f(x)=x-\arctan x+\dfrac{1}{2}\ln(1+x^2)+C$.

(6) $f(x)=Cx+2$，提示：令 $xt=u$.　　　　(7) $y=\arcsin\dfrac{\mathrm{e}^x}{\sqrt{2}}-\dfrac{\pi}{4}$.

(8) $\dfrac{y}{x}[\ln(x^2+y^2)-2\ln x-2]+2\arctan\dfrac{y}{x}-\ln x=C$.

(9) 提示：原方程变形为 $\dfrac{\mathrm{d}x}{\mathrm{d}y}-\dfrac{3}{y}x=-\dfrac{1}{x}y^3$，这是把 x 看做 y 的函数时的伯努利方程. $x^2=Cy^6+y^4$.

(10) 提示：原方程变形为 $\dfrac{\mathrm{d}y}{\mathrm{d}x}-\dfrac{y}{x}=y^3(1+\ln x)$，这是伯努利方程. 其通解为 $\dfrac{x^2}{y^2}=\dfrac{2}{3}x^3\left(\dfrac{2}{3}+\ln x\right)+C$.

(11) $\varphi(x)=\mathrm{e}^x+2x\mathrm{e}^x+\dfrac{1}{2}x^2\mathrm{e}^x$.　　(12) $f(x)=3\ln x+3$.　　(13) $x+\arctan\dfrac{x}{y}=C$.

4.2　用降阶法求解特殊的二阶微分方程

一、知识要点

考纲要求的可降阶微分方程类型有三种，表示形式及解法如下.

（1）形式：
$$y^{(n)} = f(x)$$
解法：方程两边对 x 积分 n 次，即可求得通解. 注意：每次积分都要加上一个任意常数.

（2）形式：
$$y'' = f(x, y')$$
方程的特点为不显含 y.

解法：作变量代换，令 $y' = p$，则 $y'' = p'$，原方程化为一阶方程
$$\frac{\mathrm{d}p}{\mathrm{d}x} = f(x, p)$$

通过观察确定该以 p 为函数，x 为自变量的一阶微分方程的类型，可用相应的一阶方程的求解方法求出其通解，并在通解中将 p 替换为 y'，再求出通解 y 即可.

（3）形式：
$$y'' = f(y, y')$$
此方程的特点为不显含 x.

解法：作变量代换，令 $y' = p$，则 $y'' = \dfrac{\mathrm{d}p}{\mathrm{d}x} = \dfrac{\mathrm{d}p}{\mathrm{d}y} \cdot \dfrac{\mathrm{d}y}{\mathrm{d}x} = p\dfrac{\mathrm{d}p}{\mathrm{d}y}$，则将原方程化为一阶方程
$$p\frac{\mathrm{d}p}{\mathrm{d}y} = f(y, p)$$

通过观察确定该以 p 为函数，y 为自变量的一阶微分方程的类型，可用相应的一阶方程的求解方法求出其通解，并在通解中将 p 替换为 y'，再求出通解 y 即可.

二、重点题型解析

【例 4.18】 设非负函数 $y = y(x)$（$x \geqslant 0$）满足微分方程 $xy'' - y' + 2 = 0$，当曲线 $y = y(x)$ 过原点时，其与直线 $x = 1$ 及 $y = 0$ 围成平面区域 D 的面积为 2，求 D 绕 y 轴旋转所得旋转体体积.

解析 法 1 记 $y' = p$，则 $y'' = p'$，代入微分方程，可得当 $x > 0$ 时，
$$p' - \frac{1}{x}p = -\frac{2}{x}$$
由一阶线性非齐次微分方程的通解公式，得通解为
$$y' = p = \mathrm{e}^{\int \frac{1}{x}\mathrm{d}x}\left[\int\left(-\frac{2}{x}\right)\mathrm{e}^{-\int \frac{1}{x}\mathrm{d}x}\mathrm{d}x + C_1\right] = x\left[\int\left(-\frac{2}{x^2}\right)\mathrm{d}x + C_1\right] = 2 + C_1 x,$$
因此
$$y = 2x + \frac{1}{2}C_1 x^2 + C_2 \quad (x > 0).$$
由已知 $y(0) = 0$，有 $\lim\limits_{x \to 0^+} y = 0$，于是 $C_2 = 0$，故
$$y = 2x + \frac{1}{2}C_1 x^2.$$

由题意，由定积分的几何意义，可知
$$2 = \int_0^1\left(2x + \frac{1}{2}C_1 x^2\right)\mathrm{d}x = 1 + \frac{1}{6}C_1$$
所以 $C_1 = 6$，因此 $y = 2x + 3x^2$. 利用求根公式，有
$$x = \frac{1}{3}\left(\pm\sqrt{3y + 1} - 1\right),$$

由于 $0 \leqslant x \leqslant 1$ 和 $y = y(x)$ 为非负函数，可将 $x = \dfrac{1}{3}(-\sqrt{3y+1}-1)$ 舍去，得

$$x = \frac{1}{3}(\sqrt{3y+1}-1), 0 \leqslant y \leqslant 5,$$

故所求体积为

$$V = 5\pi - \pi \int_0^5 x^2 \mathrm{d}y = 5\pi - \frac{\pi}{9}\int_0^5 (\sqrt{3y+1}-1)^2 \mathrm{d}y = 5\pi - \frac{13\pi}{6} = \frac{17\pi}{6}.$$

法 2 同解法 1 得 $y = 2x + 3x^2$，可以使用柱壳法求得体积为

$$V = 2\pi \int_0^1 xy(x)\mathrm{d}x = 2\pi \int_0^1 (2x^2 + 3x^3)\mathrm{d}x = \frac{17\pi}{6}.$$

评注 如果对可降阶微分方程的解法、一阶线性微分方程求解公式记得不熟，将会影响后面的答题. 如果审题不认真，可能会将 D 绕 y 轴旋转所得旋转体的体积误计算为 D 绕 x 轴旋转所得体积.

本题属综合性较强的题型，考查的知识较多，其中涉及可降阶的二阶微分方程及一阶线性非齐次微分方程的解法，平面图形的面积，旋转体的体积等. 本题的解题方法是常规的.

【例 4.19】 设 $x > -1$ 时，可微函数 $f(x)$ 满足条件 $f'(x) + f(x) - \dfrac{1}{x+1}\displaystyle\int_0^x f(t)\mathrm{d}t = 0$，且 $f(0) = 1$，试证：当 $x \geqslant 0$ 时，有 $\mathrm{e}^{-x} \leqslant f(x) \leqslant 1$ 成立.

解析 将所给等式变形为

$$[f'(x) + f(x)](x+1) = \int_0^x f(t)\mathrm{d}t$$

两边对 x 求导得

$$[f''(x) + f'(x)](x+1) + [f'(x) + f(x)] = f(x)$$

即有

$$(x+1)f''(x) + (x+2)f'(x) = 0$$

这是一个可降阶的二阶微分方程 [不显含 $f(x)$]. 用分离变量法求得 $f'(x) = \dfrac{C\mathrm{e}^{-x}}{x+1}$.

由 $f'(0) = -f(0) = -1$ 得 $C = -1$，即 $f'(x) = -\dfrac{\mathrm{e}^{-x}}{1+x} < 0$，可见 $f(x)$ 单调减少. 而 $f(0) = 1$，所以当 $x \geqslant 0$ 时，有 $f(x) \leqslant 1$.

对 $f'(t) = -\dfrac{\mathrm{e}^{-t}}{1+t} < 0$ 在 $[0, x]$ 上进行积分得

$$f(x) = f(0) - \int_0^x \frac{\mathrm{e}^{-t}}{1+t}\mathrm{d}t \geqslant 1 - \int_0^x \mathrm{e}^{-t}\mathrm{d}t = \mathrm{e}^{-x}.$$

【例 4.20】 求微分方程 $x^2 y'' - 2xy' - (y')^2 = 0$ 的通解.

解析 令 $y' = p$，则 $y'' = p'$，原方程化为

$$x^2 p' - 2xp - p^2 = 0$$

即

$$p' - \frac{2}{x}p = \frac{1}{x^2}p^2,$$

属于伯努利方程.

再令 $z=p^{-1}$，则有 $\dfrac{\mathrm{d}z}{\mathrm{d}x}+\dfrac{2}{x}z=-\dfrac{1}{x^2}$，这是一阶线性微分方程，使用通解公式，可得通解为

$$z=\mathrm{e}^{-\int\frac{2}{x}\mathrm{d}x}\left(-\int x^{\frac{1}{2}}\mathrm{e}^{\int\frac{2}{x}\mathrm{d}x}\mathrm{d}x+C\right)=\dfrac{1}{x^2}(-x+C_1)$$

则 $p=\dfrac{1}{z}=\dfrac{x^2}{C_1-x}$，$y=\displaystyle\int\dfrac{x^2}{C_1-x}\mathrm{d}x+C_2=-\dfrac{1}{2}(x+C_1)^2-C_1^2\ln|x-C_1|+C_2$.

评注　从方程的特点可以看出本题属可降阶的高阶微分方程，并且不显含 y，考查的知识涉及可降阶的二阶微分方程及一阶线性非齐次微分方程的解法等，本题的解题方法是常规的.

【例 4.21】　在上半平面求一条向上凹的曲线，其上任一点 $P(x,y)$ 处的曲率等于此曲线在该点的法线段 PQ 长度的倒数（Q 是法线与 x 轴的交点），且曲线在点 $(1,1)$ 处的切线与 x 轴平行.

解析　设所求曲线的函数为 $y=y(x)(y>0)$，其在任一点 $P(x,y)$ 处的法线方程为

$$Y-y=-\dfrac{1}{y'}(X-x)$$

它与 x 轴的交点是 $Q(x+yy',0)$，从而法线段 PQ 长度为

$$\sqrt{(yy')^2+y^2}=y\sqrt{1+y'^2}$$

根据题意，有微分方程 $\dfrac{|y''|}{(1+y'^2)^{\frac{3}{2}}}=\dfrac{1}{y\sqrt{1+y'^2}}$.

由于 $y''>0$，得方程 $yy''=1+y'^2$，且满足初始条件：$y(1)=1$，$y'(1)=0$. 这是不显含 x 的可降阶方程，令 $p=y'$，有 $y''=p\dfrac{\mathrm{d}p}{\mathrm{d}y}$，代入方程得 $yp\dfrac{\mathrm{d}p}{\mathrm{d}y}=1+p^2$，分离变量得 $\dfrac{p\,\mathrm{d}p}{1+p^2}=\dfrac{\mathrm{d}y}{y}$，两边积分得 $\sqrt{1+p^2}=C_1y$，即 $\sqrt{1+y'^2}=C_1y$，代入初始条件 $y(1)=1$，$y'(1)=0$，得 $C_1=1$，因此有 $\sqrt{1+y'^2}=y$，即 $y'=\pm\sqrt{y^2-1}$，$\dfrac{\mathrm{d}y}{\sqrt{y^2-1}}=\pm\mathrm{d}x$，两边积分得 $\ln\left(y+\sqrt{y^2-1}\right)=\pm x+C$，代入 $y(1)=1$ 得 $C=\mp1$，因此所求曲线的方程为 $\ln\left(y+\sqrt{y^2-1}\right)=\pm(x-1)$，即 $y=\dfrac{1}{2}\left(\mathrm{e}^{x-1}+\mathrm{e}^{1-x}\right)$.

评注　本题为几何应用问题，先写出曲率与法线方程，然后根据题意列出微分方程并求解. 注意：曲线上凹意味着 $y''>0$，曲线在点 $(1,1)$ 处的切线与轴平行意味着有初始条件：$y(1)=1$，$y'(1)=0$. 本题综合考查了导数的几何应用、微分方程等多个知识点，有一定的难度与计算量. 另外，求曲线在任意点 $P(x,y)$ 处的法线方程时，由于任意点已用 x 和 y 表示，因此法线上任意点坐标设为 (X,Y)，以示区别，这是求解这类问题的一种习惯做法.

【例 4.22】　（第十七届北京市数学竞赛试题）求 $y'''-\dfrac{1}{x}y''=x$ 的通解.

解析　令 $y''=p(x)$，则 $y'''-\dfrac{1}{x}y''=x$ 可化为 $p'-\dfrac{1}{x}p=x$.

根据一阶线性微分方程的求解公式得

$$p=\mathrm{e}^{\int\frac{1}{x}\mathrm{d}x}\left(\int x\mathrm{e}^{-\int\frac{1}{x}\mathrm{d}x}\mathrm{d}x+C\right)=x^2+C_1x$$

即
$$y''=x^2+C_1 x$$
两边分别两次取不定积分，可得通解为
$$y=\frac{x^4}{12}+C_1 x^3+C_2 x+C_3.$$

【例 4.23】 （第二届全国大学生数学竞赛预赛试题）设函数 $y=f(x)$ 由参数方程 $\begin{cases} x=2t+t^2 \\ y=\psi(t) \end{cases}$ $(t>-1)$ 所确定. 且 $\dfrac{\mathrm{d}^2 y}{\mathrm{d}x^2}=\dfrac{3}{4(1+t)}$，其中 $\psi(t)$ 具有二阶导数，曲线 $y=\psi(t)$ 与 $y=\displaystyle\int_1^{t^2} \mathrm{e}^{-u^2}\mathrm{d}u+\dfrac{3}{2\mathrm{e}}$ 在 $t=1$ 处相切，求函数 $\psi(t)$.

解析 因为
$$\frac{\mathrm{d}y}{\mathrm{d}x}=\frac{\psi'(t)}{2+2t},\quad \frac{\mathrm{d}^2 y}{\mathrm{d}x^2}=\frac{1}{2+2t}\cdot\frac{(2+2t)\psi''(t)-2\psi'(t)}{(2+2t)^2}=\frac{(1+t)\psi''(t)-\psi'(t)}{4(1+t)^3},$$
由题设 $\dfrac{\mathrm{d}^2 y}{\mathrm{d}x^2}=\dfrac{3}{4(1+t)}$，故
$$\frac{(1+t)\psi''(t)-\psi'(t)}{4(1+t)^3}=\frac{3}{4(1+t)}$$
从而 $(1+t)\psi''(t)-\psi'(t)=3(1+t)^2$，即 $\psi''(t)-\dfrac{1}{1+t}\psi'(t)=3(1+t)$. 令 $u=\psi'(t)$，则
$$u'-\frac{1}{1+t}u=3(1+t)$$
这是以 t 为未知量，u 为函数的一阶线性微分方程，由通解公式可得
$$u=\mathrm{e}^{\int\frac{1}{1+t}\mathrm{d}t}\left[\int 3(1+t)\mathrm{e}^{-\int\frac{1}{1+t}\mathrm{d}t}\mathrm{d}t+C_1\right]$$
$$=(1+t)\left[\int 3(1+t)(1+t)^{-1}\mathrm{d}t+C_1\right]=(1+t)(3t+C_1)$$

由曲线 $y=\psi(t)$ 与 $y=\displaystyle\int_1^{t^2}\mathrm{e}^{-u^2}\mathrm{d}u+\dfrac{3}{2\mathrm{e}}$ 在 $t=1$ 处相切知 $\psi(1)=\dfrac{3}{2\mathrm{e}}$，所以 $u\big|_{t=1}=\psi'(1)=\dfrac{2}{\mathrm{e}}$，知 $C_1=\dfrac{1}{\mathrm{e}}-3$. 而
$$\psi(t)=\int(1+t)(3t+C_1)\mathrm{d}t=t^3+\frac{3+C_1}{2}t^2+C_1 t+C_2,$$
由 $\psi(1)=\dfrac{3}{2\mathrm{e}}$，知 $C_2=2$，于是
$$\psi(t)=t^3+\frac{1}{2\mathrm{e}}t^2+\left(\frac{1}{\mathrm{e}}-3\right)t+2,(t>-1).$$

评注 本题考查参数方程的求导问题，考查的知识涉及参数方程的二阶求导及一阶线性非齐次微分方程的解法等.

三、综合训练

（1）设函数 $y=f(x)$ 由 $\begin{cases} x=2t+t^2 \\ y=\psi(t) \end{cases}$ $(t>-1)$ 所确定，其中 $\psi(t)$ 具有二阶导数，且

$\psi(1) = \dfrac{5}{2}$，$\psi'(1) = 6$，$\dfrac{\mathrm{d}^2 y}{\mathrm{d}x^2} = \dfrac{3}{4(1+t)}$，求函数 $\psi(t)$.

（2）求微分方程 $y''(x + y'^2) = y'$ 满足初始条件 $y(1) = y'(1) = 1$ 的特解.

（3）微分方程 $yy'' = y' + y'^2$ 的通解为（ ）.

A. $y = C_2 \mathrm{e}^{C_1 x} + C_1$　　B. $y = C_2 \mathrm{e}^{C_1 x} + \dfrac{1}{C_1}$　　C. $y = \dfrac{C_2}{C_1} \mathrm{e}^{C_1 x} + \dfrac{1}{C_1}$　　D. $y = \dfrac{C_2}{C_1} \mathrm{e}^{C_1 x} + C_1$

综合训练答案

（1）$\psi(t) = t^3 + \dfrac{3}{2} t^2$.　　　　（2）$y = \dfrac{2}{3} x^{\frac{3}{2}} + \dfrac{1}{3}$.　　　　（3）C.

4.3　二阶常系数线性微分方程的求解方法

一、知识要点

二阶线性方程的一般形式为

$$y'' + P(x) y' + G(x) y = f(x) \tag{4.9}$$

当 $f(x) \neq 0$ 时称为二阶线性非齐次微分方程. 当 $f(x) = 0$ 时，即

$$y'' + P(x) y' + G(x) y = 0 \tag{4.10}$$

称为与方程（4.9）所对应的二阶线性齐次微分方程.

1. 线性微分方程解的性质与结构

下述一系列结论都是介绍二阶线性微分方程（4.9）和方程（4.10）解的性质与解的结构，其结论可以推广到更高阶的线性微分方程.

定理 1　若 $y_1(x)$、$y_2(x)$ 都是二阶齐次线性方程（4.10）的解，则对于任意常数 C_1 和 C_2，$C_1 y_1(x) + C_2 y_2(x)$ 仍为方程（4.10）的解.

定义 1　对于方程（4.10）的两个解 $y_1(x)$ 和 $y_2(x)$，如果 $\dfrac{y_1(x)}{y_2(x)} \neq$ 常数，则称 $y_1(x)$ 与 $y_2(x)$ 是线性无关的.

定理 2　若 $y_1(x)$、$y_2(x)$ 是二阶齐次线性方程（4.10）的两个线性无关的解，则对于任意常数 C_1 和 C_2，$y_1(x)$ 与 $y_2(x)$ 的线性组合 $C_1 y_1(x) + C_2 y_2(x)$ 为方程（4.10）的通解.

定理 3　若 Y^* 是方程（4.9）的一个特解，y 是方程（4.10）的通解，则 $Y^* + y$ 为方程（4.9）的通解.

定理 4　若 $y_1(x)$ 与 $y_2(x)$ 是方程（4.9）的两个相异的特解，则 $y_1(x) - y_2(x)$ 是方程（4.10）的一个特解.

定理 5　若 $y_1(x)$ 与 $y_2(x)$ 方程（4.9）的两个相异的特解，则 $\dfrac{1}{2}[y_1(x) + y_2(x)]$ 是方程（4.9）的一个特解.

定理 6　（非齐次线性方程解的叠加原理）若 $y_1(x)$ 与 $y_2(x)$ 分别是方程

$$y'' + p(x) y' + q(x) y = f_1(x)$$

和

$$y'' + p(x) y' + q(x) y = f_2(x)$$

的特解，则 $y_1(x) + y_2(x)$ 是方程 $y'' + p(x)y' + q(x)y = f_1(x) + f_2(x)$ 的特解.

2. 二阶常系数齐次线性微分方程的形式与通解

形式：
$$y'' + py' + qy = 0, \quad (p, q \text{ 为常数}) \tag{4.11}$$

求其通解步骤如下.

（1）写出方程（4.11）对应的特征方程
$$\gamma^2 + p\gamma + q = 0 \tag{4.12}$$

这是以 γ 为未知量的一元二次方程.

（2）求出特征方程（4.12）的特征根：分别相应于 $\Delta = p^2 - 4q > 0$，$\Delta = p^2 - 4q = 0$，$\Delta = p^2 - 4q < 0$ 三种情形，特征方程存在两个相异实根（$\gamma_1 \neq \gamma_2$），两个相等实根（$\gamma_1 = \gamma_2$），一对共轭复根 $\gamma_{1,2} = \alpha + \beta i$.

（3）由特征根的不同情况，写出微分方程（4.11）的通解如下.

① 当 γ_1，γ_2 为两相异实根时，$e^{\gamma_1 x}$ 和 $e^{\gamma_2 x}$ 为方程（4.11）的两个线性无关的特解，方程（4.11）的通解为这两个特解的线性组合，即通解为 $y = C_1 e^{\gamma_1 x} + C_2 e^{\gamma_2 x}$.

② 当 γ_1，γ_2 为两相等实根时，$e^{\gamma_1 x}$ 和 $x e^{\gamma_1 x}$ 为方程（4.11）的两个线性无关的特解，方程（4.11）的通解为这两个特解的线性组合，即通解为 $y = (C_1 + C_2 x)e^{\gamma_1 x}$.

③ 当 γ_1，γ_2 为一对共轭复根 $\gamma_{1,2} = \alpha + \beta i$ 时，$e^{\alpha x}\cos\beta x$ 和 $e^{\alpha x}\sin\beta x$ 为方程（4.11）的两个线性无关的特解，方程（4.11）的通解为 $y = e^{\alpha x}(C_1\cos\beta x + C_2\sin\beta x)$.

3. 二阶常系数非齐次线性微分方程的形式与通解

二阶常系数非齐次线性微分方程的一般形式是
$$y'' + py' + qy = f(x) \tag{4.13}$$

式中，p，q 为常数.

由于求二阶常系数非齐次线性微分方程的通解问题，可以归纳为求对应的齐次方程
$$y'' + py' + qy = 0 \tag{4.14}$$

的通解和非齐次方程（4.13）本身的一个特解之和的问题. 而齐次方程的通解问题在上面已经进行了研究，现在只需讨论求二阶常系数非齐次线性微分方程的一个特解 y^* 的方法.

只给出当方程（4.13）中的 $f(x)$ 取以下两种形式时特解 y^* 的求解方法，这种方法称为待定系数法.

$f(x)$ 的两种形式和求相应特解 y^* 的方法如下.

形式一：
$$f(x) = P_m(x)e^{\lambda x}$$

式中，λ 是常数；$P_m(x)$ 为关于 x 的一个 m 次多项式，即
$$P_m(x) = a_0 x^m + a_1 x^{m-1} + \cdots + a_{m-1}x + a_m$$

此时，包括 $f(x)$ 为指数函数、多项式、指数函数与多项式相乘三种情形. 特解形式：
$$y^* = x^k Q_m(x)e^{\lambda x}$$

式中，$Q_m(x)$ 为与 $P_m(x)$ 同次（m 次）多项式，而 k 按 λ 不是特征方程的根、是特征方程的单根、特征方程的重根依次取 0，1，2.

形式二：
$$f(x) = e^{\lambda x}[P_l(x)\cos\omega x + P_n(x)\sin\omega x]$$

式中，λ，ω 是常数；$P_l(x)$，$P_n(x)$ 为关于 x 的 l 次、n 次多项式，且有一个可为零. 此

时，包括 $f(x)$ 为弦型函数、指数函数乘弦型函数、多项式函数乘弦型函数、或者指数函数、多项式函数与弦型函数三者相乘等多种情形. 特解形式：

$$y^* = x^k e^{\lambda x}\left[R_m^{(1)}(x)\cos\omega x + R_m^{(2)}(x)\sin\omega x\right]$$

式中，$R_m^{(1)}$，$R_m^{(2)}$ 是关于 x 的 m 次多项式；$m=\max\{l,n\}$，而 k 按 $\lambda+i\omega$（或 $\lambda-i\omega$）不是特征方程的根或是特征方程的单根依次取 0 或 1.

当非齐次项 $f(x)$ 为次数较低的多项式，或为 e^x 时，可以使用观察法求其一个特解. 如果非齐次项 $f(x)$ 为多项式、指数函数、弦型（正弦、余弦）函数中两类之和时，需使用解的叠加原理求其特解 y^*.

二、重点题型解析

【例 4.24】 设 $u_0=0$，$u_1=1$，$u_{n+1}=au_n+bu_{n-1}$，$n=1,2,\cdots$. 设 $f(x)=\sum_{n=1}^{\infty}\frac{u_n}{n!}x^n$，试导出 $f(x)$ 满足的微分方程.

解析 已知 $f(x)=\sum_{n=1}^{\infty}\frac{u_n}{n!}x^n$，方程两边对 x 求导得

$$f'(x)=\sum_{n=1}^{\infty}\frac{u_n}{(n-1)!}x^{n-1}=1+\sum_{n=2}^{\infty}\frac{u_n}{(n-1)!}x^{n-1}=1+\sum_{n=2}^{\infty}\frac{au_{n-1}+bu_{n-2}}{(n-1)!}x^{n-1}$$

$$=1+a\sum_{n=2}^{\infty}\frac{u_{n-1}}{(n-1)!}x^{n-1}+b\sum_{n=2}^{\infty}\frac{u_{n-2}}{(n-1)!}x^{n-1}=1+af(x)+b\sum_{n=1}^{\infty}\frac{u_{n-1}}{n!}x^n.$$

再求导，得

$$f''(x)=af'(x)+b\sum_{n=1}^{\infty}\frac{u_{n-1}}{(n-1)!}x^{n-1}=af'(x)+b\sum_{n=0}^{\infty}\frac{u_n}{n!}x^n=af'(x)+bf(x).$$

故 $f(x)$ 满足微分方程为 $\begin{cases}f''(x)-af'(x)-bf(x)=0,\\ f(0)=0,f'(0)=1.\end{cases}$

评注 本题是幂级数转化为微分方程的综合题. 对和函数 $f(x)$ 求二阶导数可建立其满足的微分方程 $f''(x)-af'(x)-bf(x)=0$，又根据幂级数本身及其一阶导数得到相应微分方程的初始条件为 $f(0)=0$，$f'(0)=1$. 注意：若幂级数的系数为分式，并且分母为阶乘形式，和函数问题往往能转化为微分方程的问题.

【例 4.25】 设 $y=y(x)$ 是区间 $(-\pi,\pi)$ 内过点 $\left(-\frac{\pi}{\sqrt 2},\frac{\pi}{\sqrt 2}\right)$ 的光滑曲线. 当 $-\pi<x<0$ 时，曲线上任一点处的法线都过原点；当 $0\leqslant x<\pi$ 时，函数 $y(x)$ 满足 $y''+y+x=0$. 求 $y(x)$ 的表达式.

解析 当 $-\pi<x<0$ 时，设 (x,y) 为曲线 $y=y(x)$ 上任意一点，由导数几何意义，法线斜率为

$$k=-\frac{1}{\frac{dy}{dx}},$$

由任一点处的法线都过原点，可知法线斜率为 $\frac{y}{x}$，所以有

$$\frac{\mathrm{d}y}{\mathrm{d}x} = -\frac{x}{y},$$

分离变量解得
$$x^2 + y^2 = C,$$

由初始条件 $y\left(-\frac{\pi}{\sqrt{2}}\right) = \frac{\pi}{\sqrt{2}}$，得 $C = \pi^2$，所以

$$y = \sqrt{\pi^2 - x^2}, \quad -\pi < x < 0. \tag{4.15}$$

此处由 $y\left(-\frac{\pi}{\sqrt{2}}\right) = \frac{\pi}{\sqrt{2}}$，将 $y = -\sqrt{\pi^2 - x^2}$ 舍去.

当 $0 \leqslant x < \pi$ 时，方程 $y'' + y + x = 0$ 的通解为

$$y = C_1 \cos x + C_2 \sin x - x, \tag{4.16}$$

因此
$$y' = -C_1 \sin x + C_2 \cos x - 1. \tag{4.17}$$

因为曲线 $y = y(x)$ 光滑，所以 $y(x)$ 连续且可导，由式(4.15)知

$$y(0) = \lim_{x \to 0^-} y(x) = \lim_{x \to 0^-} \sqrt{\pi^2 - x^2} = \pi,$$

$$y'(0) = y'_-(0) = \lim_{x \to 0^-} \frac{\sqrt{\pi^2 - x^2} - \pi}{x} = 0,$$

将 $y(0) = \pi$，$y'(0) = 0$ 代入式(4.16)、式(4.17)，得 $C_1 = \pi$，$C_2 = 1$，故

$$y = \pi \cos x + \sin x - x, \quad 0 \leqslant x < \pi,$$

因此
$$y(x) = \begin{cases} \sqrt{\pi^2 - x^2}, & -\pi < x < 0 \\ \pi \cos x + \sin x - x, & 0 \leqslant x < \pi \end{cases}$$

评注 本题是一道考查导数几何意义、二阶常系数线性非齐次微分方程求解以及函数连续性的综合题目. 虽然涉及的知识点较多，但解题方法却是常规的. 在区间 $(-\pi, 0)$ 内，根据给定的条件建立微分方程并求解；在区间 $[0, \pi)$ 上直接解二阶常系数线性非齐次微分方程；即在区间 $(-\pi, 0)$ 和 $[0, \pi)$ 上分别由已知条件分段求解，最后由曲线是光滑的这一已知条件知函数是连续且可导的，再将两段解相连，从而确定出非齐次微分方程通解中的任意常数.

对已知微分方程的求解问题，大多数学生都能解答出来，但如何根据给出的几何条件建立微分方程，以及如何由曲线的光滑性确定出通解中的任意常数 C_1 和 C_2 是本题的关键.

【例 4.26】 设函数 $f(u)$ 具有二阶连续导数，$z = f(e^x \cos y)$ 满足

$$\frac{\partial^2 z}{\partial x^2} + \frac{\partial^2 z}{\partial y^2} = (4z + e^x \cos y) e^{2x},$$

若 $f(0) = 0$，$f'(0) = 0$，求 $f(u)$ 的表达式.

解析 令 $e^x \cos y = u$，则

$$\frac{\partial z}{\partial x} = f'(u) e^x \cos y, \quad \frac{\partial z}{\partial y} = -f'(u) e^x \sin y$$

$$\frac{\partial^2 z}{\partial x^2} = f''(u) e^{2x} \cos^2 y + f'(u) e^x \cos y$$

$$\frac{\partial^2 z}{\partial y^2} = f''(u) e^{2x} \sin^2 y - f'(u) e^x \cos y$$

将上面两个二阶导数的表达式代入方程

$$\frac{\partial^2 z}{\partial x^2}+\frac{\partial^2 z}{\partial y^2}=(4z+e^x\cos y)\,e^{2x}$$

得

$$f''(u)=4f(u)+u$$

即

$$f''(u)-4f(u)=u$$

以上方程对应的齐次方程的特征方程为 $r^2-4=0$，特征根为 $r=\pm 2$，齐次方程的通解为

$$f(u)=C_1 e^{2u}+C_2 e^{-2u}$$

设非齐次方程的特解为 $f^*=au+b$，代入非齐次方程得 $a=-\dfrac{1}{4}$，$b=0$. 则原方程的通解为

$$f(u)=C_1 e^{2u}+C_2 e^{-2u}-\frac{1}{4}u$$

由 $f(0)=0$，$f'(0)=0$ 得 $C_1=\dfrac{1}{16}$，$C_2=-\dfrac{1}{16}$，则

$$f(u)=\frac{1}{16}(e^{2u}-e^{-2u}-4u)$$

评注　本题主要考查多元复合函数的求导及二阶常系数线性非齐次微分方程的求解，属于基本试题.

【例 4.27】　求三阶常系数线性齐次微分方程 $y'''-2y''+y'-2y=0$ 的通解.

解析　原方程对应的特征方程为 $r^3-2r^2+r-2=0$，其特征根为 $r_1=2$，$r_{2,3}=\pm i$，因此原方程的通解为

$$y=C_1 e^{2x}+C_2\cos x+C_3\sin x.$$

评注　本题考查高阶（二阶以上）常系数线性齐次微分方程求通解，属于基本题.

求特征根以及在写出高阶（特别是二阶以上）常系数线性齐次微分方程的通解时容易发生错误，导致失分.

【例 4.28】　若二阶常系数线性齐次微分方程 $y''+ay'+by=0$ 的通解为 $y=(C_1+C_2 x)e^x$，则非齐次方程 $y''+ay'+by=x$ 满足条件 $y(0)=2$，$y'(0)=0$ 的解为 $y=$ _____.

解析　根据题意可知 $\lambda=1$ 是 $y''+ay'+by=0$ 二重特征根，所以特征方程是 $\lambda^2-2\lambda+1=0$，从而 $a=-2$，$b=1$.

下面求非齐次方程 $y''-2y'+y=x$ 满足初始条件 $y(0)=2$，$y'(0)=0$ 的特解.

设 $y^*=Ax+B$ 是 $y''-2y'+y=x$ 的一个特解，代入方程得 $Ax+B-2A=x$，所以 $A=1$，$B=2$，即 $y^*=x+2$ 是非齐次方程的特解. 由此知 $y=(C_1+C_2 x)e^x+x+2$ 是非齐次方程的通解，而 $y'=(C_1+C_2+C_2 x)e^x+1$.

由 $y(0)=C_1+2=2$ 得 $C_1=0$，由 $y'(0)=C_2+1=0$ 得 $C_2=-1$，故所求解是 $y=x(1-e^x)+2$.

评注　本题主要考查常系数线性齐次微分方程通解与特征根、特征方程与微分方程的对应关系、求解常系数线性非齐次方程的特解所使用的待定系数法，是一道具有一定计算量的基本试题.

首先根据给定的通解形式确定特征方程的根（是单根、重根、还是一对共轭复根），写

出特征方程，从而确定常数 a 和 b；再求非齐次方程的一个特解；进而由通解的结构得线性非齐次微分方程的通解；最后由给定的初始条件确定通解中的任意常数 C_1 和 C_2.

【例 4.29】 求微分方程 $y''' + 6y'' + (9 + a^2)y' = 1$ 的通解，其中常数 $a > 0$.

解析 对应齐次方程的特征方程为 $\lambda^3 + 6\lambda^2 + (9 + a^2)\lambda = 0$，求解得特征根为 $\lambda_1 = 0$，$\lambda_{2,3} = -3 \pm ai$，故对应齐次方程的通解为

$$\bar{y} = C_1 + e^{-3x}(C_2 \cos ax + C_3 \sin ax).$$

由于 $a = 0$ 为单根，因此可设非齐次方程的特解为 $y^* = Ax$，代入原方程后可解得 $A = \dfrac{1}{9 + a^2}$，即特解为 $y^* = \dfrac{1}{9 + a^2}x$. 故原方程的通解为

$$y = \bar{y} + y^* = C_1 + e^{-3x}(C_2 \cos ax + C_3 \sin ax) + \frac{1}{9 + a^2}x.$$

评注 ① 本题为高阶常系数非齐次线性微分方程，具有标准的求解方法：先求出特征方程的特征根，并由特征根写出对应齐次方程的通解，根据特征根和自由项确定特解的形式，求出特解，最后得到通解表达式.

② 本题也可先作变量代换 $y' = u$，将原方程化为二阶常系数线性非齐次微分方程进行求解. 另外，考试大纲要求，简单的高于二阶的常系数齐次线性微分方程，要会根据其特征方程的根的情况，写出其通解.

【例 4.30】 （1）验证方程 $y(x) = 1 + \dfrac{x^3}{3!} + \dfrac{x^6}{6!} + \dfrac{x^9}{9!} + \cdots + \dfrac{x^{3n}}{(3n)!} + \cdots \quad (-\infty < x < +\infty)$ 满足微分方程

$$y'' + y' + y = e^x$$

（2）利用（1）的结果求幂级数 $\displaystyle\sum_{n=0}^{\infty} \dfrac{x^{3n}}{(3n)!}$ 的和函数.

解析 （1）因为 $\qquad y(x) = 1 + \dfrac{x^3}{3!} + \dfrac{x^6}{6!} + \dfrac{x^9}{9!} + \cdots + \dfrac{x^{3n}}{(3n)!} + \cdots$

$$y'(x) = \frac{x^2}{2!} + \frac{x^5}{5!} + \frac{x^8}{8!} + \cdots + \frac{x^{3n-1}}{(3n-1)!} + \cdots$$

$$y''(x) = x + \frac{x^4}{4!} + \frac{x^7}{7!} + \cdots + \frac{x^{3n-2}}{(3n-2)!} + \cdots$$

所以 $\qquad\qquad\qquad\qquad y'' + y' + y = e^x$

（2）与 $y'' + y' + y = e^x$ 相应的齐次方程为

$$y'' + y' + y = 0$$

其特征方程为 $\qquad\qquad\qquad\qquad \lambda^2 + \lambda + 1 = 0$

特征根为 $\lambda_{1,2} = -\dfrac{1}{2} \pm \dfrac{\sqrt{3}}{2}i$，因此齐次微分方程的通解为

$$Y = e^{-\frac{x}{2}}\left(C_1 \cos \frac{\sqrt{3}}{2}x + C_2 \sin \frac{\sqrt{3}}{2}x\right)$$

设非齐次微分方程的特解为 $\qquad\qquad y^* = Ae^x$

代入原方程得 $A = \dfrac{1}{3}$，于是 $\qquad\qquad y^* = \dfrac{1}{3}e^x$

原方程通解为 $y = Y + y^* = \mathrm{e}^{-\frac{x}{2}}\left(C_1\cos\frac{\sqrt{3}}{2}x + C_2\sin\frac{\sqrt{3}}{2}x\right) + \frac{1}{3}\mathrm{e}^x$

$$y' = -\frac{1}{2}\mathrm{e}^{-\frac{x}{2}}\left(C_1\cos\frac{\sqrt{3}}{2}x + C_2\sin\frac{\sqrt{3}}{2}x\right) + \mathrm{e}^{-\frac{x}{2}}\left(-\frac{\sqrt{3}}{2}C_1\sin\frac{\sqrt{3}}{2}x + \frac{\sqrt{3}}{2}C_2\cos\frac{\sqrt{3}}{2}x\right) + \frac{1}{3}\mathrm{e}^x$$

当 $x = 0$ 时，有

$$\begin{cases} y(0) = 1 = C_1 + \dfrac{1}{3} \\ y'(0) = 0 = -\dfrac{1}{2}C_1 + \dfrac{\sqrt{3}}{2}C_2 + \dfrac{1}{3} \end{cases}$$

由此，得 $C_1 = \dfrac{2}{3}$，$C_2 = 0$.

于是幂级数 $\displaystyle\sum_{n=0}^{\infty}\frac{x^{3n}}{(3n)!}$ 的和函数为

$$y(x) = \frac{2}{3}\mathrm{e}^{-\frac{x}{2}}\cos\frac{\sqrt{3}}{2}x + \frac{1}{3}\mathrm{e}^x \qquad (-\infty < x < +\infty)$$

评注 本题是一道幂级数与微分方程的综合题. 主要考查幂级数的性质及二阶线性常系数非齐次方程的求解方法. 当幂级数的系数为分式，并且分母为阶乘形式，求和函数的问题往往能转化为求微分方程的特解问题.

【例 4.31】 设函数 $y = y(x)$ 满足微分方程 $y'' - 3y' + 2y = 2\mathrm{e}^x$，其图形在点 $(0,1)$ 处的切线与曲线 $y = x^2 - x + 1$ 在该点处的切线重合，求函数 $y = y(x)$.

解析 方程 $y'' - 3y' + 2y = 2\mathrm{e}^x$ 对应的齐次方程的特征方程为

$$\lambda^2 - 3\lambda + 2 = 0,$$

特征根为 $\lambda_1 = 1$，$\lambda_2 = 2$，故对应的齐次方程的通解为 $C_1\mathrm{e}^x + C_2\mathrm{e}^{2x}$.

因为 $\alpha = 1$ 为特征方程的单根，因此原方程的特解可设为

$$y^* = Ax\mathrm{e}^x,$$

代入原方程得 $A = -2$. 所以原方程的通解为

$$y = C_1\mathrm{e}^x + C_2\mathrm{e}^{2x} - 2x\mathrm{e}^x,$$

代入初始条件 $y(0) = 1$，$y'(0) = -1$，得 $C_1 = 1$，$C_2 = 0$，故所求函数为 $y = (1 - 2x)\mathrm{e}^x$.

评注 本题曲线 $y = y(x)$ 与 $y = x^2 - x + 1$ 在点 $(0,1)$ 处的切线重合，即函数在点 $x = 0$ 处有相同的函数值 $y(0) = 1$ 与相同的导数值 $y'(0) = (x^2 - x + 1)'|_{x=0} = -1$，从而得到方程的初始条件. 注意这种通过切线方程或切线斜率给出导数，作为方程的初始条件的方式.

【例 4.32】 求二阶常系数线性微分方程 $y'' + \lambda y' = 2x + 1$ 的通解，其中 λ 为常数.

解析 首先求解对应的齐次方程 $y'' + \lambda y' = 0$ 的通解. 齐次方程 $y'' + \lambda y' = 0$ 的特征方程为 $\gamma^2 + \lambda\gamma = 0$，它的特征根为 $\gamma = 0$ 或 $\gamma = -\lambda$. 就 λ 是否为零分以下两种情形.

（1）当 $\lambda \neq 0$ 时，齐次方程 $y'' + \lambda y' = 0$ 的通解为 $y = C_1 + C_2\mathrm{e}^{-\lambda x}$，其中 C_1，C_2 为任意常数. 再求非齐次方程的特解. 由于 0 是特征方程的单根，所以设原非齐次方程的特解形式为 $y^* = x(Ax + B)$，代入原方程，比较同次幂的系数，解得 $A = \dfrac{1}{\lambda}$，$B = \dfrac{\lambda - 2}{\lambda^2}$，故原方程的通解为

$$y = C_1 + C_2 e^{-\lambda x} + x\left(\frac{1}{\lambda}x + \frac{\lambda - 2}{\lambda^2}\right).$$

（2）当 $\lambda = 0$ 时，$y'' = 2x + 1$，方程两边同时取不定积分两次，可得通解为

$$y = \frac{1}{3}x^3 + \frac{1}{2}x^2 + C_1 x + C_2.$$

评注 本题为二阶常系数非齐次线性微分方程，具有标准的求解方法：先求出特征方程的特征根，并由特征根写出对应齐次方程的通解，根据特征根和自由项确定特解的形式，求出特解，最后得到通解表达式. 但此题需要特别提醒的是需要考虑常数 λ 是否为零.

【例 4.33】 求微分方程 $y'' + 4y' + 4y = e^{-2x}$ 的通解（一般解）.

解析 方程 $y'' + 4y' + 4y = e^{-2x}$ 对应的齐次方程的特征方程为

$$\lambda^2 + 4\lambda + 4 = 0,$$

特征根为 $\lambda_1 = \lambda_2 = -2$，故对应的齐次方程的通解为 $(C_1 + C_2 x)e^{2x}$.

因为 $\alpha = -2$ 为特征方程的二重根，因此原方程的特解可设为

$$y^* = A x^2 e^{-2x},$$

代入原方程得 $A = \frac{1}{2}$. 所以原方程的通解为 $y = (C_1 + C_2 x)e^{-2x} + \frac{1}{2}x^2 e^{-2x}$.

评注 ① 对于二阶常系数非齐次线性微分方程，先求出对应齐次方程的特征方程的特征根及方程的通解，再根据特征根及自由项确定非齐次方程的特解的形式，代入方程求出特解. 非齐次线性方程的通解为对应齐次方程的通解加上非齐次方程的特解.

② 对于二阶常系数非齐次线性微分方程，自由项为多项式函数、指数函数、$\sin\beta x$、$\cos\beta x$ 以及它们的和、差、积所得的函数，如何用待定系数法确定特解，应熟练掌握.

【例 4.34】 设 $y = e^x(C_1 \sin x + C_2 \cos x)$（$C_1$，$C_2$ 为任意常数）为某二阶常系数线性齐次微分方程的通解，则该方程为 _____.

解析 根据二阶常系数线性齐次微分方程的特征根与其通解表达式之间的关系，可知特征根为一对复数根 $\lambda_{1,2} = 1 \pm i$，根据特征根可得特征方程为 $\lambda^2 - 2\lambda + 2 = 0$，因此相应的二阶常系数线性齐次微分方程为 $y'' - 2y' + 2y = 0$.

评注 ① 由于二阶常系数线性齐次微分方程由其特征方程唯一确定，因此由通解表达式得到对应的特征根，即可确定特征方程，从而得到齐次微分方程.

② 对于二阶常系数线性齐次微分方程 $y'' + py' + qy = 0$，函数 $Ae^{\alpha x}$ 是其解的充要条件为 $\lambda = \alpha$ 是特征方程 $y'' + py' + qy = 0$ 的根；函数 $Ae^{\alpha x}\sin\beta x$，$Be^{\alpha x}\cos\beta x$ 或 $e^{\alpha x}(A\sin\beta x + B\cos\beta x)$ 是其解的充要条件为 $\lambda = \alpha \pm \beta i$ 是特征方程 $\lambda^2 + p\lambda + q = 0$ 的根.

【例 4.35】 设函数 $y = y(x)$ 在 $(-\infty, +\infty)$ 内具有二阶导数，且 $y' \neq 0$，$x = x(y)$ 是 $y = y(x)$ 的反函数.

（1）试将 $x = x(y)$ 所满足的微分方程 $\dfrac{d^2 x}{dy^2} + (y + \sin x)\left(\dfrac{dx}{dy}\right)^3 = 0$ 变换为 $y = y(x)$ 满足的微分方程；

（2）求变换后的微分方程满足初始条件 $y(0) = 0$，$y'(0) = \dfrac{3}{2}$ 的解.

解析 （1）由反函数的求导公式知 $\dfrac{\mathrm{d}x}{\mathrm{d}y}=\dfrac{1}{y'}$，于是有

$$\frac{\mathrm{d}^2 x}{\mathrm{d}y^2}=\frac{\mathrm{d}}{\mathrm{d}y}\left(\frac{\mathrm{d}x}{\mathrm{d}y}\right)=\frac{\mathrm{d}}{\mathrm{d}x}\left(\frac{1}{y'}\right)\cdot\frac{\mathrm{d}x}{\mathrm{d}y}=\frac{-y''}{y'^2}\cdot\frac{1}{y'}=-\frac{y''}{(y')^3}.$$

事实上，$\dfrac{\mathrm{d}^2 x}{\mathrm{d}y^2}=-\dfrac{y''}{(y')^3}$ 还可以使用隐函数的求导方法获得：由反函数导数公式知 $\dfrac{\mathrm{d}x}{\mathrm{d}y}=\dfrac{1}{y'}$，即 $y'\dfrac{\mathrm{d}x}{\mathrm{d}y}=1$.

上式两端关于 x 求导，得

$$y''\frac{\mathrm{d}x}{\mathrm{d}y}+\frac{\mathrm{d}^2 x}{\mathrm{d}y^2}(y')^2=0$$

所以

$$\frac{\mathrm{d}^2 x}{\mathrm{d}y^2}=-\frac{y''\dfrac{\mathrm{d}x}{\mathrm{d}y}}{(y')^2}=-\frac{y''}{(y')^3}.$$

代入原微分方程得

$$y''-y=\sin x. \tag{4.18}$$

（2）方程（4.18）所对应的齐次方程 $y''-y=0$ 的通解为

$$Y=C_1\mathrm{e}^x+C_2\mathrm{e}^{-x}.$$

设方程（4.18）的特解为

$$y^*=A\cos x+B\sin x,$$

代入方程（4.18），求得 $A=0$，$B=-\dfrac{1}{2}$，故 $y^*=-\dfrac{1}{2}\sin x$. 从而 $y''-y=\sin x$ 的通解是

$$y=Y+y^*=C_1\mathrm{e}^x+C_2\mathrm{e}^{-x}-\frac{1}{2}\sin x.$$

由 $y(0)=0$，$y'(0)=\dfrac{3}{2}$，得 $C_1=1$，$C_2=-1$，故所求初值问题的解为

$$y=\mathrm{e}^x-\mathrm{e}^{-x}-\frac{1}{2}\sin x.$$

评注 ① 将 $\dfrac{\mathrm{d}x}{\mathrm{d}y}$ 转化为 $\dfrac{\mathrm{d}y}{\mathrm{d}x}$ 比较简单，$\dfrac{\mathrm{d}x}{\mathrm{d}y}=\dfrac{1}{\dfrac{\mathrm{d}y}{\mathrm{d}x}}=\dfrac{1}{y'}$，关键在于求出

$$\frac{\mathrm{d}^2 x}{\mathrm{d}y^2}=\frac{\mathrm{d}}{\mathrm{d}y}\left(\frac{\mathrm{d}x}{\mathrm{d}y}\right)=\frac{\mathrm{d}}{\mathrm{d}x}\left(\frac{1}{y'}\right)\cdot\frac{\mathrm{d}x}{\mathrm{d}y}=\frac{-y''}{y'^2}\cdot\frac{1}{y'}=-\frac{y''}{(y')^3}$$

然后再代入原方程化简即可.

② 反函数的求导法是一元函数的三个基本微分法之一，二阶线性常系数非齐次微分方程则是微分方程部分的重要内容，本题将两部分内容有机地结合在一起，除了能够考查考生的基本运算能力，还能考查他们综合运用知识的能力.

【例4.36】 设 $f(x)=\sin x-\displaystyle\int_0^x(x-t)f(t)\mathrm{d}t$，其中 f 为连续函数，求 $f(x)$.

解析

$$f(x)=\sin x-\int_0^x(x-t)f(t)\mathrm{d}t$$

化为

$$f(x)=\sin x-x\int_0^x f(t)\mathrm{d}t+\int_0^x tf(t)\mathrm{d}t, \tag{4.19}$$

两边对 x 求导得　　$f'(x) = \cos x - \int_0^x f(t)\mathrm{d}t - xf(x) + xf(x)$,

即　　　　　　　　　$f'(x) = \cos x - \int_0^x f(t)\mathrm{d}t$,　　　　　　　　(4.20)

两边再对 x 求导得　　　　　　$f''(x) + f(x) = -\sin x$.

令 $x = 0$, 由式(4.19)、式(4.20), 得 $f(0) = 0$, $f'(0) = 1$.

于是, 原问题就转化为求微分方程 $f''(x) + f(x) = -\sin x$ 满足初始条件 $f(0) = 0$, $f'(0) = 1$ 的特解问题.

方程 $f''(x) + f(x) = -\sin x$ 对应的齐次方程的特征方程为 $\lambda^2 + 1 = 0$, 特征根为 $\lambda_{1,2} = \pm i$, 故对应的齐次方程的通解为 $C_1 \cos x + C_2 \sin x$.

因为 $\pm i$ 是特征根, 因此原方程的特解可设为

$$y^* = x(A\cos x + B\sin x),$$

代入方程得 $A = \dfrac{1}{2}$, $B = 0$, 所以方程的通解为

$$y = C_1 \cos x + C_2 \sin x + \frac{1}{2}x\cos x.$$

代入初始条件 $f(0) = 0$, $f'(0) = 1$, 得 $C_1 = 0$, $C_2 = \dfrac{1}{2}$, 从而

$$f(x) = \frac{1}{2}\sin x + \frac{1}{2}x\cos x.$$

评注　① 对于含有变限积分的函数方程问题, 一般先在等式两边对 x 求导, 消去变限积分, 将原方程化为关于未知函数的微分方程, 再求解该微分方程.

② 本题虽然只给出 $f(x)$ 是连续函数, 实际上, 隐含着 $f(x)$ 可导. 因为变限积分 $\int_0^x f(t)\mathrm{d}t$, $\int_0^x tf(t)\mathrm{d}t$ 可导, 所以 $f(x) = \sin x - x\int_0^x f(t)\mathrm{d}t + \int_0^x tf(t)\mathrm{d}t$ 可导.

③ 由含有变限积分的函数方程转化为微分方程, 一般隐含着初始条件, 应注意在原方程中寻求初始条件.

【例 4.37】　(第十五届北京市数学竞赛试题) 设二阶线性微分方程 $y'' + p(x)y' + q(x)y = f(x)$ 有三个特解 $y_1 = \mathrm{e}^x$, $y_2 = \mathrm{e}^x + \mathrm{e}^{\frac{x}{2}}$, $y_3 = \mathrm{e}^x + \mathrm{e}^{-x}$, 则该方程为 _____.

解析　应填 $y'' + \dfrac{1}{2}y' - \dfrac{1}{2}y = \mathrm{e}^x$.

因为 $y_2 - y_1 = \mathrm{e}^{\frac{x}{2}}$, $y_3 - y_1 = \mathrm{e}^{-x}$ 是对应的齐次方程的解, 则 $\dfrac{1}{2}$, -1 为齐次方程特征方程的根, 可得齐次方程为 $y'' + \dfrac{1}{2}y' - \dfrac{1}{2}y = 0$, 再将 $y_1 = \mathrm{e}^x$ 代入非齐次方程可得 $f(x) = \mathrm{e}^x$.

【例 4.38】　已知 $y_1 = \mathrm{e}^{3x} - x\mathrm{e}^{2x}$, $y_2 = \mathrm{e}^x - x\mathrm{e}^{2x}$, $y_3 = -x\mathrm{e}^{2x}$ 是某二阶常系数非齐次线性微分方程的三个解, 则该方程满足条件 $y|_{x=0} = 0$, $y'|_{x=0} = 1$ 的解为 $y = $ _____.

解析　应填 $\mathrm{e}^x - \mathrm{e}^{3x} - x\mathrm{e}^{2x}$.

由题设知　　　　　　　　$y_1 - y_3 = \mathrm{e}^{3x}, y_2 - y_3 = \mathrm{e}^x$

为齐次方程两个线性无关的特解，则非齐次方程的通解为 $y=C_1e^x+C_2e^{3x}-xe^{2x}$，将 $y|_{x=0}=0$，$y'|_{x=0}=1$ 代入解得 $C_1=1$，$C_2=-1$.

评注 本题主要考查线性常系数齐次及非齐次方程解的结构.

【例4.39】（第十五届北京市数学竞赛试题）设 φ，ψ 有连续导数，对平面上任意一条分段光滑的曲线 L，积分

$$I=\int_L 2[x\varphi(y)+\psi(y)]dx+[x^2\psi(y)+2xy^2-2x\varphi(y)]dy$$

与路径无关，当 $\varphi(0)=-2$，$\psi(0)=1$ 时，求 $\varphi(x)$，$\psi(x)$.

解析 由题设得

$$\frac{\partial}{\partial x}[x^2\psi(y)+2xy^2-2x\varphi(y)]=\frac{\partial}{\partial y}\{2[x\varphi(y)+\psi(y)]\},$$

即

$$2x\psi(y)+2y^2-2\varphi(y)=2x\varphi'(y)+2\psi'(y)$$

对任何 (x,y) 都成立.

令 $x=0$，有 $\varphi(y)+\psi'(y)=y^2$，代入上式得 $\psi(y)=\varphi'(y)$，则

$$\varphi''(y)+\varphi(y)=y^2$$

其通解为

$$\varphi(y)=C_1\cos y+C_2\sin y+y^2-2.$$

由 $\varphi(0)=-2$ 及 $\psi(0)=\varphi'(0)=1$，解得 $C_1=0$，$C_2=1$，故

$$\varphi(x)=\sin x+x^2-2,\psi(x)=\varphi'(x)=\cos x+2x.$$

评注 由曲线积分与路径无关的充要条件容易得到关于 $\varphi(x)$，$\psi(x)$ 的微分方程.

【例4.40】 求解 $y''\cos x-2y'\sin x+3y\cos x=e^x$.

解析 令 $u=y\cos x$，则 $u'=y'\cos x-y\sin x$，$u''=y''\cos x-2y'\sin x-y\cos x$，原方程变为

$$u''+4u=e^x.$$

解出

$$u=C_1\cos 2x+C'_2\sin 2x+\frac{1}{5}e^x.$$

$$y=C_1\frac{\cos 2x}{\cos x}+C'_2\frac{\sin 2x}{\cos x}+\frac{e^x}{5\cos x}$$

$$=C_1\frac{\cos 2x}{\cos x}+C_2\sin x+\frac{e^x}{5\cos x},(C'_2=2C_2).$$

评注 由于方程是二阶变系数线性微分方程，考虑使用变量替换将其转化为二阶常系数线性微分方程.

【例4.41】 解 $y''+(4x+e^{2y})(y')^3=0$.

解析 设 $y=y(x)$ 的反函数 $x=x(y)$，则 $y'(x)=\frac{1}{x'(y)}$，

$$y''(x)=\frac{d[y'(x)]}{dx}=\frac{d\left[\frac{1}{x'(y)}\right]}{dy}\cdot\frac{dy}{dx}=-\frac{x''(y)}{[x'(y)]^2}\cdot\frac{1}{x'(y)}=-\frac{x''(y)}{[x'(y)]^3}.$$

代入原方程得

$$-\frac{x''(y)}{[x'(y)]^3}+(4x+e^{2y})\frac{1}{[x'(y)]^3}=0$$

即

$$x''(y)-4x(y)=e^{2y}$$

所以
$$x = C_1 e^{2y} + C_2 e^{-2y} + \frac{1}{4} y e^{2y}.$$

评注 由于方程不是线性方程，考虑使用反函数的求导法．本题将反函数的求导法和二阶线性常系数非齐次微分方程两部分内容有机地结合在一起，目的在于考察学生的综合能力．

【例 4.42】 已知 $y_1 = x e^x + e^{2x}$，$y_2 = x e^x + e^{-x}$，$y_3 = x e^x + e^{2x} - e^{-x}$ 是某二阶常系数非齐次线性微分方程的三个解，求此微分方程及其通解．

解析 由线性微分方程解的结构定理可得
$$y_1 - y_3 = e^{-x}, \quad y_1 - y_2 = e^{2x} - e^{-x}, \quad (y_1 - y_3) + (y_1 - y_2) = e^{2x}$$

是该方程对应的齐次线性方程的解，由解 e^{-x} 与 e^{2x} 的形式，可得特征根为 -1 和 2，所以齐次线性方程为
$$y'' - y' - 2y = 0.$$

设所求的非齐次线性微分方程为 $y'' - y' - 2y = f(x)$，由线性微分方程解的结构定理可知 $y_2 - (y_1 - y_3) = x e^x$ 仍然是该方程的解，将 $x e^x$ 代入方程的 $y'' - y' - 2y = f(x)$ 左端，得 $f(x) = (1 - 2x) e^x$．所以该方程为
$$y'' - y' - 2y = (1 - 2x) e^x.$$

其通解为
$$y = C_1 e^{-x} + C_2 e^{2x} + x e^x + e^{2x}.$$

评注 本题考查非齐次方程的解与齐次方程的解之间的关系，得到齐次方程两个线性无关的解，由这两个解确定其特征方程的根，从而获得特征方程及其所对应的齐次线性微分方程．进而得到非齐次线性微分方程及其通解．

【例 4.43】 设 $f'(x) = g(x)$，$g'(x) = 2 e^x - f(x)$，且 $f(0) = 0$，$g(0) = 2$，求 $\int_0^\pi \left[\frac{g(x)}{1+x} - \frac{f(x)}{(1+x)^2} \right] dx$．

解析 由 $f'(x) = g(x)$，得 $f''(x) = 2 e^x - f(x)$，于是有 $f''(x) + f(x) = 2 e^x$，$f(0) = 0$，$f'(0) = 2$．显然对应齐次方程有通解
$$Y = C_1 \cos x + C_2 \sin x.$$

由观察易知非齐次方程有特解 $y^* = e^x$，于是其通解为
$$y = C_1 \cos x + C_2 \sin x + e^x$$

再利用初始条件 $f(0) = 0$，$f'(0) = 2$ 得 $C_1 = -1$，$C_2 = 1$．因而满足初始条件的特解为 $f(x) = \sin x - \cos x + e^x$．又

$$\int_0^\pi \left[\frac{g(x)}{1+x} - \frac{f(x)}{(1+x)^2} \right] dx = \int_0^\pi \frac{g(x)(1+x) - f(x)}{(1+x)^2} dx$$
$$= \int_0^\pi \frac{f'(x)(1+x) - f(x)}{(1+x)^2} dx = \int_0^\pi d\left(\frac{f(x)}{1+x} \right)$$
$$= \frac{f(x)}{1+x} \bigg|_0^\pi = \frac{f(\pi)}{1+\pi} - f(0) = \frac{1 + e^\pi}{1 + \pi}$$

评注 涉及高阶线性微分方程的题目，主要以基本题型为主．

(1) 对于高阶线性微分方程，应掌握解的结构、解的叠加原理以及通解的求解方法．

(2) 对于二阶常系数非齐次线性微分方程

$$y'' + py' + qy = f(x), \qquad\qquad (4.21)$$

应熟练掌握其通解的结构：其通解由两部分构成，即自身的特解与所对应的齐次方程

$$y'' + py' + qy = 0 \qquad\qquad (4.22)$$

的通解之和. 方程(4.21) 通解的求解步骤如下：

① 对于方程(4.21) 所对应的齐次方程(4.22)，能写出其特征方程

$$\lambda^2 + p\lambda + q = 0,$$

并根据判别式 $\Delta > 0$，$\Delta = 0$，$\Delta < 0$ 三种不同情况得到两个不等实根、相等实根、一对共轭复根，并能由根的不同情况写出齐次方程的通解.

② 对于非齐次方程中的非齐次项 $f(x)$ 为多项式函数、指数函数、$\sin\beta x$、$\cos\beta x$ 以及它们的和、差、积所得的函数时，应熟练写出方程(4.21) 特解的形式，并会用待定系数法确定特解.

（3）能由方程(4.22) 通解的表示形式，确定其特征方程的根，从而得到以特征方程的根为解的特征方程及其所对应的齐次线性微分方程.

（4）对于高于二阶的常系数齐次线性微分方程，能根据其特征方程根的情况写出其通解.

三、综合训练

（1）（江苏省 1994 年竞赛题）给定方程 $y'' + (\sin y - x)(y')^3 = 0$.

① 证明 $\dfrac{\mathrm{d}^2 y}{\mathrm{d}x^2} = -\dfrac{\mathrm{d}^2 x}{\mathrm{d}y^2} \Big/ \left(\dfrac{\mathrm{d}x}{\mathrm{d}y}\right)^3$，并将方程化为以 x 为因变量，以 y 为自变量的形式；

② 求方程的通解.

（2）（南京大学 1993 年竞赛题）设 $\varphi(x) = \cos x - \displaystyle\int_0^x (x-u)\varphi(u)\mathrm{d}u$，其中 $\varphi(u)$ 为连续函数，求 $\varphi(x)$.

（3）（南京大学 1993 年竞赛题）已知二阶线性非齐次方程的三个特解分别为 $y_1 = \mathrm{e}^x$，$y_2 = x + \mathrm{e}^x$，$y_3 = x^2 + \mathrm{e}^x$ 该微分方程为 _____.

（4）二阶微分方程 $y'' + y' = x^2$ 具有的特解形式为 （　　　）

A. $y = ax^2$　　　　B. $y = ax^2 + bx + c$　　C. $y = x(ax^2 + bx + c)$　　D. $y = x^2(ax^2 + bx + c)$

（5）求微分方程 $y'' - y = 2x + \sin x + \mathrm{e}^{2x}\cos x$ 的通解.

（6）用变量代换 $x = \cos t (0 < t < \pi)$ 化简微分方程 $(1 - x^2)y'' - xy' + y = 0$，并求其满足 $y\big|_{x=0} = 1$，$y'\big|_{x=0} = 2$ 的特解.

（7）微分方程 $y'' + y = x^2 + 1 + \sin x$ 的特解形式可设为 （　　　）.

A. $y^* = ax^2 + bx + c + x(A\sin x + B\cos x)$　　　B. $y^* = x(ax^2 + bx + c + A\sin x + B\cos x)$

C. $y^* = ax^2 + bx + c + A\sin x$　　　　　　D. $y^* = ax^2 + bx + c + B\cos x$

（8）微分方程 $y'' - \lambda^2 y = \mathrm{e}^{\lambda x} + \mathrm{e}^{-\lambda x}$ （$\lambda > 0$）的特解形式为 （　　　）.

A. $a(\mathrm{e}^{\lambda x} + \mathrm{e}^{-\lambda x})$　　　B. $ax(\mathrm{e}^{\lambda x} + \mathrm{e}^{-\lambda x})$　　　C. $x(a\mathrm{e}^{\lambda x} + b\mathrm{e}^{-\lambda x})$　　D. $x^2(a\mathrm{e}^{\lambda x} + b\mathrm{e}^{-\lambda x})$

（9）微分方程 $y'' - y = \mathrm{e}^x + 1$ 的一个特解应具有形式（式中 a，b 为常数）（　　　）.

A. $a\mathrm{e}^x + b$　　　　B. $ax\mathrm{e}^x + b$　　　　　C. $a\mathrm{e}^x + bx$　　　　　D. $ax\mathrm{e}^x + bx$

（10）函数 $y = C_1\mathrm{e}^x + C_2\mathrm{e}^{-2x} + x\mathrm{e}^x$ 满足的一个微分方程是 （　　　）.

A. $y''-y'-2y=3xe^x$ B. $y''-y'-2y=3e^x$

C. $y''+y'-2y=3xe^x$ D. $y''+y'-2y=3e^x$

(11) 求一个以下列四函数 $y_1=e^t$，$y_2=2te^t$，$y_3=\cos2t$，$y_4=3\sin2t$ 为解的线性微分方程，并求出它的通解.

(12) 求微分方程 $y''+y=x+\cos x$ 的通解.

(13) 求方程 $y''-2y'-8y=40\sin2x$ 的通解.

(14) 设 $\varphi(x)$ 连续，且 $\varphi(x)+\int_0^x(x-u)\varphi(u)\mathrm{d}u=e^x+2x\int_0^1\varphi(xu)\mathrm{d}u$，试求 $\varphi(x)$.

(15)（北京市 1993 年竞赛题）设 $u=u\left(\sqrt{x^2+y^2}\right)$ 具有连续二阶偏导数，且满足

$$\frac{\partial^2 u}{\partial x^2}+\frac{\partial^2 u}{\partial y^2}-\frac{1}{x}\frac{\partial u}{\partial x}+u=x^2+y^2$$

试求函数 u 的表达式.

综合训练答案

(1) 提示：用反函数的求导法则将非线性方程化为线性方程.

① $\dfrac{\mathrm{d}^2 x}{\mathrm{d}y^2}+x=\sin y$; ② 所求通解为 $x=C_1\cos y+C_2\sin y-\dfrac{1}{2}y\cos y$.

(2) $\varphi(x)=\cos x-\dfrac{1}{2}x\sin x$.   (3) $x^2y''-2xy'+2y=e^x(x^2-2x+2)$.

(4) C.   (5) $y=C_1e^{-x}+C_2e^x-2x-\dfrac{1}{2}\sin x+\dfrac{1}{10}e^{2x}(\cos x+2\sin x)$.

(6) $y=2x+\sqrt{1-x^2}$.   (7) A.   (8) C.   (9) B.   (10) D.

(11) $y^{(4)}-2y'''+5y''-8y'+4y=0$；通解为 $y=C_1e^t+C_2te^t+C_3\cos2t+C_4\sin2t$.

(12) $y=C_1\cos x+C_2\sin x+x+\dfrac{1}{2}x\sin x$.

(13) $y=\overline{Y}+y^*=C_1e^{-2x}+C_2e^{4x}+\cos2x-3\sin2x$.

(14) $\varphi(x)=e^x+2xe^x+\dfrac{1}{2}x^2e^x$.

(15) $u(x,y)=C_1\cos\sqrt{x^2+y^2}+C_2\sin\sqrt{x^2+y^2}+x^2+y^2-2$.

4.4 欧拉方程

一、知识要点

变系数的线性微分方程，一般都是不容易求解的. 但是有些特殊的变系数线性微分方程，可以通过变量替换将其化为常系数线性微分方程，因而容易求解，欧拉方程就是其中的一种. 形如

$$x^n y^{(n)}+p_1 x^{n-1}y^{(n-1)}+\cdots+p_{n-1}xy'+p_n y=f(x)$$

的方程（其中 $p_1,p_2,\cdots,p_n$ 为常数），叫做欧拉方程. 欧拉方程解法如下：作变换 $x=e^t$ 或 $t=\ln x$，将自变量 x 换成 t，有

$$\frac{dy}{dx} = \frac{dy}{dt} \cdot \frac{dt}{dx} = \frac{1}{x}\frac{dy}{dt}, \quad \frac{d^2 y}{dx^2} = \frac{1}{x^2}\left(\frac{d^2 y}{dt^2} - \frac{dy}{dt}\right), \quad \frac{d^3 y}{dx^3} = \frac{1}{x^3}\left(\frac{d^3 y}{dt^3} - 3\frac{d^2 y}{dt^2} + 2\frac{dy}{dt}\right), \cdots$$

即

$$\frac{dy}{dt} = xy', \quad \frac{d^2 y}{dt^2} = x^2 y'' + xy', \quad \frac{d^3 y}{dt^3} = x^3 y''' + 3x^2 y'' + xy', \cdots$$

把它们代入欧拉方程，便得到一个以 t 为自变量的常系数线性微分方程．在求出这个方程的解后，再把 t 换成 $\ln x$，即得原方程的解．下面以二阶欧拉方程为例加以说明．

（1）二阶欧拉方程的标准形式为

$$x^2 y'' + pxy' + qy = f(x) \tag{4.23}$$

（2）解法：通过变量替换的方法，将方程（4.23）转化为二阶常系数非齐次线性微分方程．作变量替换，令 $x = e^t$，或 $t = \ln x$，则 $\dfrac{dy}{dt} = \dfrac{dy}{dx} \cdot \dfrac{dx}{dt} = y'x$．

$$\frac{d^2 y}{dt^2} = \frac{d}{dt}(y'x) = \frac{d}{dx}(y'x) \cdot \frac{dx}{dt} = (y''x + y')x = x^2 y'' + xy'.$$

故由 $xy' = \dfrac{dy}{dt}$，可得 $x^2 y'' = \dfrac{d^2 y}{dt^2} - \dfrac{dy}{dt}$，代入方程（4.23）得

$$\frac{d^2 y}{dt^2} + (p-1)\frac{dy}{dt} + qy = f(e^t)$$

这是二阶常系数线性微分方程，可按照二阶常系数线性微分方程的求解方法来求通解．

二、重点题型解析

【例 4.44】 设 $f(x)$ 在 $[1, +\infty)$ 上二阶连续可导，$f(1) = 0$，$f'(1) = 1$，函数 $z = (x^2 + y^2)f(x^2 + y^2)$ 满足 $\dfrac{\partial^2 z}{\partial x^2} + \dfrac{\partial^2 z}{\partial y^2} = 0$，求 $f(x)$ 在 $[1, +\infty)$ 上的最大值．

解析 令 $u = x^2 + y^2$，则 $z = uf(u)$，$u'_x = 2x$，$u'_y = 2y$，且

$$\frac{\partial z}{\partial x} = u'_x f(u) + uf'(u)u'_x = 2x[f(u) + uf'(u)],$$

$$\frac{\partial^2 z}{\partial x^2} = 2[f(u) + uf'(u)] + 2x[f'(u)u'_x + u'_x f'(u) + uf''(u)u'_x]$$

$$= 2f(u) + 2(5x^2 + y^2)f'(u) + 4x^2 uf''(u). \tag{4.24}$$

利用函数 z 中 x 与 y 的对称性，易得

$$\frac{\partial^2 z}{\partial y^2} = 2f(u) + 2(5y^2 + x^2)f'(u) + 4y^2 uf''(u).$$

将式（4.24）与上式代入方程 $\dfrac{\partial^2 z}{\partial x^2} + \dfrac{\partial^2 z}{\partial y^2} = 0$ 可得

$$u^2 f''(u) + 3uf'(u) + f(u) = 0. \tag{4.25}$$

上式是二阶欧拉方程．令 $u = e^t$，则

$$uf'(u) = \frac{df}{dt}, \quad u^2 f''(u) = \frac{d^2 f}{dt^2} - \frac{df}{dt},$$

代入式（4.25）得

$$\frac{d^2 f}{dt^2} + 2\frac{df}{dt} + f = 0 \tag{4.26}$$

这是二阶常系数非齐次线性微分方程, 其特征方程为 $r^2+2r+1=0$, 解得 $r=-1$ 为二重根, 于是方程(4.26)的通解为

$$f=e^{-t}(C_1+C_2 t)=\frac{1}{u}(C_1+C_2\ln u)$$

由 $f(1)=0$, $f'(1)=1$, 得 $C_1=0$, $C_2=1$, 于是 $f(x)=\frac{\ln x}{x}$.

由于 $f'(x)=\frac{1-\ln x}{x^2}$, 令 $f'(x)=0$ 得驻点 $x_0=e$, 且当 $1\le x<e$ 时 $f'(x)>0$, 当 $x>e$ 时 $f'(x)<0$, 所以 $f(e)=\frac{1}{e}$ 为所求的最大值.

评注 首先根据复合函数求偏导的方法, 求出所给函数的二阶偏导数. 再由二阶偏导数满足的已知等式, 得到 f 满足的微分方程, 该方程为二阶欧拉方程, 利用欧拉方程的求解方法, 解出 f 的具体表达式.

三、综合训练

(1) 求微分方程 $x^2 y''+xy'-y=0$ 的通解.

(2) 求微分方程 $y''+\frac{y'}{x}+\frac{y}{x^2}=\frac{2}{x}$ 的通解.

(3) 求微分方程 $x^2 y''-2xy'+2y=\ln^2 x-2\ln x$ 的通解.

(4) 求微分方程 $x^3 y'''+x^2 y''-4xy'=3x^2$ 的通解.

综合训练答案

(1) $y=C_1 x+\dfrac{C_2}{x}$. (2) $y=x(C_1+C_2\ln|x|)+x\ln^2|x|$.

(3) $y=C_1 x+C_2 x^2+\dfrac{1}{2}(\ln^2 x+\ln x)+\dfrac{1}{4}$. (4) $y=C_1+\dfrac{C_2}{x}+C_3 x^3-\dfrac{1}{2}x^2$.

4.5 微分方程的应用

一、知识要点

微分方程的应用主要包含:

① 在几何上的应用: 按照导数的几何意义、定积分的几何应用列出方程;

② 在物理上的应用: 按照牛顿第二定律列出方程.

二、重点题型解析

1. 题型一: 利用定积分的几何应用建立微分方程

由变化区间上的平面图形的面积、旋转体的体积及侧面积、弧长等定积分的应用问题, 可转化为含有变限积分的函数方程问题.

【例 4.45】 设曲线 $y=f(x)$, 其中 $f(x)$ 是可导函数, 且 $f(x)>0$. 已知曲线 $y=f(x)$

与直线 $y=0$，$x=1$ 及 $x=t(t>1)$ 所围成的曲边梯形绕 x 轴旋转一周所得的立体体积值是该曲边梯形面积值的 πt 倍，求该曲线的方程.

解析　法 1　由题意可得

$$\pi\int_1^t f^2(x)\mathrm{d}x=\pi t\int_1^t f(x)\mathrm{d}x,$$

两边对 t 求导得

$$f^2(t)=\int_1^t f(x)\mathrm{d}x+tf(t),$$

代入 $t=1$，得 $f^2(1)=f(1)$，即 $f(1)=1$ 或 $f(1)=0$. 由于 $f(x)>0$，故将 $f(1)=0$ 舍去. 再求导，得

$$2f(t)f'(t)=2f(t)+tf'(t),$$

记 $f(t)=y$，原方程化为

$$2yy'=2y+ty',$$

整理，可得 $\dfrac{\mathrm{d}y}{\mathrm{d}t}=\dfrac{2y}{2y-t}$，由方程的特点，可将此方程视为以 t 为函数，y 为自变量的一阶线性非齐次微分方程，即

$$\frac{\mathrm{d}t}{\mathrm{d}y}+\frac{1}{2y}t=1,$$

因此通解为

$$t=\mathrm{e}^{-\int\frac{1}{2y}\mathrm{d}y}\left(\int\mathrm{e}^{\int\frac{1}{2y}\mathrm{d}y}\mathrm{d}y+C\right)=y^{-\frac{1}{2}}\left(\int\sqrt{y}\,\mathrm{d}y+C\right)=y^{-\frac{1}{2}}\left(\frac{2}{3}y^{\frac{3}{2}}+C\right)=\frac{C}{\sqrt{y}}+\frac{2}{3}y.$$

代入 $t=1$，$y=1$，得 $C=\dfrac{1}{3}$，从而

$$t=\frac{1}{3\sqrt{y}}+\frac{2}{3}y,$$

故所求曲线方程为

$$x=\frac{1}{3\sqrt{y}}+\frac{2}{3}y.$$

法 2　同法 1 得　　$2f(t)f'(t)=2f(t)+tf'(t),f(1)=1,$

整理得

$$\frac{\mathrm{d}y}{\mathrm{d}t}=\frac{2y}{2y-t}.$$

由方程的特点，还可以将此方程视为齐次微分方程，作变量代换，令 $\dfrac{y}{t}=u$，则

$$\frac{\mathrm{d}y}{\mathrm{d}t}=u+t\frac{\mathrm{d}u}{\mathrm{d}t},$$

原方程变成

$$t\frac{\mathrm{d}u}{\mathrm{d}t}=\frac{3u-2u^2}{2u-1},$$

分离变量得

$$\frac{2u-1}{u(3-2u)}\mathrm{d}u=\frac{1}{t}\mathrm{d}t,$$

即

$$\frac{1}{3}\left(\frac{-1}{u}+\frac{4}{3-2u}\right)\mathrm{d}u=\frac{\mathrm{d}t}{t},$$

积分得

$$-\frac{1}{3}\ln[u(3-2u)^2]=\ln(Ct),$$

即
$$u^{-\frac{1}{3}}(3-2u)^{-\frac{2}{3}}=Ct.$$

代入 $t=1$，$u=1$，得 $C=1$，所以
$$u(3-2u)^2=\frac{1}{t^3},$$

代入 $u=\dfrac{y}{t}$，化简得
$$y(3t-2y)^2=1$$

即
$$t=\frac{1}{3\sqrt{y}}+\frac{2}{3}y,$$

故所求曲线方程为
$$x=\frac{1}{3\sqrt{y}}+\frac{2}{3}y.$$

评注 本题主要考查定积分的几何应用、积分上限函数求导及一阶微分方程的求解，关键需要认识到积分上限 t 是变量，还应注意掌握此类问题初始条件的确定方法.

① 如果只根据题意写出了有关面积和旋转体体积的表达式后，没有进行求导，则不会得到相应的微分方程，这是对这类题型不熟悉所致.

② 得到正确的微分方程后，如果没有进行必要的变形将其化成一阶线性微分方程或齐次方程，则不能正确地求解微分方程，这是对一阶微分方程各种类型的特点、求解方法不熟练.

③ 如果没有从开始的积分等式中获得初始条件 "$f(1)=1$"，将会导致通解中的任意常数无法确定.

【例 4.46】 设 $f(x)$ 是区间 $[0,+\infty)$ 上具有连续导数的单调增加函数，且 $f(0)=1$. 对任意的 $t\in[0,+\infty)$，直线 $x=0$，$x=t$，曲线 $y=f(x)$ 以及 x 轴所围成的曲边梯形绕 x 轴旋转一周生成一旋转体. 若该旋转体的侧面积在数值上等于其体积的 2 倍，求函数 $f(x)$ 的表达式.

解析 旋转体的体积 $V=\pi\displaystyle\int_0^t f^2(x)\mathrm{d}x$，侧面积 $S=2\pi\displaystyle\int_0^t f(x)\sqrt{1+f'^2(x)}\mathrm{d}x$，由题设条件知
$$\int_0^t f^2(x)\mathrm{d}x=\int_0^t f(x)\sqrt{1+f'^2(x)}\mathrm{d}x.$$

上式两端对 t 求导得 $\qquad f^2(t)=f(t)\sqrt{1+f'^2(t)}$，

记 $f(t)=y$，原方程化为 $\qquad y'=\pm\sqrt{y^2-1}$，

根据 $f(x)$ 是区间 $[0,+\infty)$ 上的单调增加函数，可知 $y'>0$，故将 $y'=-\sqrt{y^2-1}$ 舍去.

由方程的特点，为可分离变量的微分方程，用分离变量法求解
$$y'=\sqrt{y^2-1},$$

即
$$\frac{\mathrm{d}y}{\sqrt{y^2-1}}=\mathrm{d}t,$$

得方程的通解为
$$\ln(y+\sqrt{y^2-1})=t+\ln C,$$

即
$$y+\sqrt{y^2-1}=C\mathrm{e}^t.$$

将 $y(0)=1$ 代入知 $C=1$，故
$$y+\sqrt{y^2-1}=\mathrm{e}^t.$$

由于 $e^t = y + \sqrt{y^2-1} = \dfrac{1}{y-\sqrt{y^2-1}}$，可得 $y-\sqrt{y^2-1} = e^{-t}$，因此

$$y = \frac{1}{2}(e^t + e^{-t}),$$

于是所求函数为

$$y = f(x) = \frac{1}{2}(e^x + e^{-x}).$$

评注　本题是一道综合应用题，涉及的知识点有定积分的几何应用、积分上限函数求导及微分方程初值的确定等. 先写出旋转体的体积和侧面积的表达式，依题意建立 $f(x)$ 满足的方程，求导得到 $f(x)$ 满足的微分方程，解微分方程，即可得到 $f(x)$ 的表达式.

① 如果没有记住旋转体侧面积公式，又不善于推导，则无法求解.

② 即使得到了微分方程的解，也未必能得到 $f(x)$ 的表达式，因此应掌握求 $f(x)$ 表达式的技巧.

【例 4.47】　已知曲线 L：$\begin{cases} x = f(t) \\ y = \cos t \end{cases} \left(0 \leqslant t < \dfrac{\pi}{2}\right)$，其中函数 $f(t)$ 具有连续导数，且 $f(0) = 0$，$f'(t) > 0 \left(0 < t < \dfrac{\pi}{2}\right)$. 若曲线 L 的切线与 x 轴的交点到切点的距离恒为 1，求函数 $f(t)$ 的表达式，并求以曲线 L 及 x 轴和 y 轴为边界的区域的面积.

解析　曲线 L 的切线斜率 $k = \dfrac{y'_t}{x'_t} = \dfrac{-\sin t}{f'(t)}$，切线方程为

$$y - \cos t = -\frac{\sin t}{f'(t)}[x - f(t)].$$

令 $y = 0$，得切线与 x 轴的交点的横坐标为 $x_0 = f'(t)\dfrac{\cos t}{\sin t} + f(t)$. 由题意得

$$\left[f'(t)\frac{\cos t}{\sin t}\right]^2 + \cos^2 t = 1,$$

因为 $f'(t) > 0$，解得 $f'(t) = \dfrac{\sin^2 t}{\cos t} = \dfrac{1}{\cos t} - \cos t$.

由于 $f(0) = 0$，所以 $f(t) = \ln(\sec t + \tan t) - \sin t$.

因为 $f(0) = 0$，$\lim\limits_{t \to \frac{\pi}{2}} f(t) = +\infty$，所以以曲线 L 及 x 轴和 y 轴为边界的区域是无界区域，其面积为

$$S = \int_0^{+\infty} y\,dx = \int_0^{\frac{\pi}{2}} \cos t f'(t)\,dt = \int_0^{\frac{\pi}{2}} \sin^2 t\,dt = \frac{1}{4}\pi.$$

评注　本题是一道综合题，主要考查导数的几何意义，参数方程求导，微分方程求解及定积分应用.

【例 4.48】　设函数 $y(x)$ $(x \geqslant 0)$ 二阶可导，且 $y'(x) > 0$，$y(0) = 1$. 过曲线 $y = y(x)$ 上任意一点 $P(x, y)$ 作该曲线的切线及 x 轴的垂线，上述两直线与 x 轴所围成的三角形的面积记为 S_1，区间 $[0, x]$ 上以 $y = y(x)$ 为曲边的曲边梯形面积记为 S_2，并设 $2S_1 - S_2$ 恒为 1，求此曲线 $y = y(x)$ 的方程.

解析　曲线 $y = y(x)$ 在点 $P(x, y)$ 处的切线方程为

$$Y - y = y'(X - x),$$

因此，得到切线与 x 轴的交点坐标为 $\left(x - \dfrac{y}{y'},\ 0\right)$. 由于 $y'(x) > 0$，$y(0) = 1$，因此 $y(x) > 0$（$x \geqslant 0$）. 于是，由三角形的面积公式，有

$$S_1 = \frac{1}{2} y \left| x - \left(x - \frac{y}{y'}\right) \right| = \frac{y^2}{2y'},$$

又由定积分的几何意义，可知 $S_2 = \displaystyle\int_0^x y(t)\,\mathrm{d}t$. 根据已知条件 $2S_1 - S_2 = 1$，有

$$\frac{y^2}{y'} - \int_0^x y(t)\,\mathrm{d}t = 1,$$

代入 $y(0) = 1$，有 $y'(0) = 1$. 方程同时关于对 x 求导，可得

$$\frac{2y(y')^2 - y^2 y''}{(y')^2} - y(x) = 0,$$

化简得

$$y y'' = y'^2,$$

这是不显含 x 的可降阶方程. 作变量代换，令 $y' = p$，则 $y'' = \dfrac{\mathrm{d}p}{\mathrm{d}x} = \dfrac{\mathrm{d}p}{\mathrm{d}y}\dfrac{\mathrm{d}y}{\mathrm{d}x} = p\,\dfrac{\mathrm{d}p}{\mathrm{d}y}$，方程化为

$$y p \frac{\mathrm{d}p}{\mathrm{d}y} = p^2,$$

分离变量得

$$\frac{\mathrm{d}p}{p} = \frac{\mathrm{d}y}{y},$$

两边积分得 $p = C_1 y$，即 $y' = C_1 y$，代入初始条件 $y(0) = 1$，$y'(0) = 1$，得 $C_1 = 1$，有 $\dfrac{\mathrm{d}y}{y} = \mathrm{d}x$，两边取不定积分得 $y = C_2 \mathrm{e}^x$，代入 $y(0) = 1$，得 $C_2 = 1$，因此所求曲线方程为 $y = \mathrm{e}^x$.

评注 ① 首先根据定积分的几何意义，求出 S_1 和 S_2，然后由关系式 $2S_1 - S_2 \equiv 1$ 得到一含有变限积分的函数方程，对方程两边求导，转化为微分方程问题.

② 本题不是直接给出含变限积分的函数方程问题，而是将变化区间 $[0, x]$ 上的面积用变限积分 $S_2 = \displaystyle\int_0^x y(t)\,\mathrm{d}t$ 表出，转化为含有变限积分的函数方程问题.

③ 本题将曲线切线问题、平面图形的面积问题、含变限积分的求导问题以及微分方程的求解问题综合起来，有一定的难度和计算量.

类似地，由变化区间上的体积、弧长等定积分的应用问题，也可转化为含有变限积分的函数方程问题.

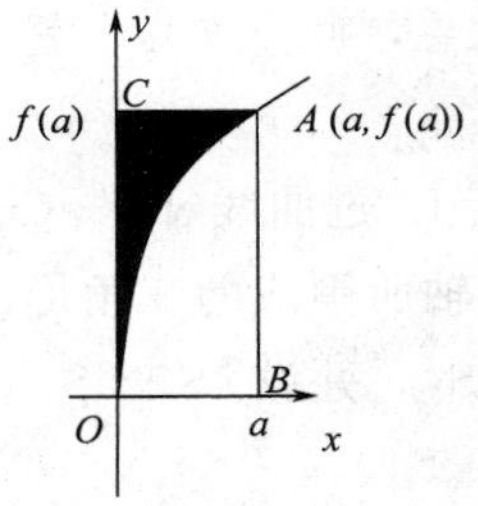

图 4.1

【例 4.49】 已知曲线 $y = f(x)$（$x \geqslant 0$，$y \geqslant 0$）连续且单调，现从其上任一点 A 作 x 轴与 y 轴的垂线，垂足分别是 B 和 C. 若由直线 AC，y 轴和曲线本身包围的图形的面积等于矩形 $OBAC$ 的面积的 $\dfrac{1}{3}$，求曲线的方程.

解析 （1）当 $f(x)$ 单调增时，如图 4.1 所示，在在曲线上任取点 $A(a, f(a))$. 由题意得

$$\int_0^a [f(a)-f(x)]\,\mathrm{d}x = \frac{1}{3}af(a)$$

化简得 $$3\int_0^a f(x)\,\mathrm{d}x = 2af(a)$$

两边对 a 求导得 $$3f(a)=2f(a)+2af'(a)$$

化简得 $\dfrac{2\,\mathrm{d}f}{f}=\dfrac{\mathrm{d}a}{a}$. 积分得 $f(a)=C\sqrt{a}$. 于是所求曲线方程为 $y=C\sqrt{x}$.

（2）当 $f(x)$ 单调减时，如图 4.2 所示，在在曲线上任取点 $A[a,f(a)]$. 由题意得

$$\int_0^a [f(x)-f(a)]\,\mathrm{d}x = \frac{1}{3}af(a)$$

化简得 $$3\int_0^a f(x)\,\mathrm{d}x = 4af(a)$$

两边对 a 求导得 $$\frac{4\,\mathrm{d}f}{f}=-\frac{\mathrm{d}a}{a}$$

积分得 $f(a)=\dfrac{C}{\sqrt[4]{a}}$. 于是所求曲线方程为 $y=\dfrac{C}{\sqrt[4]{x}}$.

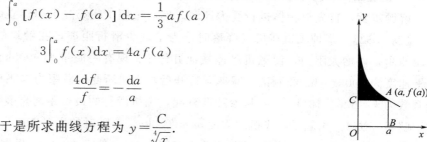

图 4.2

评注　首先根据曲线单调性，考虑单调增加和单调减少两种情况，并分别进行讨论.

2. 题型二：利用导数的几何意义建立微分方程

【例 4.50】　设对任意 $x>0$，曲线 $y=f(x)$ 上的点 $(x,f(x))$ 处的切线在 y 轴上的截距等于 $\dfrac{1}{x}\displaystyle\int_0^x f(t)\,\mathrm{d}t$，求 $f(x)$ 的一般表达式.

解析　曲线 $y=f(x)$ 在点 $(x,f(x))$ 处的切线方程为 $Y-f(x)=f'(x)(X-x)$，令 $X=0$，得截距为 $f(x)-xf'(x)$. 由题意有

$$\frac{1}{x}\int_0^x f(t)\,\mathrm{d}t = f(x)-xf'(x)，即\int_0^x f(t)\,\mathrm{d}t = xf(x)-x^2 f'(x)，$$

两边对 x 求导并化简得 $xf''(x)+f'(x)=0$，即 $[xf'(x)]'=0$，积分得 $xf'(x)=C_1$，再积分得 $f(x)=C_1\ln x+C_2$（其中 C_1，C_2 为任意常数）.

评注　① 先求出曲线 $y=f(x)$ 在点 $(x,f(x))$ 处的切线方程及其在 y 轴上的截距，根据题意可得一含变限积分的函数方程.

② 对于含变限积分的函数方程 $\displaystyle\int_0^x f(t)\,\mathrm{d}t = xf(x)-x^2 f'(x)$，一般是方程两边对 x 求导，消去变限积分，得到关于未知函数 $f(x)$ 的微分方程，将原问题转化为微分方程的求解问题.

【例 4.51】　设曲线 $y=y(x)$ 上任一点 $P(x,y)$ 处的切线在 y 轴上的截距等于在同点处法线在 x 轴上的截距，求此曲线方程.

解析　曲线在点 $P(x,y)$ 处的切线方程和法线方程分别为

$$Y-y=y'(X-x)\ 和\ Y-y=-\frac{1}{y'}(X-x)，$$

切线在 y 轴上的截距为 $y-xy'$，法线在 x 轴上的截距为 $x+yy'$，依题意有

$$y - xy' = x + yy', \quad 即 \quad y' = \frac{y-x}{y+x}.$$

解此齐次方程，令 $y = ux$，得 $\dfrac{1+u}{1+u^2}du = -\dfrac{dx}{x}$，积分得

$$\arctan u + \ln\sqrt{1+u^2} = -\ln|x| + C,$$

即

$$\arctan\frac{y}{x} + \ln\sqrt{x^2+y^2} = C.$$

3. 题型三：利用牛顿第二定律建立微分方程

解题步骤：首先对物体进行受力评注，然后按照牛顿第二定律建立微分方程即可.

【例 4.52】 某种飞机在机场降落时，为了减少滑行距离，在触地的瞬间，飞机尾部张开减速伞，以增大阻力，使飞机迅速减速并停下. 现有一质量为 9000kg 的飞机，着陆时的水平速度为 700km/h. 经测试，减速伞打开后，飞机所受的总阻力与飞机的速度成正比（比例系数为 $k = 6.0 \times 10^6$）. 问：从着陆点算起，飞机滑行的最长距离是多少？

解析 **法 1** 由题设，飞机的质量 $m = 9000$kg，着陆时的水平速度 $v_0 = 700$km/h. 从飞机接触跑道开始计时，设 t 时刻飞机的滑行距离为 $x(t)$，速度为 $v(t)$. 根据牛顿第二定律，得

$$m\frac{dv}{dt} = -kv$$

又

$$\frac{dv}{dt} = \frac{dv}{dx} \cdot \frac{dx}{dt} = v\frac{dv}{dx}$$

由以上两式得

$$dx = -\frac{m}{k}dv$$

积分得 $x(t) = -\dfrac{m}{k}v + C$，由于 $v(0) = v_0$，$x(0) = 0$，故得 $C = \dfrac{m}{k}v_0$，从而

$$x(t) = \frac{m}{k}\big[v_0 - v(t)\big].$$

当 $v(t) \to 0$ 时，$x(t) \to \dfrac{mv_0}{k} = \dfrac{9000 \times 700}{6.0 \times 10^6} = 1.05$（km）. 所以，飞机滑行的最长距离为 1.05km.

法 2 根据牛顿第二定律，得 $m\dfrac{dv}{dt} = -kv$，所以 $\dfrac{dv}{v} = -\dfrac{k}{m}dt$. 两端积分得通解 $v = Ce^{-\frac{k}{m}t}$，代入初始条件 $v\big|_{t=0} = v_0$ 解得 $C = v_0$，故 $v(t) = v_0 e^{-\frac{k}{m}t}$. 飞机滑行的最长距离为

$$x = \int_0^{+\infty} v(t)dt = -\frac{mv_0}{k}e^{-\frac{k}{m}t}\Big|_0^{+\infty} = \frac{mv_0}{k} = 1.05 \text{（km）}$$

或由 $\dfrac{dx}{dt} = v_0 e^{-\frac{k}{m}t}$，知 $x(t) = \int_0^t v_0 e^{-\frac{k}{m}t}dt = -\dfrac{mv_0}{k}(e^{-\frac{k}{m}t} - 1)$，故最长距离为当 $t \to \infty$ 时，$x(t) \to \dfrac{mv_0}{k} = 1.05$（km）.

法 3 根据牛顿第二定律，得

$$m\frac{d^2x}{dt^2} = -k\frac{dx}{dt}, \quad 即 \quad \frac{d^2x}{dt^2} + \frac{k}{m} \cdot \frac{dx}{dt} = 0,$$

其特征方程为 $\lambda^2 + \dfrac{k}{m}\lambda = 0$，解之得 $\lambda_1 = 0$，$\lambda_2 = -\dfrac{k}{m}$，故 $x = C_1 + C_2 e^{-\frac{k}{m}t}$.

由 $x\big|_{t=0} = 0$，$v\big|_{t=0} = \dfrac{\mathrm{d}x}{\mathrm{d}t}\Big|_{t=0} = -\dfrac{kC_2}{m}e^{-\frac{k}{m}t}\big|_{t=0} = v_0$，得 $C_1 = -C_2 = \dfrac{mv_0}{k}$，于是

$$x(t) = \frac{mv_0}{k}(1 - e^{-\frac{k}{m}t}).$$

当 $t \to \infty$ 时，$x(t) \to \dfrac{mv_0}{k} = 1.05$（km）．所以，飞机滑行的最长距离为 1.05km.

评注　本题求飞机滑行的最长距离，可理解为 $t \to \infty$ 或 $v(t) \to 0$ 的极限值，这种隐含的条件应引起注意．

【例 4.53】（第十八届北京市大学生数学竞赛试题）飞机在机场开始滑行着陆．在着陆时刻已失去垂直速度，水平速度为 v_0（单位：m/s），飞机与地面的摩擦系数为 μ，且飞机运动时所受空气的阻力与速度的平方成正比，在水平方向的比例系数为 k_x（单位：$kg \cdot s^2/m^2$），在垂直方向的比例系数为 k_y（单位：$kg \cdot s^2/m^2$）．设飞机的质量为 m（单位：kg），求飞机从着陆到停止所需的时间．

解析　水平方向的阻力 $R_x = k_x v^2$，垂直方向的阻力 $R_y = k_y v^2$，摩擦力 $W = \mu(mg - R_y)$，由牛顿第二定律，有

$$\frac{\mathrm{d}^2 s}{\mathrm{d}t^2} + \frac{k_x - \mu k_y}{m}\left(\frac{\mathrm{d}s}{\mathrm{d}t}\right)^2 + \mu g = 0.$$

记 $A = \dfrac{k_x - \mu k_y}{m}$，$B = \mu g$，根据题意知 $A > 0$，于是有 $\dfrac{\mathrm{d}^2 s}{\mathrm{d}t^2} + A\left(\dfrac{\mathrm{d}s}{\mathrm{d}t}\right)^2 + B = 0$，即

$$\frac{\mathrm{d}v}{\mathrm{d}t} + Av^2 + B = 0.$$

分离变量得 $\dfrac{\mathrm{d}v}{Av^2 + B} = -\mathrm{d}t$，积分得

$$\frac{1}{\sqrt{AB}}\arctan\left(\sqrt{\frac{A}{B}}\,v\right) = -t + C.$$

代入初始条件 $t = 0$，$v = v_0$，得 $C = \dfrac{1}{\sqrt{AB}}\arctan\left(\sqrt{\dfrac{A}{B}}\,v_0\right)$，所以

$$t = \frac{1}{\sqrt{AB}}\arctan\left(\sqrt{\frac{A}{B}}\,v_0\right) - \frac{1}{\sqrt{AB}}\arctan\left(\sqrt{\frac{A}{B}}\,v\right)$$

当 $v = 0$ 时，$t = \dfrac{1}{\sqrt{AB}}\arctan\left(\sqrt{\dfrac{A}{B}}\,v_0\right) = \sqrt{\dfrac{m}{(k_x - \mu k_y)\,\mu g}}\arctan\left(\sqrt{\dfrac{k_x - \mu k_y}{m\mu g}}\,v_0\right).$

评注　本题是标准的牛顿第二定律的应用，列出关系式后再解微分方程即可．

三、综合训练

（1）在 xOy 坐标平面上，连续曲线 l 过点 $M(1,0)$，其上任意点 $P(x,y)(x \neq 0)$ 处的切线斜率与直线 OP 的斜率之差等于 ax（常数 $a > 0$）．

① 求 l 的方程；

② 当 l 与直线 $y=ax$ 所围成平面图形的面积为 $\dfrac{8}{3}$ 时，确定 a 的值.

（2）设 $y=y(x)$ 是一向上凸的连续曲线，其上任一点 (x,y) 处的曲率为 $\dfrac{1}{\sqrt{1+y'^2}}$，且此曲线上点 $(0,1)$ 处的切线方程为 $y=x+1$，求该曲线的方程，并求函数 $y=y(x)$ 的极值.

（3）设函数 $f(x)$ 在 $[1,+\infty)$ 上连续，若由曲线 $y=f(x)$，直线 $x=1$，$x=t(t>1)$ 与 x 轴所围成的平面图形绕 x 轴旋转一周所成的旋转体体积为 $V(t)=\dfrac{\pi}{3}[t^2 f(t)-f(1)]$.

试求 $y=f(x)$ 所满足的微分方程，并求该方程满足条件 $y\big|_{x=2}=\dfrac{2}{9}$ 的解.

（4）设曲线 L 位于平面 xOy 的第一象限，L 上任意一点 $M(x,y)$ 处的切线与 y 轴相交，交点记为 A. 已知 $|MA|=|OA|$，且 L 过点 $\left(\dfrac{3}{2},\dfrac{3}{2}\right)$，求 L 的方程.

（5）设有连接点 $O(0,0)$ 和 $A(1,1)$ 的一段向上凸的曲线弧 $\overset{\frown}{OA}$，对于 $\overset{\frown}{OA}$ 上任一点 $P(x,y)$，曲线弧 $\overset{\frown}{OP}$ 与直线段 $\overline{OP}$ 所围成的图形的面积为 x^2，求曲线弧 $\overset{\frown}{OA}$ 的方程.

综合训练答案

（1）① $y=ax^2-ax(x\neq0)$；② $a=2$.

（2）$y=\ln\left|\cos\left(\dfrac{\pi}{4}-x\right)\right|+1+\dfrac{1}{2}\ln2$，当 $x=\dfrac{\pi}{4}$ 时，y 取到极大值 $y\left(\dfrac{\pi}{4}\right)=1+\dfrac{1}{2}\ln2$.

（3）$x^2y'=3y^2-2xy$，$y-x=-x^3y$.

（4）$y=\sqrt{3x-x^2}\ (0<x<3)$.

（5）$y=\widetilde{f}(x)=\begin{cases}x(1-4\ln x), & x>0 \\ 0, & x=0\end{cases}$.

专题5 向量代数与空间解析几何

竞赛大纲

（1）向量的概念、向量的线性运算、向量的数量积和向量积、向量的混合积.

（2）两向量垂直、平行的条件、两向量的夹角.

（3）向量的坐标表达式及其运算、单位向量、方向数与方向余弦.

（4）曲面方程和空间曲线方程的概念、平面方程、直线方程.

（5）平面与平面、平面与直线、直线与直线的夹角以及平行、垂直的条件、点到平面和点到直线的距离.

（6）球面、母线平行于坐标轴的柱面、旋转轴为坐标轴的旋转曲面的方程、常用的二次曲面方程及其图形.

（7）空间曲线的参数方程和一般方程、空间曲线在坐标面上的投影曲线方程.

5.1 向量代数

一、知识要点

1. 向量的基本概念

（1）向量（或矢量）：既有大小，又有方向的量.

（2）向量坐标表示：$\boldsymbol{a}=a_x\boldsymbol{i}+a_y\boldsymbol{j}+a_z\boldsymbol{k}=(a_x,a_y,a_z)$.

（3）向量的模：向量的大小（或长度），记作 $|\boldsymbol{a}|$，或 $|\overrightarrow{AB}|$，其中 $|\boldsymbol{a}|=\sqrt{a_x^2+a_y^2+a_z^2}$.

（4）非零向量 $\boldsymbol{a}=(a_x,a_y,a_z)$ 的方向余弦：

$$\cos\alpha=\frac{a_x}{\sqrt{a_x^2+a_y^2+a_z^2}}=\frac{a_x}{|\boldsymbol{a}|},\cos\beta=\frac{a_y}{\sqrt{a_x^2+a_y^2+a_z^2}}=\frac{a_y}{|\boldsymbol{a}|},\cos\gamma=\frac{a_z}{\sqrt{a_x^2+a_y^2+a_z^2}}=\frac{a_z}{|\boldsymbol{a}|}.$$

（5）单位向量：模等于1的向量. $\boldsymbol{a}$ 的单位向量记为 $\boldsymbol{e}_a$（或 $\boldsymbol{a}^0$）

$$\boldsymbol{a}^0=\frac{\boldsymbol{a}}{|\boldsymbol{a}|}=\frac{1}{|\boldsymbol{a}|}(a_x,a_y,a_z)=(\cos\alpha,\cos\beta,\cos\gamma).$$

（6）零向量：模等于零的向量，记作 $\boldsymbol{0}$，它的方向是任意的.

（7）自由向量：不考虑起点位置的向量.

（8）相等向量：大小相等且方向相同的向量．

（9）负向量：与向量 a 大小相等但方向相反的向量称为 a 的负向量，记作 $-a$．

（10）向径：给定坐标原点 O，设 M 为空间中任意一点，则称向量 $\overrightarrow{OM}$ 为点 M 相对于原点 O 的向径．任一向量都可以看作是空间中某一点相对于原点 O 的向径．

（11）向量平行：两个非零向量如果它们的方向相同或相反．零向量与任何向量都平行．

（12）设点 O 及单位向量 e 确定 u 轴．任给向量 r，作 $\overrightarrow{OM}=r$，再过点 M 作与 u 轴垂直的平面交 u 轴于点 M'（即点 M 在 u 轴上的投影），设 $\overrightarrow{OM'}=\lambda e$，则数 λ 称为向量 r 在 u 轴上的投影，记为 $\mathrm{Prj}_u r$ 或 $(r)_u$．

（13）性质：① $\mathrm{Prj}_u a=|a|\cos\varphi$，$\varphi$ 为 a 与 u 轴夹角；

② $\mathrm{Prj}_u(a+b)=\mathrm{Prj}_u a+\mathrm{Prj}_u b$；

③ $\mathrm{Prj}_u(\lambda a)=\lambda\,\mathrm{Prj}_u a$．

2. 向量的运算

设 $a=(a_x,a_y,a_z)$，$b=(b_x,b_y,b_z)$，$c=(c_x,c_y,c_z)$，λ,μ 是实数．

（1）加减运算　　$a\pm b=(a_x\pm b_x,a_y\pm b_y,a_z\pm b_z)$；

（2）数乘运算　　$\lambda a=(\lambda a_x,\lambda a_y,\lambda a_z)$；

（3）数量积（点积、内积）$a\cdot b=|a||b|\cos(\overset{\wedge}{a,b})=a_x b_x+a_y b_y+a_z b_z$；

性质：① $a\cdot a=|a|^2$

② $a\perp b\Leftrightarrow a\cdot b=0\Leftrightarrow a_x b_x+a_y b_y+a_z b_z=0$

③ $a\cdot b=b\cdot a$

（4）向量积（叉积、外积）设向量 c 是由 a 与 b 按下列方式定出：

$|c|=|a||b|\sin(\overset{\wedge}{a,b})$；$c\perp a$，$c\perp b$，即 c 垂直 a,b 所确定的平面；c 的指向按右手规则从 a 转向 b 来确定，那么，向量 c 叫做向量 a 与 b 的向量积；记

$$c=a\times b=\begin{vmatrix} i & j & k \\ a_x & a_y & a_z \\ b_x & b_y & b_z \end{vmatrix}=\begin{vmatrix} a_y & a_z \\ b_y & b_z \end{vmatrix}i-\begin{vmatrix} a_x & a_z \\ b_x & b_z \end{vmatrix}j+\begin{vmatrix} a_x & a_y \\ b_x & b_y \end{vmatrix}k;$$

注意　$|a\times b|$ 表示以 a 和 b 为邻边的平行四边形的面积．

性质：① $a\times a=0$

② $a//b\Leftrightarrow a\times b=0\Leftrightarrow\dfrac{a_x}{b_x}=\dfrac{a_y}{b_y}=\dfrac{a_z}{b_z}$

注意　当 b_x,b_y,b_z 中有一个为零，例如，$b_x=0$，理解为 $a_x=0$．

③ $a\times b=-b\times a$

（5）向量的混合积 设已知向量 a,b,c，数量 $(a\times b)\cdot c$ 称为这三个向量的混合积，记为 (abc)；

$$(abc)=(a\times b)\cdot c=\begin{vmatrix} a_x & a_y & a_z \\ b_x & b_y & b_z \\ c_x & c_y & c_z \end{vmatrix}$$

注意　(abc) 的绝对值表示以 a,b,c 为棱的平行六面体的体积．

性质：① $(abc)=(a\times b)\cdot c=(b\times c)\cdot a=(c\times a)\cdot b$

②　a,b,c 共面 $\Leftrightarrow(abc)=0$

（6）向量之间的关系

① a,b 共线 $\Leftrightarrow$ 存在不全为零的数 λ,μ，使 $\lambda a+\mu b=0$（或 $a\neq0,b//a\Leftrightarrow\exists\lambda\neq0,b=\lambda a$）.

② 非零向量 a 与 b 的夹角规定为：任取空间一点 O，作 $\overrightarrow{OA}=a$，$\overrightarrow{OB}=b$，规定不超过 π 的 $\angle AOB(0\leqslant\angle AOB\leqslant\pi)$，称为向量 a 与 b 的夹角，记为 $(a\overset{\wedge}{,}b)$ 或 $(b\overset{\wedge}{,}a)$，且

$$\cos(a\overset{\wedge}{,}b)=\frac{a_xb_x+a_yb_y+a_zb_z}{\sqrt{a_x^2+a_y^2+a_z^2}\sqrt{b_x^2+b_y^2+b_z^2}}.$$

二、重点题型解析

【例 5.1】 已知向量 a,b,c 满足 $a+b+c=0$ 且 $|a|=3$，$|b|=2$，$|c|=4$，则 $ab+bc+ca=$ _____.

解析　由 $a+b+c=0$，可得

$$(a+b+c)^2=a^2+b^2+c^2+2(ab+bc+ca)=0,$$

$$ab+bc+ca=-\frac{1}{2}(a^2+b^2+c^2)=-\frac{1}{2}(9+4+16)=-\frac{29}{2}.$$

评注　此题是利用数量积的性质 $aa=a^2=|a|^2$，求 $ab+bc+ca$ 的值.

【例 5.2】 已知两个不共线的向量 a，与单位向量 e，另有一个与它们共面的向量 p，当向量 a,e,p 起点相同时，向量 p 关于向量 e 与向量 a 对称，试用向量 a 和 e 来表示向量 p.

解析　法1　由于向量 a 与 p 的对称，可见 $a+p=\lambda e$，而且 $\lambda=2(\mathrm{Prj}_e a)=2ea$，于是 $p=2(ea)e-a$.

法2　由于 p 与 a,e 共面，而 a 与 e 不共线，根据向量共面的定理，得

$$p=\lambda e+\mu a. \tag{5.1}$$

因为向量 p,a 关于 e 对称，所以它们在 e 上的投影相等，$pa=ae$. 用式(5.1)代入，得

$$\lambda=(ae)(1-\mu) \tag{5.2}$$

于是式(5.1)成为

$$p=(1-\mu)(ae)e+\mu a \tag{5.1$'$}$$

再从向量 p 与 a 的对称性，有 $p^2=a^2$，用式(5.1)$'$代入可得

$$(1-\mu)^2(ae)^2+2\mu(1-\mu)(ae)^2+\mu^2a^2=a^2 \text{ 或 } (1-\mu^2)[(ae)^2-a^2]=0$$

根据 a 与 e 不共线，a 在 e 上的 $\mathrm{Prj}_e a$ 不等于 a 的长，因此上式括号中不为零，从而 $1-\mu^2=0$，$\mu=\pm1$. 如果取 $\mu=1$，从式(5.1)$'$得 $p=a$，这就是说向量 a 和自己对称（称为自对称），这样的平凡解法舍去. 当 $\mu=-1$，从式(5.1)$'$得所要的解 $p=2(ea)e-a$.

评注　此题有两种解法，显然第一种解法要简单得多，利用向量共面、对称所满足的条件.

【例 5.3】 设 a,b 为非零向量 $\mathrm{Prj}_a b=\mathrm{Prj}_b a$，则 a 与 b 的关系是 _____.

解析　$\mathrm{Prj}_a b=|b|\cos\theta$，$\mathrm{Prj}_b a=|a|\cos\theta$，$\theta=(a\overset{\wedge}{,}b)$，按题意则有 $|b|\cos\theta=|a|\cos\theta$，故 $|a|=|b|$ 或 $a\perp b$.

【例 5.4】 一向量与 x 轴、y 轴成等角，与 z 轴所构成的角是它们的 2 倍，试确定该向

量的方向.

解析 设该向量与 x、y 轴的夹角为 α，则与 z 轴的夹角为 2α，又由于方向余弦的平方和等于 1，所以 $\cos^2\alpha + \cos^2\alpha + \cos^2 2\alpha = 1 \Rightarrow 2\cos^2\alpha + (2\cos^2\alpha - 1)^2 = 1 \Rightarrow 2\cos^2\alpha(2\cos^2\alpha - 1) = 0 \Rightarrow \cos\alpha = 0$，$\cos\alpha = \pm\dfrac{1}{\sqrt{2}}$（"$-$"舍去）$\Rightarrow \alpha = \dfrac{\pi}{2}$ 或 $\alpha = \dfrac{\pi}{4}$

该向量的方向角分别为：$\alpha = \beta = \dfrac{\pi}{2}$，$\gamma = \pi$ 或 $\alpha = \beta = \dfrac{\pi}{4}$，$\gamma = \dfrac{\pi}{2}$，故该向量的方向为 $(0,0,-1)$，$\left(\dfrac{\sqrt{2}}{2}, \dfrac{\sqrt{2}}{2}, 0\right)$.

评注 本题利用方向余弦的性质方向余弦的平方和等于 1，注意求得 $\cos\alpha = \pm\dfrac{1}{\sqrt{2}}$ 时，正负号的舍取.

【例 5.5】 设向量 a,b 非零，$|b| = 2$，$(\overset{\wedge}{a,b}) = \dfrac{\pi}{3}$，求 $\lim\limits_{x \to 0} \dfrac{|a+xb| - |a|}{x}$.

解析 $\lim\limits_{x \to 0} \dfrac{|a+xb| - |a|}{x} = \lim\limits_{x \to 0} \dfrac{|a+xb|^2 - |a|^2}{x(|a+xb| + |a|)} = \lim\limits_{x \to 0} \dfrac{(a+xb)\cdot(a+xb) - a\cdot a}{x(|a+xb| + |a|)}$

$= \lim\limits_{x \to 0} \dfrac{(a\cdot a + 2xa\cdot b + x^2|b|^2) - a\cdot a}{x(|a+xb| + |a|)} = \lim\limits_{x \to 0} \dfrac{2a\cdot b + x|b|^2}{(|a+xb| + |a|)} = \dfrac{2a\cdot b}{2|a|} = 2\cos\dfrac{\pi}{3} = 1$.

评注 求极限时，若函数中含有向量可利用内积的性质与求极限的方法相结合求极限.

【例 5.6】 设 $A = 2a+b$，$B = ka+b$，其中 $|a| = 1$，$|b| = 2$，且 $a \perp b$，问：(1) k 为何值时，$A \perp B$；(2) k 为何值时，A 与 B 为邻边的平行四边形面积为 6.

解析 (1) 因为 $A \perp B$，所以 $(2a+b)\cdot(ka+b) = 0 \Rightarrow k = -2$.

(2) 由平行四边形的面积公式有 $6 = |A \times B| = |A||B|\sin(\overset{\wedge}{A,B}) \Rightarrow k^2 - 4k - 5 = 0 \Rightarrow k = -1$ 或 $k = 5$.

【例 5.7】 设 $a = (1,-4,8)$，$b = (2,-11,10)$，向量 c 与 a,b 共面，且 $\text{Prj}_a c = 20$，$\text{Prj}_b c = 9$，求 c.

解析 设 $c = \lambda a + \mu b$，$\text{Prj}_a c = 20 \Rightarrow a\cdot c = 20|a|$，有 $81\lambda + 126\mu = 180$，$b\cdot c = 9|b|$，有 $126\lambda + 225\mu = 135$，即 $\begin{cases} 9\lambda + 14\mu = 20 \\ 14\lambda + 25\mu = 15 \end{cases}$，解得 $\lambda = 10$，$\mu = -5$ 所以 $c = 5(2a-b) = 15(0,1,2)$.

评注 解此题时用到共面的条件及投影与内积的关系.

【例 5.8】 设向量 a,b,c 有相同起点，且 $\alpha a + \beta b + \gamma c = 0$，其中 $\alpha + \beta + \gamma = 0$，$\alpha,\beta,\gamma$ 不全为零，证明：a,b,c 终点共线.

解析 设 $\overrightarrow{OA} = a$，$\overrightarrow{OB} = b$，$\overrightarrow{OC} = c$，根据三角形法则.则 $\overrightarrow{AB} = b-a$，$\overrightarrow{AC} = c-a$，$\overrightarrow{BC} = c-b$.根据条件 α,β,γ 不全为 0，不妨设 $\gamma \neq 0$，则

$$\overrightarrow{AC} = c-a = -\dfrac{\alpha a + \beta b}{\gamma} - a = \dfrac{\beta}{\alpha + \beta}(b-a) = \dfrac{\beta}{\alpha + \beta}\overrightarrow{AB},$$

即 $\overrightarrow{AC}$ 与 $\overrightarrow{AB}$ 共线，所以，点 A,B,C 在一条直线上.

评注 即证终点构成的向量共线.

【例 5.9】 已知 a 和 b 为两非零向量，问：t 取何值时，向量模 $|a+tb|$ 最小？并证明此时 $b \perp (a+tb)$。

解析 因为 $|a+tb|^2 = (a+tb) \cdot (a+tb) = |a|^2 + t^2|b|^2 + 2ta \cdot b$

该式为关于 t 的一个二次多项式，配方得

$$|a+tb|^2 = |b|^2 \left(t + \frac{a \cdot b}{|b|^2} \right)^2 + |a|^2 \sin^2(\hat{a,b}),$$

所以，当 $t = -\dfrac{a \cdot b}{|b|^2}$ 时，$|a+tb|$ 最小。

此时，$b \cdot (a+tb) = a \cdot b + t|b|^2 = a \cdot b - \dfrac{a \cdot b}{|b|^2}|b|^2 = 0$，所以 $b \perp (a+tb)$。

三、综合训练

（1）已知向量 x 与 $a = (1,5,-2)$ 共线，且满足 $a \cdot x = 3$，求向量 x 的坐标。

（2）已知向量 $a = (2,-3,1)$，$b = (1,-2,3)$，求与 a,b 都垂直，且满足如下条件之一的向量 c：①c 为单位向量；②$c \cdot d = 10$ 与 $d = (2,1,-7)$。

（3）设 $a = 2i - j + k$，$b = i + 3j - k$，试在 a,b 所确定的平面内，求一个与 a 垂直的单位向量。

（4）已知 a,b 都是非零向量，且满足 $|a-b| = |a| + |b|$，则必有 _____。

（5）已知 $|a| = 2$，$|b| = 5$，$(\hat{a,b}) = \dfrac{2\pi}{3}$，且 $(\lambda a + 17b) \perp (3a - b)$，则 $\lambda = $ _____。

（6）设 a,b,c 均为非零向量，且 $a = b \times c$，$b = c \times a$，$c = a \times b$，则 $|a| + |b| + |c| = $ _____。

（7）设向量 a,b 为非零向量，$a \perp b$，x 为实数，那么 $|a+xb|$ 与 $|a|$ 的大小关系是 _____。

综合训练答案

（1）$\dfrac{1}{10}(1,5,-2)$。　　　（2）①$\pm\dfrac{\sqrt{3}}{15}(7,5,1)$；②$\dfrac{5}{6}(7,5,1)$。

（3）$\left(\dfrac{5\sqrt{93}}{93}, \dfrac{8\sqrt{93}}{93}, -\dfrac{2\sqrt{93}}{93} \right)$ 或 $\left(-\dfrac{5\sqrt{93}}{93}, -\dfrac{8\sqrt{93}}{93}, \dfrac{2\sqrt{93}}{93} \right)$。

（4）$a \times b = 0$。　　（5）40。　　（6）3。　　（7）$|a+xb| \geqslant |a|$。

5.2 空间解析几何

一、知识要点

1. 空间直角坐标系

空间点的坐标：①坐标系（右手系、卦限）；②点的坐标。

空间两点 $M_1(x_1,y_1,z_1)$，$M_2(x_2,y_2,z_2)$ 的距离：

$$|M_1M_2| = \sqrt{(x_2-x_1)^2+(y_2-y_1)^2+(z_2-z_1)^2}.$$

2. 空间平面方程

（1）一般式方程：$Ax+By+Cz+D=0$，法向量 $\boldsymbol{n}=(A,B,C)$.

（2）点法式方程：$A(x-x_0)+B(y-y_0)+C(z-z_0)=0$，法向量 $\boldsymbol{n}=(A,B,C)$，$M(x_0,y_0,z_0)$ 为平面已知点.

（3）三点式方程：

$$\begin{vmatrix} x-x_1 & y-y_1 & z-z_1 \\ x_2-x_1 & y_2-y_1 & z_2-z_1 \\ x_3-x_1 & y_3-y_1 & z_3-z_1 \end{vmatrix}=0,$$

$M_1(x_1,y_1,z_1),M_2(x_2,y_2,z_2),M_3(x_3,y_3,z_3)$ 为平面上不共线的三个已知点.

（4）截距式方程：$\dfrac{x}{a}+\dfrac{y}{b}+\dfrac{z}{c}=1$，$a,b,c$ 分别为平面在 x,y,z 轴上的截距.

（5）平面与平面的夹角：两平面的法线向量的夹角（通常指锐角）称为两平面的夹角.
设平面 π_1 和平面 π_2 的夹角为 θ，则

$$\cos\theta=\frac{|A_1A_2+B_1B_2+C_1C_2|}{\sqrt{A_1^2+B_1^2+C_1^2}\sqrt{A_2^2+B_2^2+C_2^2}}.$$

$$\pi_1\perp\pi_2\Leftrightarrow A_1A_2+B_1B_2+C_1C_2=0;\quad \pi_1/\!/\pi_2\Leftrightarrow\frac{A_1}{A_2}=\frac{B_1}{B_2}=\frac{C_1}{C_2},$$

其中平面 π_1 的法向量 $\boldsymbol{n}_1=(A_1,B_1,C_1)$，平面 π_2 的法向量 $\boldsymbol{n}_2=(A_2,B_2,C_2)$.

3. 空间直线方程

（1）一般式方程：$\begin{cases} A_1x+B_1y+C_1z+D_1=0 \\ A_2x+B_2y+C_2z+D_2=0 \end{cases}$，平面 π_1 的法向量 $\boldsymbol{n}_1=(A_1,B_1,C_1)$，平面 π_2 的法向量 $\boldsymbol{n}_2=(A_2,B_2,C_2)$，直线的方向向量 $\boldsymbol{s}=\boldsymbol{n}_1\times\boldsymbol{n}_2=\begin{vmatrix} \boldsymbol{i} & \boldsymbol{j} & \boldsymbol{k} \\ A_1 & B_1 & C_1 \\ A_2 & B_2 & C_2 \end{vmatrix}$.

过已知直线的平面束方程：

$$\lambda(A_1x+B_1y+C_1z+D_1)+\mu(A_2x+B_2y+C_2z+D_2)=0$$

［或 $A_1x+B_1y+C_1z+D_1+\lambda(A_2x+B_2y+C_2z+D_2)=0$，此时缺少第二个平面］.

（2）标准式方程（对称式或点向式方程）：$\dfrac{x-x_0}{l}=\dfrac{y-y_0}{m}=\dfrac{z-z_0}{n}$，$M(x_0,y_0,z_0)$ 为直线上已知点，$\boldsymbol{s}=(l,m,n)$ 为直线的方向向量.

（3）两点式方程：$\dfrac{x-x_1}{x_2-x_1}=\dfrac{y-y_1}{y_2-y_1}=\dfrac{z-z_1}{z_2-z_1}$，$M_1(x_1,y_1,z_1),M_2(x_2,y_2,z_2)$ 为直线上的两点.

（4）参数方程：$\begin{cases} x=x_0+lt \\ y=y_0+mt \\ z=z_0+nt \end{cases}$，$M(x_0,y_0,z_0)$ 为直线上已知点，$\boldsymbol{s}=(l,m,n)$ 为直线的方向向量.

（5）直线与直线的夹角：两直线的方向向量的夹角（通常指锐角）叫作两直线的夹角.

设直线 L_1 和直线 L_2 的夹角为 θ，则

$$\cos\theta = \frac{|l_1 l_2 + m_1 m_2 + n_1 n_2|}{\sqrt{l_1^2 + m_1^2 + n_1^2}\sqrt{l_2^2 + m_2^2 + n_2^2}}.$$

$$L_1 \perp L_2 \Leftrightarrow l_1 l_2 + m_1 m_2 + n_1 n_2 = 0; \quad L_1 /\!/ L_2 \Leftrightarrow \frac{l_1}{l_2} = \frac{m_1}{m_2} = \frac{n_1}{n_2};$$

其中直线 L_1 的方向向量 $\boldsymbol{s}_1 = (l_1, m_1, n_1)$，直线 L_2 的方向向量 $\boldsymbol{s}_2 = (l_2, m_2, n_2)$.

（6）直线与平面的夹角：直线和它在平面上的投影直线的夹角 $\varphi\left(0 \leqslant \varphi \leqslant \dfrac{\pi}{2}\right)$ 称为直线与平面的夹角.

设直线 L 和平面 π 的夹角是 φ，则

$$\sin\varphi = \frac{|Al + Bm + Cn|}{\sqrt{A^2 + B^2 + C^2}\sqrt{l^2 + m^2 + n^2}}.$$

$$L \perp \pi \Leftrightarrow \frac{A}{l} = \frac{B}{m} = \frac{C}{n}; \quad L /\!/ \pi \Leftrightarrow Al + Bm + Cn = 0.$$

其中直线 L 的方向向量 $\boldsymbol{s} = (l, m, n)$，平面 π 的法向量 $\boldsymbol{n} = (A, B, C)$.

（7）点到平面、直线的距离

① 点 $M(x_0, y_0, z_0)$ 到平面 π：$Ax + By + Cz + D = 0$ 的距离为：

$$d = \frac{|Ax_0 + By_0 + Cz_0 + D|}{\sqrt{A^2 + B^2 + C^2}}.$$

② 点 $M(x_0, y_0, z_0)$ 到直线 L：$\dfrac{x - x_1}{l} = \dfrac{y - y_1}{m} = \dfrac{z - z_1}{n}$ 的距离为：

$$d = \frac{|\overrightarrow{PM} \times \boldsymbol{s}|}{|\boldsymbol{s}|},$$

其中 $\boldsymbol{s} = (l, m, n)$，$P$ 为直线 L 上的点.

4. 空间曲面方程

空间曲面的方程为：$F(x, y, z) = 0$ 或 $z = f(x, y)$.

（1）球面方程

$$(x - x_0)^2 + (y - y_0)^2 + (z - z_0)^2 = d \quad (d > 0).$$

（2）柱面方程

柱面：平行于定直线并沿定曲线 C 移动的直线 L 形成的轨迹叫作柱面，曲线 C 叫作柱面的准线，动直线 L 叫作柱面的母线.

母线平行于 z 轴的柱面方程为 $F(x, y) = 0$.

母线平行于 x 轴的柱面方程为 $F(y, z) = 0$.

母线平行于 y 轴的柱面方程为 $F(x, z) = 0$.

① 椭圆柱面：$\dfrac{x^2}{a^2} + \dfrac{y^2}{b^2} = 1$；② 双曲柱面：$\dfrac{x^2}{a^2} - \dfrac{y^2}{b^2} = 1$；③ 抛物柱面：$x^2 = 2py$.

（3）旋转曲面方程

以一条平面曲线绕其平面上的一条直线旋转一周所成的曲面叫作旋转曲面，这条定直线

叫作旋转曲面的轴.

设平面曲线 C：$\begin{cases} f(y,z)=0 \\ x=0 \end{cases}$

① 曲线 C 绕 z 轴旋转所成的旋转曲面方程为：$f(\pm\sqrt{x^2+y^2},z)=0$.

② 曲线 C 绕 y 轴旋转所成的旋转曲面方程为：$f(y,\pm\sqrt{x^2+z^2})=0$.

例：圆锥面 $z^2=a^2(x^2+y^2)$.

（4）常用二次曲面方程

① 椭圆锥面方程：

$$\frac{x^2}{a^2}+\frac{y^2}{b^2}=z^2.$$

② 椭球面方程：

$$\frac{x^2}{a^2}+\frac{y^2}{b^2}+\frac{z^2}{c^2}=1.$$

③ 椭圆抛物面方程：

$$\frac{x^2}{a^2}+\frac{y^2}{b^2}=z.$$

④ 双曲抛物面方程：

$$\frac{x^2}{a^2}-\frac{y^2}{b^2}=z.$$

⑤ 单叶双曲面方程：

$$\frac{x^2}{a^2}+\frac{y^2}{b^2}-\frac{z^2}{c^2}=1 \quad (a,b,c\ 均为正数).$$

⑥ 双叶双曲面方程：

$$\frac{x^2}{a^2}-\frac{y^2}{b^2}-\frac{z^2}{c^2}=1 \quad (a,b,c\ 均为正数).$$

（5）空间曲面的切平面与法线　已知空间曲面 Σ：$F(x,y,z)=0$，若 F 可微，点 $M(x_0,y_0,z_0)\in\Sigma$，则 $\boldsymbol{n}=(F_x,F_y,F_z)|_M$ 为曲面 Σ 在点 M 的法向量；曲面 Σ 在点 M 的切平面方程为

$$F_x(M)(x-x_0)+F_y(M)(y-y_0)+F_z(M)(z-z_0)=0.$$

曲面 Σ 在点 M 的法线方程为

$$\frac{x-x_0}{F_x(M)}=\frac{y-y_0}{F_y(M)}=\frac{z-z_0}{F_z(M)}$$

5. 空间曲线方程

（1）一般式方程：

$$\begin{cases} F(x,y,z)=0 \\ G(x,y,z)=0 \end{cases}.$$

（2）参数式方程：

$$\begin{cases} x=x(t) \\ y=y(t) \quad \alpha\leqslant t\leqslant\beta. \\ z=z(t) \end{cases}$$

（3）空间曲线在坐标面的投影　设 C 为一条空间曲线，π 是一张平面，C 的每一点在平面 π 上均有一个垂足，由这些垂足构成的曲线就称为 C 在平面 π 上的投影．经过 C 的每一点均有平面 π 的一条垂线，这些垂线，构成一个柱面，称为曲线 C 到平面 π 的投影柱面．或以曲线 C 为准线，母线垂直于平面 π 的柱面叫做曲线 C 关于平面 π 的投影柱面．投影柱面与平面 π 的交线为投影曲线（或投影）．

例：空间曲线 $C：\begin{cases} F(x,y,z)=0 \\ G(x,y,z)=0 \end{cases}$ 消去 z，得 $\begin{cases} H(x,y)=0 \\ z=0 \end{cases}$ 即为空间曲线 C 在 xOy 面上的投影．同理可得曲线 C 在 zOx 面、yOz 面上的投影曲线．

（4）空间曲线的切线与法平面　设有空间曲线 $C：\begin{cases} F(x,y,z)=0 \\ G(x,y,z)=0 \end{cases}$，这里 F,G 均可微，点 $M(x_0,y_0,z_0)\in C$，则 $\boldsymbol{s}=(F_x,F_y,F_z)\times(G_x,G_y,G_z)|_M$，为曲线 C 在点 M 的切向量．记 $\boldsymbol{s}=(l,m,n)$，则曲线 C 在点 M 的切线方程为 $\dfrac{x-x_0}{l}=\dfrac{y-y_0}{m}=\dfrac{z-z_0}{n}$．曲线 C 在点 M 的法平面方程为 $l(x-x_0)+m(y-y_0)+n(z-z_0)=0$．

设有空间曲线 $C：\begin{cases} x=\varphi(t) \\ y=\psi(t) \\ z=\omega(t) \end{cases}$，则 $t=t_0$ 时曲线 C 的切线方程为

$$\frac{x-\varphi(t_0)}{\varphi'(t_0)}=\frac{y-\psi(t_0)}{\psi'(t_0)}=\frac{z-\omega(t_0)}{\omega'(t_0)}.$$

曲线 C 在 $t=t_0$ 时的法平面方程为

$$\varphi'(t_0)[x-\varphi(t_0)]+\psi'(t_0)[y-\psi(t_0)]+\omega'(t_0)[z-\omega(t_0)]=0.$$

二、重点题型解析

【例 5.10】　试讨论两个平面 $\pi_1：A_1x+B_1y+C_1z+D_1=0$ 与 $\pi_2：A_2x+B_2y+C_2z+D_2=0$ 的空间位置关系．

解析　平面 π_1 与 π_2 的位置关系取决于线性方程组

$$\begin{cases} A_1x+B_1y+C_1z=-D_1 \\ A_2x+B_2y+C_2z=-D_2 \end{cases},$$

解的情况．设系数矩阵为 $\boldsymbol{A}$，增广矩阵为 $\overline{\boldsymbol{A}}$，则 $1\leqslant r(\boldsymbol{A})\leqslant 2$，$1\leqslant r(\overline{\boldsymbol{A}})\leqslant 2$．于是，得

（1）平面 π_1 与 π_2 重合的充分必要条件是 $r(\boldsymbol{A})=r(\overline{\boldsymbol{A}})=1$；

（2）平面 π_1 与 π_2 平行但不重合的充分必要条件是 $r(\boldsymbol{A})=1$，$r(\overline{\boldsymbol{A}})=2$；

（3）平面 π_1 与 π_2 相交成一条直线的充分必要条件是 $r(\boldsymbol{A})=r(\overline{\boldsymbol{A}})=2$．

评注　（1）平面 π_1 与 π_2 重合则两平面有无穷多条公共的直线即方程组有无穷多个解，从而有 $r(\boldsymbol{A})=r(\overline{\boldsymbol{A}})=1$；（2）平面 π_1 与 π_2 平行但不重合则两平面没有公共的直线即方程组无解从而有 $r(\boldsymbol{A})=1$，$r(\overline{\boldsymbol{A}})=2$；（3）平面 π_1 与 π_2 相交成一条直线则两平面只有一条公共直线即方程组有唯一解从而有 $r(\boldsymbol{A})=r(\overline{\boldsymbol{A}})=2$．

【例 5.11】　试讨论两条直线

$$L_1: \begin{cases} A_1x+B_1y+C_1z+D_1=0 \\ A_2x+B_2y+C_2z+D_2=0 \end{cases} \text{与} L_2: \begin{cases} A_3x+B_3y+C_3z+D_3=0 \\ A_4x+B_4y+C_4z+D_4=0 \end{cases}$$

的空间位置关系.

解析 设 $A=\begin{pmatrix} A_1 & B_1 & C_1 \\ A_2 & B_2 & C_2 \\ A_3 & B_3 & C_3 \\ A_4 & B_4 & C_4 \end{pmatrix}$，$\overline{A}=\begin{pmatrix} A_1 & B_1 & C_1 & -D_1 \\ A_2 & B_2 & C_2 & -D_2 \\ A_3 & B_3 & C_3 & -D_3 \\ A_4 & B_4 & C_4 & -D_4 \end{pmatrix}$，

则 $2\leqslant r(A)\leqslant 3$，$2\leqslant r(\overline{A})\leqslant 4$. 于是得：

(1) 直线 L_1 与 L_2 重合的充分必要条件是 $r(A)=r(\overline{A})=2$；

(2) 直线 L_1 与 L_2 平行但不重合的充分必要条件是 $r(A)=2$，$r(\overline{A})=3$；

(3) 直线 L_1 与 L_2 相交的充分必要条件是 $r(A)=r(\overline{A})=3$；

(4) 直线 L_1 与 L_2 为异面直线的充分必要条件是 $r(A)=3$，$r(\overline{A})=4$.

评注 (1) 直线 L_1 与 L_2 重合则两直线有无穷多个公共点即方程组有无穷多个解，从而有 $r(A)=r(\overline{A})=2$；(2) 直线 L_1 与 L_2 平行但不重合则两直线没有公共点且在一个平面上从而有 $r(A)=2$，$r(\overline{A})=3$；(3) 直线 L_1 与 L_2 相交则两直线只有一个公共点即方程组有唯一解从而有 $r(A)=r(\overline{A})=3$；(4) 直线 L_1 与 L_2 为异面直线则两直线没有公共点且不在一个平面上从而有 $r(A)=3$，$r(\overline{A})=4$.

【例 5.12】 试利用矩阵的秩，讨论直线 $L: \begin{cases} A_1x+B_1y+C_1z+D_1=0 \\ A_2x+B_2y+C_2z+D_2=0 \end{cases}$ 与平面 π：$Ax+By+Cz+D=0$ 的位置关系.

解析 直线 L 与平面 π 的位置关系取决于线性方程组

$$\begin{cases} A_1x+B_1y+C_1z=-D_1 \\ A_2x+B_2y+C_2z=-D_2, \\ Ax+By+Cz=-D \end{cases} \tag{5.3}$$

解的情形.

设方程组的系数矩阵为 A，增广矩阵为 $\overline{A}$，则 $2\leqslant r(A)\leqslant r(\overline{A})\leqslant 3$，因此只有下面 3 种情形.

(1) $r(A)=r(\overline{A})=3$，方程组 (5.3) 有唯一解 $\Leftrightarrow$ 直线 L 与平面 π 相交于一点；

(2) $r(A)=2$，$r(\overline{A})=3$，方程组 (5.3) 无解 $\Leftrightarrow$ 直线 L 与平面 π 平行；

(3) $r(A)=r(\overline{A})=2$，方程组 (5.3) 有无穷多解 $\Leftrightarrow$ 直线 L 在平面 π 上.

【例 5.13】 证明：三个平面 $x=cy+bz$，$y=az+cx$，$z=bx+ay$ 经过同一直线的充要条件是：$a^2+b^2+c^2+2abc=1$.

解析 显然，三个平面都过原点，只要证明它们通过异于原点的某一点即可. 此时齐次方程组

$$\begin{cases} -x+cy+bz=0 \\ cx-y+az=0, \\ bx+ay-z=0 \end{cases}$$

有非零解的充要条件是

$$\begin{vmatrix} -1 & c & b \\ c & -1 & a \\ b & a & -1 \end{vmatrix} = 0$$

即 $a^2 + b^2 + c^2 + 2abc = 1$.

【例 5.14】（第六届全国大学生数学竞赛预赛试题）设有曲面 S：$z = x^2 + 2y^2$ 和平面 π：$2x + 2y + z = 0$，则与 π 平行的 S 的切平面方程是 _____.

解析 设 $P_0(x_0, y_0, z_0)$ 为 S 上一点，则 S 在 P_0 的切平面方程是

$$-2x_0(x - x_0) - 4y_0(y - y_0) + (z - z_0) = 0$$

由于该切平面与已知平面 π 平行，则 $(-2x_0, -4y_0, 1)$ 平行于 $(2, 2, 1)$，故存在常数 $k \neq 0$ 使得 $(-2x_0, -4y_0, 1) = k(2, 2, 1)$，从而 $k = 1$. 故 $x_0 = -1$，$y_0 = -\dfrac{1}{2}$，$z_0 = \dfrac{3}{2}$，所求切平面方程为 $2x + 2y + z + \dfrac{3}{2} = 0$.

评注 求曲面在一点处的切平面方程时，如果给出切点坐标，则可以直接利用公式来求；如果没有给出切点坐标，在求切平面的时候需要先设出切点坐标，再求切平面方程.

【例 5.15】（2006 年浙江省大学生数学竞赛试题）求过点 $(1, 2, 3)$ 且与曲面 $z = x + (y - z)^3$ 的所有切平面皆垂直的平面方程.

解析 令 $F = z - x - (y - z)^3$，则曲面上过一点 (x, y, z) 的切平面的法向量为

$$\boldsymbol{n} = (F_x', F_y', F_z') = (-1, -3(y - z)^2, 1 + 3(y - z)^2),$$

记 $\boldsymbol{n}_1 = (1, 1, 1)$ 由于

$$\boldsymbol{n} \cdot \boldsymbol{n}_1 = -1 - 3(y - z)^2 + 1 + 3(y - z)^2 = 0,$$

所以 $\boldsymbol{n}_1 \perp \boldsymbol{n}$，因此所求平面方程为

$$(x - 1) + (y - 2) + (z - 3) = 0,$$

即 $x + y + z - 6 = 0$.

评注 已知平面上的一个点欲求平面方程只需求它的一个法向量，由于切平面法向量的三个分量和恰好是 0，所以设 $\boldsymbol{n}_1 = (1, 1, 1)$ 为所求平面的法向量.

【例 5.16】 已知两直线方程是 L_1：$\dfrac{x - 1}{1} = \dfrac{y - 2}{0} = \dfrac{z - 3}{-1}$ 和 L_2：$\dfrac{x + 2}{2} = \dfrac{y - 1}{1} = \dfrac{z}{1}$，则过 L_1 且平行于 L_2 的平面方程是 _____.

解析 **法 1** 直线 L_1，L_2 的方向向量分别为 $\boldsymbol{s}_1 = (1, 0, -1)$，$\boldsymbol{s}_2 = (2, 1, 1)$，因为平面过 L_1 且平行于 L_2，所以平面的法向量

$$\boldsymbol{n} = \boldsymbol{s}_1 \times \boldsymbol{s}_2 = \begin{vmatrix} \boldsymbol{i} & \boldsymbol{j} & \boldsymbol{k} \\ 1 & 0 & -1 \\ 2 & 1 & 1 \end{vmatrix} = \boldsymbol{i} - 3\boldsymbol{j} + \boldsymbol{k},$$

由于平面过 L_1，所以点 $M(1, 2, 3)$ 在平面上，故平面方程为 $(x - 1) - 3(y - 2) + (z - 3) = 0$，即 $x - 3y + z + 2 = 0$.

法 2 过 L_1 的平面束为 $x + z - 4 + \lambda(y - 2) = 0$，法向量为：$\boldsymbol{n} = (1, \lambda, 1)$，因为 $\boldsymbol{n} \cdot \boldsymbol{s}_2 = 0$，

所以 $1\times2+\lambda\times1+1\times1=0$, $\lambda=-3$, 故平面方程为 $x-3y+z+2=0$.

评注 利用平面束求平面方程是一种很简单的方法.

【例 5.17】 (第四届全国大学生数学竞赛预赛试题) 求通过直线 L: $\begin{cases} 2x+y-3z+2=0 \\ 5x+5y-4z+3=0 \end{cases}$ 的

两个相互垂直的平面 π_1 和 π_2, 使其中一个平面过点 $(4,-3,1)$.

解析 过直线 L 的平面束方程为

$$\lambda(2x+y-3z+2)+\mu(5x+5y-4z+3)=0,$$

即

$$(2\lambda+5\mu)x+(\lambda+5\mu)y-(3\lambda+4\mu)z+2\lambda+3\mu=0,$$

若平面 π_1 过点 $(4,-3,1)$, 代入得 $\lambda+\mu=0$, 即 $\mu=-\lambda$, 从而 π_1 的方程为 $3x+4y-z+1=0$,
若平面束中平面 π_2 与 π_1 垂直, 则 $3(2\lambda+5\mu)+4(\lambda+5\mu)+(3\lambda+4\mu)z=0$,
解得 $\lambda=-3\mu$, 从而平面 π_2 的方程为 $x-2y-5z+3=0$.

【例 5.18】 一平面通过两直线 L_1: $\dfrac{x-1}{1}=\dfrac{y+2}{2}=\dfrac{z-5}{1}$ 和 L_2: $\dfrac{x}{1}=\dfrac{y+3}{3}=\dfrac{z+1}{2}$ 的公垂

线 L, 且平行于向量 $\boldsymbol{s}=(1,0,-1)$, 求此平面方程.

解析 已知两直线的方向向量为 $\boldsymbol{s}_1=(1,2,1)$, $\boldsymbol{s}_2=(1,3,2)$, 令 $\boldsymbol{s}_3=\boldsymbol{s}_1\times\boldsymbol{s}_2$, 则 $\boldsymbol{s}_3=(1,-1,1)$.

设所求平面的法向量为 $\boldsymbol{n}$, 则应有 $\boldsymbol{n}=\boldsymbol{s}_3\times\boldsymbol{s}$, 计算可得 $\boldsymbol{n}=(1,2,1)$.

下面求公垂线 L 上的一个点.

设此公垂线与 L_1 和 L_2 分别交于 $A(t+1,2t-2,t+5)$ 和 $B(\lambda,3\lambda-3,2\lambda-1)$, 则 $\overrightarrow{AB}\parallel\boldsymbol{s}_3$,

从而 $\dfrac{\lambda-t-1}{1}=\dfrac{3\lambda-2t-1}{-1}=\dfrac{2\lambda-t-6}{1}$, 解出 $t=6$, $\lambda=5$. 故点 A 为 $(7,10,11)$.

所求平面方程为 $(x-7)+2(y-10)+(z-11)=0$, 即 $x+2y+z-38=0$.

【例 5.19】 求平行于平面 $6x+y+6z+5=0$, 而与三坐标面所构成的四面体体积为一个单位的平面.

解析 设所求平面为 $\dfrac{x}{a}+\dfrac{y}{b}+\dfrac{z}{c}=1$. 由题设有 $\dfrac{1}{6}abc=1$, $\dfrac{1}{a}/6=\dfrac{1}{b}/1=\dfrac{1}{c}/6=t$, 解得 $a=1$, $b=6$, $c=1$. 故所求平面方程为 $6x+y+6z-6=0$.

评注 根据题意需要求平面与三坐标面所构成的四面体体积, 于是设平面方程形式为截距式方程, 这样很容易求出四面体的体积. 从此题可以看出求平面方程要根据题意设出恰当形式的平面方程.

【例 5.20】 已知直线 l_1: $\dfrac{x-1}{2}=\dfrac{y+4}{m}=\dfrac{z-3}{-3}$, l_2: $\dfrac{x+3}{3}=\dfrac{y-9}{-4}=\dfrac{z+14}{7}$ 相交, 求 m

及由 l_1, l_2 所确定的平面方程.

解析 l_2 的参数方程为 $\begin{cases} x=-3+3t \\ y=9-4t \\ z=-14+7t \end{cases}$ 由于 l_1, l_2 相交, 设交点 $P_0(-3+3t,9-4t,-14+$

$7t)$ 则有 $\dfrac{3t-4}{2}=\dfrac{13-4t}{m}=\dfrac{7t-17}{-3}$, 解得 $t=2$, $m=5$. l_1, l_2 确定的平面法向量为

$$n = \begin{vmatrix} i & j & k \\ 2 & 5 & -3 \\ 3 & -4 & 7 \end{vmatrix} = 23(1, -1, -1).$$

故 l_1，l_2 确定的平面方程为 $x - y - z - 2 = 0$．

【例 5.21】 （第二届全国大学生数学竞赛预赛试题）求直线 l_1：$\begin{cases} x - y = 0 \\ z = 0 \end{cases}$，与直线 l_2：

$\dfrac{x-2}{4} = \dfrac{y-1}{-2} = \dfrac{z-3}{-1}$ 的距离．

解析　直线 l_1 的对称式方程为 l_1：$\dfrac{x}{1} = \dfrac{y}{1} = \dfrac{z}{0}$．记两直线的方向向量分别为 $s_1 = (1, 1, 0)$，$s_2 = (4, -2, -1)$，两直线上的定点分别为 $P_1 = (0, 0, 0)$ 和 $P_2 = (2, 1, 3)$，$a = \overrightarrow{P_1P_2} = (2, 1, 3)$．$s_1 \times s_2 = (-1, 1, -6)$．由向量的性质可知，两直线的距离

$$d = \left| \frac{a \cdot (s_1 \times s_2)}{|s_1 \times s_2|} \right| = \sqrt{\frac{19}{2}}.$$

评注　此题是求两异面直线的距离，转换思路利用向量的性质来求两直线的距离，向量 $s_1 \times s_2$ 同时垂直于 l_1 和 l_2，P_1 和 P_2 为两直线上的定点，于是两直线的距离就等于 $\overrightarrow{P_1P_2}$ 在 $s_1 \times s_2$ 上投影的绝对值．

【例 5.22】 （第十九届北京市大学生数学竞赛试题）已知入射光线的路径为 l：$\dfrac{x-1}{4} =$

$\dfrac{y-1}{3} = z - 2$ 则此光线经过平面 π：$x + 2y + 5z + 17 = 0$ 反射后的反射线方程为 _____．

解析　记已知直线的方向向量为 $s_1 = (4, 3, 1)$，平面的法向量为 $n_1 = (1, 2, 5)$．设反射线的方向向量为 $s = (l, m, n)$．由 $\begin{cases} \dfrac{x-1}{4} = \dfrac{y-1}{3} = z - 2 \\ x + 2y + 5z + 17 = 0 \end{cases}$ 得平面与直线的交点为 $(-7, -5, 0)$，包含直线 l 且与平面 π 垂直的平面 π_1 的法向量 $n = (4, 3, 1) \times (1, 2, 5) = (13, -19, 5)$．因入射光线和反射光线与平面 π 的夹角相等从而有

$$\frac{|l + 2m + 5n|}{\sqrt{l^2 + m^2 + n^2}\sqrt{30}} = \frac{15}{\sqrt{26}\sqrt{30}}, \tag{5.4}$$

又反射光线在平面 π_1 上有　　　　　$13l - 19m + 5n = 0$ 　　　　　　　　(5.5)

于是由式（5.4）、式（5.5）得反射光线的方向向量为 $s = (3, 1, -4)$，故所求反射线方程为 $\dfrac{x+7}{3} = \dfrac{y+5}{1} = \dfrac{z}{-4}$．

【例 5.23】 一直线在坐标面 zOx 上，且通过原点，又垂直于直线 $\dfrac{x-2}{3} = \dfrac{y+1}{-2} = \dfrac{z-5}{1}$，求它的对称式方程．

解析　设所求方程为 $\dfrac{x}{l} = \dfrac{y}{m} = \dfrac{z}{n}$，且 $m = 0$，由 $(l, 0, n) \perp (3, -2, 1)$，故 $3l + n = 0$．则 $l : n = -1 : 3$，因此所求直线方向向量为 $(-1, 0, 3)$，于是所求直线方程为 $\dfrac{x}{-1} = \dfrac{y}{0} = \dfrac{z}{3}$．

评注 此题是求直线的对称式方程且直线过原点，于是可设所求直线的方程为对称式方程的形式即 $\dfrac{x}{l}=\dfrac{y}{m}=\dfrac{z}{n}$，再由条件确定 l,m,n 的值，有的往往不用求出 l,m,n 精确的值，只需求出比值即可。直线的方程有多种形式，根据已知条件设出恰当的直线方程形式，从而求出直线方程。

【例 5.24】 点 $A(2,1,-1)$ 关于平面 $x-y+2z=5$ 的对称点的坐标为 ＿＿＿＿＿＿。

解析 设点 $A(2,1,-1)$ 关于平面 $x-y+2z=5$ 的对称点为 B，AB 与平面的交点记为 Q，直线的方向向量等于该平面的法向量 $(1,-1,2)$，所以直线 AB 的参数方程为

$$x=2+t,y=1-t,z=-1+2t$$

代入平面方程得 $2+t-1+t-2+4t=5$，解得 $t=1$，于是点 Q 的坐标为 $(3,0,1)$。因 Q 是 A，B 的中点，所以点 B 的坐标为 $(2\times3-2,2\times0-1,2\times1-(-1))=(4,-1,3)$。

【例 5.25】（2008 年江苏省大学生数学竞赛试题）在平面 Π：$x+2y-z=20$ 内作一直线 Γ，使直线 Γ 过另一直线 L：$\begin{cases} x-2y+2z=1 \\ 3x+y-4z=3 \end{cases}$ 与平面 Π 的交点，且 Γ 与 L 垂直，求直线 Γ 的参数方程。

解析 直线 L 的方向向量为 $\boldsymbol{s}=(1,-2,2)\times(3,1,-4)=(6,10,7)$，且直线 L 上有一点 $(1,0,0)$，所以直线 L 的参数方程为 $x=1+6t$，$y=10t$，$z=7t$，代入平面方程解得 $t=1$，又平面 Π 的法向量为 $\boldsymbol{n}=(1,2,-1)$，所求直线 Γ 的方向向量为 $\boldsymbol{s}_1=\boldsymbol{s}\times\boldsymbol{n}=(6,10,7)\times(1,2,-1)=(-24,13,2)$，故所求直线 Γ 的参数方程为

$$x=7-24t,y=10+13t,z=7+2t.$$

【例 5.26】 设有直线 L_1：$\dfrac{x+2}{1}=\dfrac{y-3}{-1}=\dfrac{z+1}{1}$ 及 L_2：$\dfrac{x+4}{2}=\dfrac{y}{1}=\dfrac{z-4}{3}$，试求与直线 L_1，L_2 都垂直相交的直线方程。

解析 已知两直线的方向向量 $\boldsymbol{s}_1=(1,-1,1)$，$\boldsymbol{s}_2=(2,1,3)$。令 $\boldsymbol{s}=\boldsymbol{s}_1\times\boldsymbol{s}_2$，计算可得 $\boldsymbol{s}=(-4,-1,3)$，令 $\boldsymbol{n}_1=\boldsymbol{s}\times\boldsymbol{s}_1=(2,7,5)$，$\boldsymbol{n}_2=\boldsymbol{s}\times\boldsymbol{s}_2=(3,-9,1)$。作平面 π_1 与 π_2，π_1：$2(x+2)+7(y-3)+5(z+1)=0$，即 $2x+7y+5z-12=0$。π_2：$3(x+4)-9y+(z-4)=0$，即 $3x-9y+z+8=0$。

所求直线为 L：$\begin{cases} 2x+7y+5z-12=0 \\ 3x-9y+z+8=0 \end{cases}$。

评注 求直线方程时，如果没有说明求哪一种方程，可由题意求最容易求的那种方程。此题求过所求直线的两个平面从而得直线的一般方程。

【例 5.27】 求曲线 $\begin{cases} -9y^2+6xy-2zx+24x-9y+3z-63=0 & (5.6) \\ 2x-3y+z=9 & (5.7) \end{cases}$ 平行于 z 轴的投影柱面。

解析 将式（5.7）$z=9-2x+3y$ 代入式（5.6）得

$$-9y^2+6xy-2x(9-2x+3y)+24x-9y+3(9-2x+3y)-63=0,$$

整理得 $4x^2-9y^2=36$，即为所求。

【例 5.28】（2006 年江苏省大学生数学竞赛试题）已知空间三点 $A(-4,0,0)$，$B(0,-2,$

0），$C(0,0,2)$，O 为原点，求四面体 $OABC$ 的外接球面的方程.

解析 设四面体的外接球面的方程为 $x^2+y^2+z^2+ax+by+cz=0$，将点 A，B，C 的坐标代入得 $16-4a=0$，$4-2b=0$，$4+2c=0$，所以 $a=4$，$b=2$，$c=-2$，于是所求球面方程为 $(x+2)^2+(y+1)^2+(z-1)^2=6$.

评注 此题是求四面体的外接球面的方程即四个点 A，B，C，O 在球面上，于是设球面方程为 $x^2+y^2+z^2+ax+by+cz=0$，再将 A,B,C 代入，可求出 a,b,c.

【例 5.29】 讨论平面 $x+2y-2z+m=0$ 与球面 $x^2+y^2+z^2-8x+2z-6z+22=0$ 间的位置关系.

解析 球面方程表示的是球心在 $M_0(4,-1,3)$，半径 $R=2$ 的球面. $M_0(4,-1,3)$ 到平面的距离为 $d=\dfrac{|m-4|}{3}$，故 $d=2$ 即 $m=-2$ 或 $m=10$ 时，平面与球面相切. $d<2$ 即 $-2<m<10$ 时，平面与球面相交. $d>2$ 即 $m<-2$ 或 $m>10$ 时，平面与球面相离.

【例 5.30】 求直线 l：$\dfrac{x-1}{1}=\dfrac{y}{1}=\dfrac{z-1}{-1}$ 在平面 π：$x-y+2z-1=0$ 上的投影直线 l_0 的方程，并确定 l_0 绕 y 轴旋转一周的旋转曲面方程.

解析 l_0 位于过 l 且与 π 垂直的平面 π_1 上，π_1 的法向量 $\boldsymbol{n}_1=\boldsymbol{n}\times\boldsymbol{s}=(-1,3,2)$，$\pi_1$ 的方程为 $x-3y-2z+1=0$，所以 l_0 的一般式方程为 $\begin{cases} x-y+2z-1=0 \\ x-3y-2z+1=0 \end{cases}$. l_0 化为参数方程形式 $x=2t$，$y=t$，$z=-\dfrac{1}{2}(t-1)$，旋转曲面方程应满足 $\begin{cases} x^2+z^2=(2t)^2+\dfrac{1}{4}(t-1)^2 \\ y=t \end{cases}$，$t\in\mathbf{R}$.

消去参数 t 的旋转曲面的方程 $\dfrac{17}{4}x^2-\dfrac{169}{16}\left(y-\dfrac{1}{17}\right)^2+\dfrac{17}{4}z^2=1$，此曲面为单叶双曲面.

【例 5.31】 （2008 年江苏省大学生数学竞赛试题）将 xOy 面上的曲线 $x^2+(y-b)^2=a^2(0<a<b)$ 绕 x 轴旋转一周得到旋转曲面 Σ. （1）求 Σ 的方程；（2）求 Σ 所围立体的体积.

解析 （1）Σ 的方程为 $x^2+(\sqrt{y^2+z^2}-b)^2=a^2$.

（2）$V=\pi\displaystyle\int_{-a}^{a}\left[(b+\sqrt{a^2-x^2})^2-(b-\sqrt{a^2-x^2})^2\right]\mathrm{d}x=\pi\displaystyle\int_{-a}^{a}2b\cdot2\sqrt{a^2-x^2}\,\mathrm{d}x$

$=4\pi b\cdot\dfrac{1}{2}\pi a^2=2\pi^2 a^2 b$.

【例 5.32】 （2008 年江苏省数学竞赛试题）（1）证明曲面 Σ：$x=(b+a\cos\theta)\cos\varphi$，$y=a\sin\theta$，$z=(b+a\cos\theta)\sin\varphi(0\leqslant\theta\leqslant2\pi,0\leqslant\varphi\leqslant2\pi,0<a<b)$ 为旋转曲面；（2）求旋转曲面 Σ 所围立体的体积.

解析 （1）消去 θ，φ，得 $(\sqrt{x^2+z^2}-b)^2+y^2=a^2$，它是曲线 Γ：$\begin{cases} (x-b)^2+y^2=a^2 \\ z=0 \end{cases}$ 绕 y 轴旋转一周生成的旋转曲面.

（2）$V=2\pi\displaystyle\int_{0}^{a}\left[(b+\sqrt{a^2-y^2})^2-(b-\sqrt{a^2-y^2})^2\right]\mathrm{d}y$

$=8\pi b\displaystyle\int_{0}^{a}\sqrt{a^2-y^2}\,\mathrm{d}y=2\pi^2 a^2 b$.

【例 5.33】 试证曲线 $\begin{cases} 4x-5y-10z-20=0 \\ \dfrac{x^2}{25}+\dfrac{y^2}{16}-\dfrac{z^2}{4}=1 \end{cases}$ 是两相交直线，并求其对称式方程.

解析 在原曲线方程中消去 z 得 $(x-5)(y+4)=0$. 于是得两直线方程

$$L_1: \begin{cases} x-5=0 \\ 4x-5y-10z-20=0 \end{cases}, \quad L_2: \begin{cases} y+4=0 \\ 4x-5y-10z-20=0 \end{cases}$$

容易求得其方向向量分别为 $s_1=(0,2,-1)$，$s_2=(5,0,2)$，说明 L_1 与 L_2 共面不平行. 因此，是两相交直线，进一步可写出其对称式方程为

$$L_1: \frac{x-5}{0}=\frac{y}{2}=\frac{z}{-1}, \quad L_2: \frac{x}{5}=\frac{y+4}{0}=\frac{z}{2}.$$

【例 5.34】 求过点 $(4,0)$ 且与椭圆 $\dfrac{x^2}{4}+\dfrac{y^2}{3}=1$ 相切的直线绕 x 轴旋转而成的圆锥面方程.

解析 过点 $(4,0)$ 与 $\dfrac{x^2}{4}+\dfrac{y^2}{3}=1$ 相切的直线为 $y=\pm\left(\dfrac{1}{2}x-2\right)$，所求圆锥面方程为

$$y^2+z^2=\left(\frac{1}{2}x-2\right)^2.$$

三、综合训练

（1）求通过坐标原点且垂直于两平面 $x-y+z-7=0$ 和 $3x+2y-12z+5=0$ 的平面.

（2）求过点 $(1,1,1)$ 和直线 $\begin{cases} 3x-y+2z+2=0 \\ x-2y+3z-5=0 \end{cases}$ 的平面方程.

（3）在直线方程 $\begin{cases} 3x-y+2z-6=0 \\ x+4y-z+D=0 \end{cases}$ 中，D 取何值方能使直线与 z 轴相交？

（4）在直线方程 $\begin{cases} x-2y+z-9=0 \\ 3x+By+z+D=0 \end{cases}$ 中，B 和 D 各取何值，才能使直线在 xOy 平面上？

（5）求通过平面 $2x+y-3z+2=0$ 和 $5x+5y-4z+3=0$ 的交线，而又互相垂直的两个平面的方程，且已知其中一个平面过点 $A(4,-3,1)$.

（6）曲面 $z=x^2+y^2$ 与平面 $2x+4y-z=0$ 平行的切平面方程是_____.

（7）求通过直线 $L: \begin{cases} 2x+y=0 \\ 4x+2y+3z=6 \end{cases}$ 且切于球面 $x^2+y^2+z^2=4$ 的平面方程.

（8）在曲线 $x=t$，$y=-t^2$，$z=t^3$ 的所有切线中，与平面 $x+2y+z=4$ 平行的切线只有_____条.

（9）设一直线平行于平面 $3x-2y+z+5=0$，与直线 $\dfrac{x-1}{2}=\dfrac{y}{-1}=\dfrac{z+2}{1}$ 相交，且过点 $M_0(2,-1,2)$，求该直线方程.

（10）在平面 $x+y+z+1=0$ 内，求作一直线，使它通过直线 $L: \begin{cases} y+z+1=0 \\ x+2z=0 \end{cases}$ 与平面的交点，且与 L 垂直.

(11) 一平面与原点的距离为6，且在三坐标轴上的截距之比 $a:b:c=1:3:2$，求该平面方程.

(12) 设有直线 L_1：$\dfrac{x+2}{1}=\dfrac{y-3}{-1}=\dfrac{z+1}{1}$ 及 L_2：$\dfrac{x+4}{2}=\dfrac{y}{1}=\dfrac{z-4}{3}$，试求与直线 L_1，L_2 都垂直相交的直线方程.

(13) 设点 (x_0,y_0,z_0) 到平面的距离为 p，且平面的法向量为 (A,B,C)，试证明：平面方程是 $A(x-x_0)+B(y-y_0)+C(z-z_0)\pm p\sqrt{A^2+B^2+C^2}=0$.

综合训练答案

(1) $2x+3y+z=0$；　　(2) $5x-5y+8z-8=0$；　　(3) $D=3$；

(4) $B=-6$，$D=-27$；　　(5) $3x+4y-z+1=0$ 和 $x-2y-5z+3=0$；

(6) $2x+4y-z=5$；　　(7) $z=0$；　　(8) 2；　　(9) $\dfrac{x-2}{1}=\dfrac{y+1}{0}=\dfrac{z-2}{-3}$；

(10) $\dfrac{x}{2}=\dfrac{y+1}{-3}=\dfrac{z}{1}$；　　(11) $6x+2y+3z\pm42=0$；

(12) L：$\begin{cases} 2x+7y+5z-12=0 \\ 3x-9y+z+8=0 \end{cases}$；

(13) 证明：设所求平面方程为 $Ax+By+Cz+D=0$，由点到平面的距离公式有

$$p=\frac{|Ax_0+By_0+Cz_0+D|}{\sqrt{AA^2+B^2+C^2}}\Rightarrow D=-Ax_0-By_0-Cz_0\pm p\sqrt{A^2+B^2+C^2}$$

代入得所求平面方程为

$$A(x-x_0)+B(y-y_0)+C(z-z_0)\pm p\sqrt{A^2+B^2+C^2}=0.$$

专题6　多元函数微分学

竞赛大纲

（1）多元函数的概念、二元函数的几何意义.

（2）二元函数的极限和连续的概念、有界闭区域上多元连续函数的性质.

（3）多元函数偏导数和全微分、全微分存在的必要条件和充分条件.

（4）多元复合函数、隐函数的求导法.

（5）二阶偏导数、方向导数和梯度.

（6）空间曲线的切线和法平面、曲面的切平面和法线.

（7）二元函数的二阶泰勒公式.

（8）多元函数极值和条件极值、拉格朗日乘数法、多元函数的最大值、最小值及其简单应用.

6.1　多元函数极限存在及连续和可微分的判定

一、知识要点

1. 二元函数

设 D 是平面上的一个点集，若对于任意点 $P(x, y) \in D$，按照一定的法则变量 z 总有确定的值与之对应，则称 z 是定义在平面点集 D 上关于变量 x, y 的二元函数，记为 $z = f(x, y)$，其中称 D 为函数 $f(x, y)$ 的定义域.

2. 二元函数的几何意义

$z = f(x, y)$ 的几何意义可以通过它在三维空间直角坐标系中函数的图像来描述. 一般来讲，$z = f(x, y)$ 表示定义域上方或下方的曲面.

3. 极限

设函数 $f(x, y)$ 在点 (x_0, y_0) 的（去心）邻域内有定义〔注意：在点 (x_0, y_0) 处可以没有定义〕. 如果当点 $P(x, y)$ 沿着 xOy 平面内任一曲线无限地趋近点 $P_0(x_0, y_0)$ 时，$f(x, y)$ 都无限地趋近于一个确定的常数 A，则称 A 为函数 $f(x, y)$ 在点 $P_0(x_0, y_0)$ 处的极限，记为

$$\lim_{(x,y)\to(x_0,y_0)} f(x,y)=A \text{ 或 } \lim_{\substack{x\to x_0 \\ y\to y_0}} f(x,y)=A.$$

4. 二元函数的连续

设二元函数 $f(x,y)$ 满足在点 (x_0,y_0) 的邻域内有定义，且 $\lim\limits_{(x,y)\to(x_0,y_0)} f(x,y)=f(x_0,y_0)$，即函数 $f(x,y)$ 在点 (x_0,y_0) 处的极限值等于它在该点处的函数值，则称函数 $f(x,y)$ 在点 (x_0,y_0) 处连续.

表达式 $\lim\limits_{(x,y)\to(x_0,y_0)} f(x,y)=f(x_0,y_0)$ 表明：

(1) 函数 $f(x,y)$ 在点 (x_0,y_0) 有定义，即 $f(x_0,y_0)$ 存在；

(2) $\lim\limits_{(x,y)\to(x_0,y_0)} f(x,y)$ 存在；

(3) $\lim\limits_{(x,y)\to(x_0,y_0)} f(x,y)=f(x_0,y_0)$.

当上述 (1)、(2)、(3) 中任何一条遭到破坏时，则称点 (x_0,y_0) 是函数 $f(x,y)$ 的间断点. 如果函数 $f(x,y)$ 在平面区域 D 内的每一点都连续，则称函数 $f(x,y)$ 在区域 D 内连续.

5. 有界闭区域上二元连续函数的性质

性质 (1) 如果 $f(x,y)$ 在有界闭区域 D 上连续，则 $f(x,y)$ 必在 D 上有界，并能取得它的最大值和最小值.

(2) 如果 $f(x,y)$ 在有界闭区域 D 上连续，则 $f(x,y)$ 在 D 上必能取得介于最大值和最小值之间的任何值至少一次.

二、重点题型解析

【例 6.1】 考虑二元函数在某点处的四条性质：(1) 连续；(2) 两个偏导数连续；(3) 可微；(4) 两个偏导数存在，则（ ）.

(A) (2)→(3)→(1)　　　　　　　　(B) (3)→(2)→(1)

(C) (3)→(4)→(1)　　　　　　　　(D) (3)→(1)→(4)

解析 由于 (3) $\xrightarrow{\times}$ (2)，(4) $\xrightarrow{\times}$ (1)，(1) $\xrightarrow{\times}$ (4)，故选 （A）.

【例 6.2】 设函数 $z=f(x,y)=\begin{cases} xy/\sqrt{x^2+y^2}, & (x,y)\neq(0,0) \\ 0, & x^2+y^2=0 \end{cases}$，试证明 $f(x,y)$ 在点 $(0,0)$ 处连续，偏导数存在，但不可微.

解析 (1) 因当 $x^2+y^2\neq 0$ 时，有

$$0\leqslant \left|\frac{xy}{\sqrt{x^2+y^2}}\right| \leqslant \left|\frac{x^2+y^2}{2\sqrt{x^2+y^2}}\right| \leqslant \frac{\sqrt{x^2+y^2}}{2} \leqslant \sqrt{x^2+y^2},$$

故 $\lim\limits_{(x,y)\to(0,0)} f(x,y)=0=f(0,0)$，所以 $f(x,y)$ 在点 $(0,0)$ 处连续.

(2) 因对任意 x，有 $f(x,0)=0$，对任意 y，有 $f(0,y)=0$，故

$$f'_x(0,0)=\lim_{\Delta x\to 0}\frac{f(0+\Delta x,0)-f(0,0)}{\Delta x}=\lim_{\Delta x\to 0}\frac{f(\Delta x,0)}{\Delta x}=0,$$

$$f'_y(0,0)=\lim_{\Delta y\to 0}\frac{f(0,0+\Delta y)-f(0,0)}{\Delta y}=\lim_{\Delta y\to 0}\frac{f(0,\Delta y)}{\Delta y}=0,$$

故 $f(x,y)$ 在点 （0,0） 处两个偏导数都存在，且都等于 0.

（3）用可微的定义证明 $f(x,y)$ 在点 （0,0） 处不可微，事实上

$$\frac{\Delta z-[f'_x(0,0)\Delta x+f'_y(0,0)\Delta y]}{\rho}=\frac{\Delta z}{\rho}=\frac{f(0+\Delta x,0+\Delta y)-f(0,0)}{\rho}$$

$$=\frac{\Delta x\Delta y}{\rho\sqrt{\Delta x^2+\Delta y^2}}=\frac{\Delta x\Delta y}{\sqrt{\Delta x^2+\Delta y^2}}\frac{1}{\sqrt{\Delta x^2+\Delta y^2}}=\frac{\Delta x\Delta y}{\Delta x^2+\Delta y^2},$$

令 $\Delta y=k\Delta x$，当 $\Delta x\to 0$ ［即点 $P(\Delta x,\Delta y)$ 沿着直线 $y=kx$ 趋于原点］时，则

$$\lim_{\rho\to 0}\frac{\Delta z-[f'_x(0,0)\Delta x+f'_y(0,0)\Delta y]}{\rho}=\lim_{\rho\to 0}\frac{k(\Delta x)^2}{(1+k^2)(\Delta x)^2}=\frac{k}{1+k^2}\neq 0.$$

因当动点 $P(\Delta x,\Delta y)$ 沿不同直线 $y=kx(k\neq 0)$ 趋于原点时，函数

$$\frac{\Delta z-[f_x(0,0)\Delta x+f'_y(0,0)\Delta y]}{\rho}$$

趋向不同的常数 $k/(1+k^2)$，因而其极限不存在，故此函数 $f(x,y)$ 在点 （0,0） 处不可微.

评注 按定义讨论一个函数 $z=f(x,y)$ 在点 (x_0,y_0) 的可微性时，可从下面几个方面考虑：

（1）若 $f(x,y)$ 在 (x_0,y_0) 的偏导数至少有一个不存在，则函数不可微；

（2）若 $f(x,y)$ 在 (x_0,y_0) 不连续，则函数不可微；

（3）若 $f(x,y)$ 在 (x_0,y_0) 连续，两偏导数存在，$\rho=\sqrt{\Delta x^2+\Delta y^2}$，则考虑

$$\lim_{\substack{\Delta x\to 0\\\Delta y\to 0}}\frac{f(x_0+\Delta x,y_0+\Delta y)-f(x_0,y_0)-f'_x(x_0,y_0)\Delta x-f'_y(x_0,y_0)\Delta y}{\rho}$$

$$=\lim_{\substack{\Delta x\to 0\\\Delta y\to 0}}\frac{\Delta z-f'_x(x_0,y_0)\Delta x-f'_y(x_0,y_0)\Delta y}{\rho}$$

是否为 0，若为 0，则函数在 (x_0,y_0) 可微，否则不可微.

【例 6.3】 二元函数 $f(x,y)=\begin{cases}xy/(x^2+y^2), & (x,y)\neq(0,0)\\0, & x^2+y^2=0\end{cases}$，在点 （0,0） 处 （　　）.

（A）连续，偏导数存在　　　　　　　　（B）连续，偏导数不存在

（C）不连续，偏导数存在　　　　　　　（D）不连续，偏导数不存在

解析 二元函数 $f(x,y)$ 在点 （0,0） 处不连续，这是因为当 $y=kx$ 时，有

$$\lim_{(x,y)\to(0,0)}f(x,y)=\lim_{(x,y)\to(0,0)}\frac{xy}{x^2+y^2}=\lim_{x\to 0}\frac{xkx}{x^2+k^2x^2}=\frac{k}{1+k^2},$$

当 k 取不同值时，$\dfrac{k}{1+k^2}$ 也不同，故极限 $\lim\limits_{(x,y)\to(0,0)}\dfrac{xy}{x^2+y^2}$ 不存在，因而在点 （0,0） 处 $f(x,y)$ 不连续. 由偏导数的定义知

$$f'_x(0,0)=\lim_{\Delta x\to 0}\frac{f(0+\Delta x,0)-f(0,0)}{\Delta x}=\lim_{\Delta x\to 0}\frac{0-0}{\Delta x}=0,$$

$$f'_y(0,0)=\lim_{\Delta y\to 0}\frac{f(0,0+\Delta y)-f(0,0)}{\Delta y}=\lim_{\Delta y\to 0}\frac{0-0}{\Delta y}=0,$$

故 $f(x,y)$ 在点 （0,0） 处两个偏导数都存在，仅 （C） 入选.

【例 6.4】 设 $z = \begin{cases} xy\sin\left(1/\sqrt{x^2+y^2}\right), & x^2+y^2 \neq 0 \\ 0, & x^2+y^2 = 0 \end{cases}$，则在点 $(0,0)$ 处函数 (　　).

（A）不连续

（B）连续，但偏导数 $\dfrac{\partial z}{\partial x}$ 和 $\dfrac{\partial z}{\partial y}$ 不存在

（C）连续且偏导数 $\dfrac{\partial z}{\partial x}$ 和 $\dfrac{\partial z}{\partial y}$ 都存在，但不可微　　（D）全微分存在

解析　因 $\lim\limits_{\substack{x\to 0 \\ y\to 0}} z(x,y) = \lim\limits_{\substack{x\to 0 \\ y\to 0}} xy\sin\dfrac{1}{\sqrt{x^2+y^2}} = 0 = z(0,0)$，故 z 在点 $(0,0)$ 连续.

$$z_x'(0,0) = \lim_{\Delta x\to 0}\frac{z(0+\Delta x,0)-z(0,0)}{\Delta x} = \lim_{\Delta x\to 0}\frac{0-0}{\Delta x} = 0,$$

$$z_y'(0,0) = \lim_{\Delta y\to 0}\frac{z(0,0+\Delta y)-z(0,0)}{\Delta y} = \lim_{\Delta y\to 0}\frac{0-0}{\Delta y} = 0,$$

所以 $z(x,y)$ 在点 $(0,0)$ 处偏导数存在. 又因为

$$\lim_{\rho\to 0}\frac{\Delta z - [z_x'(0,0)\Delta x + z_y'(0,0)\Delta y]}{\rho} = \lim_{\substack{\Delta x\to 0 \\ \Delta y\to 0}}\frac{\Delta x\cdot\Delta y\cdot\sin\left(1/\sqrt{\Delta x^2+\Delta y^2}\right)}{\sqrt{\Delta x^2+\Delta y^2}}$$

$$= \lim_{\substack{\Delta x\to 0 \\ \Delta y\to 0}}\Delta x\cdot\frac{\Delta y}{\sqrt{\Delta x^2+\Delta y^2}}\cdot\sin\frac{1}{\sqrt{\Delta x^2+\Delta y^2}} = 0.$$

所以 $z(x,y)$ 在点 $(0,0)$ 处可微，故 (D) 入选.

【例 6.5】 （第十八届北京市大学生（非数学专业）数学竞赛本科试题）设二元函数 $f(x,y) = |x-y|\varphi(x,y)$，其中 $\varphi(x,y)$ 在点 $(0,0)$ 的一个邻域内连续. 试证明函数 $f(x,y)$ 在点 $(0,0)$ 处可微充分必要条件是 $\varphi(0,0) = 0$.

解析　（必要性）设 $f(x,y)$ 在点 $(0,0)$ 处可微，则 $f_x'(0,0)$，$f_y'(0,0)$ 存在. 由于

$$f_x'(0,0) = \lim_{x\to 0}\frac{f(x,0)-f(0,0)}{x} = \lim_{x\to 0}\frac{|x|\varphi(x,0)}{x},$$

且

$$\lim_{x\to 0^+}\frac{|x|\varphi(x,0)}{x} = \varphi(0,0), \quad \lim_{x\to 0^-}\frac{|x|\varphi(x,0)}{x} = -\varphi(0,0)$$

故有 $\varphi(0,0) = 0$.

（充分性）若 $\varphi(0,0) = 0$，则可知 $f_x'(0,0) = 0$，$f_y'(0,0) = 0$，因为

$$\frac{f(x,y)-f(0,0)-f_x'(0,0)x-f_y'(0,0)y}{\sqrt{x^2+y^2}} = \frac{|x-y|\varphi(x,y)}{\sqrt{x^2+y^2}}$$

又

$$\frac{|x-y|}{\sqrt{x^2+y^2}} \leqslant \frac{|x|}{\sqrt{x^2+y^2}} + \frac{|y|}{\sqrt{x^2+y^2}} \leqslant 2$$

所以 $\lim\limits_{\substack{x\to 0 \\ y\to 0}}\dfrac{|x-y|\varphi(x,y)}{\sqrt{x^2+y^2}} = 0$. 由定义 $f(x,y)$ 在点 $(0,0)$ 处可微.

三、综合训练

（1）（江苏省 2000 年竞赛题）若 $\dfrac{\partial f}{\partial x}\bigg|_{(x_0,y_0)}$，$\dfrac{\partial f}{\partial y}\bigg|_{(x_0,y_0)}$ 都存在，则 $f(x,y)$ 在 (x_0,y_0) (　　).

（A）极限存在但不一定连续　　　　（B）极限存在且连续

（C）沿任意方向的方向导数存在　　　（D）极限不一定存在，也不一定连续

（2）（江苏省 2002 年竞赛题）设

$$f(x,y)=\begin{cases} y\arctan\dfrac{1}{\sqrt{x^2+y^2}}, & (x,y)\neq(0,0) \\ 0, & (x,y)=(0,0) \end{cases}$$

试讨论 $f(x,y)$ 在点 $(0,0)$ 的连续性、可偏导性与可微性.

（3）试讨论函数

$$f(x,y)=\begin{cases} xy\sin\dfrac{1}{x^2+y^2}, & (x,y)\neq(0,0) \\ 0, & (x,y)=(0,0) \end{cases}$$

在点 $(0,0)$ 的连续性、可偏导性与可微性.

（4）试证：函数

$$f(x,y)=\begin{cases} \dfrac{x^2y^2}{(x^2+y^2)^{\frac{3}{2}}}, & (x,y)\neq(0,0) \\ 0, & (x,y)=(0,0) \end{cases}$$

在点 $(0,0)$ 处连续，存在一阶偏导数，但不可微分.

综合训练答案

（1）D.　　（2）连续，可偏导，可微.　　（3）连续，可偏导，可微.　　（4）略.

6.2　多元函数的求导问题

一、知识要点

1. 偏增量与偏导数

（1）**偏增量**　二元函数 $z=f(x,y)$ 在点 (x_0,y_0) 处关于自变量 x 的偏增量记为 $\Delta_x z$，且

$$\Delta_x z=f(x_0+\Delta x,y_0)-f(x_0,y_0).$$

在点 (x_0,y_0) 处关于自变量 y 的偏增量记为 $\Delta_y z$，且

$$\Delta_y z=f(x_0,y_0+\Delta y)-f(x_0,y_0).$$

（2）**偏导数**　若偏增量 $\Delta_x z$ 与自变量 x 的改变量 Δx 之比当 $\Delta x\to 0$ 时的极限存在，则称此极限为函数 $z=f(x,y)$ 在点 (x_0,y_0) 处关于 x 的偏导数，记为

$$f'_x(x_0,y_0)\ 或\ z'_x(x_0,y_0),\ \frac{\partial f}{\partial x}\Big|_{(x_0,y_0)},\ \frac{\partial z}{\partial x}\Big|_{(x_0,y_0)},$$

即

$$\lim_{\Delta x\to 0}\frac{\Delta_x z}{\Delta x}=f'_x(x_0,y_0).$$

同样，可定义函数 $z=f(x,y)$ 在点 (x_0,y_0) 处关于 y 的偏导数，记为

$$f'_y(x_0,y_0)\ 或\ z'_y(x_0,y_0),\ \frac{\partial f}{\partial y}\Big|_{(x_0,y_0)},\ \frac{\partial z}{\partial y}\Big|_{(x_0,y_0)},$$

即
$$\lim_{\Delta y \to 0} \frac{\Delta_y z}{\Delta y} = f_y'(x_0, y_0).$$

（3）**二阶偏导数**　若 $z = f(x, y)$ 的偏导数 $f_x(x, y)$、$f_y(x, y)$ 存在，显然它们也是 x，y 的函数．如果这两个函数关于 x，y 的偏导数仍然存在，则称它们是函数 $z = f(x, y)$ 的二阶偏导数．按照对变量求导先后次序的不同，二阶偏导数有如下四种形式

$$\frac{\partial^2 z}{\partial x^2}, \quad \frac{\partial^2 z}{\partial y^2}, \quad \frac{\partial^2 z}{\partial x \partial y}, \quad \frac{\partial^2 z}{\partial y \partial x}$$

后面的两种形式称为二阶混合偏导数．

类似地，可以定义二阶以上的偏导数，二阶及二阶以上的偏导数称为高阶偏导数．**注意**：高阶混合偏导数在偏导数连续的条件下与求导次序无关．

2. 全增量与全微分

（1）**全增量**　二元函数 $z = f(x, y)$ 在点 (x, y) 处的全增量记为 Δz，且
$$\Delta z = f(x + \Delta x, y + \Delta y) - f(x, y).$$

（2）**全微分**　若二元函数 $z = f(x, y)$ 的全增量 Δz 可以表示为
$$\Delta z = A\Delta x + B\Delta y + o(\rho),$$

其中 A，B 与 Δx，Δy 无关，而仅与 x，y 有关，则称 $z = f(x, y)$ 在点 (x, y) 处可微分，而 $A\Delta x + B\Delta y$ 称为函数 $z = f(x, y)$ 在点 (x, y) 处的全微分，记作 $\mathrm{d}z$，即
$$\mathrm{d}z = A\Delta x + B\Delta y.$$

函数连续、偏导数存在、可微分关系如图 6.1 所示．

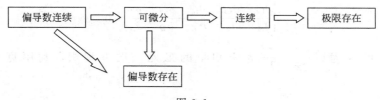

图 6.1

3. 多元函数的求导问题

（1）**多元复合函数的求导法则**　设函数 $u = \varphi(x, y)$ 和 $v = \psi(x, y)$ 在点 (x, y) 处存在对 x，y 的偏导数，函数 $z = f(u, v)$ 在点 (u, v) 具有连续的偏导数（可微），则复合函数 $z = f(\varphi(x, y), \psi(x, y))$ 在点 (x, y) 处的偏导数存在，且有

$$\frac{\partial z}{\partial x} = \frac{\partial z}{\partial u} \cdot \frac{\partial u}{\partial x} + \frac{\partial z}{\partial v} \cdot \frac{\partial v}{\partial x}$$

$$\frac{\partial z}{\partial y} = \frac{\partial z}{\partial u} \cdot \frac{\partial u}{\partial y} + \frac{\partial z}{\partial v} \cdot \frac{\partial v}{\partial y}$$
(6.1)

为了正确写出链式求导法则中的各项，可以将变量间的复合关系作出图 6.2，然后按照图 6.2 写出公式中的各项．

注意　从式（6.1）和图 6.2 中可以看出，$\dfrac{\partial z}{\partial x}$ 表达式中的项数

图 6.2

是由 z 到 x 的道路数决定的，即 z 到 x 有"多少"道路，$\dfrac{\partial z}{\partial x}$ 就有"多少"项．不同道路用

"+"号相连，同一条道路的所有线段之间用"·"号相连. 另外，还要注意在图中"分叉"时写成偏导数，"不分叉"时写成导数，这样就可以很容易地得到所有多元复合函数相应的求导法则.

（2）求多元复合函数二阶或二阶以上的偏导数　这类问题是竞赛题的考点之一，处理这类问题必须掌握的思想方法和要点为：函数对中间变量的一阶（或者高阶）偏导数仍然与原来的函数一样拥有与中间变量相同的复合关系（结构）.

计算高阶偏导数时，为了避免出错，可以先画出复合关系图，再计算.

（3）隐函数的求导公式

① 一个方程的情形. 设函数 $F(x,y,z)$ 在点 $P_0(x_0,y_0,z_0)$ 的某邻域内存在连续偏导数 F_x，F_y，F_z，且 $F(x_0,y_0,z_0)=0$，$F_z(x_0,y_0,z_0)\neq0$ 则在点 $P_0(x_0,y_0,z_0)$ 的某邻域内方程 $F(x,y,z)=0$ 唯一确定了一个连续且具有连续偏导数的函数 $z=z(x,y)$，它满足条件 $z_0=z(x_0,y_0)$，并有

$$\frac{\partial z}{\partial x}=-\frac{F_x}{F_z}, \quad \frac{\partial z}{\partial y}=-\frac{F_y}{F_z}.$$

② 方程组的情形. 设函数 $u=u(x,y)$，$v=v(x,y)$ 由方程组 $\begin{cases} F(x,y,u,v)=0 \\ G(x,y,u,v)=0 \end{cases}$ 所确定，将方程组中的每个方程两端同时关于 x 求偏导，可得

$$\begin{cases} \dfrac{\partial F}{\partial x}+\dfrac{\partial F}{\partial u}\cdot\dfrac{\partial u}{\partial x}+\dfrac{\partial F}{\partial v}\cdot\dfrac{\partial v}{\partial x}=0 \\ \dfrac{\partial G}{\partial x}+\dfrac{\partial G}{\partial u}\cdot\dfrac{\partial u}{\partial x}+\dfrac{\partial G}{\partial v}\cdot\dfrac{\partial v}{\partial x}=0 \end{cases} \tag{6.2}$$

方程组（6.2）可视为以 $\dfrac{\partial u}{\partial x}$，$\dfrac{\partial v}{\partial x}$ 为未知量的二元一次方程组，利用克莱姆法则，当

$$\begin{vmatrix} \dfrac{\partial F}{\partial u} & \dfrac{\partial F}{\partial v} \\ \dfrac{\partial G}{\partial u} & \dfrac{\partial G}{\partial v} \end{vmatrix}\neq0$$

时，可以解出 $\dfrac{\partial u}{\partial x}$ 和 $\dfrac{\partial v}{\partial x}$. 同理可得 $\dfrac{\partial u}{\partial y}$ 和 $\dfrac{\partial v}{\partial y}$.

注意：中间变量 u，v 都是 x，y 的函数.

二、重点题型解析

【例 6.6】 设 $z=z(x,y)$ 是由方程 $x^2+y^2-z=\varphi(x+y+z)$ 所确定的函数，其中 φ 具有二阶导数，且 $\varphi'\neq1$. （1）求 $\mathrm{d}z$；（2）记 $u(x,y)=\dfrac{1}{x-y}\left(\dfrac{\partial z}{\partial x}-\dfrac{\partial z}{\partial y}\right)$，求 $\dfrac{\partial u}{\partial x}$.

解析 （1）法 1　设 $F(x,y,z)=x^2+y^2-z-\varphi(x+y+z)$，则

$$F'_x=2x-\varphi', F'_y=2y-\varphi', F'_z=-1-\varphi'$$

由隐函数求导公式

$$\frac{\partial z}{\partial x}=-\frac{F'_x}{F'_z}, \frac{\partial z}{\partial y}=-\frac{F'_y}{F'_z}$$

可得

$$\frac{\partial z}{\partial x}=\frac{2x-\varphi'}{1+\varphi'}, \frac{\partial z}{\partial y}=\frac{2y-\varphi'}{1+\varphi'}$$

所以

$$dz=\frac{\partial z}{\partial x}dx+\frac{\partial z}{\partial y}dy=\frac{1}{1+\varphi'}[(2x-\varphi')dx+(2y-\varphi')dy].$$

法 2　对等式

$$x^2+y^2-z=\varphi(x+y+z)$$

两端求微分得

$$2x\,dx+2y\,dy-dz=\varphi'(dx+dy+dz)$$

解出 dz 得

$$dz=\frac{2x-\varphi'}{1+\varphi'}dx+\frac{2y-\varphi'}{1+\varphi'}dy.$$

（2）由于

$$u(x,y)=\frac{2}{1+\varphi'}$$

所以

$$\frac{\partial u}{\partial x}=\frac{-2}{(1+\varphi')^2}\left(1+\frac{\partial z}{\partial x}\right)\varphi''=-\frac{2(2x+1)\varphi''}{(1+\varphi')^3}.$$

评注　本题主要考查二元隐函数求偏导的方法以及全微分、复合函数求偏导数的概念及运算.

首先，在（1）的法 1 中，如果误将 F'_x，F'_y，F'_z 分别写成

$$F'_x=2x-\varphi'_x, F'_y=2y-\varphi'_y, F'_z=-1-\varphi'_z$$

将导致结果错误，在对（1）的法 2 中也可能出现相应的错误，即将 $\varphi'(dx+dy+dz)$ 误写成

$$\varphi'_x dx+\varphi'_y dy+\varphi'_z dz$$

主要原因是对复合函数求导的概念掌握得不够清楚，没有注意到函数 $\varphi(x+y+z)$ 是由一元函数 $\varphi(u)$ 与中间变量 $u=x+y+z$ 复合而成的，此时，$\varphi(x+y+z)$ 对中间变量 u 的求导是一元函数的导数，只能写成 φ'，而写成 φ'_x，φ'_y，φ'_z 都是概念不清楚的表现.

其次，在对（2）的解法中，一些考生没有将已求得的 $\dfrac{\partial z}{\partial x}$，$\dfrac{\partial z}{\partial y}$ 代入 $u(x,y)$ 的表达式中，而是直接对 $u(x,y)=\dfrac{1}{x-y}\left(\dfrac{\partial z}{\partial x}-\dfrac{\partial z}{\partial y}\right)$ 求偏导，因而过程冗长而繁杂，以致做不下去.

【例 6.7】　设变换 $\begin{cases}u=x-2y\\v=x+ay\end{cases}$ 可把方程 $6\dfrac{\partial^2 z}{\partial x^2}+\dfrac{\partial^2 z}{\partial x\partial y}-\dfrac{\partial^2 z}{\partial y^2}=0$ 化简为 $\dfrac{\partial^2 z}{\partial u\partial v}=0$，求常数 a，其中 $z=z(x,y)$ 有二阶连续的偏导数.

解析　**法 1**　$\dfrac{\partial z}{\partial x}=\dfrac{\partial z}{\partial u}+\dfrac{\partial z}{\partial v}$，　$\dfrac{\partial z}{\partial y}=-2\dfrac{\partial z}{\partial u}+a\dfrac{\partial z}{\partial v}$，

$$\frac{\partial^2 z}{\partial x^2}=\frac{\partial^2 z}{\partial u^2}+2\frac{\partial^2 z}{\partial u\partial v}+\frac{\partial^2 z}{\partial v^2}, \quad \frac{\partial^2 z}{\partial x\partial y}=-2\frac{\partial^2 z}{\partial u^2}+(a-2)\frac{\partial^2 z}{\partial u\partial v}+a\frac{\partial^2 z}{\partial v^2},$$

$$\frac{\partial^2 z}{\partial y^2} = 4\frac{\partial^2 z}{\partial u^2} - 4a\frac{\partial^2 z}{\partial u \partial v} + a^2\frac{\partial^2 z}{\partial v^2}.$$

将上述结果代入原方程，经整理得

$$(10+5a)\frac{\partial^2 z}{\partial u \partial v} + (6+a-a^2)\frac{\partial^2 z}{\partial v^2} = 0$$

依题意知 a 应满足　　　　　　　$6+a-a^2=0$，且 $10+5a \neq 0$

解得 $a=3$.

法 2　将 z 视为以 x，y 为中间变量的 u，v 的二元复合函数，由题设可解得

$$x = \frac{au+2v}{a+2}, y = \frac{-u+v}{a+2}$$

可得

$$\frac{\partial x}{\partial u} = \frac{a}{a+2}, \frac{\partial x}{\partial v} = \frac{2}{a+2}, \frac{\partial y}{\partial u} = -\frac{1}{a+2}, \frac{\partial y}{\partial v} = \frac{1}{a+2},$$

$$\frac{\partial z}{\partial u} = \frac{\partial z}{\partial x}\frac{\partial x}{\partial u} + \frac{\partial z}{\partial y}\frac{\partial y}{\partial u} = \frac{a}{a+2}\frac{\partial z}{\partial x} - \frac{1}{a+2}\frac{\partial z}{\partial y},$$

$$\frac{\partial^2 z}{\partial u \partial v} = \frac{a}{a+2}\left(\frac{\partial^2 z}{\partial x^2}\frac{\partial x}{\partial v} + \frac{\partial^2 z}{\partial x \partial y}\frac{\partial y}{\partial v}\right) - \frac{1}{a+2}\left(\frac{\partial^2 z}{\partial y \partial x}\frac{\partial x}{\partial v} + \frac{\partial^2 z}{\partial y^2}\frac{\partial y}{\partial v}\right)$$

$$= \frac{2a}{(a+2)^2}\frac{\partial^2 z}{\partial x^2} + \frac{a-2}{(a+2)^2}\frac{\partial^2 z}{\partial x \partial y} - \frac{1}{(a+2)^2}\frac{\partial^2 z}{\partial y^2},$$

依题意　　$6\frac{\partial^2 z}{\partial x^2} + \frac{\partial^2 z}{\partial x \partial y} - \frac{\partial^2 z}{\partial y^2} = 0$，即 $\frac{\partial^2 z}{\partial y^2} = 6\frac{\partial^2 z}{\partial x^2} + \frac{\partial^2 z}{\partial x \partial y}$.

代入前式得

$$\frac{\partial^2 z}{\partial u \partial v} = \frac{2a-6}{(a+2)^2}\frac{\partial^2 z}{\partial x^2} + \frac{a-3}{(a+2)^2}\frac{\partial^2 z}{\partial x \partial y}$$

令 $\frac{\partial^2 z}{\partial u \partial v} = 0$，得 $a-3=0$，$a+2 \neq 0$，故 $a=3$.

评注　由题意知 $z=z(u,v)$，$u=x-2y$，$v=x+ay$，利用求复合函数偏导数的方法，求出 z 关于 x，y 的二阶偏导数，代入方程，进行推演，得到满足条件的 a. 有少数考生将 $\frac{\partial^2 z}{\partial u \partial v} = 0$ 代入 $\frac{\partial^2 z}{\partial x^2}$，$\frac{\partial^2 z}{\partial x \partial y}$，$\frac{\partial^2 z}{\partial y^2}$，然后代入原方程，得

$$(6+a-a^2)\frac{\partial^2 z}{\partial v^2} = 0$$

即 $6+a-a^2=0$，得到 $a=3$ 或 $a=-2$. 实际上 $a=-2$ 时，$\frac{\partial^2 z}{\partial u \partial v}$ 不一定为 0.

【例 6.8】　已知函数 $z=f(x,y)$ 有连续的二阶偏导数，且 $f_x(x,y) \neq 0$，$\frac{\partial^2 z}{\partial x^2}\frac{\partial^2 z}{\partial y^2} - \left(\frac{\partial^2 z}{\partial x \partial y}\right)^2 = 0$，又设 $x=x(y,z)$ 是由 $z=f(x,y)$ 所确定的隐函数，求证：

$$\frac{\partial^2 x}{\partial y^2}\frac{\partial^2 x}{\partial z^2} - \left(\frac{\partial^2 x}{\partial y \partial z}\right)^2 = 0.$$

解析　记 $F(x,y,z) = f(x,y) - z$，则 $F_x = f_x$，$F_y = f_y$，$F_z = -1$，根据隐函数求偏导的公式得

$$\frac{\partial x}{\partial y}=-\frac{F_y}{F_x}=-\frac{f_y}{f_x}, \quad \frac{\partial x}{\partial z}=-\frac{F_z}{F_x}=\frac{1}{f_x}.$$

对上式再求偏导数得

$$\frac{\partial^2 x}{\partial y^2}=\frac{\partial}{\partial y}\left(-\frac{f_y}{f_x}\right)=-\frac{\left(f_{yx}\dfrac{\partial x}{\partial y}+f_{yy}\right)f_x-\left(f_{xx}\dfrac{\partial x}{\partial y}+f_{xy}\right)f_y}{(f_x)^2}$$

$$=\frac{2f_{yx}f_x f_y-f_{xx}(f_y)^2-f_{yy}(f_x)^2}{(f_x)^3}$$

$$\frac{\partial^2 x}{\partial z^2}=\frac{\partial}{\partial z}\left(\frac{1}{f_x}\right)=-\frac{f_{xx}\dfrac{\partial x}{\partial z}}{(f_x)^2}=-\frac{f_{xx}}{(f_x)^3},$$

$$\frac{\partial^2 x}{\partial y\partial z}=\frac{\partial^2 x}{\partial z\partial y}=-\frac{f_{xx}\dfrac{\partial x}{\partial y}+f_{xy}}{(f_x)^2}=\frac{f_{xx}f_y-f_{xy}f_x}{(f_x)^3}$$

由已知条件 $\dfrac{\partial^2 z}{\partial x^2}\dfrac{\partial^2 z}{\partial y^2}-\left(\dfrac{\partial^2 z}{\partial x\partial y}\right)^2=0$，故

$$\frac{\partial^2 x}{\partial y^2}\frac{\partial^2 x}{\partial z^2}-\left(\frac{\partial^2 x}{\partial y\partial z}\right)^2=\frac{2f_{yx}f_x f_y-f_{xx}(f_y)^2-f_{yy}(f_x)^2}{(f_x)^3}\frac{f_{xx}}{(f_x)^3}-\frac{(f_{xx}f_y-f_{xy}f_x)^2}{(f_x)^6}$$

$$=\frac{(f_x)^2 f_{xx}f_{yy}-(f_{xy})^2(f_x)^2}{(f_x)^6}=0$$

评注　将显式方程 $z=f(x,y)$ 化为隐式方程（将 x 视为 y,z 的函数），由此计算 $\dfrac{\partial x}{\partial y}$ 与 $\dfrac{\partial x}{\partial z}$，进而计算 $\dfrac{\partial^2 x}{\partial y^2}$，$\dfrac{\partial^2 x}{\partial z^2}$ 与 $\dfrac{\partial^2 x}{\partial y\partial z}$，再利用已知方程即可得证.

【例 6.9】　设函数 $f(u)$ 具有二阶连续导数，而 $z=f(\mathrm{e}^x\sin y)$ 满足方程 $\dfrac{\partial^2 z}{\partial x^2}+\dfrac{\partial^2 z}{\partial y^2}=\mathrm{e}^{2x}z$，求 $f(u)$.

解析　由复合函数求导法得

$$\frac{\partial z}{\partial x}=f'(u)\frac{\partial u}{\partial x}=f'(u)\mathrm{e}^x\sin y, \quad \frac{\partial z}{\partial y}=f'(u)\frac{\partial u}{\partial y}=f'(u)\mathrm{e}^x\cos y,$$

从而

$$\frac{\partial^2 z}{\partial x^2}=f''(u)\mathrm{e}^{2x}\sin^2 y+f'(u)\mathrm{e}^x\sin y,$$

$$\frac{\partial^2 z}{\partial y^2}=f''(u)\mathrm{e}^{2x}\cos^2 y-f'(u)\mathrm{e}^x\sin y.$$

将上两式代入原方程得

$$\frac{\partial^2 z}{\partial x^2}+\frac{\partial^2 z}{\partial y^2}=f''(u)\ \mathrm{e}^{2x}=\mathrm{e}^{2x}f(u),$$

即 $f''(u)-f(u)=0$. 解此二阶常系数线性方程得 $f(u)=c_1\mathrm{e}^u+c_2\mathrm{e}^{-u}$.

评注　利用复合函数求偏导的方法，由所给偏导数所满足的等式，得到 f 满足的微分方程，再求微分方程的通解，给出 f 的具体表达式.

【例 6.10】　（第十五届北京市数学竞赛试题）函数 $f(x,y)$ 二阶偏导数连续，满足

$\dfrac{\partial^2 f}{\partial x \partial y}=0$，且在极坐标系下可表示成 $f(x,y)=h(r)$，其中 $r=\sqrt{x^2+y^2}$，求 $f(x,y)$.

解析 由于 $f(x,y)=h(\sqrt{x^2+y^2})=h(r)$，得

$$\frac{\partial f}{\partial x}=h'(r)\frac{x}{\sqrt{x^2+y^2}}$$

$$\frac{\partial f^2}{\partial x \partial y}=h''(r)\frac{xy}{x^2+y^2}-h'(r)\frac{xy}{(x^2+y^2)^{\frac{3}{2}}}$$

$$=h''(r)\frac{r^2\cos\theta\sin\theta}{r^2}-h'(r)\frac{r^2\cos\theta\sin\theta}{r^3}$$

代入 $\dfrac{\partial^2 f}{\partial x \partial y}=0$，化简得

$$h''(r)-\frac{1}{r}h'(r)=0.$$

这是不含 $h(r)$ 的可降阶高阶微分方程，采用可降阶高阶微分方程的求解方法. 令

$$h'(r)=g(r),$$

则 $h''(r)=g'(r)$，原方程化为 $g'(r)=\dfrac{1}{r}g(r)$，分离变量得：$\dfrac{\mathrm{d}g}{g}=\dfrac{\mathrm{d}r}{r}$，可解得 $g(r)=Cr$，即 $h'(r)=Cr$，则 $h(r)=C_1r^2+C_2r$，从而

$$f(x,y)=C_1(x^2+y^2)+C_2.$$

评注 $f(x,y)=h(\sqrt{x^2+y^2})$，求混合偏导 $\dfrac{\partial^2 f}{\partial x \partial y}$，因其等于 0 可得到 h 的微分方程.

【例 6.11】（第十七届北京市大学生（非数学专业）数学竞赛试题）当 $u>0$ 时 $f(u)$ 有一阶连续导数，且 $f(1)=0$，又二元函数 $z=f(\mathrm{e}^x-\mathrm{e}^y)$ 满足 $\dfrac{\partial z}{\partial x}+\dfrac{\partial z}{\partial y}=1$，则 $f(u)=$ _____.

解析 记 $u=\mathrm{e}^x-\mathrm{e}^y$，则

$$\frac{\partial z}{\partial x}+\frac{\partial z}{\partial y}=\mathrm{e}^x f'(u)-\mathrm{e}^y f'(u)=uf'(u)=1,$$

则 $f'(u)=\dfrac{1}{u}$，两边同时取不定积分，解出 $f(u)=\ln|u|+C$.

由于 $u>0$ 且 $f(1)=0$，从而 $C=0$，所以 $f(u)=\ln u$.

【例 6.12】（第十九届北京市大学生数学竞赛试题）设 $\lim\limits_{\substack{x\to0\\y\to0}}\dfrac{f(x,y)+3x-4y}{x^2+y^2}=2$，则 $2f'_x(0,0)+f'_y(0,0)=$ _____.

解析 由题设可知 $\dfrac{f(x,y)+3x-4y}{x^2+y^2}=2+\alpha$，其中 α 为 $P(x,y)\to P_0(0,0)$ 时的无穷小，则

$$f(x,y)+3x-4y=2(x^2+y^2)+\alpha(x^2+y^2).$$

方程两边同时关于 x,y 求偏导，可得

$$f'_x(x,y)+3=4x+2\alpha x,\quad f'_y(x,y)-4=4y+2\alpha y.$$

因此 $f'_x(0,0)=-3$，$f'_y(0,0)=4$，即 $2f'_x(0,0)+f'_y(0,0)=-2$.

【例 6.13】 （第十九届北京市大学生数学竞赛试题）设函数 $\varphi(u)$ 可导且 $\varphi(0)=1$，二元函数 $z=\varphi(x+y)\mathrm{e}^{xy}$ 满足 $\dfrac{\partial z}{\partial x}+\dfrac{\partial z}{\partial y}=0$，则 $\varphi(u)=$_____.

解析 $\dfrac{\partial z}{\partial x}=\varphi'\mathrm{e}^{xy}+\varphi y\mathrm{e}^{xy}$，$\dfrac{\partial z}{\partial y}=\varphi'\mathrm{e}^{xy}+\varphi x\mathrm{e}^{xy}$. 由 $\dfrac{\partial z}{\partial x}+\dfrac{\partial z}{\partial y}=0$，可知 $2\varphi'+\varphi\cdot(x+y)=0$.

令 $x+y=u$，则

$$2\varphi'(u)+\varphi(u)u=0$$

可分离变量得

$$\frac{\mathrm{d}\varphi(u)}{\varphi(u)}=-\frac{1}{2}u\,\mathrm{d}u$$

积分得

$$\ln\varphi(u)=-\frac{1}{4}u^2+C$$

由 $\varphi(0)=1$，可得 $C=0$，所以 $\ln\varphi(u)=-\dfrac{1}{4}u^2$，即 $\varphi(u)=\mathrm{e}^{-\frac{1}{4}u^2}$.

【例 6.14】 （第四届全国大学生数学竞赛预赛试题）已知函数 $z=u(x,y)\,\mathrm{e}^{ax+by}$，且 $\dfrac{\partial^2 u}{\partial x\partial y}=0$，确定常数 a 和 b，使函数 $z=z(x,y)$ 满足方程 $\dfrac{\partial^2 z}{\partial x\partial y}-\dfrac{\partial z}{\partial x}-\dfrac{\partial z}{\partial y}+z=0$.

解析 方程两边求导，可得

$$\frac{\partial z}{\partial x}=\mathrm{e}^{ax+by}\left[\frac{\partial u}{\partial x}+au(x,y)\right],\quad \frac{\partial z}{\partial y}=\mathrm{e}^{ax+by}\left[\frac{\partial u}{\partial y}+bu(x,y)\right]$$

$$\frac{\partial^2 z}{\partial x\partial y}=\mathrm{e}^{ax+by}\left[b\frac{\partial u}{\partial x}+a\frac{\partial u}{\partial y}+abu(x,y)\right]$$

从而

$$\frac{\partial^2 z}{\partial x\partial y}-\frac{\partial z}{\partial x}-\frac{\partial z}{\partial y}+z=\mathrm{e}^{ax+by}\left[(b-1)\frac{\partial u}{\partial x}+(a-1)\frac{\partial u}{\partial y}+(ab-a-b+1)u(x,y)\right]$$

若使 $\dfrac{\partial^2 z}{\partial x\partial y}-\dfrac{\partial z}{\partial x}-\dfrac{\partial z}{\partial y}+z=0$，只有

$$(b-1)\frac{\partial u}{\partial x}+(a-1)\frac{\partial u}{\partial y}+(ab-a-b+1)u(x,y)=0$$

即 $a=b=1$.

【例 6.15】 （高等数学竞赛试题）设 $\varphi(u,v)$ 具有连续偏导数，由方程

$$\varphi(x-az,y-bz)=0$$

确定隐函数 $z=z(x,y)$，求 $a\dfrac{\partial z}{\partial x}+b\dfrac{\partial z}{\partial y}$.

解析 法1 在方程 $\varphi(x-az,y-bz)=0$ 两边分别关于 x、y 求偏导得

$$\varphi'_1\left(1-a\frac{\partial z}{\partial x}\right)+\varphi'_2\left(-b\frac{\partial z}{\partial x}\right)=0,\quad \varphi'_1\left(-a\frac{\partial z}{\partial y}\right)+\varphi'_2\left(1-b\frac{\partial z}{\partial y}\right)=0$$

整理可得

$$\frac{\partial z}{\partial x}=\frac{\varphi_1'}{a\varphi_1'+b\varphi_2'}, \quad \frac{\partial z}{\partial y}=\frac{\varphi_2'}{a\varphi_1'+b\varphi_2'},$$

故 $a\dfrac{\partial z}{\partial x}+b\dfrac{\partial z}{\partial y}=1.$

法 2 应用隐函数存在定理，可知

$$\frac{\partial z}{\partial x}=-\frac{\varphi_x}{\varphi_z}=-\frac{\varphi_1'}{-a\varphi_1'-b\varphi_2'}, \quad \frac{\partial z}{\partial y}=-\frac{\varphi_y}{\varphi_z}=-\frac{\varphi_2'}{-a\varphi_1'-b\varphi_2'},$$

所以

$$a\frac{\partial z}{\partial x}+b\frac{\partial z}{\partial y}=\frac{a\varphi_1'+b\varphi_2'}{a\varphi_1'+b\varphi_2'}=1.$$

三、综合训练

(1) （第十六届北京市数学竞赛试题） $z=f(x,y)$, $\dfrac{\partial^2 z}{\partial x\partial y}=x+y$, $f(x,0)=x^2$, $f(0,y)=y$ ，则 $f(x,y)=$ _____.

(2) （第十七届北京市大学生（非数学专业）数学竞赛试题）设二元函数 $f(x,y)$ 有一阶连续偏导数，且 $f(0,1)=f(1,0)$ ，证明：在单位圆周 $x^2+y^2=1$ 上至少存在两个不同的点满足方程 $y\dfrac{\partial f}{\partial x}=x\dfrac{\partial f}{\partial y}$.

(3) （高等数学竞赛试题）设 $u=\arctan\dfrac{x+y}{1-xy}$ ，求 $\dfrac{\partial u}{\partial x}$, $\dfrac{\partial^2 u}{\partial x^2}$.

(4) （江苏省 2006 年竞赛题）已知由 $x=z\mathrm{e}^{y+z}$ 可确定 $z=z(x,y)$ ，则 $\mathrm{d}z(\mathrm{e},0)=$ _____.

(5) （江苏省 2002 年竞赛题）已知 $z=f\left(\dfrac{y}{x}\right)+g(\mathrm{e}^x,\sin y)$ ，其中 f 的二阶导数连续，g 的二阶偏导数连续，则 $\dfrac{\partial^2 z}{\partial x\partial y}=$ _____.

(6) 已知 $z=f(x+\varphi(y))$ ，且 f , φ 具有二阶连续导数，求 $\dfrac{\partial^2 z}{\partial x^2}$, $\dfrac{\partial^2 z}{\partial y^2}$.

(7) 设 $z(x,y)=xyf\left(\dfrac{x+y}{xy}\right)$ ，且 f 可微，证明 $z(x,y)$ 满足形如

$$x^2\frac{\partial z}{\partial x}-y^2\frac{\partial z}{\partial y}=g(x,y)z$$

的方程，并求函数 $g(x,y)$.

(8) 设 $u=f(x^2,y^2,z^2)$ ，其中 $y=\mathrm{e}^x$ ，且 $\varphi(y,z)=0$, f , φ 皆可微，求 $\dfrac{\mathrm{d}u}{\mathrm{d}x}$.

(9) 函数 $z=z(x,y)$ 由方程 $F\left(x+\dfrac{z}{y}, y+\dfrac{z}{x}\right)=0$ 所确定，其中 F 具有连续的一阶偏导数，试证

$$x\frac{\partial z}{\partial x}+y\frac{\partial z}{\partial y}=z-xy.$$

(10) 设函数 $f(x,y)$ 可微，$f(1,2)=2$, $f_x'(1,2)=3$, $f_y'(1,2)=4$. 记 $\varphi(x)=f(x,f(x,2x))$ ，求 $\varphi'(1)$.

(11) 设 $f(x,y,z)=e^z yz^2$，其中 $z=z(x,y)$ 是由方程 $x+y+z+xyz=0$ 确定的二元隐函数。则 $f'_x(0,1,-1)=$ _____.

综合训练答案

(1) $f(x,y)=\dfrac{1}{2}x^2 y+\dfrac{1}{2}xy^2+x^2+y.$　　(2) 略.

(3) $\dfrac{\partial u}{\partial x}=\dfrac{1}{1+x^2}$，$\dfrac{\partial^2 u}{\partial x^2}=-\dfrac{2x}{(1+x^2)^2}.$

(4) $\mathrm{d}z(e,0)=\dfrac{\partial z}{\partial x}\bigg|_{(e,0)}\mathrm{d}x+\dfrac{\partial z}{\partial y}\bigg|_{(e,0)}\mathrm{d}y=\dfrac{1}{2e}\mathrm{d}x-\dfrac{1}{2}\mathrm{d}y.$

(5) $\dfrac{\partial^2 z}{\partial x\partial y}=-\dfrac{1}{x^2}f'-\dfrac{y}{x^3}f''+e^x\cos y\,g''_{12}.$　　(6) f''，$f''(\varphi')^2+f'\varphi''.$

(7) $g(x,y)=x-y.$　　(8) $2xf'_1+2e^{2x}f'_2-2ze^x\dfrac{\varphi'_y}{\varphi'_z}f'_3.$

(9) 略.　　(10) $\varphi'(1)=47.$　　(11) $f'_x(0,1,-1)=0.$

6.3　多元函数微分的应用

一、知识要点

1. 空间曲线的切线与法平面

（1）当 Γ 由参数式方程

$$\begin{cases} x=\varphi(t) \\ y=\psi(t) \quad t\in[\alpha,\beta] \\ z=\omega(t) \end{cases}$$

的形式表出时，切向量 $\boldsymbol{\Gamma}=(\varphi'(t_0),\psi'(t_0),\omega'(t_0))$，其中 t_0 为切点所对应的参数值.

（2）当 Γ 由

$$\begin{cases} y=\varphi(x) \\ z=\psi(x) \end{cases}$$

的形式表出时，可视为以 x 为参数的参数方程

$$\begin{cases} x=x \\ y=\varphi(x) \\ z=\psi(x) \end{cases}$$

切向量 $\boldsymbol{\Gamma}=(1,\varphi'(x_0),\psi'(x_0))$，其中 x_0 为切点所对应的横坐标.

（3）当 Γ 由

$$\begin{cases} F(x,y,z)=0 \\ G(x,y,z)=0 \end{cases}$$

的形式表出时，由隐函数存在定理可知 $y=y(x),z=z(x)$. 由（2）可知，切向量 $\boldsymbol{\Gamma}=(1,$
$y'(x_0),z'(x_0))$ 可视为以 x_0 为参数的参数方程. 将方程组

$$\begin{cases} F(x,y(x),z(x))=0 \\ G(x,y(x),z(x))=0 \end{cases}$$

的每个方程的两端同时关于 x 求导，可得 $y'(x)$ 和 $z'(x)$. 代入切向量 $\boldsymbol{\Gamma}=(1,y'(x_0),z'(x_0))$，可得切向量 $\boldsymbol{\Gamma}$.

在求空间曲线的切线与法平面方程时，关键之处是求切向量 $\boldsymbol{\Gamma}$，切向量是切线的方向向量，同时也是法平面的法向量. 求得切向量 $\boldsymbol{\Gamma}$ 后，可以根据直线方程的点向式（对称式）、平面方程的点法式建立所求曲线的切线方程、法平面方程.

2. 空间曲面的切平面与法线方程

（1）由隐式形式给出的曲面方程

$$F(x,y,z)=0$$

的情形，$\boldsymbol{n}=(F_x(x_0,y_0,z_0),F_y(x_0,y_0,z_0),F_z(x_0,y_0,z_0))$，其中 (x_0,y_0,z_0) 为切点的坐标.

（2）由显式形式给出的曲面方程

$$z=f(x,y)$$

的情形，可将方程隐式化，令 $F(x,y,z)=f(x,y)-z$，可得 $\boldsymbol{n}=(f_x(x_0,y_0),f_y(x_0,y_0),-1)$，其中 x_0，y_0 为切点的横、纵坐标.

在求空间曲面的切平面与法线方程时，关键之处是求向量 $\boldsymbol{n}$，$\boldsymbol{n}$ 是切平面的法向量，同时也是法线的方向向量. 求得 $\boldsymbol{n}$ 后，可以根据平面方程的点法式、直线方程的点向式（对称式）建立所求的切平面方程、法线方程.

3. 方向导数与梯度

（1）**方向导数** 三元函数 $f(x,y,z)$ 在空间一点 $P_0(x_0,y_0,z_0)$ 沿方向 $\boldsymbol{e}_l=(\cos\alpha,\cos\beta,\cos\gamma)$ 的方向导数为

$$\frac{\partial f}{\partial l}\bigg|_{(x_0,y_0,z_0)}=\lim_{t\to 0^+}\frac{f(x_0+t\cos\alpha,y_0+t\cos\beta,z_0+t\cos\gamma)-f(x_0,y_0,z_0)}{t}$$

可微函数 $f(x,y,z)$ 在点 $P_0(x_0,y_0,z_0)$ 沿方向 $\boldsymbol{e}_l=(\cos\alpha,\cos\beta,\cos\gamma)$ 的方向导数为

$$\frac{\partial f}{\partial l}\bigg|_{(x_0,y_0,z_0)}=f_x(x_0,y_0,z_0)\cos\alpha+f_y(x_0,y_0,z_0)\cos\beta+f_z(x_0,y_0,z_0)\cos\gamma$$

（2）**梯度** 梯度 $\mathrm{grad}f(x_0,y_0,z_0)=(f_x(x_0,y_0,z_0),f_y(x_0,y_0,z_0),f_z(x_0,y_0,z_0))$，函数 $f(x,y,z)$ 在点 $P_0(x_0,y_0,z_0)$ 处的梯度是一个向量，其方向是函数 $f(x,y,z)$ 在这点的方向导数取得最大值的方向，大小为方向导数的最大值.

二、重点题型解析

【例 6.16】（第十五届北京市数学竞赛试题）设向量 $\boldsymbol{u}=3\boldsymbol{i}-4\boldsymbol{j}$，$\boldsymbol{v}=4\boldsymbol{i}+3\boldsymbol{j}$，且二元可微函数 $f(x,y)$ 在点 P 处有 $\dfrac{\partial f}{\partial \boldsymbol{u}}\bigg|_P=-6$，$\dfrac{\partial f}{\partial \boldsymbol{v}}\bigg|_P=17$，则 $\mathrm{d}f|_P=$ _____.

解析 因为 $\dfrac{\partial f}{\partial \boldsymbol{u}}\bigg|_P=\dfrac{3}{5}\dfrac{\partial f}{\partial x}-\dfrac{4}{5}\dfrac{\partial f}{\partial y}=-6$，$\dfrac{\partial f}{\partial \boldsymbol{v}}\bigg|_P=\dfrac{4}{5}\dfrac{\partial f}{\partial x}+\dfrac{3}{5}\dfrac{\partial f}{\partial y}=17$.

解得

$$\frac{\partial f}{\partial x}\bigg|_P=10,\quad \frac{\partial f}{\partial y}\bigg|_P=15,\quad \mathrm{d}f|_P=10\mathrm{d}x+15\mathrm{d}y.$$

【例 6.17】（第十八届北京市数学竞赛试题）设函数 $z=f(x,y)$ 在点 $(0,1)$ 的某邻域

内可微，且 $f(x,y+1)=1+2x+3y+o(\rho)$，其中 $\rho=\sqrt{x^2+y^2}$，则曲面 $z=f(x,y)$ 在点 $(0,1)$ 处的切平面方程为_____.

解析 由全微分定义，可知

$$\Delta f=f(x,y+1)-f(0,1)=\frac{\partial f}{\partial x}x+\frac{\partial f}{\partial y}y+o\left(\sqrt{x^2+y^2}\right)$$

由已知条件，可得 $f(x,y+1)-1=2x+3y+o\left(\sqrt{x^2+y^2}\right)$

从而 $f(0,1)=1,\left.\frac{\partial f}{\partial x}\right|_{(0,1)}=2,\left.\frac{\partial f}{\partial y}\right|_{(0,1)}=3,$

函数 $z=f(x,y)$ 在点 $(0,1)$ 处的切平面的法向量 $\boldsymbol{n}=(2,3,-1)$.

评注 本题考虑全微分的定义和曲面在显式表出形式 $z=f(x,y)$ 下切平面法向量的计算方法.

【例 6.18】 （第十六届北京市数学竞赛试题）求常数 a,b,c 的值，使函数 $f(x,y,z)=axy^2+byz+cx^3z^2$ 在点 $(1,2,-1)$ 处在 z 轴正向的方向导数有最大值 64.

解析 由已知条件 $|\nabla f|=64$ 和在点 $(1,2,-1)$ 处，$\frac{\nabla f}{|\nabla f|}=(0,0,1)$，因此，$\nabla f|_P=(0,0,64)$.

由方向导数的计算公式可知，$\nabla f=(f_x,f_y,f_z)$. 而

$$f_x=ay^2+3cx^2z^2,\ f_x(1,2,-1)=4a+3c,$$
$$f_y=2axy+bz,\ f_y(1,2,-1)=4a-b,$$
$$f_z=by+2cx^3z,\ f_x(1,2,-1)=2b-2c,$$

则 $\nabla f|_P=(4a+3c,4a-b,2b-2c)$，由已知条件可得

$$\begin{cases}4a+3c=0\\4a-b=0\\2b-2c=64\end{cases}$$

求得 $a=6$，$b=24$，$c=-8$.

【例 6.19】 （第十八届北京市数学竞赛试题）设向量场 $\boldsymbol{A}=2x^3yz\boldsymbol{i}-x^2y^2z\boldsymbol{j}-x^2yz^2\boldsymbol{k}$，则其散度 $\mathrm{div}\boldsymbol{A}$ 在点 $M(1,1,2)$ 处沿方向 $\boldsymbol{l}=\{2,2,-1\}$ 的方向导数 $\frac{\partial}{\partial l}(\mathrm{div}\boldsymbol{A})|_M=$_____.

解析 由 $P=2x^3yz$，$Q=-x^2y^2z$，$R=-x^2yz^2$ 可知

$$\frac{\partial P}{\partial x}=6x^2yz,\frac{\partial Q}{\partial y}=-2x^2yz,\frac{\partial R}{\partial z}=-2x^2yz$$

则 $$\mathrm{div}\boldsymbol{A}=\frac{\partial P}{\partial x}+\frac{\partial Q}{\partial y}+\frac{\partial R}{\partial z}=2x^2yz.$$

由 $\boldsymbol{l}=(2,2,-1)$，可知 $\boldsymbol{l}$ 的方向余弦 $\cos\alpha=\frac{2}{3}$，$\cos\beta=\frac{2}{3}$，$\cos\gamma=-\frac{1}{3}$，而

$$\left.\frac{\partial}{\partial x}(\mathrm{div}\boldsymbol{A})\right|_{(1,1,2)}=4xyz|_{(1,1,2)}=8$$

$$\left.\frac{\partial}{\partial y}(\mathrm{div}\boldsymbol{A})\right|_{(1,1,2)}=2x^2z|_{(1,1,2)}=4$$

$$\frac{\partial}{\partial z}(\text{div}\boldsymbol{A})\Big|_{(1,1,2)}=2x^2y\Big|_{(1,1,2)}=2$$

由 $\dfrac{\partial}{\partial l}(\text{div}\boldsymbol{A})=\dfrac{\partial(\text{div}\boldsymbol{A})}{\partial x}\cos\alpha+\dfrac{\partial(\text{div}\boldsymbol{A})}{\partial y}\cos\beta+\dfrac{\partial(\text{div}\boldsymbol{A})}{\partial z}\cos\gamma$，可得

$$\frac{\partial}{\partial l}(\text{div}\boldsymbol{A})\Big|_{M}=8\times\frac{2}{3}+4\times\frac{2}{3}+2\times\left(-\frac{1}{3}\right)=\frac{22}{3}.$$

评注 本题考查向量场 $\boldsymbol{A}$ 的散度 $\text{div}\boldsymbol{A}$ 的基本概念和方向导数的计算公式，是一道常规试题.

【例 6.20】 （江苏省 1996 年竞赛题）函数 $u=xy^2z^3$ 在点 $P(1,2,-1)$ 处沿曲面 $x^2+y^2=5$ 的外法向的方向导数为 _____.

解析 $F=x^2+y^2-5$，$\boldsymbol{n}=2(x,y,0)$，故曲面在点 $P(1,2,-1)$ 处的外法向的方向余弦为 $\cos\alpha=\dfrac{1}{\sqrt{5}}$，$\cos\beta=\dfrac{2}{\sqrt{5}}$，$\cos\gamma=0$. 又因

$$u'_x(P)=y^2z^3\big|_{(1,2,-1)}=-4,\ u'_y(P)=2xyz^3\big|_{(1,2,-1)}=-4,\ u'_z(P)=3xy^2z^2\big|_{(1,2,-1)}=12.$$

于是
$$\frac{\partial u}{\partial \boldsymbol{n}}=u'_x(P)\cos\alpha+u'_y(P)\cos\beta+u'_z(P)\cos\gamma=-\frac{12}{5}\sqrt{5}.$$

【例 6.21】 求曲线 $\begin{cases}2x^2+3y^2+z^2=47\\x^2+2y^2=z\end{cases}$ 上点 $(-2,1,6)$ 处的切线和法平面方程.

解析 切线向量 $\boldsymbol{s}$ 同时垂直于法向量 $\boldsymbol{n}_1=(-4,3,6)$ 和 $\boldsymbol{n}_2=(-4,4,-1)$，故 $\boldsymbol{s}=\boldsymbol{n}_1\times\boldsymbol{n}_2=(-27,-28,-4)$. 切线方程为

$$\frac{x+2}{27}=\frac{y-1}{28}=\frac{z-6}{4}.$$

法平面方程为：$27(x+2)+28(y-1)+4(z-6)=0$，即 $27x+28y+4z+2=0$.

三、综合训练

（1）（首届中国大学生数学竞赛预赛试题）曲面 $z=\dfrac{x^2}{2}+y^2-2$ 平行平面 $2x+2y-z=0$ 的切平面方程是 _____.

（2）设函数 $u=u(x,y)$ 有连续的二阶偏导数，且满足方程

$$\text{div}(\text{grad}u)-2\frac{\partial^2 u}{\partial y^2}=0$$

① 用变量替换 $\xi=x-y$，$\eta=x+y$ 将上述方程化为以 ξ，η 为自变量的方程；

② 已知 $u(x,2x)=x$，$u'_x(x,2x)=x^2$，求 $u(x,y)$.

（3）设 $\boldsymbol{n}$ 是曲面 $2x^2+3y^3+z^2=6$ 在点 $P(1,1,1)$ 处的指向外侧的法向量，求函数 $u=\dfrac{\sqrt{6x^2+8y^2}}{z}$ 在点 P 处沿方向 $\boldsymbol{n}$ 的方向导数.

（4）求曲线 $\begin{cases}x^2+y^2+z^2=3x\\2x-3y+5z=4\end{cases}$ 在点 $(1,1,1)$ 处的切线和法平面方程.

（5）求曲面 $\text{e}^{\frac{x}{z}}+\text{e}^{\frac{y}{z}}=4$ 上点 $(\ln2,\ln2,1)$ 处的切平面和法线方程.

综合训练答案

(1) $2x+2y-z-5=0$.

(2) ① $\dfrac{\partial^2 u}{\partial \xi \partial \eta}=0$；② $u(x,y)=\dfrac{1}{4}(x-y)^3+\dfrac{1}{108}(x+y)^3+\dfrac{1}{2}y$.

(3) $\dfrac{\partial u}{\partial \boldsymbol{n}}\bigg|_P=\left[\dfrac{\partial u}{\partial x}\cos\alpha+\dfrac{\partial u}{\partial y}\cos\beta+\dfrac{\partial u}{\partial z}\cos\gamma\right]\bigg|_P=\dfrac{11}{7}$.

(4) 切线向量 $\boldsymbol{s}$ 同时垂直于向量 $\boldsymbol{n}_1=(-1,2,2)$ 和 $\boldsymbol{n}_2=(2,-3,5)$，$\boldsymbol{s}=\boldsymbol{n}_1\times\boldsymbol{n}_2=(16,9,-1)$，切线方程为 $\dfrac{x-1}{16}=\dfrac{y-1}{9}=\dfrac{z-1}{-1}$；法平面方程为 $16x+9y-z-24=0$.

(5) 法平面方程为 $x+y-(2\ln2)z=0$，法线方程为 $x-\ln2=y-\ln2=\dfrac{z-1}{-2\ln2}$.

6.4　多元函数的极值和最值

一、知识要点

1. 无条件极值

二元函数 $z=f(x,y)$ 的驻点是使得 $f_x(x,y)=0$，$f_y(x,y)=0$ 同时成立的点.

(1) 若 $z=f(x,y)$ 在点 (x_0,y_0) 具有偏导数，则点 (x_0,y_0) 成为极值点的必要条件是点 (x_0,y_0) 为驻点，即具有偏导数的函数的极值点一定是驻点，但驻点不一定是极值点，它是可能的极值点. 因此，求二元函数极值点时，首先求解方程组 $\begin{cases}f_x(x,y)=0\\ f_y(x,y)=0\end{cases}$，求出二元函数 $z=f(x,y)$ 的所有驻点.

(2) 得到驻点 (x_0,y_0) 后，需要计算函数 $z=f(x,y)$ 在驻点 (x_0,y_0) 处的二阶导数值. 如果记 $A=f_{xx}(x_0,y_0)$，$B=f_{xy}(x_0,y_0)$，$C=f_{yy}(x_0,y_0)$，则当 $AC-B^2>0$ 时，(x_0,y_0) 为极值点，且当 $A<0(A>0)$ 时是极大（极小）值点，极大（极小）值为 $f(x_0,y_0)$.

当 $AC-B^2<0$ 时，(x_0,y_0) 不是极值点.

当 $AC-B^2=0$ 时，需采用其他方法判定.

2. 条件极值

有些条件极值问题可以转化为无条件极值问题，因此可以采用无条件极值的求解方法，但多数条件极值不易转化为无条件极值. 在这种情况下，常使用拉格朗日乘数法来求解条件极值问题.

使用拉格朗日乘数法，求目标函数 $u=f(x,y,z)$ 在约束条件

$$\varphi(x,y,z)=0 \text{ 和 } \psi(x,y,z)=0$$

下的极值步骤如下.

(1) 构造拉格朗日函数 $F(x,y,z,\lambda,\mu)=f(x,y,z)+\lambda\varphi(x,y,z)+\mu\psi(x,y,z)$.

(2) 求解方程组

$$\begin{cases} F_x = f_x + \lambda\varphi_x + \mu\psi_x = 0 \\ F_y = f_y + \lambda\varphi_y + \mu\psi_y = 0 \\ F_z = f_z + \lambda\varphi_z + \mu\psi_z = 0 \\ F_\lambda = \varphi(x,y,z) = 0 \\ F_\mu = \psi(x,y,z) = 0 \end{cases}$$

（3）方程组的解 (x,y,z,λ,μ) 中的 (x,y,z) 是可能的极值点，由于一般条件极值均为求实际问题的最值，因此，由可能的极值点可求得最值点，是最大值还是最小值主要依据实际问题而定.

注意 当目标函数比较复杂时，可以考虑使用同解的函数来代替，如目标函数为 $\sqrt{x^2+y^2+z^2}$，$|x+y+z|$ 时，可以用 $x^2+y^2+z^2$，$(x+y+z)^2$ 来替换，这样可以使求解过程更简便.

二、重点题型解析

【例 6.22】 求函数 $f(x,y) = \left(y+\dfrac{x^3}{3}\right)e^{x+y}$ 的极值.

解析 因为 $f(x,y) = \left(y+\dfrac{x^3}{3}\right)e^{x+y}$，所以

$$\frac{\partial f}{\partial x} = \left(x^2 + y + \frac{x^3}{3}\right)e^{x+y}, \quad \frac{\partial f}{\partial y} = \left(1 + y + \frac{x^3}{3}\right)e^{x+y}.$$

解方程组 $\begin{cases} \dfrac{\partial f}{\partial x} = 0 \\ \dfrac{\partial f}{\partial y} = 0 \end{cases}$，可得 $\begin{cases} x = -1 \\ y = -\dfrac{2}{3} \end{cases}$ 或 $\begin{cases} x = 1 \\ y = -\dfrac{4}{3} \end{cases}$.

在点 $\left(-1, -\dfrac{2}{3}\right)$ 处，因为

$$A = \frac{\partial^2 f}{\partial x^2} = -e^{-\frac{5}{3}}, \quad B = \frac{\partial^2 f}{\partial x \partial y} = e^{-\frac{5}{3}}, \quad C = \frac{\partial^2 f}{\partial y^2} = e^{-\frac{5}{3}},$$

所以 $AC - B^2 < 0$，从而点 $\left(-1, -\dfrac{2}{3}\right)$ 不是 $f(x,y)$ 的极值点.

在点 $\left(1, -\dfrac{4}{3}\right)$ 处，因为

$$A = \frac{\partial^2 f}{\partial x^2} = 3e^{-\frac{1}{3}}, \quad B = \frac{\partial^2 f}{\partial x \partial y} = e^{-\frac{1}{3}}, \quad C = \frac{\partial^2 f}{\partial y^2} = e^{-\frac{1}{3}},$$

所以 $AC - B^2 = 2e^{-\frac{2}{3}} > 0$，且 $A > 0$，从而点 $\left(1, -\dfrac{4}{3}\right)$ 是 $f(x,y)$ 的极小值点，极小值为 $f\left(1, -\dfrac{4}{3}\right) = -e^{-\frac{1}{3}}$.

评注 本题主要考查多元函数极值的求法.

【例 6.23】 设 $f(x,y) = 3x + 4y - ax^2 - 2ay^2 - 2bxy$，则 $f(x,y)$ 有唯一极小值与有唯一极大值时，求 a,b 应满足的条件分别为_____.

解析　$\dfrac{\partial f}{\partial x}=3-2ax-2by$，$\dfrac{\partial f}{\partial y}=4-4ay-2bx$，要使方程组 $\begin{cases}\dfrac{\partial f}{\partial x}=0\\[2mm]\dfrac{\partial f}{\partial y}=0\end{cases}$，即 $\begin{cases}ax+by=\dfrac{3}{2}\\[2mm]bx+2ay=2\end{cases}$，

有唯一解，该方程组的系数行列式必不为零，即 $2a^2-b^2\neq0$，这时的唯一解记为 $x=x_0$，$y=y_0$.

由 $\dfrac{\partial^2 f}{\partial x^2}=-2a$，$\dfrac{\partial^2 f}{\partial x\partial y}=-2b$，$\dfrac{\partial^2 f}{\partial y^2}=-4a$ 知

$$\Delta=\left[\dfrac{\partial^2 f}{\partial x^2}\cdot\dfrac{\partial^2 f}{\partial y^2}-\left(\dfrac{\partial^2 f}{\partial x\partial y}\right)^2\right]\Bigg|_{(x_0,y_0)}=4(2a^2-b^2)$$

因此，当 $\begin{cases}\Delta>0\\[2mm]\dfrac{\partial^2 f}{\partial x^2}>0\end{cases}$，即 $2a^2-b^2>0$ 且 $a<0$ 时，$f(x,y)$ 有唯一极小值 $f(x_0,y_0)$.

当 $\begin{cases}\Delta>0\\[2mm]\dfrac{\partial^2 f}{\partial x^2}<0\end{cases}$，即 $2a^2-b^2>0$ 且 $a>0$ 时，$f(x,y)$ 有唯一

极大值 $f(x_0,y_0)$.

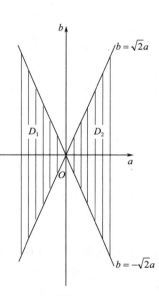

在 aOb 平面上，$f(x,y)$ 有唯一极小值的区域为

$$D_1=\{(a,b)\,|\,2a^2-b^2>0,a<0\}$$

与有唯一极大值的区域为

$$D_2=\{(a,b)\,|\,2a^2-b^2>0,a>0\},\ D_1,$$

D_2 如图 6.3 所示.

评注　先计算 $f(x,y)$ 唯一的可能极值点，然后分别确定 $f(x,y)$ 有唯一极小值与有唯一极大值时，a,b 应满足的条件.

【例 6.24】　已知曲线 $C:\begin{cases}x^2+y^2-2z^2=0\\x+y+3z=5\end{cases}$，求曲线 C 上

距离面 xOy 最远的点和最近的点.

图 6.3

解析　法 1　点 (x,y,z) 到面 xOy 的距离为 $|z|$，故求 C 上距离面 xOy 最远的点和最近的点的坐标等价于求函数 $H=z^2$ 在条件 $x^2+y^2-2z^2=0$，$x+y+3z=5$ 下的最大值点和最小值点. 令

$$L(x,y,z,\lambda,\mu)=z^2+\lambda(x^2+y^2-2z^2)+\mu(x+y+3z-5)$$

由于　$\begin{cases}L'_x=2\lambda x+\mu=0\\[1mm]L'_y=2\lambda y+\mu=0\\[1mm]L'_z=2z-4\lambda z+3\mu=0\\[1mm]x^2+y^2-2z^2=0\\[1mm]x+y+3z=5\end{cases}$

可得 $x=y$，从而

$$\begin{cases}2x^2-2z^2=0\\2x+3z=5\end{cases}$$

解得
$$\begin{cases} x=-5 \\ y=-5 \\ z=5 \end{cases} \quad 或 \quad \begin{cases} x=1 \\ y=1 \\ z=1 \end{cases}$$

根据几何意义，曲线 C 上存在距离 xOy 面最远的点和最近的点，故所求点依次为 $(-5,-5,5)$ 和 $(1,1,1)$.

法 2　化为无条件极值. 点 (x,y,z) 到面 xOy 的距离为 $|z|$，故求 C 上距离面 xOy 最远的点和最近的点的坐标等价于求函数 $H=x^2+y^2$ 在条件 $x^2+y^2-\dfrac{2}{9}(x+y-5)^2=0$ 下的最大值点和最小值点. 令

$$L(x,y,\lambda)=x^2+y^2+\lambda\left[x^2+y^2-\frac{2}{9}(x+y-5)^2\right]$$

由于
$$\begin{cases} L_x'=2x+\lambda\left[2x-\dfrac{4}{9}(x+y-5)\right]=0 \\[2mm] L_y'=2y+\lambda\left[2y-\dfrac{4}{9}(x+y-5)\right]=0 \\[2mm] x^2+y^2-\dfrac{2}{9}(x+y-5)^2=0 \end{cases}$$

可得 $x=y$，从而
$$2x^2-\frac{2}{9}(2x-5)^2=0$$

解得
$$\begin{cases} x=-5 \\ y=-5 \\ z=5 \end{cases} \quad 或 \quad \begin{cases} x=1 \\ y=1 \\ z=1 \end{cases}$$

根据几何意义，曲线 C 上存在距离 xOy 面最远的点和最近的点，故所求点依次为 $(-5,-5,5)$ 和 $(1,1,1)$.

法 3　将 $x^2+y^2-2z^2=0$，$x+y+3z=5$ 分别代入不等式 $2(x^2+y^2)\geqslant(x+y)^2$ 的两端，可得
$$4z^2\geqslant(5-3z)^2$$
整理，得
$$z^2-6z+5\leqslant0$$
解得
$$1\leqslant z\leqslant5$$

所以 $|z|$ 的最大值、最小值分别为 5，1，代入曲线方程得相应的点
$$\begin{cases} x=-5 \\ y=-5 \\ z=5 \end{cases} \quad 或 \quad \begin{cases} x=1 \\ y=1 \\ z=1 \end{cases}$$

故距离 xOy 平面最远、最近的点依次为 $(-5,-5,5)$ 和 $(1,1,1)$.

法 4　曲线 C 的切向量为
$$\boldsymbol{T}=\begin{vmatrix} \boldsymbol{i} & \boldsymbol{j} & \boldsymbol{k} \\ 2x & 2y & -4z \\ 1 & 1 & 3 \end{vmatrix}=(6y+4z)\boldsymbol{i}-(6x+4z)\boldsymbol{j}+(2x-2y)\boldsymbol{k},$$

xOy 面的法向量 $\boldsymbol{n} = \boldsymbol{k}$.

在曲线 C 上距离 xOy 面最远、最近的点处 $\boldsymbol{n} \cdot \boldsymbol{T} = 0$，故 $2x - 2y = 0$，即 $x = y$.

所以
$$\begin{cases} x = y \\ x^2 + y^2 - 2z^2 = 0 \\ x + y + 3z = 5 \end{cases}$$

解得
$$\begin{cases} x = -5 \\ y = -5 \\ z = 5 \end{cases} \quad \text{或} \quad \begin{cases} x = 1 \\ y = 1 \\ z = 1 \end{cases}$$

根据几何意义，曲线 C 上存在距离 xOy 面最远的点和最近的点，故所求点依次为 $(-5, -5, 5)$ 和 $(1, 1, 1)$.

评注　本题考查多元函数的条件极值问题及其求解方法，是一道具有中等难度的综合题，关键是正确写出目标函数和约束条件. 本题是解法最为丰富的一道题目，要求掌握条件极值问题的一般解法. 除了给出的几种解法外，还可利用几何意义或利用对称性给出其他的解法.

【例 6.25】　椭球面 Σ：$x^2 + 3y^2 + z^2 = 1$，π 为 Σ 在第一卦限内的切平面，求：

（1）使 π 与三个坐标平面所围成的四面体的体积最小的切点坐标；

（2）使 π 与三个坐标平面截出的三角形的面积最小的切点坐标.

解　记 $F(x, y, z) = x^2 + 3y^2 + z^2 - 1$，则椭球面 Σ 在第一卦限点 $P(x, y, z)$ 处切平面 π 的法向量为

$$\boldsymbol{n} = (F_x, F_y, F_z) = 2(x, 3y, z)$$

则 Σ 在点 $P(x, y, z)$ 处的切平面 π 的方程为

$$x(X - x) + 3y(Y - y) + z(Z - z) = 0$$

即
$$xX + 3yY + zZ = 1,$$

切平面 π 与三坐标轴的交点分别为 $A\left(\dfrac{1}{x}, 0, 0\right)$，$B\left(0, \dfrac{1}{3y}, 0\right)$，$C\left(0, 0, \dfrac{1}{z}\right)$.

（1）π 与三个坐标平面所围成的四面体的体积为

$$V = \frac{1}{6} \cdot \frac{1}{x} \cdot \frac{1}{3y} \cdot \frac{1}{z}$$

由于点 P 在 Σ 上，即满足约束条件 $x^2 + 3y^2 + z^2 = 1$，故

$$xyz = \frac{1}{\sqrt{3}} \sqrt{x^2 3 y^2 z^2} \leqslant \frac{1}{\sqrt{3}} \sqrt{\left(\frac{x^2 + 3y^2 + z^2}{3}\right)^3} = \frac{1}{9}$$

其中等号当且仅当 $x^2 = 3y^2 = z^2$，即 $x = z = \dfrac{\sqrt{3}}{3}$，$y = \dfrac{1}{3}$ 时成立，此时 xyz 取最大值 $\dfrac{1}{9}$，从而 V 取最小值 $\dfrac{1}{2}$，故所求的点为 $\left(\dfrac{\sqrt{3}}{3}, \dfrac{1}{3}, \dfrac{\sqrt{3}}{3}\right)$.

（2）三角形 ABC 的面积为

$$S = \frac{1}{2} \left| \overrightarrow{AB} \times \overrightarrow{AC} \right| = \frac{1}{2} \left| \left(-\frac{1}{x}, \frac{1}{3y}, 0\right) \times \left(-\frac{1}{x}, 0, \frac{1}{z}\right) \right|$$

$$= \frac{1}{2} \left| \left(\frac{1}{3yz}, \frac{1}{zx}, \frac{1}{3xy}\right) \right| = \frac{1}{2} \sqrt{\frac{1}{9y^2 z^2} + \frac{1}{z^2 x^2} + \frac{1}{9x^2 y^2}}$$

记 $f(x,y,z)=\dfrac{1}{9y^2z^2}+\dfrac{1}{z^2x^2}+\dfrac{1}{9x^2y^2}$，则 S 与 f 同时取最小值.

法 1 作拉格朗日函数

$$L(x,y,z,\lambda)=\frac{1}{9y^2z^2}+\frac{1}{z^2x^2}+\frac{1}{9x^2y^2}+\lambda(x^2+3y^2+z^2-1)$$

解方程组

$$\begin{cases} L_x=-\dfrac{2}{9x^3}\left(\dfrac{9}{z^2}+\dfrac{1}{y^2}\right)+2x\lambda=0 \\[3mm] L_y=-\dfrac{2}{9y^3}\left(\dfrac{1}{z^2}+\dfrac{1}{x^2}\right)+6y\lambda=0 \\[3mm] L_z=-\dfrac{2}{9z^3}\left(\dfrac{9}{x^2}+\dfrac{1}{y^2}\right)+2z\lambda=0 \\[3mm] L_\lambda=x^2+3y^2+z^2-1=0 \end{cases}$$

由于函数 $L(x,y,z,\lambda)$ 关于 x^2,z^2 对称，且 (x,y,z) 在第一卦限内，故上面方程组的解应满足 $x=z$，解出

$$x=z=\frac{\sqrt{6}}{4},\quad y=\frac{\sqrt{3}}{6}$$

由于题设中具有最小面积的三角形是实际存在的，并且所求的驻点唯一，故点 $P\left(\dfrac{\sqrt{6}}{4},\dfrac{\sqrt{3}}{6},\dfrac{\sqrt{6}}{4}\right)$ 即为所求.

法 2 求函数 $f(x,y,z)=\dfrac{1}{9y^2z^2}+\dfrac{1}{z^2x^2}+\dfrac{1}{9x^2y^2}$ 的条件极值时，也可用消元法，将条件极值转化为无条件极值.

将条件 $x^2+3y^2+z^2=1$ 代入到函数 $f(x,y,z)$ 中，消去 y，有

$$f(x,z)=\frac{1}{3(1-x^2-z^2)z^2}+\frac{1}{z^2x^2}+\frac{1}{3x^2(1-x^2-z^2)}=\frac{3-2(x^2+z^2)}{3x^2z^2(1-x^2-z^2)}$$

令 $f_x(x,z)=0$，化简整理得

$$2x^4+2z^4+4x^2z^2-6x^2-5z^2+3=0$$

由 $f(x,z)$ 的对称性，将上式中的 x,z 互换可得 $f_z(x,z)=0$ 的简化方程为

$$2z^4+2x^4+4x^2z^2-6z^2-5x^2+3=0$$

两式相减得 $x^2=z^2$. 注意到 $x>0,z>0$，故 $x=z$. 且 $8x^4-11x^2+3=0$，解该方程可求得驻点 $x^2=1$，$x^2=\dfrac{3}{8}$. 又根据条件 $x^2+3y^2+z^2=1$ 可知，当 $x^2=1$ 时，有 $y=z=0$，与已知点 $P(x,y,z)$ 在第一卦限矛盾，故舍去. 由 $x^2=\dfrac{3}{8}$，可得 $x=\pm\dfrac{\sqrt{6}}{4}$，同理将 $x=-\dfrac{\sqrt{6}}{4}$ 舍去.

评注 这是求条件极值的问题. 问题（2）的目标函数是平面 π 与三个坐标平面截出的三角形的面积，其约束条件为 $x^2+3y^2+z^2=1$. 解方程组求驻点时，要尽量利用拉格朗日函数中自变量的对称性，使计算简便. 若该题中没有 $x,y,z>0$ 的限制，其对称性表现为 $x,\pm z$ 对称，则有 $x=\pm z$.

【例 6.26】　求函数 $u=x^2+y^2+z^2$ 在约束条件 $z=x^2+y^2$ 和 $x+y+z=4$ 下的最大值与最小值.

解析　**法 1**　作拉格朗日函数
$$F(x,y,z,\lambda,\mu)=x^2+y^2+z^2+\lambda(x^2+y^2-z)+\mu(x+y+z-4)$$
令
$$\begin{cases} F'_x=2x+2\lambda x+\mu=0 \\ F'_y=2y+2\lambda y+\mu=0 \\ F'_z=2z-\lambda+\mu=0 \\ F'_\lambda=x^2+y^2-z=0 \\ F'_\mu=x+y+z-4=0 \end{cases}$$

解方程组得
$$(x_1,y_1,z_1)=(1,1,2),\ (x_2,\ y_2,\ z_2)=(-2,\ -2,\ 8)$$
故所求最大值为 72，最小值为 6.

法 2　由约束条件 $z=x^2+y^2$ 和 $x+y+z=4$ 得 $x^2+y^2=4-x-y$. 作拉格朗日函数
$$F(x,y,\lambda)=x^2+y^2+(x^2+y^2)^2+\lambda(x^2+y^2+x+y-4)$$
令
$$\begin{cases} F'_x=2x+2(x^2+y^2)\cdot 2x+2\lambda x+\lambda=0 \\ F'_y=2y+2(x^2+y^2)\cdot 2y+2\lambda y+\lambda=0 \\ F'_\lambda=x^2+y^2+x+y-4=0 \end{cases}$$

解方程组得 $(x_1,y_1)=(1,1)$，$(x_2,y_2)=(-2,-2)$，于是 $z_1=2$，$z_2=8$，故所求的最大值为 72，最小值为 6.

法 3　若将目标函数和约束条件中的 x，y 互换，其结果与原来一样，故有 $x=y$，代入约束条件，有 $\begin{cases} z=2x^2 \\ z=4-2x \end{cases}$ 成立，于是有 $2x^2=4-2x$，即 $x^2+x-2=0$，解之得 $x_1=-2$，$x_2=1$.

当 $x_1=-2$ 时，$y_1=-2$，$z_1=8$，此时 $u=72$；当 $x_2=1$ 时，$y_2=1$，$z_2=2$，此时 $u=6$，故所求的最大值为 72，最小值为 6.

法 4　若将目标函数和约束条件中的 x,y 互换，其结果与原来一样，故有 $x=y$. 于是不等式 $(x+y)^2\leqslant 2(x^2+y^2)$ 变为 $(x+y)^2=2(x^2+y^2)$，由约束条件得
$$(4-z)^2=2z$$
即
$$z^2-10z+16=0$$
解之得 $z_1=2$，$z_2=8$.

当 $z_1=2$ 时，由约束条件得 $x_1=y_1=1$，此时 $u=6$；当 $z_2=8$ 时，由约束条件得 $x_2=y_2=-2$，此时 $u=72$，故所求的最大值为 72，最小值为 6.

评注　本题是一道条件极值的常规基本题，目标函数和约束条件一目了然. 由于本题对称性强，因而解法较多，既可以构造双参数的拉格朗日函数，也可以构造单参数的拉格朗日函数，甚至可以用初等数学的方法求解.

【例 6.27】　求函数 $f(x,y)=x^2+2y^2-x^2y^2$ 在区域 $D=\{(x,y)\,|\,x^2+y^2\leqslant 4,y\geqslant 0\}$ 上

的最大值和最小值.

解析 因为 $f'_x(x,y)=2x-2xy^2$，$f'_y(x,y)=4y-2x^2y$，解方程

$$\begin{cases} f'_x=2x-2xy^2=0 \\ f'_y=4y-2x^2y=0 \end{cases}$$

可得开区域内可能的极值点为 $(\pm\sqrt{2},1)$，其对应函数值为 $f(\pm\sqrt{2},1)=2$.

又当 $y=0$ 时，$f(x,y)=x^2$ 在 $-2\leqslant x\leqslant 2$ 上的最大值为 4，最小值为 0.

当 $x^2+y^2=4$，$y>0$，$-2<x<2$ 时，构造拉格朗日函数

$$F(x,y,\lambda)=x^2+2y^2-x^2y^2+\lambda(x^2+y^2-4)$$

解方程组

$$\begin{cases} F'_x=2x-2xy^2+2\lambda x=0 \\ F'_y=4y-2x^2y+2\lambda y=0 \\ F'_\lambda=x^2+y^2-4=0 \end{cases}$$

得可能极值点为 $(0,2)$，$\left(\pm\sqrt{\dfrac{5}{2}},\sqrt{\dfrac{3}{2}}\right)$，其对应函数值为 $f(0,2)=8$，$f\left(\pm\sqrt{\dfrac{5}{2}},\sqrt{\dfrac{3}{2}}\right)=\dfrac{7}{4}$.

比较函数值 2，0，4，8，$\dfrac{7}{4}$，知 $f(x,y)$ 在区域 D 上的最大值为 8，最小值为 0.

评注 由于 D 为闭区域，在开区域内按无条件极值分析，而在边界上按条件极值讨论即可.

【例 6.28】（第十五届北京市数学竞赛试题）设 Ω：$x^2+y^2+z^2\leqslant 1$，证明：

$$\dfrac{4\sqrt[3]{2}\pi}{3}\leqslant\iiint_\Omega\sqrt[3]{x+2y-2z+5}\,\mathrm{d}v\leqslant\dfrac{8\pi}{3}.$$

解析 令 $F(x,y,z,\lambda)=x+2y-2z+5+\lambda(x^2+y^2+z^2-1)$，由

$$F'_x=1+2\lambda x=0,\ F'_y=2+2\lambda y=0,\ F'_z=-2+2\lambda z=0,\ x^2+y^2+z^2=1,$$

得出 $F(x,y,z,\lambda)$ 的驻点为 $P_1\left(\dfrac{1}{3},\dfrac{2}{3},-\dfrac{2}{3}\right)$，$P_2\left(-\dfrac{1}{3},-\dfrac{2}{3},\dfrac{2}{3}\right)$.

令 $f(x,y,z)=x+2y-2z+5$，而 $f(P_1)=8$，$f(P_2)=2$，所以函数 $f(x,y,z)$ 在闭区域 Ω 上的最大值为 8，最小值为 2.

由 $f(x,y,z)$ 与 $\sqrt[3]{f(x,y,z)}$ 有相同的极值点，所以函数 $\sqrt[3]{f(x,y,z)}$ 的最大值为 2，最小值为 $\sqrt[3]{2}$，所以有

$$\dfrac{4\sqrt[3]{2}\pi}{3}=\iiint_\Omega\sqrt[3]{2}\,\mathrm{d}v\leqslant\iiint_\Omega\sqrt[3]{x+2y-2z+5}\,\mathrm{d}v\leqslant\iiint_\Omega 2\,\mathrm{d}v=\dfrac{8\pi}{3}.$$

评注 设 $f(x,y,z)=x+2y-2z+5$. 由于 $f'_x=1\neq 0$，$f'_y=2\neq 0$，$f'_z=-2\neq 0$，所以函数 $f(x)$ 在区域 Ω 的内部无驻点，因此，$f(x)$ 在边界上取得最值.

【例 6.29】（第十九届北京市数学竞赛试题）设 $f(x,y)$ 有二阶连续偏导数，$g(x,y)=f(\mathrm{e}^{xy},x^2+y^2)$，且 $f(x,y)=1-x-y+o\left(\sqrt{(x-1)^2+y^2}\right)$，证明 $g(x,y)$ 在 $(0,0)$ 取得极值，判断此极值是极大值还是极小值，并求出此极值.

解析 已知 $f(x,y)=-(x-1)-y+o\left(\sqrt{(x-1)^2+y^2}\right)$，由全微分的定义知

$$f(1,0)=0,f'_x(1,0)=f'_y(1,0)=-1,$$

$$\frac{\partial g}{\partial x} = f_1' \cdot e^{xy}y + f_2' \cdot 2x, \quad \frac{\partial g}{\partial y} = f_1' \cdot e^{xy}x + f_2' \cdot 2y, \quad \frac{\partial g(0,0)}{\partial x} = 0, \frac{\partial g(0,0)}{\partial y} = 0,$$

$$\frac{\partial^2 g}{\partial x^2} = (f_{11}'' \cdot e^{xy}y + f_{12}'' \cdot 2x)e^{xy}y + f_1' \cdot e^{xy}y^2 + (f_{21}'' \cdot e^{xy}y + f_{22}'' \cdot 2x)2x + 2f_2',$$

$$\frac{\partial^2 g}{\partial x \partial y} = (f_{11}'' \cdot e^{xy}x + f_{12}'' \cdot 2y)e^{xy}y + f_1' \cdot (e^{xy}xy + e^{xy}) + (f_{21}'' \cdot e^{xy}x + f_{22}'' \cdot 2y)2x,$$

$$\frac{\partial^2 g}{\partial y^2} = (f_{11}'' \cdot e^{xy}x + f_{12}'' \cdot 2y)e^{xy}x + f_1' \cdot e^{xy}x^2 + (f_{21}'' \cdot e^{xy}x + f_{22}'' \cdot 2y)2y + 2f_2',$$

$$A = \frac{\partial^2 g(0,0)}{\partial x^2} = 2f_2'(1,0) = -2, \quad B = \frac{\partial^2 g(0,0)}{\partial x \partial y} = f_1'(1,0) = -1,$$

$$C = \frac{\partial^2 g(0,0)}{\partial y^2} = 2f_2'(1,0) = -2.$$

而 $AC - B^2 = 3 > 0$，且 $A < 0$，故 $g(0,0) = f(1,0) = 0$ 是极大值.

【例 6.30】 （第二届中国大学生数学竞赛决赛试题）设 Σ_1：$\dfrac{x^2}{a^2} + \dfrac{y^2}{b^2} + \dfrac{z^2}{c^2} = 1$，其中 $a > b > c > 0$，Σ_2：$z^2 = x^2 + y^2$，Γ 为 Σ_1 和 Σ_2 的交线. 求椭球面 Σ_1 在 Γ 上各点的切平面到原点距离的最大值和最小值.

解析　令 $F(x,y,z) = \dfrac{x^2}{a^2} + \dfrac{y^2}{b^2} + \dfrac{z^2}{c^2} - 1$，则切平面的法向量

$$\boldsymbol{n} = \left(\frac{2x}{a^2}, \frac{2y}{b^2}, \frac{2z}{c^2}\right) = 2\left(\frac{x}{a^2}, \frac{y}{b^2}, \frac{z}{c^2}\right).$$

椭球面 Σ_1 在 $P(x,y,z)$ 处的切平面方程为

$$\frac{x}{a^2}(X-x) + \frac{y}{b^2}(Y-y) + \frac{z}{c^2}(Z-z) = 0$$

即 $\dfrac{x}{a^2}X + \dfrac{y}{b^2}Y + \dfrac{z}{c^2}Z = 1$，对任意 $P(x,y,z) \in \Sigma_1$ 切平面到原点的距离为：

$$d(x,y,z) = 1/\sqrt{(x^2/a^4) + (y^2/b^4) + (z^2/c^4)}.$$

构造拉格朗日函数

$$F(x,y,z,\lambda,\mu) = \frac{x^2}{a^4} + \frac{y^2}{b^4} + \frac{z^2}{c^4} + \lambda\left(\frac{x^2}{a^2} + \frac{y^2}{b^2} + \frac{z^2}{c^2} - 1\right) + \mu(x^2 + y^2 - z^2)$$

求解方程组

$$\begin{cases} F_x = 2\left(\dfrac{1}{a^4} + \dfrac{\lambda}{a^2} + \mu\right)x = 0 \\[2mm] F_y = 2\left(\dfrac{1}{b^4} + \dfrac{\lambda}{b^2} + \mu\right)y = 0 \\[2mm] F_z = 2\left(\dfrac{1}{c^4} + \dfrac{\lambda}{c^2} - \mu\right)z = 0 \\[2mm] F_\lambda = \dfrac{x^2}{a^2} + \dfrac{y^2}{b^2} + \dfrac{z^2}{c^2} - 1 = 0 \\[2mm] F_\mu = x^2 + y^2 - z^2 = 0 \end{cases}$$

当 $x=0$ 时，可得 $y=\pm z=\pm\dfrac{bc}{\sqrt{b^2+c^2}}$；当 $y=0$ 时，可得 $x=\pm z=\pm\dfrac{ac}{\sqrt{a^2+c^2}}$，从而

$$\left.\frac{x^2}{a^4}+\frac{y^2}{b^4}+\frac{z^2}{c^4}\right|_{\left(0,\frac{bc}{\sqrt{b^2+c^2}},\pm\frac{bc}{\sqrt{b^2+c^2}}\right)}=\frac{b^4+c^4}{b^2c^2(b^2+c^2)},$$

$$\left.\frac{x^2}{a^4}+\frac{y^2}{b^4}+\frac{z^2}{c^4}\right|_{\left(\frac{ac}{\sqrt{a^2+c^2}},0,\pm\frac{ac}{\sqrt{a^2+c^2}}\right)}=\frac{a^4+c^4}{a^2c^2(a^2+c^2)},$$

令 $f(x)=\dfrac{x^4+c^4}{x^2c^2(x^2+c^2)}$ $(0<b<x<a)$，求导得

$$f'(x)=\frac{2x(x^4-2c^2x^2-c^4)}{x^4(x^2+c^2)^2}$$

$$=\frac{2x(x^2-c^2)^2-2c^4}{x^4(x^2+c^2)^2}=\frac{2x(x^2-c^2+\sqrt{2}c^2)(x^2-c^2-\sqrt{2}c^2)}{x^4(x^2+c^2)^2},$$

所以 $f'(x)>0$ 当 $a>b>c>0$ 或 $a>b>\sqrt{1+\sqrt{2}}\,c$ 时，从而 $f(x)$ 在 $[b,a]$ 单调增加 $f(a)>f(b)$，最大值为 $bc\sqrt{\dfrac{b^2+c^2}{b^4+c^4}}$，最小值为 $ac\sqrt{\dfrac{a^2+c^2}{a^4+c^4}}$.

【例 6.31】（江苏省 1994 年竞赛题）已知 a,b 满足 $\displaystyle\int_a^b|x|\,\mathrm{d}x=\dfrac{1}{2}$ $(a\leqslant 0\leqslant b)$，求曲线 $y=x^2+ax$ 与直线 $y=bx$ 所围区域的面积的最大值与最小值.

解析 因为

$$\int_a^b|x|\,\mathrm{d}x=\int_a^0-x\,\mathrm{d}x+\int_0^b x\,\mathrm{d}x=\frac{1}{2}(a^2+b^2)=\frac{1}{2}$$

故 $a^2+b^2=1$. 曲线 $y=x^2+ax$ 与直线 $y=bx$ 所围图形（图 6.4）的面积为

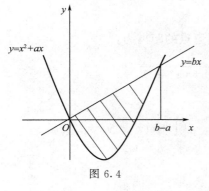

图 6.4

$$S=\int_0^{b-a}(bx-x^2-ax)\,\mathrm{d}x=\frac{1}{6}(b-a)^3$$

应用拉格朗日乘数法，令

$$F(a,b,\lambda)=\frac{1}{6}(b-a)^3+\lambda(a^2+b^2-1)$$

由方程组

$$\begin{cases} F'_a=-\dfrac{1}{2}(b-a)^2+2\lambda a=0 \\[2mm] F'_b=\dfrac{1}{2}(b-a)^2+2\lambda b=0 \\[2mm] F'_\lambda=a^2+b^2-1=0 \end{cases}$$

解得驻点 $\left(-\dfrac{\sqrt{2}}{2},\dfrac{\sqrt{2}}{2}\right)$，此时 $S=\dfrac{\sqrt{2}}{3}$. 又 $a=0$ 时，$b=1$，此时 $S=\dfrac{1}{6}$；$a=-1$ 时 $b=0$，此时 $S=\dfrac{1}{6}$. 所以所求面积的最大值为 $\dfrac{\sqrt{2}}{3}$，最小值为 $\dfrac{1}{6}$.

【例 6.32】 在椭圆 $\dfrac{x^2}{a^2}+\dfrac{y^2}{b^2}=1$ 上求距离原点最远的法线的方程.

解析　方程 $\dfrac{x^2}{a^2}+\dfrac{y^2}{b^2}=1$ 两边对 x 求导得

$$\frac{2x}{a^2}+\frac{2yy'}{b^2}=0,\ y'=-\frac{b^2x}{a^2y}$$

过点 (x,y) 的法线方程为

$$Y-y=\frac{a^2y}{b^2x}(X-x),\ \text{即}\ \frac{a^2y}{b^2x}X-Y+y-\frac{a^2y}{b^2}=0$$

原点到该直线的距离的平方为

$$d^2=\frac{\left(-\dfrac{a^2y}{b^2}+y\right)^2}{\left(\dfrac{a^2y}{b^2x}\right)^2+1}=\frac{(a^2-b^2)^2x^2y^2}{a^4y^2+b^4x^2}=\frac{(a^2-b^2)^2\dfrac{x^2}{a^2}\dfrac{y^2}{b^2}}{a^2\dfrac{y^2}{b^2}+b^2\dfrac{x^2}{a^2}}$$

令 $u=\dfrac{x^2}{a^2}$，$v=\dfrac{y^2}{b^2}$，$f(u,v)=\dfrac{uv}{b^2u+a^2v}$，下面求 $f(u,v)$ 在条件 $u+v=1$（$u\geqslant0,v\geqslant0$）下的最大值点．令

求解方程组

$$L(u,v,\lambda)=\frac{uv}{b^2u+a^2v}+\lambda(u+v-1)$$

$$\begin{cases}L_u=\dfrac{a^2v^2}{(b^2u+a^2v)^2}+\lambda=0\\[2mm]L_v=\dfrac{b^2u^2}{(b^2u+a^2v)^2}+\lambda=0\\[2mm]L_\lambda=u+v-1=0\end{cases}$$

解得 $u=\dfrac{a}{a+b}$，$v=\dfrac{b}{a+b}$，由实际问题，d^2 确有最大值，故 f 确有最大值．因此当 $u=\dfrac{a}{a+b}$，$v=\dfrac{b}{a+b}$ 时，即 $x=\sqrt{\dfrac{a^3}{a+b}}$，$y=\sqrt{\dfrac{b^3}{a+b}}$ 时 d^2 取得最大值．利用对称性，距原点最远的法线有 4 条，其方程分别为

$$Y-\sqrt{\frac{b^3}{a+b}}=\pm\sqrt{\frac{a}{b}}\left(X\pm\sqrt{\frac{a^3}{a+b}}\right),\ Y+\sqrt{\frac{b^3}{a+b}}=\pm\sqrt{\frac{a}{b}}\left(X\pm\sqrt{\frac{a^3}{a+b}}\right)$$

评注　这是条件极值问题，目标函数是原点到椭圆法线的距离，所以需先求法线的方程．当目标函数的表达式较复杂时，其拉格朗日函数的驻点就难以计算．如果做适当的变量代换化简拉格朗日函数就可以计算更为简便．

三、综合训练

（1）已知曲面 Σ：$\sqrt{x}+2\sqrt{y}+3\sqrt{z}=3$．①求该曲面上点 $P(a,b,c)$（$abc>0$）处的切平面方程；②问 a,b,c 为何值时，上述切平面与三个坐标平面所围四面体的体积最大．

（2）设函数 $f(x,y)=2(y-x^2)^2-y^2-\dfrac{1}{7}x^7$．①求 $f(x,y)$ 的极值，并证明函数 $f(x,y)$ 在点 $(0,0)$ 处不取极值；②当点 (x,y) 在过原点的任一直线上变化时，求证函数 $f(x,y)$

在点 $(0,0)$ 处取极小值.

(3)（江苏省 2006 年竞赛题）用拉格朗日乘数法求函数 $f(x,y)=x^2+\sqrt{2}\,xy+2y^2$ 在区域 $x^2+2y^2\leqslant4$ 上的最大值与最小值.

(4)（莫斯科自动化学院 1975 年竞赛题）求函数 $z=x^2+y^2-xy$ 在区域上 D：$|x|+|y|\leqslant1$ 的最大值与最小值.

(5)（江苏省 2002 年竞赛题）求函数 $f(x,y)=2x-y+1$ 满足方程 $x^2+y^2=5$ 的条件极大值与极小值.

(6)（江苏省 2000 年竞赛题）已知函数 $f(x,y)=\mathrm{e}^{2x}(x+y^2+2y)$，其在点 $\left(\dfrac{1}{2},-1\right)$ 处取（　　）.

(A) 极大值 $-\dfrac{e}{2}$　　　(B) 极小值 $-\dfrac{e}{2}$　　　(C) 不取得极值　　　(D) 极小值 e

(7)（江苏省 2006 年竞赛题）函数 $f(x,y)=\mathrm{e}^{-x}(ax+b-y^2)$ 中常数 a,b 满足条件 _____ 时，$f(-1,0)$ 为其极大值.

综合训练答案

(1) ① $\dfrac{1}{\sqrt{a}}x+\dfrac{2}{\sqrt{b}}y+\dfrac{3}{\sqrt{c}}z=3$；② $a=1$，$b=\dfrac{1}{4}$，$c=\dfrac{1}{9}$.

(2) $f(-2,8)=-\dfrac{96}{7}$，为极小值.　　　(3) $f_{\min}=0$，$f_{\max}=6$.

(4) $z_{\min}=0$，$z_{\max}=1$.　　　(5) 条件极大值为 6，条件极小值为 -4.

(6) B　　　(7) $a\geqslant0$，$b=2a$.

专题 7　多元函数积分学

竞赛大纲

（1）二重积分和三重积分的概念及性质、二重积分的计算（直角坐标、极坐标）、三重积分的计算（直角坐标、柱面坐标、球面坐标）.

（2）两类曲线积分的概念、性质及计算、两类曲线积分的关系.

（3）格林（Green）公式、平面曲线积分与路径无关的条件、已知二元函数全微分求原函数.

（4）两类曲面积分的概念、性质及计算、两类曲面积分的关系.

（5）高斯（Gauss）公式、斯托克斯（Stokes）公式、散度和旋度的概念及计算.

（6）重积分、曲线积分和曲面积分的应用（平面图形的面积、立体图形的体积、曲面面积、弧长、质量、质心、转动惯量、引力、功及流量等）

7.1　二重积分

一、知识要点

1. 二重积分的定义

$$\iint\limits_D f(x,y)\mathrm{d}\sigma = \lim_{\lambda\to 0}\sum_{i=1}^n f(\xi_i,\eta_i)\Delta\sigma_i .$$

2. 二重积分的主要性质

（1）对区域的可加性　若区域 D 分为两个部分区域 D_1，D_2 则

$$\iint\limits_D f(x,y)\mathrm{d}\sigma = \iint\limits_{D_1} f(x,y)\mathrm{d}\sigma + \iint\limits_{D_2} f(x,y)\mathrm{d}\sigma .$$

（2）保向性　若在 D 上，$f(x,y)\leqslant\varphi(x,y)$，则有不等式

$$\iint\limits_D f(x,y)\mathrm{d}\sigma \leqslant \iint\limits_D \varphi(x,y)\mathrm{d}\sigma .$$

（3）估值不等式　设 M 与 m 分别是 $f(x,y)$ 在闭区域 D 上最大值和最小值，σ 是区域 D 的面积，则

$$m\sigma \leqslant \iint\limits_{D} f(x,y)\mathrm{d}\sigma \leqslant M\sigma.$$

(4) 二重积分的中值定理 设函数 $f(x,y)$ 在闭区域 D 上连续，σ 是 D 的面积，则在 D 上至少存在一点 (ξ,η)，使得

$$\iint\limits_{D} f(x,y)\mathrm{d}\sigma = f(\xi,\eta)\sigma.$$

3. 二重积分的计算方法

(1) 直角坐标系下二重积分的计算方法

① 如果积分区域 D 为 X-型区域：$a \leqslant x \leqslant b$，$\varphi_1(x) \leqslant y \leqslant \varphi_2(x)$，则

$$\iint\limits_{D} f(x,y)\mathrm{d}\sigma = \int_a^b \mathrm{d}x \int_{\varphi_1(x)}^{\varphi_2(x)} f(x,y)\mathrm{d}y.$$

② 如果积分区域 D 为 Y-型区域：$c \leqslant y \leqslant d$，$\varphi_1(y) \leqslant x \leqslant \varphi_2(y)$，则

$$\iint\limits_{D} f(x,y)\mathrm{d}\sigma = \int_c^d \mathrm{d}y \int_{\varphi_1(y)}^{\varphi_2(y)} f(x,y)\mathrm{d}x.$$

(2) 极坐标系下二重积分的计算方法 若积分区域 D 可表示为 $\varphi_1(\theta) \leqslant \rho \leqslant \varphi_2(\theta), \alpha \leqslant \theta \leqslant \beta$，则

$$\iint\limits_{D} f(x,y)\mathrm{d}\sigma = \iint\limits_{D} f(\rho\cos\theta, \rho\sin\theta)\rho\,\mathrm{d}\rho\,\mathrm{d}\theta = \int_\alpha^\beta \mathrm{d}\theta \int_{\varphi_1(\theta)}^{\varphi_2(\theta)} f(\rho\cos\theta, \rho\sin\theta)\rho\,\mathrm{d}\rho$$

4. 二重积分的计算技巧

计算二重积分的要点在于掌握如何根据积分区域的图形将二重积分化为二次积分，此外在计算上还需掌握一些常用技巧. 常用下述技巧简化二重积分的计算.

(1) 计算积分区域具有对称性，被积函数具有奇偶性的二重积分.

① 若 $f(x,y)$ 在积分区域 D 上连续，且 D 关于 y 轴（或 x 轴）对称，其中 D_1 是 D 落在 y 轴（或 x 轴）一侧的那一部分区域，则

$$\iint\limits_{D} f(x,y)\mathrm{d}x\mathrm{d}y = \begin{cases} 2\iint\limits_{D_1} f(x,y)\mathrm{d}x\mathrm{d}y, & \text{当 } f(-x,y) \text{ 或 } f(x,-y) = f(x,y) \text{ 时,} \\ 0, & \text{当 } f(-x,y) \text{ 或 } f(x,-y) = -f(x,y) \text{ 时.} \end{cases}$$

② 若 D 关于 x 轴、y 轴对称，D_1 为 D 中对应于 $x \geqslant 0$，$y \geqslant 0$（或 $x \leqslant 0$，$y \leqslant 0$）的部分，则

$$\iint\limits_{D} f(x,y)\mathrm{d}x\mathrm{d}y = \begin{cases} 4\iint\limits_{D_1} f(x,y)\mathrm{d}x\mathrm{d}y, & \text{当 } f(-x,y) = f(x,-y) = f(x,y) \text{ 时,} \\ 0, & \text{当 } f(-x,y) \text{ 或 } f(x,-y) = -f(x,y) \text{ 时.} \end{cases}$$

③ 设积分区域 D 对称于原点，对称于原点的两部分记为 D_1 和 D_2.

$$\iint\limits_{D} f(x,y)\mathrm{d}x\mathrm{d}y = \begin{cases} 2\iint\limits_{D_1} f(x,y)\mathrm{d}x\mathrm{d}y, & \text{当 } f(-x,-y) = f(x,y) \text{ 时,} \\ 0, & \text{当 } f(-x,-y) = -f(x,y) \text{ 时.} \end{cases}$$

④ 积分区域 D 关于 x,y 具有轮换对称性（x，y 互换，D 保持不变），则

$$\iint\limits_{D} f(x,y)\mathrm{d}\sigma = \iint\limits_{D} f(y,x)\mathrm{d}\sigma = \frac{1}{2}\iint\limits_{D} [f(x,y) + f(y,x)]\mathrm{d}\sigma$$

记 D 位于直线 $y=x$ 上半部分区域为 D_1，则

$$\iint\limits_{D} f(x,y)\mathrm{d}x\mathrm{d}y = \begin{cases} 2\iint\limits_{D_1} f(x,y)\mathrm{d}x\mathrm{d}y, & \text{当 } f(y,x)=f(x,y) \text{ 时,} \\ 0, & \text{当 } f(y,x)=-f(x,y) \text{ 时,} \end{cases}$$

（2）计算被积函数分区域给出的二重积分. 在二重积分中，如果被积函数含绝对值符号、最值符号 max 或 min 及含符号函数 sgn(·)、取整函数 [·] 的，实际上都是分区域给出的函数，计算其二重积分都需分块计算.

（3）利用换元法简化二重积分的计算，这也是在二重积分计算中经常使用的技巧.

$$\iint\limits_{D} f(x,y)\mathrm{d}\sigma = \iint\limits_{D'} f[x(u,v),y(u,v)]|J(u,v)|\mathrm{d}u\mathrm{d}v$$

其中，$J(u,v)=\dfrac{\partial(x,y)}{\partial(u,v)}=\begin{vmatrix} \dfrac{\partial x}{\partial u} & \dfrac{\partial x}{\partial v} \\[2mm] \dfrac{\partial y}{\partial u} & \dfrac{\partial y}{\partial v} \end{vmatrix}$. 使用换元法的注意事项：

① 换元后要求定限简单，积分容易；

② 选择什么样的换元公式取决于积分区域的形状和被积函数的形式.

（4）利用二重积分的性质计算二重积分.

（5）利用交换二重积分的积分次序计算二重积分.

二、重点题型解析

1. 计算积分区域具有对称性，被积函数具有奇偶性的二重积分

【例 7.1】　计算 $\displaystyle\iint\limits_{D} \frac{x^2(1+x^5\sqrt{1+y})}{1+x^6}\mathrm{d}\sigma$，其中 D：$|x|\leqslant 1,0\leqslant y\leqslant 2$.

解析　积分区域 D 的图形如图 7.1 所示. 注意到 D 关于 y 轴对称，考虑能否运用对称性化简问题.

设 $f(x,y)=\dfrac{x^2(1+x^5\sqrt{1+y})}{1+x^6}$，则 $f(x,y)$ 关于 x 变量无奇偶性. 为了化简问题，运用二重积分的线性运算性质，将二重积分表示为

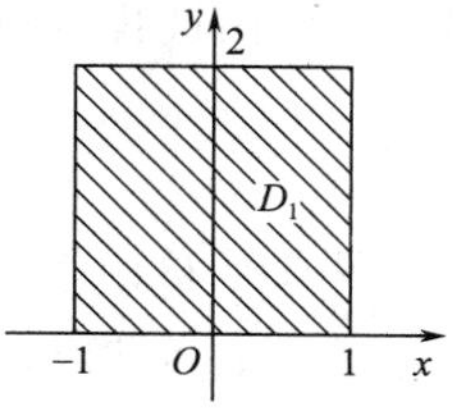

$$\text{原式} = \iint\limits_{D} \frac{x^2}{1+x^6}\mathrm{d}\sigma + \iint\limits_{D} \frac{x^7\sqrt{1+y}}{1+x^6}\mathrm{d}\sigma$$

图 7.1

由于函数 $\dfrac{x^2}{1+x^6}$ 关于 x 是偶函数，而函数 $\dfrac{x^7\sqrt{1+y}}{1+x^6}$ 关于 x 是奇函数，记 D 在第一象限部分的区域为 D_1，利用二重积分的对称性质

$$\text{原式} = 2\iint\limits_{D_1} \frac{x^2}{1+x^6}\mathrm{d}x = 2\int_0^1\mathrm{d}x\int_0^2 \frac{x^2}{1+x^6}\mathrm{d}y = 2\left(\int_0^2\mathrm{d}y\right)\left(\int_0^1 \frac{x^2}{1+x^6}\mathrm{d}x\right)$$

$$= \frac{4}{3}\int_0^1 \frac{\mathrm{d}(x^3)}{1+x^6} = \frac{4}{3}\arctan(x^3)\Big|_0^1 = \frac{\pi}{3}.$$

评注 当积分区域 D 关于坐标轴对称时，若被积函数 $f(x,y)$ 关于对应变量没有奇偶性，此时可对 $f(x,y)$ 进行分解．若分解后 $f(x,y)$ 的部分项关于对应变量具有奇偶性，仍可借助于二重积分的运算性质，运用对称性简化问题．

【例 7.2】 计算 $\displaystyle\iint\limits_{D}\dfrac{\sqrt[3]{x-y}}{x^2+y^2}\mathrm{d}\sigma$，其中 $D:x^2+y^2\leqslant R^2$，$x+y\geqslant R$．

解析 D 的图形如图 7.2 所示．

记 $\displaystyle I=\iint\limits_{D}\dfrac{\sqrt[3]{x-y}}{x^2+y^2}\mathrm{d}x\mathrm{d}y$．由轮换对称性，将积分中的积分变量 x

与 y 互换，得

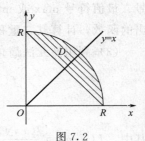

图 7.2

$$I=\iint\limits_{D}\frac{\sqrt[3]{x-y}}{x^2+y^2}\mathrm{d}x\mathrm{d}y=\iint\limits_{D}\frac{\sqrt[3]{y-x}}{y^2+x^2}\mathrm{d}x\mathrm{d}y$$

由于 D 关于分角线 $y=x$ 对称，将 x，y 互换后所成的区域 D' 与 D 相同，即 $D'=D$，所以有

$$I=\iint\limits_{D}\frac{\sqrt[3]{y-x}}{y^2+x^2}\mathrm{d}x\mathrm{d}y=-\iint\limits_{D}\frac{\sqrt[3]{x-y}}{x^2+y^2}\mathrm{d}x\mathrm{d}y=-I,$$

即 $2I=0$，由此计算得

$$I=\iint\limits_{D}\frac{\sqrt[3]{x-y}}{x^2+y^2}\mathrm{d}x\mathrm{d}y=0.$$

评注 可以看到，本题中若将二重积分直接化为二次积分计算，积分太复杂．由于 D 关于各坐标轴不对称，但我们注意到 D 关于 x、y 具有轮换对称性，利用二重积分轮换对称性求解使问题得到简化．

【例 7.3】 计算 $\displaystyle\iint\limits_{D}xy\mathrm{d}x\mathrm{d}y$，其中 D 是由双纽线 $(x^2+y^2)^2=2xy$ 所围成．

解析 通过分析双纽线 $(x^2+y^2)^2=2xy$ 只能出现在第一、三象限，且曲线关于原点对称．又因被积函数 $f(-x,-y)=(-x)(-y)=xy=f(x,y)$，故

$$\iint\limits_{D}xy\mathrm{d}x\mathrm{d}y=2\int_{0}^{\frac{\pi}{2}}\mathrm{d}\theta\int_{0}^{\sqrt{\sin2\theta}}\rho^3\sin\theta\cos\theta\mathrm{d}\rho=\frac{1}{6}.$$

评注 在计算二重积分时，当对积分区域的图形不是非常熟悉时，计算时可以不必画出积分区域 D 的图形，但可以通过区域边界曲线的对称性及函数的奇偶性判断区域特征，化成极坐标确定二次积分上下限．

【例 7.4】 （2008 年湖南省大学生数学竞赛试题）计算二重积分

$$\iint\limits_{x^2+y^2\leqslant 1}(2x^2+x^2y+x+y-y^2)\mathrm{d}x\mathrm{d}y.$$

解析 $\displaystyle\iint\limits_{x^2+y^2\leqslant 1}(2x^2+x^2y+x+y-y^2)\mathrm{d}x\mathrm{d}y=\frac{1}{2}\iint\limits_{x^2+y^2\leqslant 1}(x^2+y^2)\mathrm{d}x\mathrm{d}y=\frac{1}{2}\int_{0}^{1}\mathrm{d}r\int_{0}^{2\pi}r^3\mathrm{d}\theta=\frac{\pi}{4}$

评注 本题综合运用了二重积分的奇偶对称性和轮换对称性技巧，为二重积分的求解带来了非常大的便利，是同学们做题中最常使用的技巧之一．

2. 计算被积函数分区域给出的二重积分

【例 7.5】 计算 $\iint\limits_{D} e^{\max\{x^2,\,y^2\}} \mathrm{d}x\mathrm{d}y$，其中 $D = \{(x,y) \mid 0 \leqslant x \leqslant 1, 0 \leqslant y \leqslant 1\}$.

解析 令 $x^2 = y^2$，可知直线 $y = x$ 将 D 分为两个区域 D_1 与 D_2，其中：

$$D_1 = \{(x,y) \mid 0 \leqslant x \leqslant 1, 0 \leqslant x \leqslant y\}, D_2 = \{(x,y) \mid 0 \leqslant x \leqslant 1, y \leqslant x \leqslant 1\}$$

在 D_1 中有 $x < y$，因而 $\max\{x^2,y^2\} = y^2$；在 D_2 中有 $x > y$，因而 $\max\{x^2,y^2\} = x^2$. 于是有

$$\iint\limits_{D} e^{\max\{x^2,y^2\}} \mathrm{d}x\mathrm{d}y = \iint\limits_{D_1} e^{y^2} \mathrm{d}x\mathrm{d}y + \iint\limits_{D_2} e^{x^2} \mathrm{d}x\mathrm{d}y = 2\iint\limits_{D_1} e^{y^2} \mathrm{d}x\mathrm{d}y$$

$$= 2\int_0^1 \mathrm{d}y \int_0^y e^{y^2} \mathrm{d}x = \int_0^1 e^{y^2} \mathrm{d}y^2 = e - 1.$$

评注 当二重积分的被积函数含有最值符号 max 或 min 时，计算时应将最值符号去掉，相应的被积函数将在不同积分区域有所不同，本题中由于积分区域关于 $y = x$ 对称，在计算时有 $\iint\limits_{D_1} e^{y^2} \mathrm{d}x\mathrm{d}y = \iint\limits_{D_2} e^{x^2} \mathrm{d}x\mathrm{d}y$.

【例 7.6】 （第四届全国大学生数学竞赛决赛试题）求二重积分

$$I = \iint\limits_{x^2+y^2\leqslant 1} |x^2 + y^2 - x - y| \mathrm{d}x\mathrm{d}y.$$

解析 令 $x^2 + y^2 - x - y = 0$，可知圆 $x^2 + y^2 - x - y = 0$ 将区域 D 分为两个区域 D_1 与 D_2，其中：

$$D_1 = \{(x,y) \mid x^2 + y^2 - x - y > 0, \ x^2 + y^2 \leqslant 1\},$$
$$D_2 = \{(x,y) \mid x^2 + y^2 - x - y < 0, x^2 + y^2 \leqslant 1\},$$

则有

$$I = \iint\limits_{x^2+y^2\leqslant 1} |x^2 + y^2 - x - y| \mathrm{d}x\mathrm{d}y$$

$$= \iint\limits_{D_1} (x^2 + y^2 - x - y) \mathrm{d}x\mathrm{d}y + \iint\limits_{D_2} (x + y - x^2 - y^2) \mathrm{d}x\mathrm{d}y = I_1 + I_2$$

其中 $I_1 = \int_{-\frac{\pi}{4}}^{0} \mathrm{d}\theta \int_{\sin\theta+\cos\theta}^{1} r(r\cos\theta + r\sin\theta - r^2) \mathrm{d}r + \int_{\frac{\pi}{2}}^{\frac{3}{4}\pi} \mathrm{d}\theta \int_{\sin\theta+\cos\theta}^{1} r(r\cos\theta + r\sin\theta - r^2) \mathrm{d}r +$

$$\int_{\frac{3}{4}\pi}^{\frac{7}{4}\pi} \mathrm{d}\theta \int_0^1 r(r\cos\theta + r\sin\theta - r^2) \mathrm{d}r$$

$$= \frac{2}{3}\int_0^{\frac{\pi}{4}} \sin^4\theta \mathrm{d}\theta - \left(\frac{\sqrt{2}-1}{3} - \frac{\pi}{16}\right)2 - \frac{2}{3}\sqrt{2} + \frac{\pi}{4}$$

$$= \frac{5\pi}{16} - \frac{1}{6} - \frac{2}{3}\sqrt{2}$$

$$I_2 = \int_{-\frac{\pi}{4}}^{0} \mathrm{d}\theta \int_0^{\sin\theta+\cos\theta} r(r^2 - r\cos\theta - r\sin\theta) \mathrm{d}r + \int_{\frac{\pi}{2}}^{\frac{3}{4}\pi} \mathrm{d}\theta \int_0^{\sin\theta+\cos\theta} r(r^2 - r\cos\theta - r\sin\theta) \mathrm{d}r +$$

$$\int_0^{\frac{\pi}{2}} \mathrm{d}\theta \int_0^1 r(r^2 - r\cos\theta - r\sin\theta) \mathrm{d}r$$

$$= \frac{1}{3}\int_0^{\frac{\pi}{4}} \sin^4\theta \mathrm{d}\theta + \frac{1}{3}\int_{\frac{3}{4}\pi}^{\pi} \sin^4\theta \mathrm{d}\theta - \frac{\pi}{8} + \frac{2}{3}$$

$$= \frac{2}{3} \int_0^{\frac{\pi}{4}} \sin^4\theta \, d\theta - \frac{\pi}{8} + \frac{2}{3}$$

$$= \frac{1}{2} - \frac{1}{16}\pi$$

故 $\quad I = I_1 + I_2 = \dfrac{\pi}{4} - \dfrac{1}{3}(2\sqrt{2} - 1)$

评注 被积函数中含有绝对值符号的积分,一般来说,都要将绝对值符号去掉,积分区域分块处理使得在不同块上被积函数有所不同. 本题在计算上应注意积分域的极坐标正确表示.

【例 7.7】 求 $\displaystyle\iint\limits_D (|x - |y||)^{\frac{1}{2}} \, dx \, dy$,其中 D:$0 \leqslant x \leqslant 2, |y| \leqslant 1$.

解析 $y = \pm x$ 及 $y = 0$ 把区域 D 分为四个部分(如图 7.3 所示). 由于被积函数关于 y 为偶函数,D 关于 x 轴对称,所以

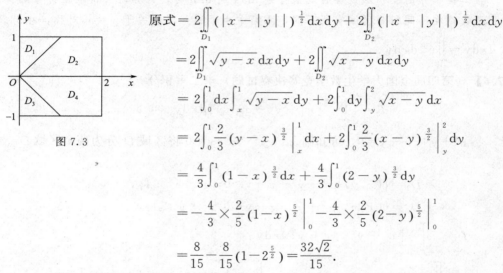

图 7.3

$$\text{原式} = 2\iint\limits_{D_1} (|x - |y||)^{\frac{1}{2}} \, dx \, dy + 2\iint\limits_{D_2} (|x - |y||)^{\frac{1}{2}} \, dx \, dy$$

$$= 2\iint\limits_{D_1} \sqrt{y - x} \, dx \, dy + 2\iint\limits_{D_2} \sqrt{x - y} \, dx \, dy$$

$$= 2\int_0^1 dx \int_x^1 \sqrt{y - x} \, dy + 2\int_0^1 dy \int_y^2 \sqrt{x - y} \, dx$$

$$= 2\int_0^1 \frac{2}{3}(y - x)^{\frac{3}{2}} \Big|_x^1 \, dx + 2\int_0^1 \frac{2}{3}(x - y)^{\frac{3}{2}} \Big|_y^2 \, dy$$

$$= \frac{4}{3}\int_0^1 (1 - x)^{\frac{3}{2}} \, dx + \frac{4}{3}\int_0^1 (2 - y)^{\frac{3}{2}} \, dy$$

$$= -\frac{4}{3} \times \frac{2}{5}(1 - x)^{\frac{5}{2}} \Big|_0^1 - \frac{4}{3} \times \frac{2}{5}(2 - y)^{\frac{5}{2}} \Big|_0^1$$

$$= \frac{8}{15} - \frac{8}{15}(1 - 2^{\frac{5}{2}}) = \frac{32\sqrt{2}}{15}.$$

评注 在积分计算中注意多种技巧的使用,此题去掉绝对值符号分块计算的同时应注意奇偶对称性计算技巧的使用.

【例 7.8】 计算 $\displaystyle\iint\limits_D [x + y] \, dx \, dy$,其中 D 为 $0 \leqslant x \leqslant 2, 0 \leqslant y \leqslant 2$.

解析 $[x + y]$ 表示 $x + y$ 的整数部分. D 的图形如图 7.4 所示.

直线 $x + y = 1, x + y = 2, x + y = 3$ 将 D 分成 D_1, D_2, D_3, D_4,则

$$[x + y] = \begin{cases} 0, & (x + y) \in D_1 \\ 1, & (x + y) \in D_2 \\ 2, & (x + y) \in D_3 \\ 3, & (x + y) \in D_4 \end{cases}.$$

图 7.4

$$\text{原式} = \iint\limits_{D_1} 0 \, dx \, dy + \iint\limits_{D_2} dx \, dy + 2\iint\limits_{D_3} dx \, dy + 3\iint\limits_{D_4} dx \, dy = 6.$$

评注 被积函数中含有取整函数的积分,也需按照取整函数特点将积分区域分块处理,其中应注意取整函数 $[x]$ 表示不超过 x 的最大整数.

【例 7.9】 （第三届全国大学生数学竞赛预赛试题）求 $\iint\limits_{D} \operatorname{sgn}(xy-1)\mathrm{d}x\mathrm{d}y$，其中 $D=\{(x,y)\mid 0\leqslant x\leqslant 2,0\leqslant y\leqslant 2\}$.

解析　设

$$D_1=\left\{(x,y)\mid 0\leqslant x\leqslant \frac{1}{2},0\leqslant y\leqslant 2\right\},$$

$$D_2=\left\{(x,y)\mid \frac{1}{2}\leqslant x\leqslant 2,0\leqslant y\leqslant \frac{1}{x}\right\},$$

$$D_3=\left\{(x,y)\mid \frac{1}{2}\leqslant x\leqslant 2,\frac{1}{x}\leqslant y\leqslant 2\right\},$$

$$\iint\limits_{D_1\cup D_2}\mathrm{d}x\mathrm{d}y=1+\int_{\frac{1}{2}}^{2}\frac{\mathrm{d}x}{x}=1+2\ln 2,\iint\limits_{D_3}\mathrm{d}x\mathrm{d}y=3-2\ln 2.$$

$$\iint\limits_{D}\operatorname{sgn}(xy-1)\mathrm{d}x\mathrm{d}y=\iint\limits_{D_3}\mathrm{d}x\mathrm{d}y-\iint\limits_{D_1\cup D_2}\mathrm{d}x\mathrm{d}y=2-4\ln 2.$$

评注　被积函数中含有符号函数 $\operatorname{sgn}(\bullet)$ 的积分，在求解时应按照被积函数特点将积分区域分块处理，其中应注意 $\operatorname{sgn}(\bullet)=\begin{cases}1, & x>0 \\ 0, & x=0 \\ -1, & x<0\end{cases}$.

3. 利用换元法简化二重积分的计算

【例 7.10】 计算 $\iint\limits_{D} x^2 y^2\mathrm{d}x\mathrm{d}y$，其中 D 是由两条双曲线 $xy=1$ 和 $xy=2$，直线 $y=x$ 和 $y=4x$ 所围成的第一象限内的闭区域.

解析　令 $xy=u$，$\dfrac{y}{x}=v$

$$J=\frac{\partial(x,y)}{\partial(u,v)}=\begin{vmatrix}\dfrac{\partial x}{\partial u} & \dfrac{\partial x}{\partial v}\\[2mm]\dfrac{\partial y}{\partial u} & \dfrac{\partial y}{\partial v}\end{vmatrix}=\frac{1}{2v},$$

$$\iint\limits_{D}x^2 y^2\mathrm{d}x\mathrm{d}y=\iint\limits_{D'}u^2\frac{1}{2v}\mathrm{d}u\mathrm{d}v=\frac{1}{2}\int_1^2 u^2\mathrm{d}u\int_1^4\frac{1}{v}\mathrm{d}v=\frac{7}{3}\ln 2.$$

评注　本题若利用直角坐标求解积分，虽然被积函数形式比较简单，但积分区域图形不规则，需要分块求解，比较复杂. 而利用换元法可巧妙地将原积分区域化为矩形域，同时被积函数也比较简单，从而大大地简化了计算.

【例 7.11】 计算 $\iint\limits_{D}(x+y)\mathrm{d}x\mathrm{d}y$，其中积分区域 $D=\{(x,y)\mid x^2+y^2\leqslant x+y+1\}$.

解析　令 $x-\dfrac{1}{2}=u$，$y-\dfrac{1}{2}=v$，则

$$D'=\left\{(u,v)\mid u^2+v^2\leqslant \frac{3}{2}\right\},\quad J=\frac{\partial(x,y)}{\partial(u,v)}=\begin{vmatrix}\dfrac{\partial x}{\partial u} & \dfrac{\partial x}{\partial v}\\[2mm]\dfrac{\partial y}{\partial u} & \dfrac{\partial y}{\partial v}\end{vmatrix}=1$$

$$\iint\limits_{D}(x+y)\mathrm{d}x\,\mathrm{d}y=\iint\limits_{D'}\left[\left(u+\frac{1}{2}\right)+\left(v+\frac{1}{2}\right)\right]\mathrm{d}u\,\mathrm{d}v$$

$$=\iint\limits_{D'}\mathrm{d}u\,\mathrm{d}v+\iint\limits_{D'}(u+v)\mathrm{d}u\,\mathrm{d}v=\pi\frac{\sqrt{6}}{2}+0=\frac{\sqrt{6}\,\pi}{2}.$$

评注　本题所求积分的积分区域为圆心在 $\left(\frac{1}{2},\frac{1}{2}\right)$，半径为 $\frac{\sqrt{6}}{2}$ 的圆域．利用换元法可以将积分区域变换为圆心在原点的圆域，然后结合奇偶对称性可以非常容易地得到结果．

4. 利用二重积分的性质计算二重积分

【例 7.12】　（2009 年南京工业大学数学竞赛试题）求 $\lim\limits_{t\to 0+}\dfrac{1}{t^{2}}\displaystyle\int_{0}^{t}\mathrm{d}x\int_{0}^{t-x}\mathrm{e}^{x^{2}+y^{2}}\mathrm{d}y$．

解析　记 D 为 $x+y=t\,(t>0)$ 与 x 轴、y 轴所围的区域，则

$$\int_{0}^{t}\mathrm{d}x\int_{0}^{t-x}\mathrm{e}^{x^{2}+y^{2}}\mathrm{d}y=\iint\limits_{D}\mathrm{e}^{x^{2}+y^{2}}\mathrm{d}x\,\mathrm{d}y,$$

由于 $\mathrm{e}^{x^{2}+y^{2}}$ 在区域 D 上连续，应用二重积分中值定理，有

$$\iint\limits_{D}\mathrm{e}^{x^{2}+y^{2}}\mathrm{d}x\,\mathrm{d}y=\mathrm{e}^{\xi^{2}+\eta^{2}}\cdot\frac{1}{2}t^{2},$$

这里 $(\xi,\eta)\in D$，于是

$$\lim_{t\to 0+}\frac{1}{t^{2}}\int_{0}^{t}\mathrm{d}x\int_{0}^{t-x}\mathrm{e}^{x^{2}+y^{2}}\mathrm{d}y=\lim_{t\to 0+}\frac{1}{t^{2}}\iint\limits_{D}\mathrm{e}^{x^{2}+y^{2}}\mathrm{d}x\,\mathrm{d}y=\lim_{t\to 0+}\frac{1}{t^{2}}\mathrm{e}^{\xi^{2}+\eta^{2}}\cdot\frac{1}{2}t^{2}=\frac{1}{2}\mathrm{e}^{0}=\frac{1}{2}.$$

【例 7.13】　设 $D=\{(x,y)\,|\,x\geqslant 0,y\geqslant 0,x^{2}+y^{2}\leqslant 1\}$，求满足

$$f(x,y)=1-2xy+8(x^{2}+y^{2})\iint\limits_{D}f(x,y)\mathrm{d}x\,\mathrm{d}y$$

的连续函数 $f(x,y)$．

解析　记 $A=\iint\limits_{D}f(x,y)\mathrm{d}x\,\mathrm{d}y$，则有 $f(x,y)=1-2xy+8A(x^{2}+y^{2})$．将 $f(x,y)$ 代入等式 $A=\iint\limits_{D}f(x,y)\mathrm{d}x\,\mathrm{d}y$ 的被积函数中得：

$$A=\iint\limits_{D}[1-2xy+8A(x^{2}+y^{2})]\mathrm{d}x\,\mathrm{d}y.$$

区域 D 的图形如图 7.5 所示，从而有

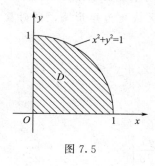

图 7.5

$$A=\iint\limits_{D}\mathrm{d}x\,\mathrm{d}y-2\iint\limits_{D}xy\mathrm{d}x\,\mathrm{d}y+8A\iint\limits_{D}(x^{2}+y^{2})\mathrm{d}x\,\mathrm{d}y$$

$$=\frac{\pi}{4}-2\int_{0}^{1}\mathrm{d}x\int_{0}^{\sqrt{1-x^{2}}}xy\mathrm{d}y+8A\int_{0}^{\frac{\pi}{2}}\mathrm{d}\theta\int_{0}^{1}\rho^{2}\cdot\rho\mathrm{d}\rho$$

$$=\frac{\pi}{4}-\int_{0}^{1}x(1-x^{2})\mathrm{d}x+4A\pi\int_{0}^{1}\rho^{3}\mathrm{d}\rho$$

$$=\frac{\pi}{4}-\left(\frac{1}{2}x^{2}-\frac{1}{4}x^{4}\right)\Big|_{0}^{1}+A\pi\rho^{4}\Big|_{0}^{1}$$

$$=\frac{\pi}{4}-\frac{1}{4}+A\pi,\ 解得\ A=-\frac{1}{4}.$$

故所求函数 $f(x,y)=1-2xy+2(x^2+y^2)$.

评注 由于二重积分 $\iint\limits_{D}f(x,y)\mathrm{d}x\mathrm{d}y$ 是一个常数，若记 $A=\iint\limits_{D}f(x,y)\mathrm{d}x\mathrm{d}y$，则有 $f(x,y)=1-2xy+8A(x^2+y^2)$. 将此 f 的表达式代入等式 $A=\iint\limits_{D}f(x,y)\mathrm{d}x\mathrm{d}y$ 中，就可获得 A 满足的方程，确定 A 的值，从而求出 $f(x,y)$.

【例 7.14】 设 D 是区域 $x^2+y^2\leqslant1$，证明不等式：$\dfrac{61}{165}\pi\leqslant\iint\limits_{D}\sin\sqrt{(x^2+y^2)^3}\,\mathrm{d}x\mathrm{d}y\leqslant\dfrac{2}{5}\pi$.

解析 因为 $I=\iint\limits_{D}\sin\sqrt{(x^2+y^2)^3}\,\mathrm{d}x\mathrm{d}y=2\pi\displaystyle\int_0^1 r\sin r^3\,\mathrm{d}r$. 利用 $\sin x$ 的幂级数展开 $\sin x=x-\dfrac{x^3}{3!}+\cdots$，则积分

$$I=2\pi\int_0^1 r\sin r^3\,\mathrm{d}r=2\pi\int_0^1 r\left(r^3-\frac{r^9}{6}+\cdots\right)\mathrm{d}r=2\pi\left(\frac{1}{5}-\frac{1}{66}+\cdots\right).$$

由交错级数的性质，知 $2\pi\left(\dfrac{1}{5}-\dfrac{1}{66}\right)<I<2\pi\left(\dfrac{1}{5}\right)$，即 $\dfrac{61\pi}{165}<I<\dfrac{2\pi}{5}$.

评注 本题在证明不等式过程中，利用极坐标将二重积分化简为定积分，并巧妙地利用正弦函数的幂级数展开公式进行放缩从而得解.

5. 利用交换积分次序计算二重积分

【例 7.15】 设 $f(x)$ 连续可导，$a>0$，求 $\displaystyle\int_0^a\mathrm{d}x\int_0^x\frac{f'(y)}{\sqrt{(a-x)(x-y)}}\mathrm{d}y$.

解析 交换二次积分的次序，有

$$\text{原式}=\int_0^a\mathrm{d}y\int_y^a\frac{f'(y)}{\sqrt{\left(\dfrac{a-y}{2}\right)^2-\left(\dfrac{a+y}{2}-x\right)^2}}\mathrm{d}x$$

$$=\int_0^a\mathrm{d}y\int_{-\frac{\pi}{2}}^{\frac{\pi}{2}}f'(y)\,\mathrm{d}t\quad\left(\diamondsuit\frac{a+y}{2}-x=\frac{a-y}{2}\sin t\right)$$

$$=\pi\int_0^a f'(y)\,\mathrm{d}y=\pi[f(a)-f(0)].$$

评注 本题二次积分比较复杂不易直接求解，首先通过交换积分次序，再通过巧妙地三角代换消去根式，从而使得问题得解，是一个好方法！

【例 7.16】 计算 $\iint\limits_{D}\dfrac{\sin x}{x}\mathrm{d}x\mathrm{d}y$，其中 D 是由直线 $y=x$ 及曲线 $y=x^2$ 所围成的区域.

解析 $\iint\limits_{D}\dfrac{\sin x}{x}\mathrm{d}x\mathrm{d}y=\displaystyle\int_0^1\mathrm{d}x\int_{x^2}^x\frac{\sin x}{x}\mathrm{d}y=\int_0^1\left(\frac{\sin x}{x}y\right)\Big|_{y=x^2}^{y=x}\mathrm{d}x=\int_0^1(1-x)\sin x\,\mathrm{d}x=1-\sin 1$.

评注 因积分 $\displaystyle\int\frac{\sin x}{x}\mathrm{d}x$，$\displaystyle\int\sin\frac{y}{x}\mathrm{d}x$，$\displaystyle\int\sin x^2\,\mathrm{d}x$，$\displaystyle\int\mathrm{e}^{\pm x^2}\,\mathrm{d}x$，$\displaystyle\int\mathrm{e}^{\frac{y}{x}}\,\mathrm{d}x$，$\displaystyle\int\frac{1}{\ln x}\mathrm{d}x$ 等不能用初等函数表示，所以遇到这类积分必须先对另一个变量积分，后对 x 积分.

【例 7.17】 （2004 年江苏省竞赛试题）求二次积分 $\displaystyle\int_0^{2\pi}\mathrm{d}\theta\int_{\frac{\theta}{2}}^{\pi}(\theta^2-1)\,\mathrm{e}^{\rho^2}\,\mathrm{d}\rho$.

解析 如图 7.6 所示，在 (θ,ρ) 平面上交换积分次序，有

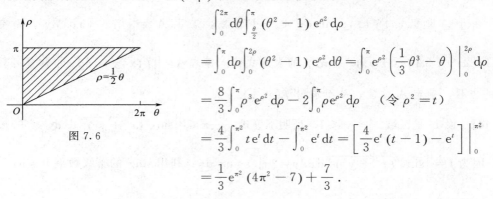

图 7.6

$$\int_0^{2\pi} d\theta \int_{\frac{\theta}{2}}^{\pi} (\theta^2 - 1)\, e^{\rho^2}\, d\rho$$

$$= \int_0^{\pi} d\rho \int_0^{2\rho} (\theta^2 - 1)\, e^{\rho^2}\, d\theta = \int_0^{\pi} e^{\rho^2} \left(\frac{1}{3}\theta^3 - \theta \right) \Big|_0^{2\rho}\, d\rho$$

$$= \frac{8}{3} \int_0^{\pi} \rho^3 e^{\rho^2}\, d\rho - 2\int_0^{\pi} \rho e^{\rho^2}\, d\rho \quad (\text{令 } \rho^2 = t)$$

$$= \frac{4}{3} \int_0^{\pi^2} t\, e^t\, dt - \int_0^{\pi^2} e^t\, dt = \left[\frac{4}{3} e^t (t-1) - e^t \right] \Big|_0^{\pi^2}$$

$$= \frac{1}{3} e^{\pi^2} (4\pi^2 - 7) + \frac{7}{3}.$$

三、综合训练

(1) 求 $I = \iint\limits_D x(1 + y\sqrt{x^2 + y^2})\,d\sigma$，其中 D 是由直线 $y = -1$，$x = 1$ 与曲线 $y = x^3$ 围成的区域.

(2) 设区域 D 为 $x^2 + y^2 \leqslant R^2$，则 $\iint\limits_D \left(\dfrac{x^2}{a^2} + \dfrac{y^2}{b^2} \right) dx\,dy = \underline{\hspace{3cm}}$.

(3) 计算 $\iint\limits_D xy[1 + x^2 + y^2]\,dx\,dy$，其中 $[1 + x^2 + y^2]$ 表示不超过 $1 + x^2 + y^2$ 的最大整数，$D = \{(x,y)\,|\,x^2 + y^2 \leqslant \sqrt{2}, x \geqslant 0, y \geqslant 0\}$.

(4) 计算 $\iint\limits_D |\cos(x+y)|\,dx\,dy$，其中 D 是由直线 $y = x$，$y = 0$，$x = \dfrac{\pi}{2}$ 所围成的区域.

(5) 计算 $\iint\limits_D |x^2 + y^2 - 1|\,d\sigma$，$D = \{(x,y)\,|\,0 \leqslant x \leqslant 1, 0 \leqslant y \leqslant 1\}$.

(6) 计算 $\iint\limits_D (|x| + |y|)\,d\sigma$，其中 $D = \{(x,y)\,|\,|x| + |y| \leqslant 1\}$.

(7) 计算 $\displaystyle\int_0^a dx \int_0^b e^{\max\{b^2 x^2,\, a^2 y^2\}}\, dy\ (a > 0, b > 0)$.

(8) 计算积分 $I = \displaystyle\int_{\frac{1}{4}}^{\frac{1}{2}} dy \int_{\frac{1}{2}}^{\sqrt{y}} e^{\frac{y}{x}}\, dx + \int_{\frac{1}{4}}^{\frac{1}{2}} dy \int_y^{\sqrt{y}} e^{\frac{y}{x}}\, dx$.

(9) 求 $\displaystyle\lim_{t \to 0^+} \frac{1}{t^6} \int_0^t dx \int_x^t \sin(xy)^2\, dy$.

(10) 设 $f(x,y)$ 为连续函数，证明 $\displaystyle\lim_{r \to 0^+} \frac{1}{\pi r^2} \iint\limits_D f(x,y)\,d\sigma = f(0,0)$，其中 D：$x^2 + y^2 \leqslant r^2$.

(11) 设 $f(x)$ 为连续偶函数，试证明：$\displaystyle\iint\limits_D f(x-y)\,dx\,dy = 2\int_0^{2a} (2a - u)f(u)\,du$，其中 D 为正方形 $|x| \leqslant a$，$|y| \leqslant a\,(a > 0)$.

(12) 设函数 $f(x)$ 在 $(0, +\infty)$ 内具有连续的导数，且满足

$$f(t) = 2\iint\limits_D (x^2 + y^2) f\left(\sqrt{x^2 + y^2}\right) dx\,dy + t^4,$$

其中 D 是由 $x^2+y^2=t^2$ 所围成的闭区域，求当 $x\in(0,+\infty)$ 时 $f(x)$ 的表达式，并计算 $\dfrac{\mathrm{d}^2 f(x)}{\mathrm{d}x^2}$.

综合训练答案

(1) $\dfrac{2}{5}$（提示：作辅助线 $y=-x^3$，利用二重积分的奇偶对称性求解）.

(2) $\dfrac{\pi R^4}{4}\left(\dfrac{1}{a^2}+\dfrac{1}{b^2}\right)$（提示：根据积分区域具有轮换对称性计算，再用极坐标计算二重积分；或直接利用极坐标分项计算）.

(3) $\dfrac{3}{8}$ $\left(\text{提示：}I=\iint\limits_{D_1}xy\,\mathrm{d}x\,\mathrm{d}y+\iint\limits_{D_2}2xy\,\mathrm{d}x\,\mathrm{d}y=\dfrac{3}{8}\text{，}D_1:\begin{cases}0\leqslant\theta\leqslant\dfrac{\pi}{2}\\0\leqslant\rho\leqslant1\end{cases}, D_2:\begin{cases}0\leqslant\theta\leqslant\dfrac{\pi}{2}\\1\leqslant\rho\leqslant\sqrt[4]{2}\end{cases}.\right)$

(4) $\dfrac{\pi}{2}-1$.　　(5) $\dfrac{\pi}{8}-\dfrac{1}{3}$.　　(6) $\dfrac{4}{3}$.

(7) 原积分 $=\displaystyle\int_0^a\mathrm{d}x\int_0^{\frac{b}{a}x}\mathrm{e}^{b^2x^2}\,\mathrm{d}y+\int_0^a\mathrm{d}x\int_{\frac{b}{a}x}^b\mathrm{e}^{a^2y^2}\,\mathrm{d}y=\int_0^a\dfrac{b}{a}x\mathrm{e}^{b^2x^2}\,\mathrm{d}x+\int_0^b\mathrm{d}y\int_0^{\frac{b}{a}x}\mathrm{e}^{a^2y^2}\,\mathrm{d}x$

$=\dfrac{1}{2ab}(\mathrm{e}^{b^2a^2}-1)+\dfrac{1}{2ab}(\mathrm{e}^{b^2a^2}-1)=\dfrac{1}{ab}(\mathrm{e}^{b^2a^2}-1)$.

(8) $I=\displaystyle\int_{\frac{1}{2}}^1\mathrm{d}x\int_{x^2}^x\mathrm{e}^{\frac{y}{x}}\,\mathrm{d}y=\int_{\frac{1}{2}}^1 x(\mathrm{e}-\mathrm{e}^x)\,\mathrm{d}x=\dfrac{3}{8}\mathrm{e}-\dfrac{1}{2}\sqrt{\mathrm{e}}$.

(9) $\dfrac{1}{18}$（提示：先交换积分次序，再两次应用洛必达法则和积分变换）.

(10) 提示：利用积分中值定理 $\iint\limits_D f(x,y)\,\mathrm{d}\sigma=f(\xi,\eta)\sigma$，当 $r\to0^+$ 时，$\xi\to0$，$\eta\to0$.

(11) 证明：

$\iint\limits_D f(x-y)\,\mathrm{d}x\,\mathrm{d}y=\displaystyle\int_{-a}^a\mathrm{d}x\int_{-a}^a f(x-y)\,\mathrm{d}y\xlongequal{u=x-y}\int_{-a}^a\mathrm{d}x\int_{x+a}^{x-a}[-f(u)]\,\mathrm{d}u$

$=\displaystyle\int_{-a}^a\mathrm{d}x\int_{x-a}^{x+a}f(u)\,\mathrm{d}u=\int_{-2a}^0\mathrm{d}u\int_{-a}^{u+a}f(u)\,\mathrm{d}x+\int_0^{2a}\mathrm{d}u\int_{u-a}^a f(u)\,\mathrm{d}x$

$=\displaystyle\int_{-2a}^0 f(u)(u+2a)\,\mathrm{d}u+\int_0^{2a}f(u)(2a-u)\,\mathrm{d}u$

因为 $f(x)$ 为偶函数，有

$\displaystyle\int_{-2a}^0 f(u)(u+2a)\,\mathrm{d}u\xlongequal{u=-v}-\int_0^{2a}f(-v)(2a-v)\,\mathrm{d}(-v)$

$=\displaystyle\int_0^{2a}f(v)(2a-v)\,\mathrm{d}v=\int_0^{2a}f(u)(2a-u)\,\mathrm{d}u$.

(12) $f(t)=2\displaystyle\int_0^{2\pi}\mathrm{d}\theta\int_0^t r^2 f(r)r\,\mathrm{d}r+t^4=4\pi\int_0^t r^3 f(r)\,\mathrm{d}r+t^4$，等式两边对 t 求导得：

$f'(t)=4\pi t^3 f(t)+4t^3$，且 $f(0)=0$，这是一个一阶线性微分方程，解得

$$f(t)=\dfrac{1}{\pi}(\mathrm{e}^{\pi t^4}-1),\quad \dfrac{\mathrm{d}^2 f(x)}{\mathrm{d}x^2}=4t^2(3+4\pi t^4)\mathrm{e}^{\pi t^4}.$$

7.2 三重积分

一、知识要点

1. 三重积分的定义

$$\iiint\limits_{\Omega} f(x,y,z)\mathrm{d}v = \lim_{\lambda \to 0} \sum_{i=1}^{n} f(\xi_i, \eta_i, \zeta_i)\Delta v_i .$$

2. 三重积分的性质

三重积分与二重积分的性质类似. 比如: 线性性质、保向性、估值性、积分中值定理等.

3. 三重积分的计算方法

（1）利用直角坐标计算三重积分

① 投影法. 如图 7.7 所示, 设区域 Ω 的底面为 $S_1: z=z_1(x,y)$, 顶面为 $S_2: z=z_2(x,y)$; 侧面为母线平行于 z 轴的柱面, Ω 在 xOy 面上的投影区域为 D_{xy}, 即

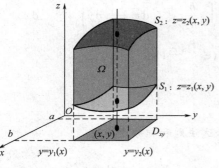

$$\Omega = \{(x,y,z) \mid z_1(x,y) \leqslant z \leqslant z_2(x,y), (x,y) \in D_{xy}\}$$

则三重积分 $\iiint\limits_{\Omega} f(x,y,z)\mathrm{d}v$ 可化为三次积分, 即

$$
\begin{aligned}
&\iiint\limits_{\Omega} f(x,y,z)\mathrm{d}v \\
&= \iint\limits_{D_{xy}} \mathrm{d}x\,\mathrm{d}y \int_{z_1(x,y)}^{z_2(x,y)} f(x,y,z)\mathrm{d}z \\
&= \int_a^b \mathrm{d}x \int_{y_1(x)}^{y_2(x)} \mathrm{d}y \int_{z_1(x,y)}^{z_2(x,y)} f(x,y,z)\mathrm{d}z
\end{aligned}
$$

图 7.7

其中 $D_{xy} = \{(x,y) \mid y_1(x) \leqslant y \leqslant y_2(x), a \leqslant x \leqslant b\}$ 计算过程为:

$$\iiint\limits_{\Omega} f(x,y,z)\mathrm{d}v = \int_a^b \left\{ \int_{y_1(x)}^{y_2(x)} \left[\int_{z_1(x,y)}^{z_2(x,y)} f(x,y,z)\mathrm{d}z \right] \mathrm{d}y \right\} \mathrm{d}x$$

② 截面法. 如果空间区域 Ω 可表示为

$$\Omega = \{(x,y,z) \mid (x,y) \in D_z, c_1 \leqslant z \leqslant c_2\}$$

其中 D_z 为过点 $(0,0,z)$ 垂直于 z 轴的平面截区域 Ω 所得到的平面区域, 这样, 有计算公式

$$\iiint\limits_{\Omega} f(x,y,z)\mathrm{d}x\,\mathrm{d}y\,\mathrm{d}z = \int_{c_1}^{c_2} \mathrm{d}z \iint\limits_{D_z} f(x,y,z)\mathrm{d}x\,\mathrm{d}y$$

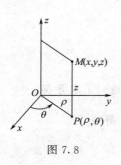

（2）利用柱面坐标计算三重积分　设 $M(x,y,z)$ 为空间内一点, M 在 xOy 面上的投影为 $P(x,y,0)$, P 点的平面极坐标为 (ρ,θ), 则点 M 可有三个数 ρ,θ,z 确定（图 7.8）, 其变换关系为

图 7.8

$$\begin{cases} x = \rho\cos\theta \\ y = \rho\sin\theta, \quad 0 \leqslant \rho < +\infty, \ 0 \leqslant \theta \leqslant 2\pi, \ -\infty < z < +\infty, \\ z = z \end{cases}$$

$M(\rho,\theta,z)$ 称为柱面坐标.

对于柱面坐标,坐标面为 $\rho=$ 常数(球面),$\theta=$ 常数(半平面),$z=$ 常数(平面),体积元素为 $\mathrm{d}v=\rho\mathrm{d}\rho\mathrm{d}\theta\mathrm{d}z$. 三重积分化为

$$\iiint\limits_{\Omega}f(x,y,z)\mathrm{d}x\mathrm{d}y\mathrm{d}z=\iiint\limits_{\Omega}f(\rho\cos\theta,\rho\sin\theta,z)\rho\mathrm{d}\rho\mathrm{d}\theta\mathrm{d}z$$

$$=\int_{\alpha}^{\beta}\mathrm{d}\theta\int_{\varphi_1(\theta)}^{\varphi_2(\theta)}\rho\mathrm{d}\rho\int_{z_1(\rho,\theta)}^{z_2(\rho,\theta)}f(\rho\cos\theta,\rho\sin\theta,z)\mathrm{d}z$$

(3)利用球面坐标计算三重积分   设 $M(x,y,z)$ 为空间内一点,则 M 可用三个参数 r,θ,φ 来确定(图 7.9),其中 $0\leqslant r<+\infty$,$0\leqslant\theta\leqslant 2\pi$,$0\leqslant\varphi\leqslant\pi$,这种坐标称为 M 点的球面坐标,其变换关系为

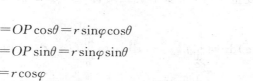

$$x=OP\cos\theta=r\sin\varphi\cos\theta$$
$$y=OP\sin\theta=r\sin\varphi\sin\theta$$
$$z=r\cos\varphi$$

在球坐标下,体积元素为

图 7.9

$$\mathrm{d}v=r^2\sin\varphi\mathrm{d}r\mathrm{d}\theta\mathrm{d}\varphi$$

因此,三重积分可化为

$$\iiint\limits_{\Omega}f(x,y,z)\mathrm{d}v=\iiint\limits_{\Omega}f(r\sin\varphi\cos\theta,r\sin\varphi\sin\theta,r\cos\varphi)r^2\sin\varphi\mathrm{d}r\mathrm{d}\theta\mathrm{d}\varphi$$

如果积分区域 Ω 的边界曲面是一个包含原点的封闭曲面,其球面坐标方程为 $r=r(\theta,\varphi)$,则三重积分可化为

$$\iiint\limits_{\Omega}f(x,y,z)\mathrm{d}v=\iiint\limits_{\Omega}f(r\sin\varphi\cos\theta,r\sin\varphi\sin\theta,r\cos\varphi)r^2\sin\varphi\mathrm{d}r\mathrm{d}\theta\mathrm{d}\varphi$$

$$=\int_{0}^{2\pi}\mathrm{d}\theta\int_{0}^{\pi}\mathrm{d}\varphi\int_{0}^{r(\theta,\varphi)}f(r\sin\varphi\cos\theta,r\sin\varphi\sin\theta,r\cos\varphi)r^2\sin\varphi\mathrm{d}r.$$

4. 三重积分的计算技巧

计算三重积分的要点在于掌握如何根据积分区域的图形将三重积分化为三次积分,此外在计算上还需掌握一些常用技巧. 常用下述技巧简化三重积分的计算.

(1)计算积分区域具有对称性,被积函数具有奇偶性的三重积分.

① 若 Ω 关于 xOy 平面对称,而 Ω_1 是 Ω 对应于 $z\geqslant 0$ 的部分,则

$$\iiint\limits_{\Omega}f(x,y,z)\mathrm{d}v=\begin{cases}0, & f(x,y,-z)=-f(x,y,z),\forall(x,y,z)\in\Omega,\\ 2\iiint\limits_{\Omega_1}f(x,y,z)\mathrm{d}v, & f(x,y,-z)=f(x,y,z),\forall(x,y,z)\in\Omega,\end{cases}$$

若 Ω 关于 yOz 平面(或 zOx 平面)对称,f 关于 x(或 y)为奇函数或偶函数有类似结论.

② 若 Ω 关于 xOy 平面和 xOz 平面均对称(即关于 x 轴对称),而 Ω_1 为 Ω 对应于 $z\geqslant 0$,$y\geqslant 0$ 的部分,则

$$\iiint\limits_{\Omega}f(x,y,z)\mathrm{d}v=\begin{cases}4\iiint\limits_{\Omega_1}f(x,y,z)\mathrm{d}v, & \text{当 } f \text{ 关于 } y,z \text{ 为偶函数},\\ 0, & \text{当 } f \text{ 关于 } y \text{ 或 } z \text{ 为奇函数};\end{cases}$$

若 Ω 关于 xOz 平面和 yOz 平面均对称（即关于 z 轴对称），或者关于 xOy 平面和 yOz 平面均对称，那么也有类似结论.

③ 若积分区域 Ω 关于三个坐标平面对称，而 Ω_1 是 Ω 位于第一象限的部分，则

$$\iiint\limits_{\Omega} f(x,y,z)\mathrm{d}v = \begin{cases} 8\iiint\limits_{\Omega_1} f(x,y,z)\mathrm{d}v, & \text{当 } f \text{ 关于 } x,y,z \text{ 均为偶函数,} \\ 0, & \text{当 } f \text{ 关于 } x \text{ 或 } y \text{ 或 } z \text{ 为奇函数;} \end{cases}$$

④ 若积分区域 Ω 关于原点对称，且被积函数关于 x,y,z 为奇函数，即

$$f(x,y,z) = -f(-x,-y,-z), \text{ 则} \iiint\limits_{\Omega} f(x,y,z)\mathrm{d}v = 0.$$

⑤ 若积分区域关于变量 x,y,z 具有轮换对称性（即 x 换成 y，y 换成 z，z 换成 x，其表达式不变），则

$$\iiint\limits_{\Omega} f(x,y,z)\mathrm{d}v = \iiint\limits_{\Omega} f(y,z,x)\mathrm{d}v = \iiint\limits_{\Omega} f(z,x,y)\mathrm{d}v$$

$$= \frac{1}{3}\iiint\limits_{\Omega} [f(x,y,z)+f(y,z,x)+f(z,x,y)]\mathrm{d}v$$

（2）利用换元法简化二重积分的计算.

$$\iiint\limits_{\Omega} f(x,y,z)\mathrm{d}x\mathrm{d}y\mathrm{d}z = \iiint\limits_{\Omega'} f[x(u,v,w),y(u,v,w),z(u,v,w)]|J(u,v,w)|\mathrm{d}u\mathrm{d}v\mathrm{d}w$$

其中，$J(u,v,w) = \begin{vmatrix} \dfrac{\partial x}{\partial u} & \dfrac{\partial x}{\partial v} & \dfrac{\partial x}{\partial w} \\ \dfrac{\partial y}{\partial u} & \dfrac{\partial y}{\partial v} & \dfrac{\partial y}{\partial w} \\ \dfrac{\partial z}{\partial u} & \dfrac{\partial z}{\partial v} & \dfrac{\partial z}{\partial w} \end{vmatrix}$. 使用换元法的注意事项：

① 换元后要求定限简单，积分容易；

② 选择什么样的换元公式取决于积分区域的形状和被积函数的形式.

（3）利用三重积分的性质计算三重积分.

二、重点题型解析

【例 7.18】 计算三重积分 $I = \iiint\limits_{\Omega} (x^2+y^2)\mathrm{d}v$，其中 Ω 是由 yOz 平面内 $z=0, z=2$ 以及曲线 $y^2-(z-1)^2=1$ 所围成的平面区域绕 z 轴旋转而成的空间区域.

解析 设题设知，区域 Ω 是由旋转面 $x^2+y^2-(z-1)^2=1$ 与平面 $z=0, z=2$ 所围成. 用与 z 垂直的平面截立体 Ω，设截面为 D，于是

$$I = \int_0^2 \mathrm{d}z \iint\limits_{D_z} (x^2+y^2)\mathrm{d}x\mathrm{d}y$$

显然 D_z 是圆域，圆心为 $(0,0,z)(0\leqslant z\leqslant 2)$，半径为 $r=\sqrt{x^2+y^2}=\sqrt{1+(z-1)^2}$.

所以 $I = \int_0^2 \mathrm{d}z \int_0^{2z} \mathrm{d}\theta \int_0^{\sqrt{1-(z-1)^2}} r^3 \mathrm{d}r = 2\pi\int_0^2 \frac{1}{4}[1+(z-1)^2]^2 \mathrm{d}z$

$$= \frac{\pi}{2} \int_0^2 [1 + 2(z-1)^2 + (z-1)^4] \, dz = \frac{28\pi}{15}.$$

评注　本题中首先正确写出平面曲线绕 z 轴旋转而成的空间曲面方程是关键，在解题中由于空间区域垂直于 z 轴的截面是圆面，因此选择用截面法求解三重积分较为简便.

【例 7.19】　计算 $\iiint\limits_\Omega [x^3 e^z \ln(1+x^2) + 2] \, dv$，其中 Ω 是由圆柱面 $x^2 + y^2 = 1$ 和平面 $z = 1$，$z = -1$ 所界的立体.

解析　积分区域 Ω 的图形如图 7.10 所示.

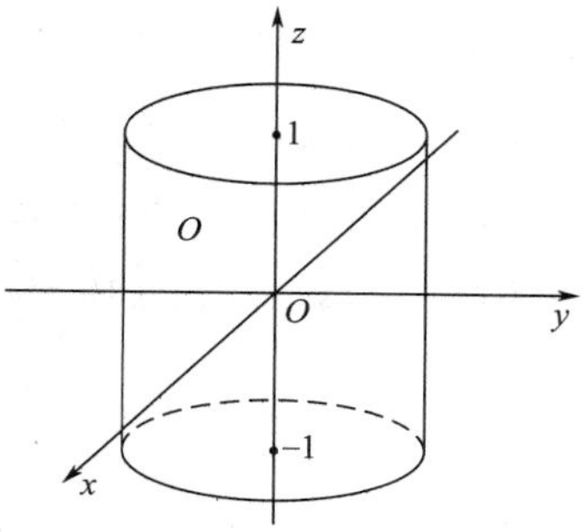

$$原式 = \iiint\limits_\Omega x^3 e^x \ln(1+x^2) \, dv + \iiint\limits_\Omega 2 \, dv.$$

可分别对上式中的两个积分函数分别运用对称性计算.

由于 Ω 关于 yOz 平面对称，且函数

$$f(x,y,z) = x^3 e^x \ln(1+x^2)$$

关于变量 x 是奇函数，根据三重积分的对称性性质，

$$\iiint\limits_\Omega [x^3 e^x \ln(1+x^2)] \, dv = 0.$$

所以
$$\iiint\limits_\Omega [x^3 e^x \ln(1+x^2) + 2] \, dv = 2\iiint\limits_\Omega dv = 2 \cdot \pi \cdot 2 = 4\pi.$$

图 7.10

评注　本题中 Ω 关于 yOx 平面对称，但被积函数关于 z 不具备奇偶性，不能直接使用对称性计算. 但可由三重积分的线性性质拆成两个积分，再对部分积分利用奇偶对称性化简计算.

【例 7.20】　计算 $I = \iiint\limits_\Omega (x^2 + y^2 + z) \, dv$，其中 Ω 是由曲线 $\begin{cases} y^2 = 2z \\ x = 0 \end{cases}$ 绕 z 轴旋转一周而成的旋转面与平面 $z = 4$ 所围成的立体.

解析　由题意，积分区域 Ω 是由曲面 $(x^2 + y^2) = 2z$ 与平面 $z = 4$ 所围成的立体. 利用柱面坐标，得

$$I = \iiint\limits_\Omega (x^2 + y^2 + z) \, dv = \int_0^{2\pi} d\theta \int_0^{\sqrt{8}} \rho \, d\rho \int_{\frac{\rho^2}{2}}^4 (\rho^2 + z) \, dz$$

$$= 2\pi \int_0^{\sqrt{8}} \rho \left[\rho^2 z + \frac{1}{2} z^2 \right]_{\frac{\rho^2}{2}}^4 d\rho = 2\pi \int_0^{\sqrt{8}} \rho \left[\rho^2 \left(4 - \frac{\rho^2}{2} \right) + \frac{1}{2} \left(16 - \frac{\rho^4}{4} \right) \right] d\rho$$

$$= 2\pi \int_0^{\sqrt{8}} \left(8\rho + 4\rho^3 - \frac{5}{8} \rho^5 \right) d\rho = 2\pi \left[4\rho^2 + \rho^4 - \frac{5}{48} \rho^6 \right]_0^{\sqrt{8}} = \frac{256}{3} \pi.$$

【例 7.21】　计算 $\iiint\limits_\Omega (x^2 + my^2 + nz^2) \, dv$，其中积分区域 Ω 是球体 $x^2 + y^2 + z^2 \leqslant a^2$，$m$，$n$ 是常数.

解析　由于积分区域 Ω 关于 x, y, z 具有轮换对称性，故 $\iiint\limits_\Omega x^2 \, dv = \iiint\limits_\Omega y^2 \, dv = \iiint\limits_\Omega z^2 \, dv$. 因此，有

$$\iiint\limits_\Omega x^2 \, dv = \frac{1}{3} \iiint\limits_\Omega (x^2 + y^2 + z^2) \, dv = \frac{1}{3} \int_0^{2\pi} d\theta \int_0^\pi d\varphi \int_0^a r^2 r^2 \sin\varphi \, dr$$

$$= \frac{1}{3} \int_0^{2\pi} \mathrm{d}\theta \int_0^{\pi} \sin\varphi \left[\frac{1}{5} r^5\right]_0^a \mathrm{d}\varphi = \frac{1}{3} \cdot 2\pi \cdot \frac{1}{5} a^5 \int_0^{\pi} \sin\varphi \mathrm{d}\varphi$$

$$= \frac{2}{15} \pi a^5 (1 - \cos\pi) = \frac{4}{15} \pi a^5$$

同理

$$\iiint\limits_{\Omega} m y^2 \mathrm{d}v = \frac{4}{15} m \pi a^5, \quad \iiint\limits_{\Omega} n z^2 \mathrm{d}v = \frac{4}{15} n \pi a^5,$$

因此，原式 $= \dfrac{4}{15} \pi a^5 (1 + m + n)$.

评注 此题求解过程中，结合积分区域与被积函数的特点，巧妙地利用了轮换对称性及球面坐标，使求解过程得到简化.

【例 7.22】 （第 20 届大连市大学生数学竞赛试题）设 $\Omega: x^2 + y^2 + z^2 \leqslant 1$，证明：

$$\frac{4\sqrt[3]{2}\pi}{3} \leqslant \iiint\limits_{D} \sqrt[3]{x + 2y - 2z + 5} \, \mathrm{d}v \leqslant \frac{8\pi}{3}.$$

解析 设 $f(x, y, z) = x + 2y - 2z + 5$. 由于 $f'_x = 1 \neq 0$，$f'_y = 2 \neq 0$，$f'_z = -2 \neq 0$，所以函数 $f(x)$ 在区域 Ω 的内部无驻点，只在边界上取得最值.

故令 $F(x, y, z, \lambda) = x + 2y - 2z + 5 + \lambda(x^2 + y^2 + z^2 - 1)$，由

$$F'_x = 1 + 2\lambda x = 0, \quad F'_y = 2 + 2\lambda x = 0, \quad F'_z = -2 + 2\lambda x = 0, \quad x^2 + y^2 + z^2 = 1,$$

得出 F 的驻点为 $p_1\left(\dfrac{1}{3}, \dfrac{2}{3}, \dfrac{-2}{3}\right)$，$p_2\left(-\dfrac{1}{3}, -\dfrac{2}{3}, \dfrac{2}{3}\right)$. 而 $f(p_1) = 8$，$f(p_2) = 2$，所以函数 $f(x, y, z)$ 在闭区域 Ω 上的最大值为 8，最小值为 2. 由 $f(x, y, z)$ 与 $\sqrt[3]{f(x, y, z)}$ 有相同的极值点，所以函数 $\sqrt[3]{f(x, y, z)}$ 的最大值为 2. 最小值为 $\sqrt[3]{2}$，所以有

$$\frac{4\sqrt[3]{2}\pi}{3} \leqslant \iiint\limits_{D} \sqrt[3]{x + 2y - 2z + 5} \, \mathrm{d}v \leqslant \iiint\limits_{D} 2 \mathrm{d}v = \frac{8\pi}{3}.$$

评注 本题利用三重积分的估值不等式性质进行估值计算，为了简化计算，将求被积函数的最值转化为求根式内函数的最值，不失为一个好办法！

【例 7.23】 求 $\iiint\limits_{\Omega} \sqrt{x^2 + y^2} \, \mathrm{d}x \mathrm{d}y \mathrm{d}z$，其中积分区域 Ω 为由曲面 $z = \sqrt{x^2 + y^2}$，$z = \sqrt{1 - x^2 - y^2}$ 所围成的立体.

解析 令 $x = r\sin\varphi\cos\theta$，$y = r\sin\varphi\sin\theta$，$z = r\cos\varphi$，则 $0 \leqslant r \leqslant 1$，$0 \leqslant \varphi \leqslant \dfrac{\pi}{4}$，$0 \leqslant \theta \leqslant 2\pi$，故

$$\text{原式} = \int_0^{2\pi} \mathrm{d}\theta \int_0^{\frac{\pi}{4}} \mathrm{d}\varphi \int_0^1 r^3 \sin^2\varphi \mathrm{d}r = \frac{\pi}{2} \int_0^{\frac{\pi}{4}} \frac{1 - \cos 2\varphi}{2} \mathrm{d}\varphi = \frac{\pi}{16}(\pi - 2).$$

评注 本题三重积分的积分区域由两个圆锥面围成，适合采用球面坐标求解.

【例 7.24】 设 $f(x)$ 在区间 $[0, 1]$ 上连续，且 $\int_0^1 f(x) \mathrm{d}x = m$，试求

$$\int_0^1 \int_x^1 \int_x^y f(x) f(y) f(z) \mathrm{d}x \mathrm{d}y \mathrm{d}z.$$

解析 令 $F(u) = \int_0^u f(t) \mathrm{d}t$，则 $F(0) = 0, F(1) = m, F'(u) = f(u)$. 由于

$$\int_x^y f(z)\mathrm{d}z = F(u)\big|_x^y = F(y) - F(x)$$

$$\int_x^1 f(y)[F(y) - F(x)]\mathrm{d}y = \int_x^1 [F(y) - F(x)]\mathrm{d}F(y) = \int_x^1 F(y)\mathrm{d}F(y) - \int_x^1 F(x)\mathrm{d}F(y)$$

$$= \frac{1}{2}F^2(y)\big|_x^1 - F(x)F(y)\big|_x^1 = \frac{1}{2}m^2 + \frac{1}{2}F^2(x) - mF(x),$$

$$原式 = \int_0^1 f(x)\left[\frac{1}{2}m^2 + \frac{1}{2}F^2(x) - mF(x)\right]\mathrm{d}x = \int_0^1 \left[\frac{1}{2}m^2 + \frac{1}{2}F^2(x) - mF(x)\right]\mathrm{d}F(x)$$

$$= \left[\frac{1}{2}m^2 F(x) + \frac{1}{6}F^3(x) - \frac{1}{2}mF^2(x)\right]\Big|_0^1 = \frac{1}{2}m^3 + \frac{1}{6}m^3 - \frac{1}{2}m^3 = \frac{1}{6}m^3.$$

【例 7.25】 设 $f(x)$ 连续，且 $f(0) = k$，V_t 由 $0 \leqslant z \leqslant k$，$x^2 + y^2 \leqslant t^2$ 确定，试求 $\lim\limits_{t \to 0^+} \dfrac{F(t)}{t^2}$，其中 $F(t) = \iiint\limits_{V_t} [z^2 + f(x^2 + y^2)]\mathrm{d}x\mathrm{d}y\mathrm{d}z$.

解析　记 D：$x^2 + y^2 \leqslant t^2$，则

$$F(t) = \iiint\limits_{V_t} [z^2 + f(x^2 + y^2)]\mathrm{d}x\mathrm{d}y\mathrm{d}z = \iint\limits_D \mathrm{d}x\mathrm{d}y \int_0^k z^2 \mathrm{d}z + \iint\limits_D \mathrm{d}x\mathrm{d}y \int_0^k f(x^2 + y^2)\mathrm{d}z$$

$$= \frac{k^3}{3}\pi t^2 + k\int_0^{2\pi}\mathrm{d}\theta \int_0^t f(\rho^2)\rho\mathrm{d}\rho \xrightarrow{\text{令} \rho^2 = u} \frac{k^3}{3}\pi t^2 + \pi k \int_0^{t^2} f(u)\mathrm{d}u$$

故

$$\lim_{t \to 0^+} \frac{F(t)}{t^2} = \frac{\pi}{3}k^3 + \lim_{t \to 0^+} \frac{\pi k \int_0^{t^2} f(u)\mathrm{d}u}{t^2} = \frac{\pi}{3}k^3 + \lim_{t \to 0^+} \frac{\pi k\, 2t f(t^2)}{2t} = \frac{\pi}{3}k^3 + \pi k^2.$$

评注　本题有两个关键点：一是要正确求出三重积分 $F(t)$，由于积分区域为圆柱体，此积分适于采用柱面坐标求解；二是利用洛必达法则求解 $\dfrac{0}{0}$ 型极限，注意其中上限积分的求导问题.

三、综合训练

（1）计算 $\iiint\limits_{\Omega} \dfrac{z\ln(x^2 + y^2 + z^2 + 1)}{x^2 + y^2 + z^2 + 1}\mathrm{d}x\mathrm{d}y\mathrm{d}z$，其中 $\Omega = \{(x, y, z) \mid x^2 + y^2 + z^2 \leqslant 1\}$.

（2）计算 $I = \iiint\limits_{\Omega} (x^2 + y^3 - z^3)\mathrm{d}v$，其中 Ω 为第一卦限的球环域 $a^2 \leqslant x^2 + y^2 + z^2 \leqslant b^2$ $(0 < a < b, x \geqslant 0, y \geqslant 0, z \geqslant 0)$.

（3）设函数 $f(u)$ 连续，在 $u = 0$ 可导，且 $f(0) = 0$，$f'(0) = -3$，求

$$\lim_{t \to 0} \frac{1}{\pi t^4} \iiint\limits_{x^2 + y^2 + z^2 \leqslant t^2} f(\sqrt{x^2 + y^2 + z^2})\mathrm{d}x\mathrm{d}y\mathrm{d}z.$$

（4）求证：$28\sqrt{3}\pi \leqslant \iiint\limits_{x^2 + y^2 + z^2 \leqslant 3} (x + y - z + 10)\mathrm{d}x\mathrm{d}y\mathrm{d}z \leqslant 52\sqrt{3}\pi$.

（5）（第四届全国大学生数学竞赛预赛试题）设 $f(x)$ 为连续函数，$t > 0$. 区域 Ω 是由抛物面 $z = x^2 + y^2$ 和球面 $x^2 + y^2 + z^2 = t^2$ $(t > 0)$ 所围起来的部分. 定义三重积分 $F(t) = \iiint\limits_{\Omega} f(x^2 + y^2 + z^2)\mathrm{d}v$，求 $F(t)$ 的导数 $F'(t)$.

综合训练答案

（1）0.（提示：利用三重积分的奇偶对称性求解.）

（2）$\dfrac{(b^5-a^5)\pi}{30}$.（提示：利用三重积分的轮换对称性求解.）

（3）-3.（提示：先利用球坐标计算三重积分，再利用洛必达法则求极限.）

（4）法1　同例7.22解法；法2　利用三重积分的奇偶对称性，可得

$$\iiint\limits_{x^2+y^2+z^2\leqslant3}(x+y-z+10)\mathrm{d}v=10\iiint\limits_{x^2+y^2+z^2\leqslant3}\mathrm{d}v=10\,\frac{4}{3}\pi\left(\sqrt{3}\right)^3=40\sqrt{3}\,\pi，得证.$$

（5）令 $\begin{cases}x=r\cos\theta\\y=r\sin\theta，\\z=z\end{cases}$ 则 Ω：$\begin{cases}0\leqslant\theta\leqslant2\pi\\0\leqslant r\leqslant a\\r^2\leqslant z\leqslant\sqrt{t^2-r^2}\end{cases}$，其中 a 满足 $a^2+a^4=t^2$，$a^2=\dfrac{\sqrt{1+4t^2}-1}{2}$，

故有　$F(t)=\displaystyle\int_0^{2\pi}\mathrm{d}\theta\int_0^a r\,\mathrm{d}r\int_{r^2}^{\sqrt{t^2-r^2}}f(r^2+z^2)\,\mathrm{d}z=2\pi\int_0^a r\left[\int_{r^2}^{\sqrt{t^2-r^2}}f(r^2+z^2)\,\mathrm{d}z\right]\mathrm{d}r$，

从而有　$F'(t)=2\pi\left[a\displaystyle\int_{a^2}^{\sqrt{t^2-a^2}}f(a^2+z^2)\,\mathrm{d}z\,\frac{\mathrm{d}a}{\mathrm{d}t}+\int_0^a rf(r^2+t^2-r^2)\frac{t}{\sqrt{t^2-r^2}}\mathrm{d}t\right]$，

注意到　$\sqrt{t^2-a^2}=a^2$，第一个积分为0，得到

$$F'(t)=2\pi f(t^2)t\int_0^a r\,\frac{1}{\sqrt{t^2-r^2}}\mathrm{d}r=-\pi tf(t^2)\int_0^a\frac{\mathrm{d}(t^2-r^2)}{\sqrt{t^2-r^2}}，$$

所以　$F'(t)=2\pi tf(t^2)(t-a^2)=\pi tf(t^2)\left(2t+1-\sqrt{1+4t^2}\right)$.

7.3　重积分的应用

一、知识要点

1. 重积分在几何上的应用

（1）平面图形的面积：设 D 为平面区域，则其面积 $S=\displaystyle\iint\limits_D\mathrm{d}\sigma$.

（2）曲面的面积：设曲面 S 的方程为 $z=f(x,y)$，曲面 S 在 xOy 面上的投影区域为 D. 则曲面 S 的面积为 $A=\displaystyle\iint\limits_D\mathrm{d}A=\iint\limits_D\sqrt{1+f_x^2(x,y)+f_y^2(x,y)}\,\mathrm{d}\sigma$.

（3）空间立体的体积：设 Ω 为空间区域，则其体积 $V=\displaystyle\iiint\limits_\Omega\mathrm{d}V$. 特别地，若

$$V：z_1(x,y)\leqslant z\leqslant z_2(x,y)，(x,y)\in D_{xy}$$

则有　　　　　　$V=\displaystyle\iint\limits_{D_{xy}}[z_2(x,y)-z_1(x,y)]\mathrm{d}\sigma$.

2. 重积分在物理上的应用

（1）物体的质量

① 平面薄板的质量：设平面薄板 D，面密度 $\mu=\mu(x,y)$，则薄板的质量 $M=\displaystyle\iint\limits_D\mu(x,y)\,\mathrm{d}\sigma$.

② 空间立体的质量：设空间立体 Ω，其密度 $\mu=\mu(x,y,z)$，则立体的质量

$$M=\iiint\limits_{\Omega}\mu(x,y,z)\,\mathrm{d}V.$$

（2）物体的质心

① 平面薄板的质心：设平面薄板 D，面密度 $\mu=\mu(x,y)$，则薄板的质心坐标 $(\bar{x},\bar{y})$ 为

$$\bar{x}=\frac{1}{M}\iint\limits_{D}x\mu(x,y)\,\mathrm{d}\sigma,\quad \bar{y}=\frac{1}{M}\iint\limits_{D}y\mu(x,y)\,\mathrm{d}\sigma,$$

其中 M 为 D 的质量. 当密度 μ 为常数时，$(\bar{x},\bar{y})$ 为 D 的形心坐标.

② 空间立体的质心：设空间立体 Ω，其密度 $\mu=\mu(x,y,z)$，则立体 Ω 的质心坐标 $(\bar{x},\bar{y},\bar{z})$ 为

$$\bar{x}=\frac{1}{M}\iiint\limits_{\Omega}x\mu(x,y,z)\,\mathrm{d}V,\quad \bar{y}=\frac{1}{M}\iiint\limits_{\Omega}y\mu(x,y,z)\,\mathrm{d}V,\quad \bar{z}=\frac{1}{M}\iiint\limits_{\Omega}z\mu(x,y,z)\,\mathrm{d}V$$

式中，M 为 Ω 的质量，当密度 μ 为常数时，$(\bar{x},\bar{y},\bar{z})$ 为 Ω 的形心坐标.

（3）物体的转动惯量

① 平面薄板 D，面密度 $\mu=\mu(x,y)$，则

D 绕 x 轴的转动惯量：$I_x=\iint\limits_{D}y^2\mu(x,y)\,\mathrm{d}\sigma$；

D 绕 y 轴的转动惯量：$I_y=\iint\limits_{D}x^2\mu(x,y)\,\mathrm{d}\sigma$；

D 绕原点的转动惯量：$I_O=\iint\limits_{D}(x^2+y^2)\mu(x,y)\,\mathrm{d}\sigma$.

② 空间立体 Ω，其密度 $\mu=\mu(x,y,z)$，则

Ω 绕 x 轴的转动惯量：$I_x=\iiint\limits_{\Omega}(y^2+z^2)\mu(x,y,z)\,\mathrm{d}V$；

Ω 绕 y 轴的转动惯量：$I_y=\iiint\limits_{\Omega}(x^2+z^2)\mu(x,y,z)\,\mathrm{d}V$；

Ω 绕 z 轴的转动惯量：$I_z=\iiint\limits_{\Omega}(x^2+y^2)\mu(x,y,z)\,\mathrm{d}V$；

Ω 绕原点的转动惯量：$I_O=\iiint\limits_{\Omega}(x^2+y^2+z^2)\mu(x,y,z)\,\mathrm{d}V$.

（4）物体对某质点的引力　密度为 $\rho(x,y,z)$ 的立体 V 对立体外质量为 1 的质点 $A(\xi,\eta,\zeta)$ 的引力为 $\boldsymbol{F}=(F_x,F_y,F_z)$，其中

$$F_x=k\iiint\limits_{V}\frac{x-\xi}{r^3}\rho\,\mathrm{d}V,\quad F_y=k\iiint\limits_{V}\frac{y-\eta}{r^3}\rho\,\mathrm{d}V,\quad F_z=k\iiint\limits_{V}\frac{z-\zeta}{r^3}\rho\,\mathrm{d}V.$$

3. 重积分应用方法小结

（1）重积分的几何应用中，平面图形面积与空间立体体积的计算完全归结于面积公式和体积公式的运用，其关键在于二重积分与三重积分计算. 在计算这些重积分时，首先要根据图形的情况选择合适的坐标系，同时还要注意利用图形的对称性，以简化问题计算.

（2）物体的质量、质心坐标、转动惯量的计算归结为公式中积分的计算，所以掌握重积分的计算方法是处理这些问题的要点. 在计算这些物理量的积分时，应注意积分中对称

性质的运用. 重积分应用的基本方法是微元法,以上所列的这些物理量的计算公式都可以运用微元法建立. 特别需要指出,转动惯量公式都是物体关于坐标轴的转动惯量,当需要计算物体对其他轴的转动惯量时,要用微元法来建立计算公式,所以微元法是重积分应用的核心方法.

二、重点题型解析

【例 7.26】 求由曲线 $(a_1x+b_1y+c_1)^2+(a_2x+b_2y+c_2)^2=1$,$(a_1b_2-a_2b_1\neq0)$ 所围平面区域的面积.

解析 由题设,曲线所围平面区域面积为 $S=\iint\limits_{D}\mathrm{d}x\,\mathrm{d}y$,令 $\begin{cases}u=a_1x+b_1y+c_1\\v=a_2x+b_2y+c_2\end{cases}$,将区域 D 变成了圆形区域 $D':u^2+v^2\leqslant1$. 且有

$$\frac{\partial(x,y)}{\partial(u,v)}=\frac{1}{\dfrac{\partial(u,v)}{\partial(x,y)}}=\frac{1}{\begin{vmatrix}a_1 & b_1\\a_2 & b_2\end{vmatrix}}=\frac{1}{a_1b_2-a_2b_1},$$

所以

$$S=\iint\limits_{D}\mathrm{d}x\,\mathrm{d}y=\iint\limits_{D'}\left|\frac{\partial(x,y)}{\partial(u,v)}\right|\mathrm{d}u\,\mathrm{d}v=\iint\limits_{D'}\left|\frac{1}{a_1b_2-a_2b_1}\right|\mathrm{d}u\,\mathrm{d}v=\left|\frac{1}{a_1b_2-a_2b_1}\right|\cdot\pi$$

评注 可利用二重积分的几何意义求解平面区域的面积 $S=\iint\limits_{D}\mathrm{d}x\,\mathrm{d}y$. 分析曲线方程的特征,可以看出利用换元法能使积分域简化,便于二重积分的求解.

【例 7.27】 (第十五届北京市大学生数学竞赛试题) 一颗地球同步卫星的轨迹道位于地球的赤道平面内,且可以近似地认为是圆. 若地球半径 $R=6400\mathrm{km}$,卫星距离地面的高度 $h=36000\mathrm{km}$,试计算通讯卫星覆盖地球的面积(限用高等数学的方法).

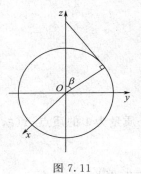

图 7.11

解析 将地球近似视为球体,通讯卫星覆盖地球面积即为球面上被一圆锥所限部分. 如图 7.11,卫星覆盖地球的面积为是 S,其向 xOy 面投影区域为 $D: x^2+y^2\leqslant R^2\sin^2\beta$

$$S=\iint\limits_{D}\sqrt{1+(z'_x)+(z'_x)^2}\,\mathrm{d}x\,\mathrm{d}y=\iint\limits_{D}\frac{R}{\sqrt{R^2-x^2-y^2}}\mathrm{d}x\,\mathrm{d}y$$

$$=\int_0^{2\pi}\mathrm{d}\theta\int_0^{R\sin\beta}\frac{R}{\sqrt{R^2-r^2}}r\,\mathrm{d}r=2\pi R^2(1-\cos\beta)$$

$$=\frac{2\pi R^2h}{R+h}=2.19\times10^8.$$

评注 本题是应用二重积分求解曲面面积的一道实际应用题,求解关键除了会使用曲面面积公式之外,重要的一点是将实际问题用数学语言表述清楚,并将其置于恰当的坐标系中便于求解.

【例 7.28】 设空间立体 Ω 由曲面 $z=1-x^2-y^2$ 及平面 $z=0$ 所界,计算立体 Ω 的体积.

解析 曲面 $z=1-x^2-y^2$ 与平面 $z=0$ 的交线在 xOy 平面上的投影曲线为:$x^2+y^2=1$. 于是 Ω 在 xOy 平面上的投影区域 $D_{xy}: x^2+y^2\leqslant1$.

$$V = \iint\limits_{D_{xy}} (1 - x^2 - y^2)\,\mathrm{d}x\,\mathrm{d}y = \int_0^{2\pi}\mathrm{d}\theta\int_0^1 (1 - \rho^2)\rho\,\mathrm{d}\rho$$

$$= 2\pi\int_0^1 (\rho - \rho^3)\,\mathrm{d}\rho = 2\pi\left(\frac{1}{2}\rho^2 - \frac{1}{4}\rho^4\right)\Big|_0^1 = \frac{\pi}{2}.$$

【例 7.29】 求由曲面 Σ：$(x^2+y^2+z^2)^2 = a^3 z$（常数 $a>0$）围成的立体 Ω 体积 V.

解析 所围立体体积为 V，则 $V = \iiint\limits_{\Omega}\mathrm{d}v$，$\Omega$：$(x^2+y^2+z^2)^2 = a^3 z$.

因当 $(x,y,z)\in\Omega$ 时，也有 $(x,-y,z),(-x,y,z)\in\Omega$，故 Ω 关于 xOz，yOz 坐标面对称.

又因为 $(x^2+y^2+z^2)^2\geqslant 0,z\geqslant 0$，因此只需求立体在第一卦限的体积，再四倍之即可得 V，由球面坐标知

$$V = 4\int_0^{\frac{\pi}{2}}\mathrm{d}\varphi\int_0^{\frac{\pi}{2}}\mathrm{d}\theta\int_0^{a\sqrt[3]{\cos\varphi}} r^2\sin\varphi\,\mathrm{d}r = \frac{1}{3}\pi a^3.$$

评注 求由空间曲面所围立体体积问题，在计算 $V = \iiint\limits_{\Omega}\mathrm{d}v$ 时，应按照曲面特点选择合适坐标，使得三重积分中三次积分的积分限易于表示.

【例 7.30】（第十七届北京市大学生数学竞赛试题）求抛物面 $z = x^2+y^2+1$ 上任意一点 $P_0(x_0,y_0)$ 处的切平面与抛物面 $z = x^2+y^2$ 所围成立体的体积.

解析 抛物面 $z = x^2+y^2+1$ 在点 $P_0(x_0,y_0)$ 处的切平面为 $z = 2x_0 x + 2y_0 y - x_0^2 + y_0^2 + 1$，$\begin{cases} z = x^2+y^2, \\ z = 2x_0 x + 2y_0 y - x_0^2 + y_0^2 + 1, \end{cases}$，求得投影区域 D：$(x-x_0)^2 + (y-y_0)^2 \leqslant 1$，所围成的立体体积

$$V = \iint\limits_{D} (2x_0 x + 2y_0 y - x_0^2 + y_0^2 + 1 - x^2 - y^2)\,\mathrm{d}x\,\mathrm{d}y$$

$$= \iint\limits_{D} [1 - (x-x_0)^2 - (y-y_0)^2]\,\mathrm{d}x\,\mathrm{d}y = \frac{\pi}{2}.$$

评注 本题是一道综合性题目，需要求解过曲面上一点的切平面与空间立体体积，属于基本题型.

【例 7.31】 如图 7.12 所示，一平面均匀薄片是由抛物线 $y = a(1-x^2)$（$a>0$）及 x 轴所围成的，现要求当此薄片以 $(1,0)$ 为支点向右方倾斜时，只要 θ 角不超过 $45°$，则该薄片便不会向右翻倒，问参数 a 最大不能超过多少？

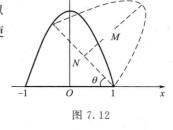

图 7.12

解析 $\bar{x} = 0$，$\bar{y} = \dfrac{\iint\limits_{D} y\,\mathrm{d}x\,\mathrm{d}y}{\iint\limits_{D}\mathrm{d}x\,\mathrm{d}y} = \dfrac{2\int_0^1\mathrm{d}x\int_0^{a(1-x^2)} y\,\mathrm{d}y}{\int_0^1\mathrm{d}x\int_0^{a(1-x^2)}\mathrm{d}y} = \dfrac{2a}{5}$，

倾斜前薄片的重心在 $P\left(0,\dfrac{2a}{5}\right)$，点 P 与点 $(1,0)$ 的距离为 $\sqrt{\left(\dfrac{2a}{5}\right)^2 + 1}$，薄片不翻倒的临界位置的重心在点 $M\left(1,\sqrt{\left(\dfrac{2a}{5}\right)^2 + 1}\right)$，此时薄片底边中心在点 $N\left(1 - \dfrac{\sqrt{2}}{2},\dfrac{\sqrt{2}}{2}\right)$ 处，有

$$k_{MN}=\frac{\sqrt{\left(\frac{2a}{5}\right)^2+1}-\frac{\sqrt{2}}{2}}{1-\left(1-\frac{\sqrt{2}}{2}\right)}=\tan 45°=1,$$

解得 $a=\dfrac{5}{2}$，故 a 最大不能超过 $\dfrac{5}{2}$.

评注 本题是与平面薄片重心问题相关的一道题目，考查学生物体重心的基本求法以及重心所处位置与物体稳定性的关系，是一道实际应用问题.

【例 7.32】 计算 $\iiint\limits_{\Omega}(lx+my+nz)\mathrm{d}x\mathrm{d}y\mathrm{d}z$，其中 Ω：$\dfrac{(x-\bar{x})^2}{a^2}+\dfrac{(y-\bar{y})^2}{b^2}+\dfrac{(z-\bar{z})^2}{c^2}\leqslant 1$.

解析 原式 $=l\iiint\limits_{\Omega}x\mathrm{d}x\mathrm{d}y\mathrm{d}z+m\iiint\limits_{\Omega}y\mathrm{d}x\mathrm{d}y\mathrm{d}z+n\iiint\limits_{\Omega}z\mathrm{d}x\mathrm{d}y\mathrm{d}z$.

注意到 Ω 的中心 $(\bar{x},\bar{y},\bar{z})$ 恰是 Ω 的重心，而重心计算公式是

$$\bar{x}=\frac{\iiint\limits_{\Omega}x\mathrm{d}x\mathrm{d}y\mathrm{d}z}{\iiint\limits_{\Omega}\mathrm{d}x\mathrm{d}y\mathrm{d}z},\quad \bar{y}=\frac{\iiint\limits_{\Omega}y\mathrm{d}x\mathrm{d}y\mathrm{d}z}{\iiint\limits_{\Omega}\mathrm{d}x\mathrm{d}y\mathrm{d}z},\quad \bar{z}=\frac{\iiint\limits_{\Omega}z\mathrm{d}x\mathrm{d}y\mathrm{d}z}{\iiint\limits_{\Omega}\mathrm{d}x\mathrm{d}y\mathrm{d}z},$$

其中 Ω 的体积 $\iiint\limits_{\Omega}\mathrm{d}x\mathrm{d}y\mathrm{d}z=\dfrac{4}{3}\pi abc$. 则

$$\iiint\limits_{\Omega}x\mathrm{d}x\mathrm{d}y\mathrm{d}z=\frac{4}{3}\pi abc\bar{x},\quad \iiint\limits_{\Omega}y\mathrm{d}x\mathrm{d}y\mathrm{d}z=\frac{4}{3}\pi abc\bar{y},\quad \iiint\limits_{\Omega}z\mathrm{d}x\mathrm{d}y\mathrm{d}z=\frac{4}{3}\pi abc\bar{z}.$$

故

$$原式=\frac{4}{3}\pi abc(l\bar{x}+m\bar{y}+n\bar{z}).$$

评注 当被积函数只有一个变量，而 Ω 的体积又易求出，则可利用重心公式计算其三重积分.

【例 7.33】 设物体占区域由抛物面 $z=x^2+y^2$ 及平面 $z=1$ 围成，密度 $\rho(x,y)=|x|+|y|$，求其质量.

解析 所求物体的质量为 $m=\iiint\limits_{\Omega}(|x|+|y|)\mathrm{d}v$.

因为 $|x|+|y|$ 关于 x 与 y 均是偶函数，且 Ω 关于平面 xOz 对称，也关于 zOy 对称，所以 $m=4\iiint\limits_{\Omega_1}(|x|+|y|)\mathrm{d}v$，其中 Ω_1 为 Ω 在第一卦限的部分. Ω_1 在平面 xOy 上的投影区域为 $D_1=\{(x,y)|x^2+y^2\leqslant 1\}$，故

$$m=4\int_0^{\frac{\pi}{2}}\mathrm{d}\theta\int_0^1\mathrm{d}r\int_{r^2}^1 r^2(\cos\theta+\sin\theta)\mathrm{d}z=4\int_0^{\frac{\pi}{2}}(\cos\theta+\sin\theta)\mathrm{d}\theta\int_0^1 r^2(1-r^2)\mathrm{d}r=\frac{16}{15}.$$

【例 7.34】 求半径为 R，高为 h 的均匀圆锥体关于其对称轴的转动惯量.

解析 如果将圆锥体 Ω 的对称轴选为 z 轴，建立坐标系，Ω 的图形如图 7.13 所示. Ω 的边界曲面圆锥面的方程为 $z=\dfrac{h}{R}\sqrt{x^2+y^2}$，其在圆柱坐标系下的表达式 $z=\dfrac{h}{R}\rho$. Ω 在 xOy 平面上的投影区域 D：$x^2+y^2\leqslant R^2$.

其圆柱坐标系下的表达式：$0 \leqslant \theta \leqslant 2\pi$，$0 \leqslant \rho \leqslant R$（$z \neq 0$）.
运用圆柱坐标系下的三重积分方法，得 Ω 绕 z 轴的转动惯量
（设 Ω 的密度为 μ）.

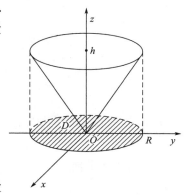

$$I_z = \iiint\limits_{\Omega} (x^2 + y^2)\mu \mathrm{d}V = \mu \int_0^{2\pi} \mathrm{d}\theta \int_0^R \mathrm{d}\rho \int_{\frac{h}{R}\rho}^h \rho^2 \cdot \rho \mathrm{d}z$$

$$= 2\pi\mu \int_0^R \rho^3 \left(h - \frac{h}{R}\rho \right) \mathrm{d}\rho = 2\pi\mu h \int_0^R \left(\rho^3 - \frac{1}{R}\rho^4 \right) \mathrm{d}\rho$$

$$= 2\pi\mu h \left(\frac{1}{4}\rho^4 - \frac{1}{5R}\rho^5 \right) \bigg|_0^R = \frac{1}{10}\pi\mu h R^4$$

【例 7.35】（第三届全国大学生数学竞赛决赛试题）设

D 为椭圆形 $\dfrac{x^2}{a^2} + \dfrac{y^2}{b^2} \leqslant 1$（$a > b > 0$），面密度为 ρ 的均质薄板；

图 7.13

l 为通过椭圆焦点 $(-c, 0)$（其中 $c^2 = a^2 - b^2$）垂直于薄板的旋转轴.

（1）求薄板 D 绕 l 旋转的转动惯量 J.

（2）对于固定的转动惯量，讨论椭圆薄板的面积是否有最大值和最小值.

解析　（1）$J = \rho \iint\limits_D [(x+c)^2 + y^2] \mathrm{d}x \mathrm{d}y = ab\rho \iint\limits_D [(au+c)^2 + b^2 v^2] \mathrm{d}u \mathrm{d}v$

其中 $D': u^2 + v^2 \leqslant 1$

$$= ab\rho \int_0^{2\pi} \mathrm{d}\theta \int_0^1 [(ar\cos\theta + c)^2 + b^2 r^2 \sin^2\theta] r \mathrm{d}r$$

$$= ab\rho \int_0^{2\pi} \left[\frac{1}{4}b^2 + \frac{1}{2}c^2 + \frac{1}{4}(a^2 - b^2)\cos^2\theta + \frac{2}{3}ac\cos\theta \right] \mathrm{d}\theta$$

$$= \frac{\pi ab\rho}{4}(5a^2 - 3b^2).$$

（2）$S = \pi ab$，记 $ab(5a^2 - 3b^2) = k$，设

$$F = \pi ab + \lambda[ab(5a^2 - 3b^2) - k]$$

则

$$F'_a = b(\pi + 5\lambda a^2 - 3\lambda b^2) + ab(10\lambda a) = 0$$

$$F'_b = a(\pi + 5\lambda a^2 - 3\lambda b^2) + ab(-6\lambda b) = 0$$

$$F'_\lambda = ab(5a^2 - 3b^2) - k = 0$$

得 $3b^2 + 5a^2 = 0$，即 $a = b = 0$. 故 F 无驻点，故无最大最小值.

评注　本题在转动惯量求解的二重积分计算中用到了广义极坐标变换使得二重积分求解得以简化. 而在第二问的最值求解中，能够简化已知条件将问题转化为条件极值的求解是一个常见的解题技巧.

【例 7.36】　面密度为常数 ρ，半径为 R 的圆盘，在过圆心且垂直于圆盘的所在直线上距圆心 a 处有一单位质量的质点，求圆盘对此质点的引力大小.

解析　设圆盘占 xOy 面上的区域为 D：$x^2 + y^2 \leqslant R^2$，单位质点的坐标为 $(0, 0, -a)$，由对称性可知：

$$F_x = F_y = 0,$$

$$F_z = \iint_D k\rho \frac{a}{r^3} d\sigma = k\rho \iint_D \frac{1}{(x^2 + y^2 + a^2)^{3/2}} dx\,dy$$

$$= k\rho \int_0^{2\pi} d\theta \int_0^r \frac{r}{(r^2 + a^2)^{\frac{3}{2}}} dr = 2k\rho a\pi \left(\frac{1}{a} - \frac{1}{\sqrt{a^2 + R^2}} \right)$$

故圆盘对质点的引力为：$\boldsymbol{F} = \left[0, 0, 2k\rho a\pi \left(\dfrac{1}{a} - \dfrac{1}{\sqrt{a^2 + R^2}} \right) \right].$

三、综合训练

（1）求由方程 $\left(\dfrac{x^2}{a^2} + \dfrac{y^2}{b^2} \right)^2 + \dfrac{z^4}{c^4} = z$ 所确定的曲面 Σ 所围空间立体 Ω 的体积，其中 a, b, c 为正常数.

（2）设 $f(x)$ 为闭区间 $[0, a]$ 上具有二阶导数的正值函数，且 $f'(x) > 0$，$f(0) = 0$，点 (X, Y) 为曲线 $y = f(x)$ 与直线 $y = 0$ 及 $x = a$ 所围成的区域的形心，证明：$X > \dfrac{a}{2}$.

（3）求由锥面 $z = 1 - \sqrt{x^2 + y^2}$ 与平面 $z = 0$ 所围成的圆锥体的形心.

（4）求密度为 ρ 的均匀球体对于过球心的一条轴 l 的转动惯量.

（5）（第二届全国大学生数学竞赛预赛试题）设 l 是过原点，方向为 (α, β, γ)（其中 $\alpha^2 + \beta^2 + \gamma^2 = 1$）的直线，均匀椭球 $\dfrac{x^2}{a^2} + \dfrac{y^2}{b^2} + \dfrac{z^2}{c^2} \leqslant 1$（其中 $0 < c < b < a$，密度为 1）绕 l 旋转．①求其转动惯量；②求其转动惯量关于方向 (α, β, γ) 的最大值和最小值.

（6）求密度均匀的球体 V 对球外质量为 1 的点 A 的引力.

综合训练答案

（1）**方法 1**　用截面法．任取平面 $z = z(0 \leqslant z \leqslant 1)$ 截立体 Ω 得截面 D_z：$\dfrac{x^2}{a^2} + \dfrac{y^2}{b^2} \leqslant \sqrt{z - \dfrac{z^4}{c^4}}$，

于是 $V = \int_0^1 dz \iint_{D_z} d\sigma = \pi ab \int_0^c \sqrt{z - \dfrac{z^4}{c^4}} dz \overset{t = z^{\frac{3}{2}}}{=} \dfrac{2\pi}{3} ab \int_0^c \sqrt{1 - \dfrac{t^2}{c^4}} dt = \dfrac{2\pi}{3} ab \cdot \dfrac{\pi}{4} c^2 = \dfrac{\pi^2}{6} abc^2.$

方法 2　作广义球坐标变换：$x = ar\sin\varphi\cos\theta$，$y = br\sin\varphi\sin\theta$，$z = cr\cos\varphi$，则

$$\Omega: 0 \leqslant \theta \leqslant 2\pi, \quad 0 \leqslant \varphi \leqslant \pi, \quad 0 \leqslant r \leqslant \left(\frac{c\cos\varphi}{\sin^4\varphi + \cos^4\varphi} \right)^{\frac{1}{3}}.$$

于是 $V = \iiint_\Omega dv = \int_0^{2\pi} d\theta \int_0^{\frac{\pi}{2}} d\varphi \int_0^{\left(\frac{c\cos\varphi}{\sin^4\varphi + \cos^4\varphi} \right)^{\frac{1}{3}}} abcr^2 \sin\varphi\,dr = \dfrac{2\pi}{3} abc^2 \int_0^{\frac{\pi}{2}} \dfrac{\sin\varphi\cos\varphi}{\sin^4\varphi + \cos^4\varphi} d\varphi$

$\overset{t = z^{\frac{3}{2}}}{=} \dfrac{\pi}{3} abc^2 \int_0^1 \dfrac{1}{t^2 + (1-t)^2} dt \overset{u = \frac{1}{t}}{=} \dfrac{\pi}{3} abc^2 \int_1^{+\infty} \dfrac{1}{1 + (u-1)^2} du$

$\overset{v = u-1}{=} \dfrac{\pi}{3} abc^2 \int_0^{+\infty} \dfrac{1}{1 + v^2} dv = \dfrac{\pi^2}{6} abc^2.$

（2）**证**：欲证 $X > \dfrac{a}{2}$，即 $X = \dfrac{\displaystyle\int_0^a xf(x)dx}{\displaystyle\int_0^a f(x)dx} > \dfrac{a}{2}$．作辅助函数 $F(x) = \displaystyle\int_0^x tf(t)dt -$

$\dfrac{x}{2}\displaystyle\int_0^x f(t)\mathrm{d}t$，则 $F(0)=0$，$F'(x)=\dfrac{1}{2}xf(x)-\dfrac{1}{2}\displaystyle\int_0^x f(t)\mathrm{d}t$，且 $F'(0)=0$；$F''(x)=$

$\dfrac{1}{2}xf'(x)>0$，且 $F'(0)=0$. 由 $F''(x)>0$ 知，$F'(x)$ 在区间 $[0,a]$ 上严格单调增加，于是当 $0<x\leqslant a$ 时，$F'(x)>F'(0)=0$，则 $F(x)$ 在区间 $[0,a]$ 上严格单调增加，于是 $F(a)>$ $F(0)=0$. 因为 $\displaystyle\int_0^a f(x)\mathrm{d}x>0$，所以 $X>\dfrac{a}{2}$.

（3）由对称性可得 $\bar{x}=\bar{y}=0$，$\bar{z}=\dfrac{1}{A}\displaystyle\iiint_\Omega z\mathrm{d}V$，其中 A 为锥体体积.

Ω 在 z 轴上的投影区间为 $[0,1]$ 且过 z 轴上 $[0,1]$ 内的任意一点作垂直于 z 轴的平面截 Ω 所得截面为：$x^2+y^2\leqslant(1-z)^2$，所以

$$\bar{z}=\dfrac{1}{A}\int_0^1\mathrm{d}z\iint_{x^2+y^2\leqslant(1-z)^2}\mathrm{d}x\mathrm{d}y=\dfrac{1}{A}\int_0^1 z\pi(1-z)^2\mathrm{d}z=\dfrac{1}{A}\cdot\dfrac{\pi}{12},$$

而 $A=\dfrac{1}{3}\times\pi\times1^2=\dfrac{\pi}{3}$，故 $\bar{z}=\dfrac{\pi}{12}\times\dfrac{3}{\pi}=\dfrac{1}{4}$. 所求形心坐标为 $\left(0,0,\dfrac{1}{4}\right)$.

（4）取球心为原点，z 轴与 l 轴重合，又设球的半径为 a，则球体所占空间区域为 $\Omega=\{(x,y,z)\mid x^2+y^2+z^2\leqslant a^2\}$ 所求转动惯量为球体对 z 轴的转动惯量，即

$$I_z=\iiint_\Omega(x^2+y^2)\rho\mathrm{d}v=\rho\iiint_\Omega(x^2+y^2)\mathrm{d}v=\rho\iiint_\Omega r^2\sin^2\phi\, r^2\sin\phi\,\mathrm{d}r\mathrm{d}\theta\mathrm{d}\phi$$

$$=\rho\int_0^{2\pi}\mathrm{d}\theta\int_0^\pi\sin^3\phi\,\mathrm{d}\phi\int_0^a r^4\mathrm{d}r=\dfrac{2}{5}\pi a^5\rho\cdot\dfrac{4}{3}=\dfrac{8}{15}\pi a^5\rho$$

（5）解：① 设旋转轴 l 的方向向量为 $\boldsymbol{l}=(\alpha,\beta,\gamma)$，椭球内任意一点 $P(x,y,z)$ 的径向量为 $\boldsymbol{r}$，则点 P 到旋转轴 l 的距离的平方为

$$d^2=\boldsymbol{r}^2-(\boldsymbol{r}\cdot\boldsymbol{l})^2=(1-\alpha^2)x^2+(1-\beta^2)y^2+(1-\gamma^2)z^2-2\alpha\beta xy-2\beta\gamma yz-2\alpha\gamma xz$$

由积分区域的对称性可知

$$\iiint_\Omega(2\alpha\beta xy+2\beta\gamma yz+2\alpha\gamma xz)\mathrm{d}x\mathrm{d}y\mathrm{d}z=0,\text{其中}\ \Omega=\left\{(x,y,z)\mid\dfrac{x^2}{a^2}+\dfrac{y^2}{b^2}+\dfrac{z^2}{c^2}\leqslant1\right\}$$

而 $\quad\displaystyle\iiint_\Omega x^2\mathrm{d}x\mathrm{d}y\mathrm{d}z=\int_{-a}^a x^2\mathrm{d}x\iint_{\frac{y^2}{b^2}+\frac{z^2}{c^2}\leqslant1-\frac{x^2}{a^2}}\mathrm{d}y\mathrm{d}z=\int_{-a}^a x^2\pi bc\left(1-\dfrac{x^2}{a^2}\right)\mathrm{d}x=\dfrac{4a^3bc\pi}{15}$

$\left(\text{或}\displaystyle\iiint_\Omega x^2\mathrm{d}x\mathrm{d}y\mathrm{d}z=\int_0^{2\pi}\mathrm{d}\theta\int_0^\pi\mathrm{d}\varphi\int_0^1 a^2r^2\sin^2\varphi\cos^2\theta\cdot abcr^2\sin\varphi\mathrm{d}r=\dfrac{4a^3bc\pi}{15}\right)$

$\displaystyle\iiint_\Omega y^2\mathrm{d}x\mathrm{d}y\mathrm{d}z=\dfrac{4ab^3c\pi}{15}$，$\displaystyle\iiint_\Omega z^2\mathrm{d}x\mathrm{d}y\mathrm{d}z=\dfrac{4abc^3\pi}{15}$，由转到惯量的定义

$$J_1=\iiint_\Omega d^2\mathrm{d}x\mathrm{d}y\mathrm{d}z=\dfrac{4abc\pi}{15}[(1-\alpha^2)a^2+(1-\beta^2)b^2+(1-\gamma^2)c^2]$$

② 考虑目标函数 $V(\alpha,\beta,\gamma)=(1-\alpha^2)a^2+(1-\beta^2)b^2+(1-\gamma^2)c^2$ 在约束 $\alpha^2+\beta^2+\gamma^2=1$ 下的条件极值. 设拉格朗日函数为

$$L(\alpha,\beta,\gamma,\lambda)=(1-\alpha^2)a^2+(1-\beta^2)b^2+(1-\gamma^2)c^2+\lambda(\alpha^2+\beta^2+\gamma^2-1)$$

令 $L_\alpha=2\alpha(\lambda-a^2)=0$，$L_\beta=2\beta(\lambda-b^2)=0$，$L_\gamma=2\gamma(\lambda-c^2)=0$，$L_\lambda=\alpha^2+\beta^2+\gamma^2-1=0$，解得极值点为 $Q_1(\pm1,0,0,a^2)$，$Q_2(0,\pm1,0,b^2)$，$Q_2(0,0,\pm1,c^2)$，比较可知，绕 z 轴

（短轴）的转动惯量最大，为 $J_{\max}=\dfrac{4abc\pi}{15}\ (a^2+b^2)$；绕 x 轴（长轴）的转动惯量最小，为

$$J_{\min}=\frac{4abc\pi}{15}\ (b^2+c^2).$$

（6）解：设球体为 $V=\{(x,y,z)\mid x^2+y^2+z^2\leqslant R^2\}$，点 $A(0,0,a)$，其中 $R<a$，于是

$$F_x=F_y=0,$$

$$F_z=k\iiint\limits_{V}\frac{z-a}{[x^2+y^2+(z-a)^2]^{3/2}}\rho\,\mathrm{d}x\,\mathrm{d}y\,\mathrm{d}z$$

$$=k\rho\int_{-R}^{R}(z-a)\,\mathrm{d}z\iint\limits_{D}\frac{z-a}{[x^2+y^2+(z-a)^2]^{3/2}}\,\mathrm{d}x\,\mathrm{d}y\ (D:x^2+y^2\leqslant R^2-z^2)$$

$$=-\frac{4}{3a^2}k\pi\rho R^3.$$

7.4 第一类曲线积分

一、知识要点

1. 第一类曲线积分（对弧长的曲线积分）的定义

$$\int_{L}f(x,y)\,\mathrm{d}s=\lim_{\lambda\to0}\sum_{i=1}^{n}f(\xi_i,\eta_i)\cdot\Delta s_i$$

物理意义：线密度为 $\mu=f(x,y)$ 的弧 $\overset{\frown}{AB}$ 的质量，即 $M=\displaystyle\int_{L(AB)}f(x,y)\,\mathrm{d}s$．

2. 第一类曲线积分的性质

（1）与积分路径的方向无关，即 $\displaystyle\int_{\overset{\frown}{AB}}f(x,y)\,\mathrm{d}s=\int_{\overset{\frown}{BA}}f(x,y)\,\mathrm{d}s$．

（2）$\displaystyle\int_{L}[\alpha f(x,y)+\beta g(x,y)]\,\mathrm{d}s=\alpha\int_{L}f(x,y)\,\mathrm{d}s+\beta\int_{L}g(x,y)\,\mathrm{d}s$（$\alpha,\beta$ 为常数）．

（3）如果曲线 L 为分段光滑，即 $L=L_1+L_2$，L_1，L_2 光滑，则

$$\int_{L}f(x,y)\,\mathrm{d}s=\int_{L_1}f(x,y)\,\mathrm{d}s+\int_{L_2}f(x,y)\,\mathrm{d}s.$$

（4）如果在 L 上，函数 $f(x,y)\equiv1$，则 $\displaystyle\int_{L}f(x,y)\,\mathrm{d}s=\int_{L}1\mathrm{d}s=\int_{L}\mathrm{d}s=S$（曲线 L 的长度）．

（5）如果在 L 上 $f(x,y)\leqslant g(x,y)$，则 $\displaystyle\int_{L}f(x,y)\,\mathrm{d}s\leqslant\int_{L}g(x,y)\,\mathrm{d}s$．

特别地，有 $\left|\displaystyle\int_{L}f(x,y)\,\mathrm{d}s\right|\leqslant\int_{L}|f(x,y)|\,\mathrm{d}s$．

3. 第一类曲线积分的计算方法

第一类曲线积分 $\displaystyle\int_{L}f(x,y)\,\mathrm{d}s$（对弧长的曲线积分）的计算要掌握以下要点．

（1）变量 x,y 以曲线 L 的方程代入，$\mathrm{d}s$ 用弧微分公式代入，即统一积分变量，化为定

积分.

（2）变化后的定积分，其积分区间取积分变量的最大变化范围，但下限必须小于上限. 根据曲线 L 方程的不同类型，相应有如下计算公式：

① 参数式

若 $L：\begin{cases} x=x(t) \\ y=y(t) \end{cases}(\alpha\leqslant t\leqslant\beta)$，则 $\displaystyle\int_L f(x,y)\,\mathrm{d}s=\int_\alpha^\beta f[x(t),y(t)]\sqrt{x'^2(t)+y'^2(t)}\,\mathrm{d}t$.

② 直角坐标

若 $L：y=y(x),(a\leqslant x\leqslant b)$，则 $\displaystyle\int_L f(x,y)\,\mathrm{d}s=\int_a^b f[x,y(x)]\sqrt{1+y'^2(x)}\,\mathrm{d}x$.

若 $L：x=x(y),(c\leqslant y\leqslant d)$，则 $\displaystyle\int_L f(x,y)\,\mathrm{d}s=\int_c^d f[x(y),y]\sqrt{1+x'^2(y)}\,\mathrm{d}y$.

③ 极坐标

若 $L：\rho=\rho(\theta),(\theta_1\leqslant\theta\leqslant\theta_2)$，则

$$\int_L f(x,y)\,\mathrm{d}s=\int_{\theta_1}^{\theta_2} f[\rho\cos\theta,\rho\sin\theta]\sqrt{1+\rho'^2(\theta)}\,\mathrm{d}\theta.$$

④ 空间曲线

若 $\Gamma：\begin{cases} x=x(t) \\ y=y(t) \\ z=z(t) \end{cases}(\alpha\leqslant t\leqslant\beta)$，则

$$\int_\Gamma f(x,y,z)\,\mathrm{d}s=\int_\alpha^\beta f(x(t),y(t),z(t))\sqrt{[x'(t)]^2+[y'(t)]^2+[z'(t)]^2}\,\mathrm{d}t.$$

4. 第一类曲线积分的计算技巧

（1）计算第一类曲线积分的关键是把弧长元素 $\mathrm{d}s$ 根据积分曲线方程的类型写出相应的表达式，并将积分曲线方程代入被积函数中化为定积分计算（定积分的上限必须大于下限）.

（2）利用积分区域的对称性化简第一类曲线积分

① 设曲线 L 关于 y 轴对称，则

$$\int_L f(x,y)\,\mathrm{d}s=\begin{cases} 2\displaystyle\int_{L_1} f(x,y)\,\mathrm{d}s, & f(x,y)\text{关于}x\text{是偶函数}, \\ 0, & f(x,y)\text{关于}x\text{是奇函数}, \end{cases}$$

其中 L_1 是 L 在 $x\geqslant0$ 的那段曲线，即 L_1 是 L 在 y 轴右侧的部分；若曲线 L 关于 x 轴对称，则有上述类似结论.

② 设 $f(x,y)$ 在分段光滑曲线 L 上连续，若 L 关于原点对称，则

$$\int_L f(x,y)\,\mathrm{d}s=\begin{cases} 0, & \text{若}f(x,y)\text{关于}(x,y)\text{为奇函数}, \\ 2\displaystyle\int_L f(x,y)\,\mathrm{d}s, & \text{若}f(x,y)\text{关于}(x,y)\text{为偶函数}, \end{cases}$$

其中 L_1 为 L 的右半平面或上半平面部分.

③ 如果曲线 L 关于变量 x,y 具有轮换对称性（即 x 换成 y，y 换成 x，其表达式不变），则

$$\int_L f(x,y)\,\mathrm{d}s=\int_L f(y,x)\,\mathrm{d}s=\frac{1}{2}\left[\int_L f(x,y)\,\mathrm{d}s+\int_L f(y,x)\,\mathrm{d}s\right]$$

(3) 代入技巧. 因 $(x,y) \in L$，故利用 L 的表达式可简化被积函数.

(4) 利用第一类曲线积分的性质计算估计，如：

① 若在 L 上 $f(x,y) \leqslant g(x,y)$，则 $\int_L f(x,y)\mathrm{d}s \leqslant \int_L g(x,y)\mathrm{d}s$

② 中值定理：$f(x,y) \in C(L)$，$\exists (\xi,\eta) \in L$，使

$$\int_L f(x,y)\mathrm{d}s = f(\xi,\eta) \cdot l,$$

特别是 $\int_L \mathrm{d}s = l$，其中 l 是 L 的长度.

二、重点题型解析

【例 7.37】 计算 $\int_L x\sqrt{x^2-y^2}\,\mathrm{d}s$，其中 L 是双纽线 $(x^2+y^2)^2 = a^2(x^2-y^2)$.

解析 由于将曲线 L 中的 x 换成 $-x$ 后方程不变，可知 L 关于 y 轴对称. 又因被积函数 $f(x,y) = x\sqrt{x^2-y^2}$ 是变量 x 的奇函数，根据奇偶对称性知 $\int_L x\sqrt{x^2-y^2}\,\mathrm{d}s = 0$.

评注 曲线 L 由隐函数方程给出，化为定积分计算首先需要将 L 化为参数方程或极坐标方程（本题可将 L 化为极坐标方程），但注意到本题中 L 关于各个坐标轴对称，故应先考虑对称性的运用.

【例 7.38】 计算 $\int_L x\,\mathrm{d}s$，其中 L 为双曲线 $xy=1$ 从点 $\left(\dfrac{1}{2},1\right)$ 至点 $(1,1)$ 的弧段.

解析 L 为 $x = \dfrac{1}{y}$，$1 \leqslant y \leqslant 2$，以 y 为积分变量易得：

$$\int_L x\,\mathrm{d}s = \int_1^2 \frac{1}{y}\sqrt{1+(x')^2}\,\mathrm{d}y = \int_1^2 \frac{\sqrt{1+y^4}}{y^3}\,\mathrm{d}y = -\frac{1}{2}\int_1^2 \sqrt{1+y^4}\,\mathrm{d}\left(\frac{1}{y^2}\right)$$

$$= -\frac{1}{2}\left(\left.\frac{\sqrt{1+y^4}}{y^2}\right|_1^2 - \int_1^2 \frac{1}{y^2}\frac{2y^3}{\sqrt{1+y^4}}\,\mathrm{d}y\right) = \frac{\sqrt{2}}{2} - \frac{\sqrt{17}}{8} + \frac{1}{2}\int_1^2 \frac{1}{\sqrt{1+y^4}}\,\mathrm{d}y^2$$

$$= \frac{\sqrt{2}}{2} - \frac{\sqrt{17}}{8} + \frac{1}{2}\ln\frac{4+\sqrt{17}}{1+\sqrt{2}}$$

评注 本题若以 x 为积分变量，则直接积分不容易求出，恰当选择积分变量很重要！

【例 7.39】 计算 $\int_L (x^2+y^2)^n\,\mathrm{d}s$，其中 L 为 $x^2+y^2 = a^2$ $(a>0)$ 的上半圆周.

解析 由第一类曲线积分计算的代入技巧

$$\int_L (x^2+y^2)^n\,\mathrm{d}s = \int_L a^{2n}\,\mathrm{d}s = a^{2n}\int_L \mathrm{d}s = a^{2n+1}\pi.$$

评注 在求解曲线积分时，适当使用代入技巧可以大大地简化求解步骤.

【例 7.40】 计算曲线积分 $\int_\Gamma (x^2+y^2+z^2)\,\mathrm{d}s$，其中 Γ 为螺旋线 $x=a\cos t$，$y=a\sin t$，$z=kt$ 上相应于 t 从 0 到 2π 一段.

解析 由计算公式

$$\int_\Gamma (x^2 + y^2 + z^2)\mathrm{d}s = \int_0^{2\pi}\left[(a\cos t)^2 + (a\sin t)^2 + (kt)^2\right]\sqrt{(-a\sin t)^2 + (a\cos t)^2 + k^2}\,\mathrm{d}t$$

$$= \int_0^{2\pi}(a^2 + k^2 t^2)\sqrt{a^2 + k^2}\,\mathrm{d}t = (a^2 + k^2 t^2)\left[a^2 t + \frac{k^2}{3}t^3\right]_0^{2\pi}$$

$$= \frac{2}{3}\pi\sqrt{a^2 + k^2}(3a^2 + 4\pi^2 k^2)$$

【例 7.41】 设 L 是椭圆 $\dfrac{x^2}{4} + \dfrac{y^2}{3} = 1$，其周长为 a，计算 $\oint_L (2xy + 3x^2 + 4y^2)\mathrm{d}s$.

解析 L 为 $\dfrac{x^2}{4} + \dfrac{y^2}{3} = 1$，即 $3x^2 + 4y^2 = 12$，所以

$$\oint_L (2xy + 3x^2 + 4y^2)\mathrm{d}s = \oint_L (2xy + 12)\mathrm{d}s = \oint_L 2xy\,\mathrm{d}s + 12\oint_L \mathrm{d}s.$$

由于 $\oint_L xy\,\mathrm{d}s$ 中，xy 是关于 x 的奇函数，L 关于 y 轴对称，则 $\oint_L xy\,\mathrm{d}s = 0$.

又 $\oint_L \mathrm{d}s = a$，所以 $\oint_L (2xy + 3x^2 + 4y^2)\mathrm{d}s = 12a$.

评注 在求解第一类曲线积分时，有时得将曲线积分适当变形然后再使用代入技巧，同时注意利用曲线积分的对称奇偶性.

【例 7.42】 计算曲线积分 $\oint_\Gamma x^2\mathrm{d}s$，$\Gamma$ 是空间圆周 $\begin{cases} x^2 + y^2 + z^2 = a^2 \\ x + y + z = 0 \end{cases}$.

解析 因曲线 Γ 的方程具有对称性，所以有 $\oint_\Gamma x^2\mathrm{d}s = \oint_\Gamma y^2\mathrm{d}s = \oint_\Gamma z^2\mathrm{d}s$，故

$$\oint_\Gamma x^2\mathrm{d}s = \frac{1}{3}\oint_\Gamma (x^2 + y^2 + z^2)\mathrm{d}s = \frac{1}{3}a^2\oint_\Gamma \mathrm{d}s = \frac{1}{3}a^2 2\pi a = \frac{2\pi}{3}a^3.$$

三、综合训练

(1) 计算 $I = \int_L \dfrac{1}{x^2 + y^2 + z^2}\mathrm{d}s$，其中 L 为曲线 $x = e^t\cos t$，$y = e^t\sin t$，$z = e^t$ 上相应于 t 从 0 变到 2 的这段弧.

(2) L：$\dfrac{x^2}{4} + y^2 = 1$，周长为 l，则 $\oint_L (x + 2y)^2\mathrm{d}s$.

(3) 计算曲线积分 $\oint_L e^{\sqrt{x^2 + y^2}}\mathrm{d}s$，其中 L 为圆周 $x^2 + y^2 = a^2$，直线 $y = x$ 及 x 轴在第一象限内所围成的扇形的整个边界.

(4) 计算 $I = \int_L \dfrac{\sqrt{x^2 + y^2}}{(x-1)^2 + y^2}\mathrm{d}s$，其中曲线弧 L 为：$x^2 + y^2 = 2x$，$y \geqslant 0$.

综合训练答案

(1) $\dfrac{\sqrt{3}}{2}(1 - e^{-2})$.　　(2) $4l$.　　(3) $e^a\left(2 + \dfrac{\pi a}{4}\right) - 2$.

(4) 提示：设 $y = \sqrt{2x - x^2}$，$\mathrm{d}s = \sqrt{1 + y'^2}\,\mathrm{d}x = \dfrac{1}{\sqrt{2x - x^2}}\mathrm{d}x$.

7.5 第二类曲线积分

一、知识要点

1. 第二类曲线积分（对坐标的曲线积分）的定义

$$\int_L P(x,y)\mathrm{d}x + Q(x,y)\mathrm{d}y = \lim_{\lambda\to 0}\sum_{i=1}^{n}[P(\xi_i,\eta_i)\cdot\Delta x_i + Q(\xi_i,\eta_i)\cdot\Delta y].$$

物理意义：变力 $\boldsymbol{F}(x,y)=P(x,y)\boldsymbol{i}+Q(x,y)\boldsymbol{j}$ 沿曲线 L 所做的功为

$$W = \int_L P(x,y)\mathrm{d}x + Q(x,y)\mathrm{d}y.$$

2. 第二类曲线积分的性质

（1）线性性质：

$$\int_L [\alpha P_1(x,y)+\beta P_2(x,y)]\mathrm{d}x = \alpha\int_L P_1(x,y)\mathrm{d}x + \beta\int_L P_2(x,y)\mathrm{d}x\ (\alpha,\beta\ \text{为常数}).$$

（2）如果有向曲线 L 为分段光滑，即 $L=L_1+L_2$，L_1，L_2 光滑，则

$$\int_L P(x,y)\mathrm{d}x = \int_{L_1} P(x,y)\mathrm{d}x + \int_{L_2} P(x,y)\mathrm{d}x.$$

（3）设 L^- 表示与 L 有相反方向的有向曲线，则

$$\int_{L^-} P(x,y)\mathrm{d}x = -\int_L P(x,y)\mathrm{d}x.$$

注意 对坐标 y 的曲线积分也有相同的性质.

3. 第二类曲线积分的计算方法

第二类曲线积分 $\int_L P(x,y)\mathrm{d}x + Q(x,y)\mathrm{d}y$ 的计算要点：可采用统一变量，化为定积分的形式. 但由于对坐标的曲线积分是和所沿曲线的方向有关，因此，在确定定积分的上、下限时，将起点作为定积分的下限，终点作为定积分的上限，此时，下限不一定小于上限了，这是与第一类曲线积分的显著区别. 具体计算为：

（1）$L:\begin{cases} x=\varphi(t), \\ y=\psi(t), \end{cases}$ L 的起点对应 $t=\alpha$，终点对应 $t=\beta$，且 $P(x,y)$，$Q(x,y)$ 在 L 上连续，则

$$\int_L P(x,y)\mathrm{d}x + Q(x,y)\mathrm{d}y = \int_\alpha^\beta \{P[\varphi(t),\ \psi(t)]\varphi'(t) + Q[\varphi(t),\ \psi(t)]\psi'(t)\}\mathrm{d}t$$

（α 不一定小于 β）.

（2）$L:y=y(x)$，L 的起点对应 $A(x_1,y_1)$，终点对应 $B(x_2,y_2)$，$P(x,y)$，$Q(x,y)$ 在 L 上连续，则

$$\int_L P(x,y)\mathrm{d}x + Q(x,y)\mathrm{d}y = \int_{x_1}^{x_2} \{P(x,y(x)) + Q(x,y(x))y'(x)\}\mathrm{d}x.$$

（3）$L:x=x(y)$，L 的起点对应 $A(x_1,y_1)$ 终点对应 $B(x_2,y_2)$，$P(x,y)$，$Q(x,y)$

在 L 上连续，则

$$\int_L P(x,y)\mathrm{d}x + Q(x,y)\mathrm{d}y = \int_{y_1}^{y_2}\{P(x(y),y)x'(y) + Q(x(y),y)\}\,\mathrm{d}y\,.$$

注意 第二类曲线积分的向量形式 $\int_L \boldsymbol{F}(x,y)\cdot d\boldsymbol{r}$ 表示其物理背景，变力沿曲线所作的功更为明显；但在数学教材中更多采用其数量形式：$\int_L P(x,y)\mathrm{d}x + Q(x,y)\mathrm{d}y$，对这两种形式都要了解，会相互转换.

4. 第二类曲线积分的计算技巧

(1) 利用奇偶对称性求解. 第二类曲线积分的奇偶对称性与第一类曲线积分相反，有下述结论. 设 L 为平面上分段光滑的定向曲线，$P(x,y)$，$Q(x,y)$ 连续.

① L 关于 y 轴对称，L_1 是 L 在 y 轴右侧部分，则

$$\int_L Q(x,y)\mathrm{d}y = \begin{cases} 0, & \text{若 } Q(x,y) \text{ 关于 } x \text{ 为偶函数，} \\ 2\displaystyle\int_{L_1} Q(x,y)\mathrm{d}y, & \text{若 } Q(x,y) \text{ 关于 } x \text{ 为奇函数.} \end{cases}$$

② L 关于 x 轴对称，L_1 为 L 在 x 轴上侧部分，则

$$\int_L P(x,y)\mathrm{d}x = \begin{cases} 0, & \text{若 } P(x,y) \text{ 关于 } y \text{ 为偶函数，} \\ 2\displaystyle\int_{L_1} P(x,y)\mathrm{d}x, & \text{若 } P(x,y) \text{ 关于 } y \text{ 为奇函数.} \end{cases}$$

③ L 关于原点对称，L_1 是 L 在 y 轴右侧或 x 轴上侧部分，则

$$\int_L P(x,y)\mathrm{d}x + \int_L Q(x,y)\mathrm{d}y = \begin{cases} 0, & \text{若 } P(x,y)\text{，} Q(x,y) \text{ 关于 }(x,y)\text{ 为偶函数，} \\ 2\displaystyle\int_{L_1} P\mathrm{d}x + Q\mathrm{d}y, & \text{若 } P(x,y)\text{，} Q(x,y) \text{ 关于 }(x,y)\text{ 为奇函数.} \end{cases}$$

④ L 关于 $y=x$ 对称，则

$$\int_L P(x,y)\mathrm{d}x + Q(x,y)\mathrm{d}y = \int_{L^-} P(y,x)\mathrm{d}y + Q(y,x)\mathrm{d}x = -\int_L P(y,x)\mathrm{d}y + Q(y,x)\mathrm{d}x.$$

即若 L 关于 $y=x$ 对称，将 x 与 y 对调，则 L 关于直线 $y=x$ 翻转，即 L 化为 L^-. 因而第二类曲线积分没有轮换对称性.

(2) 利用二重积分与第二类曲线积分的联系——格林（Green）公式求解. 设闭区域 D 由分段光滑的闭曲线 L 围成，$P(x,y)$，$Q(x,y)$ 在 D 上具有一阶连续偏导数，则

$$\oint_L P\mathrm{d}x + Q\mathrm{d}y = \iint_D \left(\frac{\partial Q}{\partial x} - \frac{\partial P}{\partial y}\right)\mathrm{d}x\mathrm{d}y\,,$$

其中 L 是 D 的取正向的边界曲线.

格林公式揭示了平面区域上的重积分和沿该区域边界的第二类型曲线积分之间的关系. 因此，它可以看作牛顿-莱布尼兹公式在二维空间的推广.

使用格林公式时，应注意以下三点：

① L 应是闭曲线，否则要设法补成闭曲线，再应用格林公式，然后减去所补曲线段上的曲线积分；

② L 是闭区域 D 的边界正向；

③ $\dfrac{\partial Q}{\partial x}$，$\dfrac{\partial P}{\partial y}$ 应在 D 上连续，否则要在间断点处用"挖洞"的方法加以处理.

（3）利用曲线积分与路径无关条件求解. 注意曲线积分与路径无关的四个等价命题如下：设 G 是 xOy 平面上的单连通区域，函数 P，Q 在 G 上连续可微，则下列四个陈述相互等价：

① $\forall (x,y)\in G$，$\dfrac{\partial Q}{\partial x}=\dfrac{\partial P}{\partial y}$；

② $\forall A,B\in G$，曲线积分 $\displaystyle\int_A^B P\,\mathrm{d}x+Q\,\mathrm{d}y$ 与路径无关；

③ $\forall \Gamma\in G$，Γ 为封闭曲线，$\displaystyle\oint_\Gamma P\,\mathrm{d}x+Q\,\mathrm{d}y=0$；

④ $\exists$ 可微函数 $u(x,y)$，使得 $\mathrm{d}u=P\,\mathrm{d}x+Q\,\mathrm{d}y$，且

$$u(x,y)=\int_{x0}^x P(x,y)\mathrm{d}x+\int_{y0}^y Q(x_0,y)\mathrm{d}y+C=\int_{x0}^x P(x,y_0)\mathrm{d}x+\int_{y0}^y Q(x,y)\mathrm{d}y+C$$

这里 $(x_0,y_0),(x,y)\in G$.

（4）利用两类曲线积分之间的关系求解.

$$\int_L P(x,y)\mathrm{d}x+Q(x,y)\mathrm{d}y=\int_L[P(x,y)\cos\alpha+Q(x,y)\cos\beta]\mathrm{d}s$$

式中，$\cos\alpha$，$\cos\beta$ 为曲线 L 切向量的方向余弦，且切向量指向曲线参数的增加方向.

二、重点题型解析

【例 7.43】 计算 $\displaystyle\int_L \dfrac{(x+y)\,\mathrm{d}y+(x-y)\,\mathrm{d}x}{x^2+y^2-2x+2y}$，其中 L 为圆周 $(x-1)^2+(y+1)^2=4$ 的正向.

解析 原式 $=\displaystyle\int_L \dfrac{(x+y)\,\mathrm{d}y+(x-y)\,\mathrm{d}x}{x^2+y^2-2x+2y}=\int_L \dfrac{(x+y)\,\mathrm{d}y+(x-y)\,\mathrm{d}x}{(x-1)^2+(y+1)^2-2}$

$=\dfrac{1}{2}\displaystyle\int_L (x+y)\,\mathrm{d}y+(x-y)\,\mathrm{d}x$.

曲线 L 在参数方程下的表达式 $\begin{cases} x=1+2\cos t,\\ y=-1+2\sin t,\end{cases}0\leqslant t\leqslant 2\pi$，得：

原式 $=\dfrac{1}{2}\displaystyle\int_L (x+y)\,\mathrm{d}y+(x-y)\,\mathrm{d}x$

$=\dfrac{1}{2}\displaystyle\int_0^{2\pi}[(1+2\cos t-1+2\sin t)\cdot 2\cos t+(1+2\cos t+1-2\sin t)(-2\sin t)]\,\mathrm{d}t$

$=2\displaystyle\int_0^{2\pi}(1-\sin t)\,\mathrm{d}t=4\pi.$

评注 此题被积表达式中的函数 $P(x,y)=\dfrac{x-y}{x^2+y^2-2x+2y}$，$Q(x,y)=\dfrac{x+y}{x^2+y^2-2x+2y}$ 较复杂，但注意到函数 $P(x,y)$，$Q(x,y)$ 中的分母函数 $x^2+y^2-2x+2y=(x-1)^2+(y+1)^2-2$ 以及 $P(x,y)$，$Q(x,y)$ 在 L：$(x-1)^2+(y+1)^2=4$ 上取值，故考虑先使用代入技巧将积分进行化简后计算.

【例 7.44】 （2004 年江苏省大学生数学竞赛试题）设 $f(x)$ 连续可导，$f(1)=1$，G 为

不包含原点的单连通域，任取 $M,N \in G$，在 G 内曲线积分 $\int_M^N \dfrac{1}{2x^2+f(y)}(y\mathrm{d}x - x\mathrm{d}y)$ 与路径无关.

（1）求 $f(x)$；

（2）求 $\int_\Gamma \dfrac{1}{2x^2+f(y)}(y\mathrm{d}x - x\mathrm{d}y)$ ，其中 Γ 为 $x^{\frac{2}{3}} + y^{\frac{2}{3}} = a^{\frac{2}{3}}$，取正向.

解析 （1）记 $P(x,y) = \dfrac{y}{2x^2+f(y)}$，$Q(x,y) = \dfrac{-x}{2x^2+f(y)}$，因为在 G 内曲线积分 $\int_M^N P\mathrm{d}x + Q\mathrm{d}y$ 与路径无关，所以 $\forall (x,y) \in G$ 有 $\dfrac{\partial Q}{\partial x} = \dfrac{\partial P}{\partial y}$，即

$$\frac{2x^2 - f(y)}{[2x^2+f(y)]^2} = \frac{2x^2+f(y)-yf'(y)}{[2x^2+f(y)]^2}$$

由此推得 $yf'(y) = 2f(y)$，又 $f(1) = 1$，解此变量可分离的微分方程得 $f(y) = y^2$，于是 $f(x) = x^2$.

（2）取小椭圆 Γ_ε：$2x^2 + y^2 = \varepsilon^2$，取正向，$\varepsilon$ 为充分小的正数，使得 Γ_ε 位于 Γ 的内部. 设 Γ 与 Γ_ε 所包围的区域为 D. 在 D 上，P 和 Q 的一阶偏导数连续，且 $Q'_x = P'_y$，应用格林公式得：

$$\int_{\Gamma+\Gamma_\varepsilon} P\mathrm{d}x + Q\mathrm{d}x = \iint_D (Q'_x - P'_y)\mathrm{d}x\mathrm{d}y = 0 ,$$

这里 Γ_ε 为负向（即顺时针方向）. 于是

$$\text{原式} = \int_\Gamma P\mathrm{d}x + Q\mathrm{d}y = -\int_{\Gamma_\varepsilon} P\mathrm{d}x + Q\mathrm{d}y = \int_{\Gamma_\varepsilon-} P\mathrm{d}x + Q\mathrm{d}y$$

$$= \int_0^{2\pi} \frac{1}{\sqrt{2}}\left(\frac{-\varepsilon^2\sin^2\theta - \varepsilon^2\cos^2\theta}{\varepsilon^2}\right)\mathrm{d}\theta = \frac{1}{\sqrt{2}}\int_0^{2\pi}\mathrm{d}\theta = -\sqrt{2}\,\pi.$$

评注 本题（1）问中，由于所求 $f(x)$ 函数关系出现在曲线积分中，利用路径无关条件 $\dfrac{\partial Q}{\partial x} = \dfrac{\partial P}{\partial y}$ 并求解微分方程得解；在（2）问中，注意积分曲线所围区域包括奇点，利用格林公式时需用挖洞法，而本题巧妙地利用分母项构造小椭圆进行挖洞，便于利用代入技巧简化计算.

【例 7.45】 设函数 $u(x,y), v(x,y)$ 在闭区域 D：$x^2 + y^2 \leqslant 1$ 上有一阶连续偏导数，又 $\boldsymbol{f}(x,y) = v(x,y)\boldsymbol{i} + u(x,y)\boldsymbol{j}$，$\boldsymbol{g}(x,y) = \left(\dfrac{\partial u}{\partial x} - \dfrac{\partial u}{\partial y}\right)\boldsymbol{i} + \left(\dfrac{\partial v}{\partial x} - \dfrac{\partial v}{\partial y}\right)\boldsymbol{j}$，且在 D 的边界上有 $u(x,y) \equiv 1$，$v(x,y) \equiv y$，求 $\iint_D \boldsymbol{f} \cdot \boldsymbol{g}\mathrm{d}\sigma$.

解析 因为 $\boldsymbol{f} \cdot \boldsymbol{g} = v\left(\dfrac{\partial u}{\partial x} - \dfrac{\partial u}{\partial y}\right) + u\left(\dfrac{\partial v}{\partial x} - \dfrac{\partial v}{\partial y}\right) = v\,\dfrac{\partial u}{\partial x} + u\,\dfrac{\partial v}{\partial x} - \left(v\,\dfrac{\partial u}{\partial y} + u\,\dfrac{\partial v}{\partial y}\right)$

$$= \frac{\partial(uv)}{\partial x} - \frac{\partial(uv)}{\partial y},$$

所以 $\displaystyle\iint_D \boldsymbol{f} \cdot \boldsymbol{g}\mathrm{d}\sigma = \iint_D \left(\frac{\partial(uv)}{\partial x} - \frac{\partial(uv)}{\partial y}\right)\mathrm{d}\sigma$

$$= \oint_L uv\,\mathrm{d}x + uv\,\mathrm{d}y = \oint_L y\,\mathrm{d}x + y\,\mathrm{d}y$$

$$= \int_0^{2\pi} (-\sin^2\theta + \sin\theta\cos\theta)\,\mathrm{d}\theta = -\pi, \quad L:x^2+y^2=1,\text{正向}.$$

评注 本题所求二重积分为向量的数量积形式,要求学生在正确求解的基础上,利用格林公式转化为曲线积分的计算,从而达到简化计算的目的.

【例 7.46】 计算曲线积分 $\displaystyle\oint_C \frac{x\,\mathrm{d}y - y\,\mathrm{d}x}{x^2+y^2}$.

(1) C 是正向圆周 $(x-a)^2+(y-a)^2=a^2$; (2) C 是正向曲线 $|x|+|y|=1$.

解析 记 $P=\dfrac{-y}{x^2+y^2}$, $Q=\dfrac{x}{x^2+y^2}$,则 $Q'_x=P'_y=\dfrac{y^2-x^2}{(x^2+y^2)^2}$

(1) 设 D_1: $(x-a)^2+(y-a)^2\leqslant a^2$,P ,Q 在 D_1 内偏导数连续,应用格林公式,有

$$\oint_C \frac{x\,\mathrm{d}y - y\,\mathrm{d}x}{x^2+y^2} = \iint\limits_{D_1}(Q'_x - P'_y)\,\mathrm{d}x\,\mathrm{d}y = 0 .$$

(2) 设 D_2: $|x|+|y|\leqslant 1$,P ,Q 在 D_2 内偏导数不连续,故不能直接应用格林公式.

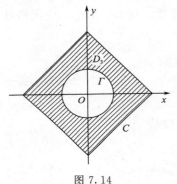

图 7.14

在 C 内作圆 Γ: $x^2+y^2=\varepsilon^2\left(0<\varepsilon<\dfrac{\sqrt{2}}{2}\right)$,取负向.

设 C 与 Γ 包围的区域为 D_3 (如图 7.14 所示). 在区域 D_3 上应用格林公式,有

$$\int_{C+\Gamma} \frac{x\,\mathrm{d}y - y\,\mathrm{d}x}{x^2+y^2} = \iint\limits_{D_3}(Q'_x - P'_y)\,\mathrm{d}x\,\mathrm{d}y = 0 .$$

由 Γ 的参数方程 $x=\varepsilon\cos\theta$, $y=\varepsilon\sin\theta$,得

$$\oint_C \frac{x\,\mathrm{d}y - y\,\mathrm{d}x}{x^2+y^2} = -\int_\Gamma \frac{x\,\mathrm{d}y - y\,\mathrm{d}x}{x^2+y^2} = \int_{\Gamma^-} \frac{x\,\mathrm{d}y - y\,\mathrm{d}x}{x^2+y^2}$$

$$= \int_0^{2\pi} \frac{\varepsilon^2\cos^2\theta + \varepsilon^2\sin^2\theta}{\varepsilon^2}\,\mathrm{d}\theta = 2\pi .$$

评注 本题中通过两个问题的求解可以看出,在 Green 公式的应用中,一定要注意 Green 公式成立的条件,若 $\dfrac{\partial Q}{\partial x}$, $\dfrac{\partial P}{\partial y}$ 在积分域内不连续时,则使用挖洞法挖去奇点.

【例 7.47】 (第三届全国大学生数学竞赛决赛试题) 设连续可微函数 $z=z(x,y)$ 由方程 $F(xz-y,x-yz)=0$ [其中 $F(u,v)$ 有连续的偏导数] 唯一确定,L 为正向单位圆周. 试求: $I=\displaystyle\oint_L (xz^2+2yz)\,\mathrm{d}y - (2xz+yz^2)\,\mathrm{d}x$.

解析 $P(x,y)=-2xz+yz^2$, $Q(x,y)=xz^2+2yz$.

$$\frac{\partial Q}{\partial x} - \frac{\partial P}{\partial y} = 2z^2 + (2xz+2y)\frac{\partial z}{\partial x} + (2x+2yz)\frac{\partial z}{\partial y} .$$

由 $\qquad\qquad\qquad F(xz-y,\ x-yz)=0$

$$\mathrm{d}F = F'_u(x\,\mathrm{d}z+z\,\mathrm{d}x-\mathrm{d}y) - F'_v(\mathrm{d}x - y\,\mathrm{d}z - z\,\mathrm{d}y) = 0$$

故 $\qquad\qquad \dfrac{\partial z}{\partial x} = \dfrac{-F'_v - zF'_u}{xF'_u - yF'_v}$, $\dfrac{\partial z}{\partial y} = \dfrac{F'_u + zF'_v}{xF'_u - yF'_v}$

$$\frac{\partial Q}{\partial x} - \frac{\partial P}{\partial y} = 2z^2 + 2(1 - z^2) = 2$$

故
$$I = \iint\limits_{D} \left(\frac{\partial \theta}{\partial x} - \frac{\partial P}{\partial y} \right) \mathrm{d}x\,\mathrm{d}y = 2\pi$$

评注 由于本题中所求为第二类闭曲线上积分，在解题中自然会想到借助格林公式进行求解. 但需注意在被积函数中 $P(x,y) = -2xz + yz^2$，$Q(x,y) = xz^2 + 2yz$ 为二元函数，$z = z(x,y)$ 由方程 $F(xz - y, x - yz) = 0$ 唯一确定，故借助复合函数关系及隐函数求导将 $\frac{\partial Q}{\partial x}$，$\frac{\partial P}{\partial y}$ 正确求解. 此题为综合型题目，考查知识点较多.

【例7.48】 （第五届全国大学生数学竞赛预赛试题）设 $I_a(r) = \displaystyle\int_C \frac{y\,\mathrm{d}x - x\,\mathrm{d}y}{(x^2 + y^2)^a}$，其中 a 为常数，曲线 C 为椭圆 $x^2 + xy + y^2 = r^2$，求极限 $\displaystyle\lim_{r \to +\infty} I_a(r)$.

解析 作变换 $\begin{cases} x = \dfrac{u - v}{\sqrt{2}} \\ y = \dfrac{u + v}{\sqrt{2}} \end{cases}$，曲线 C 变为 uOv 平面上的 Γ：$\dfrac{3}{2}u^2 + \dfrac{1}{2}v^2 = r^2$，也是取正向，且有 $x^2 + y^2 = u^2 + v^2$，$y\,\mathrm{d}x - x\,\mathrm{d}y = v\,\mathrm{d}u - u\,\mathrm{d}v$，$I_a(r) = \displaystyle\int_\Gamma \frac{v\,\mathrm{d}u - u\,\mathrm{d}v}{(u^2 + v^2)^a}$，作变换

$$\begin{cases} u = \sqrt{\dfrac{2}{3}}\, r\cos\theta \\ v = \sqrt{2}\, r\sin\theta \end{cases}$$，则有

$$v\,\mathrm{d}u - u\,\mathrm{d}v = -\frac{2}{\sqrt{3}} r^2 \mathrm{d}\theta$$

$$I_a(r) = -\frac{2}{\sqrt{3}} r^{2-2a} \int_0^{2\pi} \frac{\mathrm{d}\theta}{\left(\dfrac{2\cos^2\theta}{3} + 2\sin^2\theta \right)^a} = -\frac{2}{\sqrt{3}} r^{2-2a} \cdot J_a$$

其中
$$J_a = \int_0^{2\pi} \frac{\mathrm{d}\theta}{\left(\dfrac{2\cos^2\theta}{3} + 2\sin^2\theta \right)^a}, \quad 0 < J_a < +\infty$$

因此当 $a > 1$ 和 $a < 1$，所求极限分别为 0 和 $+\infty$，而当 $a = 1$ 时

$$J_a = \int_0^{2\pi} \frac{\mathrm{d}\theta}{\dfrac{2\cos^2\theta}{3} + 2\sin^2\theta} = 4\int_0^{\frac{\pi}{2}} \frac{\mathrm{d}\tan\theta}{2\tan^2\theta + \dfrac{2}{3}} = 4\int_0^{+\infty} \frac{\mathrm{d}t}{2t^2 + \dfrac{2}{3}} = \sqrt{3}\,\pi$$

故所求极限为

$$\lim_{r \to +\infty} I_a(r) = \begin{cases} 0, & a > 1 \\ -\infty, & a < 1. \\ -2\pi, & a = 1 \end{cases}$$

评注 此题关键是作两次变量代换使得积分易于求解，在计算中还用到定积分的估计及积分中被积函数的周期性等性质.

【例 7.49】 证明 $\left|\int_L P\mathrm{d}x + Q\mathrm{d}y + R\mathrm{d}z\right| \leqslant \int \sqrt{P^2 + Q^2 + R^2}\,\mathrm{d}s$，并由此估计 $\oint_L |z\mathrm{d}x + x\mathrm{d}y + y\mathrm{d}z|$，其中 L 为球面 $x^2 + y^2 + z^2 = a^2$ 与平面 $x + y + z = 0$ 交线的正向.

证明 记 $\boldsymbol{F} = (P, Q, R)$，$\boldsymbol{e}_r$ 是定向曲线 L 的单位切向量，则

$$\int_L P\mathrm{d}x + Q\mathrm{d}y + R\mathrm{d}z = \int_L (\boldsymbol{F} \cdot \boldsymbol{e}_r)\mathrm{d}s$$

于是

$$\left|\int_L P\mathrm{d}x + Q\mathrm{d}y + R\mathrm{d}z\right| = \left|\int_L (\boldsymbol{F} \cdot \boldsymbol{e}_r)\mathrm{d}s\right|$$

$$\leqslant \int_L |\boldsymbol{F} \cdot \boldsymbol{e}_r|\mathrm{d}s \leqslant \int_L |\boldsymbol{F}|\mathrm{d}s$$

$$= \int \sqrt{P^2 + Q^2 + R^2}\,\mathrm{d}s$$

由此得

$$\oint_L |z\mathrm{d}x + x\mathrm{d}y + y\mathrm{d}z| \leqslant \oint_L \sqrt{z^2 + x^2 + y^2}\,\mathrm{d}s,$$

由于

$$L: \begin{cases} x^2 + y^2 + z^2 = a^2 \\ x + y + z = 0 \end{cases} \Rightarrow \oint_L \sqrt{x^2 + y^2 + z^2}\,\mathrm{d}s = \oint_L a\,\mathrm{d}s = 2\pi a^2$$

即

$$\oint_L |z\mathrm{d}x + x\mathrm{d}y + y\mathrm{d}z| \text{ 的上界为 } 2\pi a^2.$$

评注 此题考查两类曲线积分之间的关系问题，灵活掌握曲线积分的向量形式表示.

【例 7.50】（2013 年天津市大学生数学竞赛试题）计算曲线积分

$$\int_{AB} \left[\frac{1}{y} + yf(xy)\right]\mathrm{d}x + \left[xf(xy) - \frac{x}{y^2}\right]\mathrm{d}y,$$

其中函数 $f(x)$ 有连续导数，AB 是由点 $A\left(3, \frac{2}{3}\right)$ 到点 $B(1, 2)$ 的有向线段.

解析 令 $P = \frac{1}{y} + yf(xy)$，$Q = xf(xy) - \frac{x}{y^2}$. 经计算

$$\frac{\partial P}{\partial y} = -\frac{1}{y^2} + f(xy) + xyf'(xy) = \frac{\partial Q}{\partial x},$$

故曲线积分与路径无关. 因此，选择如下积分路径：先从点 $A\left(3, \frac{2}{3}\right)$ 沿着平行于 x 轴的直线到点 $C\left(1, \frac{2}{3}\right)$，再从点 $C\left(1, \frac{2}{3}\right)$ 沿着平行于 y 轴的直线到点 $B(1, 2)$.

$$\int_{AB} \left[\frac{1}{y} + yf(xy)\right]\mathrm{d}x + \left[xf(xy) - \frac{x}{y^2}\right]\mathrm{d}y = \int_{AB} + \int_{CB}$$

$$= \int_3^1 \left[\frac{3}{2} + \frac{2}{3}f\left(\frac{2}{3}x\right)\right]\mathrm{d}x + \int_{\frac{2}{3}}^2 \left[f(y) - \frac{1}{y^2}\right]\mathrm{d}y$$

$$= \int_3^1 \frac{2}{3}f\left(\frac{2}{3}x\right)\mathrm{d}x + \int_{\frac{2}{3}}^2 f(y)\,\mathrm{d}y - 4.$$

令 $t = \frac{2}{3}x$，则 $\int_3^1 \frac{2}{3}f\left(\frac{2}{3}x\right)\mathrm{d}x = \int_2^{\frac{2}{3}} f(t)\,\mathrm{d}t = -\int_{\frac{2}{3}}^2 f(y)\,\mathrm{d}y$. 因此

$$\int_{AB} \left[\frac{1}{y} + yf(xy)\right]\mathrm{d}x + \left[xf(xy) - \frac{x}{y^2}\right]\mathrm{d}y = -4.$$

评注　本题利用 $\dfrac{\partial P}{\partial y} = \dfrac{\partial Q}{\partial x}$ 判定曲线积分与路径无关，进而选择平行于坐标轴的折线段代替直线段路径进行求解．注意使用积分的变量代换简化计算．

三、综合训练

(1) 计算 $I = \displaystyle\int_L \dfrac{-y\,\mathrm{d}x + x\,\mathrm{d}y}{x^2 + y^2}$，式中 L 是曲线 $\begin{cases} x = a\ (t - \pi - \sin t) \\ y = a\ (1 - \cos t) \end{cases}$ $(a > 0)$ 上以 $t = 0$ 到 $t = 2\pi$ 的一段．

(2) 计算 $\displaystyle\int_\Gamma x^3\,\mathrm{d}x + 3zy^2\,\mathrm{d}y - x^2 y\,\mathrm{d}z$，其中 Γ 是从点 $A(3, 2, 1)$ 到点 $B(0, 0, 0)$．

(3) 计算曲线积分 $I = \displaystyle\oint_L \dfrac{y\,\mathrm{d}x - (x - 1)\,\mathrm{d}y}{(x - 1)^2 + y^2}$，其中：

① L 为圆周 $x^2 + y^2 - 2y = 0$ 的正向；② L 为椭圆 $4x^2 + y^2 - 8x = 0$ 的正向．

(4) (第一届全国大学生数学竞赛决赛试题) 已知平面区域 $D = \{(x, y) \mid 0 \leqslant x \leqslant \pi, 0 \leqslant y \leqslant \pi\}$，$L$ 为 D 的正向边界，试证：

① $\displaystyle\oint_L x\mathrm{e}^{\sin y}\,\mathrm{d}y - y\mathrm{e}^{-\sin x}\,\mathrm{d}x = \oint_L x\mathrm{e}^{-\sin y}\,\mathrm{d}y - y\mathrm{e}^{\sin x}\,\mathrm{d}x$；

② $\displaystyle\oint_L x\mathrm{e}^{\sin y}\,\mathrm{d}y - y\mathrm{e}^{-\sin x}\,\mathrm{d}x \geqslant \dfrac{5}{2}\pi^2$．

(5) (第二届全国大学生数学竞赛预赛试题) 设函数 $\varphi(x)$ 具有连续的导数，在围绕原点的任意光滑的简单闭曲线 C 上，曲线积分 $\displaystyle\oint_C \dfrac{2xy\,\mathrm{d}x + \varphi(x)\,\mathrm{d}y}{x^4 + y^2}$ 的值为常数．

① 设 L 为正向闭曲线 $(x - 2)^2 + y^2 = 1$．证明：$\displaystyle\oint_L \dfrac{2xy\,\mathrm{d}x + \varphi(x)\,\mathrm{d}y}{x^4 + y^2} = 0$；

② 求函数 $\varphi(x)$；

③ 设 C 是围绕原点的光滑简单正向闭曲线，求 $\displaystyle\oint_C \dfrac{2xy\,\mathrm{d}x + \varphi(x)\,\mathrm{d}y}{x^4 + y^2}$．

(6) 设 $f(\pi) = 1$，试求 $f(x)$，使曲线积分 $\displaystyle\int_{\overparen{AB}} [\sin x - f(x)]\dfrac{y}{x}\,\mathrm{d}x + f(x)\,\mathrm{d}y$ 与路径无关，并求当 A、B 两点坐标为 $(1, 0)$，(π, π) 时曲线积分值．

(7) 计算曲线积分 $I = \displaystyle\int_C \dfrac{(x + y)\,\mathrm{d}x - (x - y)\,\mathrm{d}y}{x^2 + y^2}$，其中曲线 C：$y = \varphi(x)$ 是从点 $A(-1, 0)$ 到点 $B(1, 0)$ 的一条不经过坐标原点的光滑曲线．

综合训练答案

(1) 解：$P(x, y) = \dfrac{-y}{x^2 + y^2}$，$Q(x, y) = \dfrac{x}{x^2 + y^2}$

当 x 所考虑区域不含原点时，由 $\dfrac{\partial Q}{\partial x} = \dfrac{\partial P}{\partial y} = \dfrac{y^2 - x^2}{x^2 + y^2}$ 知，此曲线积分在该区域内与路径无关，因为 L 是以 $A(-a\pi, 0)$ 为起点，以 $B(a\pi, 0)$ 为终点的摆线，直接把 L 代入曲线积分化为定积分计算非常复杂，故改变积分路径 L 为过 $A(-a\pi, 0)$，$B(a\pi, 0)$ 的上半弧 AB：

$x^2+y^2=(a\pi)^2$，其参数方程为：

$$l：\begin{cases} x=a\pi\cos t \\ y=a\pi\sin t \end{cases} \quad (t \text{ 从 } \pi \text{ 到 } 0)$$

$$I=\int_L \frac{-y\,\mathrm{d}x}{x^2+y^2}+\frac{x\,\mathrm{d}y}{x^2+y^2}=\int_\pi^0\left[\frac{-a\pi\sin t(-a\pi\sin t)}{(a\pi)^2}+\frac{(a\pi\cos t)^2}{(a\pi)^2}\right]\mathrm{d}t=\int_\pi^0 \mathrm{d}t=-\pi.$$

评注 对积分与路径无关的曲线积分，一般用折线代替原积分曲线，但是由于本题的被积函数的分母含有 x^2+y^2，用圆弧代替使 x^2+y^2 为常数计算起来更为简单.

（2）解：直线段 AB 的方程为

$$\frac{x}{3}=\frac{y}{2}=\frac{z}{1}$$

参数方程为 Γ：$x=3t$，$y=2t$，$z=t$，t 从 1 变到 0，因此

$$\int_\Gamma x^3\,\mathrm{d}x+3zy^2\,\mathrm{d}y-x^2y\,\mathrm{d}z=\int_1^0\left[(3t)^3\times 3+3t\times(2t)^2\times 2-(3t)^2\times 2t\right]\mathrm{d}t$$

$$=87\int_1^0 t^3\,\mathrm{d}t=-\frac{87}{4}$$

（3）解：$\dfrac{\partial P}{\partial y}=\dfrac{\partial}{\partial y}\left(\dfrac{y}{(x-1)^2+y^2}\right)=\dfrac{(x-1)^2-y^2}{[(x-1)^2+y^2]^2}$，

$\dfrac{\partial Q}{\partial x}=\dfrac{\partial}{\partial x}\left(\dfrac{-(x-1)}{(x-1)^2+y^2}\right)=\dfrac{(x-1)^2-y^2}{[(x-1)^2+y^2]^2}.$

① 在圆 $x^2+(y-1)^2\leqslant 1$ 中，$\dfrac{\partial P}{\partial y}\equiv\dfrac{\partial Q}{\partial x}$，故 $I=\oint_L P\,\mathrm{d}x+Q\,\mathrm{d}y=0.$

② 在椭圆 $\dfrac{(x-1)^2}{1}+\dfrac{y^2}{2^2}=1$ 中除椭圆中心 $(1,0)$ 外有 $\dfrac{\partial P}{\partial y}\equiv\dfrac{\partial Q}{\partial x}$，于是设 L 与 L^* 围成区域为 D，有 $I=\oint_L P\,\mathrm{d}x+Q\,\mathrm{d}y=\int_{L^*}P\,\mathrm{d}x+Q\,\mathrm{d}y$，其中 L^* 为 $(x-1)^2+y^2=1$ 的正向，令 $x-1=\cos\theta$，$y=\sin\theta$，则

$$I=\int_0^{2\pi}\frac{\sin\theta(-\sin\theta)-\cos\theta\cos\theta}{\cos^2\theta+\sin^2\theta}\mathrm{d}\theta=-\int_0^{2\pi}\mathrm{d}\theta=-2\pi.$$

（4）证明：由于区域 D 为一正方形，可以直接用对坐标曲线积分的计算法计算.

① 左边 $=\int_0^\pi \pi\mathrm{e}^{\sin y}\,\mathrm{d}y-\int_\pi^0 \pi\mathrm{e}^{-\sin x}\,\mathrm{d}x=\pi\int_0^\pi(\mathrm{e}^{\sin x}+\mathrm{e}^{-\sin x})\,\mathrm{d}x$，

右边 $=\int_0^\pi \pi\mathrm{e}^{-\sin y}\,\mathrm{d}y-\int_\pi^0 \pi\mathrm{e}^{\sin x}\,\mathrm{d}x=\pi\int_0^\pi(\mathrm{e}^{\sin x}+\mathrm{e}^{-\sin x})\,\mathrm{d}x$，

故 $\oint_L x\mathrm{e}^{\sin y}\,\mathrm{d}y-y\mathrm{e}^{-\sin x}\,\mathrm{d}x=\oint_L x\mathrm{e}^{-\sin y}\,\mathrm{d}y-y\mathrm{e}^{\sin x}\,\mathrm{d}x.$

② 由于 $\mathrm{e}^{\sin x}+\mathrm{e}^{-\sin x}\geqslant 2+\sin^2 x$，

$$\oint_L x\mathrm{e}^{\sin y}\,\mathrm{d}y-y\mathrm{e}^{-\sin x}\,\mathrm{d}x=\pi\int_0^\pi(\mathrm{e}^{\sin x}+\mathrm{e}^{-\sin x})\,\mathrm{d}x\geqslant\frac{5}{2}\pi^2.$$

（5）解：①设 $\oint_L\dfrac{2xy\,\mathrm{d}x+\varphi(x)\,\mathrm{d}y}{x^4+y^2}=I$，闭曲线 L 由 $L_i,i=1,2$ 组成. 设 L_0 为不经过原点的光滑曲线，使得 $L_0\bigcup L_1^-$（其中 L_1^- 为 L_1 的反向曲线）和 $L_0\bigcup L_2$ 分别组成围绕原点

的分段光滑闭曲线 C_i , $i=1,2.$ 由曲线积分的性质和题设条件

$$\oint_L \frac{2xy\,dx+\varphi(x)\,dy}{x^4+y^2} = \int_{L_1}+\int_{L_2}\frac{2xy\,dx+\varphi(x)\,dy}{x^4+y^2}$$

$$=\int_{L_2}+\int_{L_0}-\int_{L_0}-\int_{L_1}\frac{2xy\,dx+\varphi(x)\,dy}{x^4+y^2}$$

$$=\oint_{C_1}+\oint_{C_2}\frac{2xy\,dx+\varphi(x)\,dy}{x^4+y^2}=I-I=0.$$

② 设 $P(x,y)=\dfrac{2xy}{x^4+y^2}$, $Q(x,y)=\dfrac{\varphi(x)}{x^4+y^2}$. 令 $\dfrac{\partial Q}{\partial x}=\dfrac{\partial P}{\partial y}$, 即

$$\frac{\varphi'(x)(x^4+y^2)-4x^3\varphi(x)}{(x^4+y^2)^2}=\frac{2x^5-2xy^2}{(x^4+y^2)^2},$$ 解得 $\varphi(x)=-x^2.$

③ 设 D 为正向闭曲线 C_a : $x^4+y^2=1$ 所围区域，由①

$$\oint_C \frac{2xy\,dx+\varphi(x)\,dy}{x^4+y^2}=\oint_{C_a}\frac{2xy\,dx-x^2\,dy}{x^4+y^2}$$

利用格林公式和对称性

$$\oint_{C_a}\frac{2xy\,dx+\varphi(x)\,dy}{x^4+y^2}=\oint_{C_a}2xy\,dx-x^2\,dy=\iint_D(-4x)\,dx\,dy=0.$$

(6) 解: $\dfrac{\partial P}{\partial y}=\dfrac{\partial}{\partial y}\left\{\left[\sin x-f(x)\right]\dfrac{y}{x}\right\}=\left[\sin x-f(x)\right]\cdot\dfrac{1}{x}$, $\dfrac{\partial Q}{\partial x}=\dfrac{\partial}{\partial x}\left[f(x)\right]=f'(x).$

因为曲线积分与路径无关，所以 $f'(x)\equiv\left[\sin x-f(x)\right]\dfrac{1}{x}.$ 整理得一阶线性方程 $f'(x)+\dfrac{1}{x}f(x)=\dfrac{1}{x}\sin x$，解之得 $f(x)=\dfrac{1}{x}(C-\cos x)$. 把 $f(\pi)=1$ 代入上式，得 $C=\pi-1.$ 故 $f(x)=\dfrac{1}{x}(\pi-1-\cos x).$ 所以

$$\int_{(1,0)}^{(\pi,\pi)}\left[\sin x-\frac{1}{x}(\pi-1-\cos x)\right]\frac{y}{x}\,dx+\frac{1}{x}(\pi-1-\cos x)\,dy$$

$$=\int_1^\pi 0\,dx+\int_0^\pi \frac{1}{\pi}(\pi-1-\cos\pi)\,dy=\int_0^\pi dy=\pi.$$

(7) 解: $P(x,y)=\dfrac{x+y}{x^2+y^2}$, $\dfrac{\partial P}{\partial y}=\dfrac{x^2-y^2-2xy}{(x^2+y^2)^2}$, $Q(x,y)=-\dfrac{x-y}{x^2+y^2}$, $\dfrac{\partial Q}{\partial x}=\dfrac{x^2-y^2-2xy}{(x^2+y^2)^2}.$

作上半圆 C_1 : $x^2+y^2=r^2$, $y>0$, 递时针方向, 取 r 充分小使 C_1 位于曲线 C 的下部且二者不相交, 又在轴上分别取 1 到 r 与 $-r$ 到 -1 两个线段 l_1 与 l_2 , 于是有

$$I+\int_{C_1+l_1+l_2}\frac{(x+y)\,dx-(x-y)\,dy}{x^2+y^2}=\iint_D\left(\frac{\partial Q}{\partial x}-\frac{\partial P}{\partial y}\right)dx\,dy=0$$

其中 D 是由 $C+C_1+l_1+l_2$ 所围成的区域. 从而

$$I=-\int_{C_1+l_1+l_2}\frac{(x+y)\,dx-(x-y)\,dy}{x^2+y^2}=-\left(\int_{C_1}+\int_{l_1}+\int_{l_2}\right)\frac{(x+y)\,dx-(x-y)\,dy}{x^2+y^2}$$

$$=-\int_0^\pi\frac{-r^2(\cos\theta+\sin\theta)\sin\theta-r^2(\cos\theta-\sin\theta)\cos\theta}{r^2}\,d\theta-\int_l^r\frac{dx}{x}-\int_{-r}^{-1}\frac{dx}{x}$$

$$=\int_0^\pi dt-\ln r+\ln r=\pi.$$

7.6 曲线积分的应用

一、知识要点

1. 曲线积分在几何上的应用

（1）空间曲线的弧长：$\int_L \mathrm{d}s$.

（2）计算闭曲线 L 围成的面积：$A = \dfrac{1}{2}\oint_L x\,\mathrm{d}y - y\,\mathrm{d}x$.

（3）柱面面积：$\int_L f(x,y)\,\mathrm{d}s$ 是以 xOy 平面上曲线 L 为准线，母线平行于 z 轴，高为 $z = f(x,y) \geqslant 0$ 时柱面的面积.

2. 曲线积分在物理上的应用

（1）曲线的质量：$M = \int_L \rho(x,y)\,\mathrm{d}s$，其中 $\rho(x,y)$ 为可微曲线 L 的密度.

（2）曲线 L 的（质心）重心坐标：$\bar{x} = \dfrac{1}{M}\int_L x\rho(x,y)\,\mathrm{d}s$，$\bar{y} = \dfrac{1}{M}\int_L y\rho(x,y)\,\mathrm{d}s$.

（3）转动惯量：设可微曲线 L 的密度为 $\rho(x,y)$，则曲线 L 对 x 轴、y 轴、坐标原点的转动惯量分别为

$$I_x = \int_L y^2\rho(x,y)\,\mathrm{d}s,\ I_y = \int_L x^2\rho(x,y)\,\mathrm{d}s,\ I_0 = \int_L (x^2+y^2)\rho(x,y)\,\mathrm{d}s.$$

（4）变力沿曲线所做的功：质点受力 $\boldsymbol{F}(x,y) = P(x,y)\boldsymbol{i} + Q(x,y)\boldsymbol{j}$ 作用，沿平面曲线 L 从 A 移动到 B 所做的功为：$W = \int_L P(x,y)\,\mathrm{d}x + Q(x,y)\,\mathrm{d}y$

注意 推广到空间曲线 L，设 $\boldsymbol{F} = P(x,y,z)\boldsymbol{i} + Q(x,y,z)\boldsymbol{j} + R(x,y,z)\boldsymbol{k}$，则

$$W = \int_L P(x,y,z)\,\mathrm{d}x + Q(x,y,z)\,\mathrm{d}y + R(x,y,z)\,\mathrm{d}z.$$

二、重点题型解析

【例 7.51】 设曲线上任意一点的线密度与该点到原点一段曲线的弧长成正比，求曲线 $y = \dfrac{2}{3}x^{\frac{3}{2}}$ 在点 $(0,0)$ 与点 $\left(4, \dfrac{16}{3}\right)$ 之间一段弧的质量.

解析 原点到点 (x,y) 的弧长为

$$s(x,y) = \int_0^x \sqrt{1+y'^2}\,\mathrm{d}x = \int_0^x \sqrt{1+x}\,\mathrm{d}x = \frac{2}{3}\left[(1+x)^{\frac{3}{2}} - 1\right].$$

由题设 $\rho(x,y) = ks(x,y)$，即 $\rho(x,y) = \dfrac{2k}{3}\left[(1+x)^{\frac{3}{2}} - 1\right]$. 所以质量 M 为

$$M = \int_0^4 \frac{2k}{3}\left[(1+x)^{\frac{3}{2}} - 1\right]\mathrm{d}s = \frac{2k}{3}\int_0^4 \left[(1+x)^{\frac{3}{2}} - 1\right]\sqrt{1+x}\,\mathrm{d}x$$

$$= \frac{2k}{3}\int_0^4 \left[(1+x)^2 - (1+x)^{\frac{1}{2}}\right]\mathrm{d}x = \frac{2k}{9}(126 - 10\sqrt{5})$$

评注　本题同时考查了曲线积分在几何和物理上的应用，即考查了曲线弧长的计算和曲线弧质量的求解，属于基本题型.

【**例 7.52**】　计算圆柱面 $x^2+y^2=1$ 夹在平面 $z=0$ 和 $z=2-y$ 之间部分的面积.

解析　设 L：$x^2+y^2=1$，令 $\begin{cases} x=\cos\theta, \\ y=\sin\theta, \end{cases} 0\leqslant\theta\leqslant 2\pi$，

$$S=\oint_L(2-y)\mathrm{d}s=\int_0^{2\pi}(2-\sin\theta)\sqrt{(-\sin\theta)^2+(\cos\theta)^2}\,\mathrm{d}\theta$$

$$=\int_0^{2\pi}(2-\sin\theta)\mathrm{d}\theta=(2\theta+\cos\theta)\Big|_0^{2\pi}=4\pi.$$

评注　求柱面面积问题应利用微元法进行分析，不必死记公式！

【**例 7.53**】　均匀曲线段，$x=\sin t$，$y=\cos t$，$z=t\left(0\leqslant t\leqslant\dfrac{\pi}{2}\right)$ 的线密度为 ρ，求此曲线关于 z 轴的转动惯量.

解析　$I_z=\int_L(x^2+y^2)\rho\mathrm{d}s$，$\mathrm{d}s=\sqrt{x'^2(t)+y'^2(t)+z'^2(t)}\,\mathrm{d}t=\sqrt{2}\,\mathrm{d}t$，

所以

$$I_z=\int_0^{\frac{\pi}{2}}\sqrt{2}\rho\mathrm{d}t=\frac{\sqrt{2}}{2}\pi\rho.$$

【**例 7.54**】　计算半径为 R、中心角为 2α 的圆弧 L 对于其对称轴的转动惯量 I（设线密度 $\mu=1$）.

解析　取圆弧 L 的对称轴为 x 轴，则 $I=\int_L y^2\mathrm{d}s$

将 L 表示为参数方程为 $x=R\cos\theta$，$y=R\sin\theta$，$(-\alpha\leqslant\theta\leqslant\alpha)$，从而

$$I=\int_L y^2\mathrm{d}s=\int_{-\alpha}^{\alpha}R^2\sin^2\theta\sqrt{(-R\sin\theta)^2+(R\cos\theta)^2}\,\mathrm{d}\theta$$

$$=R^3\int_{-\alpha}^{\alpha}\sin^2\theta\mathrm{d}\theta=\frac{R^3}{2}\left[\theta-\frac{\sin 2\theta}{2}\right]_{-\alpha}^{\alpha}=\frac{R^3}{2}(2\alpha-\sin 2\alpha)$$

【**例 7.55**】　设平面力场 $\boldsymbol{F}=\left\{\dfrac{2x-y}{x^2+y^2},\dfrac{2y+x}{x^2+y^2}\right\}$，试求质点沿任一平面封闭曲线 L 的正向运动一周时，力场所做的功 W，若 L 为椭圆 $\dfrac{x^2}{a^2}+\dfrac{y^2}{b^2}=1$ 时，计算 W 之值.

解析　$W=\oint_L\boldsymbol{F}\cdot\mathrm{d}\boldsymbol{s}=\oint\dfrac{2x-y}{x^2+y^2}\mathrm{d}x+\dfrac{2y+x}{x^2+y^2}\mathrm{d}y.$

记　　$P=\dfrac{2x-y}{x^2+y^2}$，$Q=\dfrac{2y+x}{x^2+y^2}$，$\dfrac{\partial P}{\partial y}=\dfrac{y^2-x^2-4xy}{(x^2+y^2)^2}=\dfrac{\partial Q}{\partial x}$，$(x,y)\neq(0,0)$.

（1）若闭曲线 L 不包含原点 $O(0,0)$，则由格林公式有 $W=\iint_D\left(\dfrac{\partial Q}{\partial x}-\dfrac{\partial P}{\partial y}\right)\mathrm{d}x\mathrm{d}y=0.$

（2）若闭曲线 L 包含原点 $O(0,0)$，则沿 L 所做的功等于沿任何一条包含 $O(0,0)$ 点在内的简单闭曲线 l 所做的功，故取 l：$x=\varepsilon\cos t$，$y=\varepsilon\sin t$，$(0\leqslant t\leqslant 2\pi)$，使得 ε 足够小，且 l 在椭圆 $\dfrac{x^2}{a^2}+\dfrac{y^2}{b^2}=1$ 内部.

$$W = \oint \frac{2x-y}{x^2+y^2} dx + \frac{2y+x}{x^2+y^2} dy = \int_0^{2\pi} (2\cos t - \sin t) dt + (2\sin t - \cos t)\cos t\, dt$$

$$= \int_0^{2\pi} dt = 2\pi.$$

因此质点沿椭圆 $\frac{x^2}{a^2} + \frac{y^2}{b^2} = 1$ 运动一周时，力场 $\boldsymbol{F}$ 所做的功为 2π。

【例 7.56】 在变力 $\boldsymbol{F} = yz\boldsymbol{i} + zx\boldsymbol{j} + xy\boldsymbol{k}$ 的作用下，质点由原点沿直线运动到椭球面 $\frac{x^2}{a^2} + \frac{y^2}{b^2} + \frac{z^2}{c^2} = 1$ 上第一卦限的点 (x_1, y_1, z_1)，问：当 x_1, y_1, z_1 取何值时力 $\boldsymbol{F}$ 所做的功最大？并求出 W 的最大值。

解析 直线段 OM：$x = x_1 t$，$y = y_1 t$，$z = z_1 t$，$(0 \leqslant t \leqslant 1)$

$$W = \int_{OM} yz\, dx + zx\, dy + xy\, dz = \int_0^1 3x_1 y_1 z_1 t^2 dt = x_1 y_1 z_1$$

下面求 $W = x_1 y_1 z_1$ 在条件 $\frac{x_1^2}{a^2} + \frac{y_1^2}{b^2} + \frac{z_1^2}{c^2} = 1$ $(x_1 \geqslant 0, y_1 \geqslant 0, z_1 \geqslant 0)$ 下的最大值。

令 $F(x_1, y_1, z_1) = x_1 y_1 z_1 + \lambda \left(1 - \frac{x_1^2}{a^2} - \frac{y_1^2}{b^2} - \frac{z_1^2}{c^2}\right)$。由 $\frac{\partial F}{\partial x_1} = 0$，$\frac{\partial F}{\partial y_1} = 0$，$\frac{\partial F}{\partial z_1} = 0$，得

$$x_1 = \frac{a}{\sqrt{3}}, \quad y_1 = \frac{b}{\sqrt{3}}, \quad z_1 = \frac{c}{\sqrt{3}}.$$

由问题的实际意义知：$W_{\max} = \frac{\sqrt{3}}{9} abc$。

评注 本题关键之处是构造直线方程，并求力 $\boldsymbol{F}$ 沿直线所作功，在求最值问题时注意运用条件极值求解。

三、综合训练

(1)（第十七届北京市大学生数学竞赛试题）求圆柱面 $x^2 + y^2 = a^2$ 夹在平面 $z = y$ 与 xOy 面之间的侧面积。

(2) 设 Γ：$\begin{cases} z = 1 + x^2 + y^2 \\ z = 1 + x + y \end{cases}$，求 Γ 沿 z 轴方向的投影柱面介于 $z = 0$ 与 $z = 1 + x^2 + y^2$ 之间的面积。

(3) 试求均匀密度为 μ 的圆环 L：$x^2 + y^2 = R^2$ 对 x 轴的转动惯量 I_x。

(4) 设空间力场，其中任一点处力的大小与此点到 xOy 坐标面的距离成反比，方向指向原点，若一质点在此力场中沿螺旋线 $x = a\cos t$，$y = a\sin t$，$z = bt$，以 $t = 0$ 的点运动到对应于 $t = 2\pi$ 的点，求在此运动过程中场力所做的功 $(a > 0, b > 0)$。

(5)（2011 年天津市大学生数学竞赛试题）设有向闭曲线 Γ 是由圆锥螺线 $\overset{\frown}{OA}$：$x = \theta\cos\theta$，$y = \theta\sin\theta$，$z = \theta$，(θ 从 0 变到 2π) 和有向曲线段 $\overline{OA}$ 构成，其中 $O(0,0,0)$，$A(2\pi, 0, 2\pi)$。如果 $\boldsymbol{F} = (z, 1, -x)$ 表示一力场，求 $\boldsymbol{F}$ 沿 Γ 所做的功 W。

综合训练答案

(1) 解：由曲线积分的几何意义及对称性知 $S = 2\int_{y = \sqrt{a^2 - x^2}} y\, ds = 2\int_0^\pi a^2 \sin t\, dt = 4a^2$。

（2）解：由 $z=1+x^2+y^2$，$z=1+x+y$ 消去 z 得投影柱面 $x^2+y^2=x+y$，即 $\left(x-\dfrac{1}{2}\right)^2+\left(y-\dfrac{1}{2}\right)^2=\dfrac{1}{2}$，投影柱面与坐标面 $z=0$ 的交线记为 L，则 L 的参数式为

$$\begin{cases} x=\dfrac{1}{2}+\dfrac{1}{\sqrt{2}}\cos t \\[2mm] y=\dfrac{1}{2}+\dfrac{1}{\sqrt{2}}\sin t \end{cases}(0\leqslant t\leqslant 2\pi),$$

则由第一类曲线积分的几何意义知所求面积为

$$A=\int_L(1+x^2+y^2)\mathrm{d}s=\int_L(1+x+y)\mathrm{d}s=\int_0^{2\pi}\left[2+\dfrac{1}{\sqrt{2}}(\cos t+\sin t)\right]\sqrt{x'^2+y'^2}\,\mathrm{d}t$$

$$=\dfrac{1}{\sqrt{2}}\int_0^{2\pi}\left[2+\dfrac{1}{\sqrt{2}}(\cos t+\sin t)\right]\mathrm{d}t=2\sqrt{2}\,\pi.$$

（3）解：因为 $I_x=\mu\displaystyle\int_{x^2+y^2=R^2}y^2\mathrm{d}s$．圆的参数方程：$x=R\cos t$，$y=R\sin t$，$0\leqslant t\leqslant 2\pi$．
于是，$\mathrm{d}s=R\,\mathrm{d}t$，有 $I_x=\mu R^3\displaystyle\int_0^{2\pi}\sin^2 t\,\mathrm{d}t=\dfrac{\mu R^3}{2}\int_0^{2\pi}(1-\cos 2t)\mathrm{d}t=\mu\pi R^3$.

（4）解：由题意知力 $\boldsymbol{F}$，满足 $|\boldsymbol{F}|=\dfrac{k}{|z|}$，$\boldsymbol{F}$ 的方向与 $-\boldsymbol{r}$ 同向，$\boldsymbol{r}=\{x,y,z\}$，因此

$$\boldsymbol{F}=-\dfrac{k}{|z|}\boldsymbol{r}^0=-\dfrac{k}{|z|}\cdot\dfrac{\boldsymbol{r}}{|\boldsymbol{r}|}=-\dfrac{k\boldsymbol{r}}{|z|\sqrt{x^2+y^2+z^2}}$$

$$W=\int_\Gamma\boldsymbol{F}\cdot\mathrm{d}\boldsymbol{r}=\int_\Gamma-\dfrac{k}{|z|\sqrt{x^2+y^2+z^2}}(x\,\mathrm{d}x+y\,\mathrm{d}y+z\,\mathrm{d}z)$$

$$=\int_0^{2\pi}\dfrac{-k}{bt\sqrt{a^2+b^2t^2}}(-a^2\cos t\sin t+a^2\cos t\sin t+b^2 t)\mathrm{d}t$$

$$=\int_0^{2\pi}\dfrac{-k}{\sqrt{a^2+b^2t^2}}\mathrm{d}(bt)=-k\ln(bt+\sqrt{a^2+b^2+t^2})\Big|_0^{2\pi}$$

$$=-k\left[\ln(2\pi b+\sqrt{a^2+4\pi^2 b^2})-\ln a\right].$$

（5）解：法1　作有向直线段 $\overline{OA}$，其方程为 $\begin{cases} y=0 \\ z=x \end{cases}$（$x$ 从 2π 变到 0）. 所求 F 沿 Γ 所做的功为

$$W=\oint_\Gamma z\,\mathrm{d}x+\mathrm{d}y-x\,\mathrm{d}z=\left(\int_{\overset{\frown}{OA}}+\int_{\overline{OA}}\right)(z\,\mathrm{d}x+\mathrm{d}y-x\,\mathrm{d}z)$$

$$=\int_0^{2\pi}[\theta(\cos\theta-\sin\theta)+\sin\theta+\theta\cos\theta-\theta\cos\theta]+\int_{2\pi}^0(x-x)\mathrm{d}x$$

$$=\int_0^{2\pi}(\theta\cos\theta-\theta^2\sin\theta)\mathrm{d}\theta+0=4\pi^2.$$

法2　应用斯托克斯公式，可得

$$W=\iint_\Sigma 2\mathrm{d}z\,\mathrm{d}x=2\iint_\Sigma-z_y\mathrm{d}x\,\mathrm{d}y=2\iint_\Sigma-\dfrac{y}{\sqrt{x^2+y^2}}\mathrm{d}x\,\mathrm{d}y$$

$$=-2\int_0^{2\pi}\mathrm{d}\theta\int_0^\theta\dfrac{r\sin\theta}{r}\cdot r\,\mathrm{d}r=-\int_0^{2\pi}\theta^2\sin\theta\,\mathrm{d}\theta=4\pi^2.$$

7.7 第一类曲面积分

一、知识要点

1. 第一类曲面积分的定义

$$\iint\limits_{\Sigma} f(x,y,z)\,\mathrm{d}S = \lim_{\lambda \to 0} \sum_{i=1}^{n} f(\xi_i, \eta_i, \zeta_i)\Delta S_i$$

其中，ΔS_i 为第 i 个小曲面块的面积，$\forall (\xi_i, \eta_i, \zeta_i) \in \Delta S_i$，$\lambda$ 表示所有小曲面块的最大直径.

2. 第一类曲面积分的计算方法

第一类曲面积分 $\iint\limits_{\Sigma} f(x,y,z)\,\mathrm{d}S$（对面积的曲面积分）化为二重积分进行计算. 把 $\iint\limits_{\Sigma} f(x,y,z)\,\mathrm{d}S$ 化为二重积分进行计算要掌握三个要素.

① 二重积分的积分区域是 Σ 在某一坐标面上的投影，向哪一个坐标面投影取决于 Σ 的方程；

② 再由 Σ 的方程写出曲面面积元素的表达式 $\mathrm{d}S$；

③ 把 Σ 的方程代入被积函数 $f(x,y,z)$，使之化为二元或二元以下的函数，具体方法：

a. 设 Σ：$z = z(x,y),(x,y) \in D_{xy}$，$D_{xy}$ 是 Σ 在 xOy 面上的投影域，

$$\iint\limits_{\Sigma} f(x,y,z)\,\mathrm{d}S = \iint\limits_{D_{xy}} f[x,y,z(x,y)]\sqrt{1 + z_x^2(x,y) + z_y^2(x,y)}\,\mathrm{d}x\,\mathrm{d}y.$$

b. 设 Σ：$x = x(y,z),(y,z) \in D_{yz}$，$D_{xy}$ 是 Σ 在 yOz 面上的投影域，

$$\iint\limits_{\Sigma} f(x,y,z)\,\mathrm{d}S = \iint\limits_{D_{yz}} f[x(y,z),y,z]\sqrt{1 + z_y^2(y,z) + z_z^2(y,z)}\,\mathrm{d}y\,\mathrm{d}z.$$

c. 设 Σ：$y = y(x,z),(x,z) \in D_{xz}$，$D_{xz}$ 是 Σ 在 zOx 面上的投影域，

$$\iint\limits_{\Sigma} f(x,y,z)\,\mathrm{d}S = \iint\limits_{D_{zx}} f[x,y,z(x,z)]\sqrt{1 + y_z^2(x,z) + y_x^2(x,z)}\,\mathrm{d}x\,\mathrm{d}z.$$

3. 第一类曲面积分的计算技巧

（1）利用积分区域的对称性化简第一类曲面积分

① 设积分曲面 Σ 关于 yOz 平面对称，则

$$\iint\limits_{\Sigma} f(x,y,z)\,\mathrm{d}S = \begin{cases} 2\iint\limits_{\Sigma_1} f(x,y,z)\,\mathrm{d}S, & \text{当 } f(x,y,z) \text{ 关于 } x \text{ 为奇函数,} \\ 0, & \text{当 } f(x,y,z) \text{ 关于 } x \text{ 为偶函数,} \end{cases}$$

式中，Σ_1 是 Σ 在 yOz 平面前侧的部分. 若 Σ 关于另两个坐标面有对称性，则有类似的公式.

② 设积分曲面 Σ 关于 x,y,z 具有轮换对称性，则

$$\iint\limits_{\Sigma} f(x,y,z)\,\mathrm{d}S = \iint\limits_{\Sigma} f(y,z,x)\,\mathrm{d}S = \iint\limits_{\Sigma} f(z,x,y)\,\mathrm{d}S.$$

（2）利用代入技巧. 因 $(x,y,z) \in \Sigma$，故利用 Σ 的表达式可简化被积函数.

二、重点题型解析

【例 7.57】 计算 $\iint\limits_\Sigma y^2 \mathrm{d}S$，其中 Σ 为球面 $x^2 + y^2 + z^2 = 1$.

解析 注意到被积函数 $f(x,y,z) = y^2$ 在 Σ 上取值，且球面 $x^2 + y^2 + z^2 = 1$ 将 x,y,z 轮换后保持不变，考虑运用积分的轮换对称性计算，有 $\iint\limits_\Sigma y^2 \mathrm{d}S = \iint\limits_\Sigma z^2 \mathrm{d}S = \iint\limits_\Sigma x^2 \mathrm{d}S$.

注意到被积函数在 Σ 上取值，有

$$\iint\limits_\Sigma y^2 \mathrm{d}S = \frac{1}{3}\iint\limits_\Sigma (x^2 + y^2 + z^2)\,\mathrm{d}S = \frac{1}{3}\iint\limits_\Sigma \mathrm{d}S = \frac{1}{3} \times \frac{4}{3}\pi = \frac{4}{9}\pi.$$

评注 本题若采用直接计算方法将曲面积分化为二重积分，计算比较复杂繁琐，而巧妙地利用轮换性质及代入技巧使求解得到简化.

【例 7.58】 证明：$\iint\limits_\Sigma (1 - x^2 - y^2)\,\mathrm{d}S \leqslant \dfrac{2\pi}{15}(8\sqrt{2} - 7)$，其中 Σ 为抛物面 $z = \dfrac{x^2 + y^2}{2}$ 夹在平面 $z = 0$ 和 $z = \dfrac{t}{2}$ $(t > 0)$ 之间的部分.

证明 $I(t) = \iint\limits_\Sigma (1 - x^2 - y^2)\,\mathrm{d}S = \iint\limits_{x^2 + y^2 \leqslant t} (1 - x^2 - y^2)\sqrt{1 + x^2 + y^2}\,\mathrm{d}x\,\mathrm{d}y$

$$= 2\pi \int_0^{\sqrt{t}} r(1 - r^2)\sqrt{1 + r^2}\,\mathrm{d}r, \quad t \in (0, +\infty)$$

令 $I'(t) = \pi(1 - t)\sqrt{1 + t} = 0$，解得唯一驻点 $t = 1$，则 $I(t)$ 的最大值为 $I(1)$，而

$$I(1) = 2\pi \int_0^1 r(1 - r^2)\sqrt{1 + r^2}\,\mathrm{d}r = \frac{2(8\sqrt{2} - 7)\pi}{15}.$$

所以，$I(t) \leqslant \dfrac{2\pi(8\sqrt{2} - 7)}{15}$.

【例 7.59】 (2007 年考研数学一试题) 设曲面 Σ：$|x| + |y| + |z| = 1$，求 $\oiint\limits_\Sigma (x + |y|)\,\mathrm{d}S$.

解析 因为曲面关于 yOz 面对称，所以 $\oiint\limits_\Sigma x\,\mathrm{d}S = 0$，又曲面 Σ：$|x| + |y| + |z| = 1$ 具有轮换对称性并利用代入技巧，于是

$$\oiint\limits_\Sigma |y|\,\mathrm{d}S = \oiint\limits_\Sigma |x|\,\mathrm{d}S = \oiint\limits_\Sigma |z|\,\mathrm{d}S = \frac{1}{3}\oiint\limits_\Sigma (|x| + |y| + |z|)\,\mathrm{d}S = \frac{1}{3}\mathrm{d}S$$

$$= \frac{1}{3} \times 8 \times \frac{\sqrt{3}}{2} = \frac{4}{3}\sqrt{3}.$$

评注 本题利用曲面积分的奇偶对称性、轮换对称性及代入技巧使得问题得以简化求解，考查了求解曲面积分综合技巧的运用.

【例 7.60】 (第二届全国大学生数学竞赛决赛试题) 已知 S 是空间曲线 $\begin{cases} x^2 + 3y^2 = 1 \\ z = 0 \end{cases}$ 绕 y 轴旋转形成的椭球面的上半部分 $(z \geqslant 0)$ (取上侧)，Π 是 S 在点 $P(x,y,z)$ 处的切平面，

$\rho(x,y,z)$ 是原点到切平面 Π 的距离，λ,μ,ν 表示 S 的正法向的方向余弦.

计算：(1) $\iint\limits_S \dfrac{z}{\rho(x,y,z)}\mathrm{d}S$；(2) $\iint\limits_S z(\lambda x+3\mu y+\nu z)\mathrm{d}S$.

解析 (1) 由题设，S 的方程为

$$x^2+3y^2+z^2=1；z\geqslant 0$$

设 (x,y,Z) 为切平面 Π 上任意一点，则 Π 的方程为 $xX+3yY+zZ=1$，从而由点到平面的距离公式以及 $P(x,y,z)\in S$ 得

$$\rho(x,y,z)=(x^2+9y^2+z^2)^{-\frac{1}{2}}=(1+6y^2)^{-\frac{1}{2}}.$$

由 S 为上半椭球面 $z=\sqrt{1-x^2-3y^2}$ 知

$$z_x=-\frac{x}{\sqrt{1-x^2-3y^2}},z_y=-\frac{3y}{\sqrt{1-x^2-3y^2}}$$

于是
$$\mathrm{d}S=\sqrt{1+z_x^2+z_y^2}=\frac{\sqrt{1+6y^2}}{\sqrt{1-x^2-3y^2}},$$

又 S 在 xOy 平面上的投影为 D_{xy}：$x^2+3y^2\leqslant 1$，故

$$\iint\limits_S \frac{z}{\rho(x,y,z)}\mathrm{d}S=\iint\limits_{D_{xy}}\sqrt{1-x^2-3y^2}\cdot\frac{1}{(1+6y^2)^{-\frac{1}{2}}}\frac{\sqrt{1+6y^2}}{1-x^2-3y^2}\mathrm{d}x\mathrm{d}y$$

$$=\iint\limits_{D_{xy}}(1+6y^2)\mathrm{d}x\mathrm{d}y=\frac{\sqrt{3}}{2}\pi,$$

其中 $\iint\limits_{D_{xy}}\mathrm{d}x\mathrm{d}y=\pi\times 1\times\dfrac{1}{\sqrt{3}}=\dfrac{\pi}{\sqrt{3}}$.

令 $\begin{cases}x=r\cos\theta\\ y=\dfrac{1}{\sqrt{3}}r\sin\theta\end{cases}$（广义极坐标），则

$$\iint\limits_{D_{xy}}6y^2\mathrm{d}x\mathrm{d}y=6\times\frac{1}{\sqrt{3}}\int_0^{2\pi}\sin^2\theta\mathrm{d}\theta\int_0^1\frac{1}{3}r^3\mathrm{d}r=\frac{1}{2\sqrt{3}}\int_0^{2\pi}\frac{1-\cos 2\theta}{2}\mathrm{d}\theta=\frac{\pi}{2\sqrt{3}}.$$

(2) 由于 S 取上侧，故正法向量

$$\boldsymbol{n}=\left(\frac{x}{\sqrt{x^2+(3y)^2+z^2}},\frac{3y}{\sqrt{x^2+(3y)^2+z^2}},\frac{z}{\sqrt{x^2+(3y)^2+z^2}}\right)$$

所以
$$\lambda=\frac{x}{\sqrt{x^2+(3y)^2+z^2}},\quad\mu=\frac{3y}{\sqrt{x^2+(3y)^2+z^2}},\quad\nu=\frac{z}{\sqrt{x^2+(3y)^2+z^2}}$$

$$\iint\limits_S z(\lambda x+3\mu y+\nu z)\mathrm{d}S=\iint\limits_S z\cdot\frac{x^2+9y^2+z^2}{\sqrt{x^2+9y^2+z^2}}\mathrm{d}S=\iint\limits_S\frac{z}{\rho(x,y,z)}\mathrm{d}S=\frac{\sqrt{3}}{2}\pi.$$

评注 本题属于曲面积分的综合题型，既考查了曲面上过某点切平面求解、点到平面距离公式，也考察了第一类曲面积分的基本求解方法.

三、综合训练

(1) 求 $\iint\limits_{\Sigma}x\mathrm{d}S$，$\Sigma$：$x+y+z=1(x\geqslant 0,y\geqslant 0,z\geqslant 0)$.

(2) 计算曲面积分 $\iint\limits_{\Sigma} x^2 \mathrm{d}S$，$\Sigma$ 为圆柱面 $x^2 + y^2 = a^2$ 介于 $z = 0$ 与 $z = h$ 之间的部分.

(3) 计算 $\iint\limits_{\Sigma} [(x+y)^2 + z^2] \mathrm{d}S$，其中 Σ 是柱面 $x^2 + y^2 = R^2$ 介于 $0 \leqslant z \leqslant h$ 的部分.

(4) 计算 $\oiint\limits_{\Sigma} (x^2 + 2y^2 + 3z^2) \mathrm{d}S$，其中 Σ：$x^2 + y^2 + z^2 = 2y$.

(5) 设 Σ 为椭球面 $\dfrac{x^2}{2} + \dfrac{y^2}{2} + z^2 = 1$ 的上半部分，点 $P(x,y,z) \in \Sigma$，π 为 Σ 在点 P 处的切平面，$\rho(x,y,z)$ 为点 $O(0,0,0)$ 到平面 π 的距离，求 $\oiint\limits_{\Sigma} \dfrac{z}{\rho(x,y,z)} \mathrm{d}S$.

综合训练答案

(1) 解：$\iint\limits_{\Sigma} x \mathrm{d}S = \dfrac{1}{3} \iint\limits_{\Sigma} (x+y+z) \mathrm{d}S = \dfrac{1}{3} \iint\limits_{\Sigma} \mathrm{d}S = \dfrac{1}{3} \times \dfrac{\sqrt{3}}{2} = \dfrac{\sqrt{3}}{6}$.

(2) 解：$\iint\limits_{\Sigma} x^2 \mathrm{d}S = \dfrac{1}{2} \iint\limits_{\Sigma} (x^2 + y^2) \mathrm{d}S = \dfrac{1}{2} \iint\limits_{\Sigma} a^2 \mathrm{d}S = \dfrac{1}{2} a^2 \iint\limits_{\Sigma} \mathrm{d}S = \pi a^3 h$.

(3) 解：$\iint\limits_{\Sigma} [(x+y)^2 + z^2] \mathrm{d}S = \iint\limits_{\Sigma} (x^2 + 2xy + y^2) \mathrm{d}S + \iint\limits_{\Sigma} z^2 \mathrm{d}S = I_1 + I_2$

$I_1 = \iint\limits_{\Sigma} (x^2 + 2xy + y^2) \mathrm{d}S = \iint\limits_{\Sigma} (x^2 + y^2) \mathrm{d}S = \iint\limits_{\Sigma} R^2 \mathrm{d}S = 2\pi R^3 h$

$I_2 = \iint\limits_{\Sigma} z^2 \mathrm{d}S = 2 \iint\limits_{\Sigma_1} z^2 \mathrm{d}S = 2 \iint\limits_{D_{xz}} \dfrac{Rz^2}{\sqrt{R^2 - x^2}} \mathrm{d}x \mathrm{d}z = 2R \int_0^h z^2 \mathrm{d}z \int_{-R}^{R} \dfrac{\mathrm{d}x}{\sqrt{R^2 - x^2}} = 2R \dfrac{1}{3} h^3$.

因此，原式 $= I_1 + I_2 = 2\pi R^3 h + \dfrac{2}{3} \pi R h^3$.

(4) 解：利用对称性计算，从曲面方程 Σ：$x^2 + (y-1)^2 + z^2 = 1$ 中可以看出，x 与 z 地位对等，且曲面 Σ 关于平面 $y = 1$ 是对称的，故有

$$\oiint\limits_{\Sigma} (x^2 + 2y^2 + 3z^2) \mathrm{d}S = 2 \oiint\limits_{\Sigma} (x^2 + y^2 + z^2) \mathrm{d}S = 4 \oiint\limits_{\Sigma} y \mathrm{d}S$$

$$= 4 \oiint\limits_{\Sigma} [(y-1) + 1] \mathrm{d}S = 4 \oiint\limits_{\Sigma} \mathrm{d}S = 16\pi$$

注意　此处亦可利用物理意义计算，可得 $\oiint\limits_{\Sigma} y \mathrm{d}S = \bar{y} \cdot \oiint\limits_{\Sigma} \mathrm{d}S$，其中 $(\bar{x}, \bar{y}, \bar{z}) = (0, 1, 0)$.

(5) 解：设 (X, Y, Z) 为 π 上任意一点，则切平面 π 的方程为 $\dfrac{xX}{2} + \dfrac{yY}{2} + zZ = 1$，从而知

$\rho(x,y,z) = \left(\dfrac{x^2}{4} + \dfrac{y^2}{4} + z^2 \right)^{-\frac{1}{2}}$，由 $z = \sqrt{1 - \left(\dfrac{x^2}{2} + \dfrac{y^2}{2} \right)}$ 得

$$\dfrac{\partial z}{\partial x} = \dfrac{-x}{2\sqrt{1 - \left(\dfrac{x^2}{2} + \dfrac{y^2}{2} \right)}}, \quad \dfrac{\partial z}{\partial y} = \dfrac{-y}{2\sqrt{1 - \left(\dfrac{x^2}{2} + \dfrac{y^2}{2} \right)}}$$

于是　　$\mathrm{d}S = \sqrt{1 + z_x^2(x,y) + z_y^2(x,y)} \mathrm{d}\sigma = \dfrac{\sqrt{4 - x^2 - y^2}}{2\sqrt{1 - \left(\dfrac{x^2}{2} + \dfrac{y^2}{2} \right)}} \mathrm{d}\sigma$,

$$\oiint\limits_{\Sigma} \frac{z}{\rho(x,y,z)} \mathrm{d}S = \frac{1}{4}\iint\limits_{D}(4-x^2-y^2)\mathrm{d}\sigma = \frac{1}{4}\int_0^{2\pi}\mathrm{d}\varphi\int_0^{\sqrt{2}}(4-\rho^2)\rho\mathrm{d}\rho = \frac{3}{2}\pi.$$

7.8 第二类曲面积分

一、知识要点

1. 第二类曲面积分的定义

$$\iint\limits_{\Sigma}R(x,y,z)\mathrm{d}x\mathrm{d}y = \lim_{\lambda\to0}\sum_{i=1}^{n}R(\xi_i,\eta_i,\zeta_i)(\Delta S_i)_{xy}$$

其中，$(\Delta S_i)_{xy}$ 是有向曲面块 ΔS_i 在 xOy 面上投影，$\forall(\xi_i,\eta_i,\zeta_i)\in\Delta S_i$，$\lambda$ 表示所有小曲面块的最大直径. 同理可得其他坐标的曲面积分.

2. 第二类曲面积分的计算方法

（1）化为二重积分进行计算（分面投影法） 设曲面 Σ 的方程为 $z=z(x,y)$，D_{xy} 表示曲面 Σ 在 xOy 面上投影的区域，$z(x,y)$ 在 D_{xy} 上具有连续的一阶偏导数，$R(x,y,z)$ 在 Σ 上连续，则有

$$\iint\limits_{\Sigma}R(x,y,z)\mathrm{d}x\mathrm{d}y = \pm\iint\limits_{D_{xy}}R[x,y,z(x,y)]\mathrm{d}x\mathrm{d}y,$$

其中，正负号的选择是：对应于 Σ 的哪一侧的法线与 z 轴的正向的夹角为锐角时取正号，为钝角时取负号，即若 z 轴的正向指向上，也就是当 Σ 表示曲面的上侧时取正号，表示下侧时取负号. 类似地，有：

$$\iint\limits_{\Sigma}P(x,y,z)\mathrm{d}y\mathrm{d}z = \pm\iint\limits_{D_{yz}}P[x(y,z),y,z]\mathrm{d}y\mathrm{d}z,$$

其中，正负号的选择是：对应于 Σ 的哪一侧的法线与 x 轴的正向的夹角为锐角时取正号，为钝角时取负号，也就是当 Σ 表示曲面的前侧时取正号，表示后侧时取负号.

$$\iint\limits_{\Sigma}Q(x,y,z)\mathrm{d}z\mathrm{d}x = \pm\iint\limits_{D_{zx}}Q[x,y(z,x),z]\mathrm{d}z\mathrm{d}x,$$

其中，正负号的选择是：对应于 Σ 的哪一侧的法线与 y 轴的正向的夹角为锐角时取正号，为钝角时取负号，也就是当 Σ 表示曲面的右侧时取正号，表示左侧时取负号.

注意 ① 利用上述直接法计算曲面积分时，需分割曲面，分割的原则是使在每一个部分曲面上，曲面的方程确定及其正法线方向相应的坐标轴均交锐角或交钝角.

② 第一类和第二类曲面积分虽然都是化成二重积分计算，但是在二重积分的积分域 D 的选取的方法截然不同，第一类曲面积分是由 Σ 方程选择将 Σ 向哪个坐标面投影，从而得区域 D；而第二类曲面积分是根据被积表达式中坐标来选择将 Σ 向哪个坐标面投影从而确定区域 D.

（2）化为二重积分进行计算（合一投影法） 把 $\mathrm{d}y\mathrm{d}z$，$\mathrm{d}z\mathrm{d}x$，$\mathrm{d}x\mathrm{d}y$ 统一成一个坐标，然后只需要一次投影.

$$\Sigma: z=z(x,y), \boldsymbol{n}=(\mp z_x, \mp z_y, \pm1), \boldsymbol{e}_n=(\cos\alpha, \cos\beta, \cos\gamma),$$

$$dy\,dz = \mp z_x\,dx\,dy, dz\,dx = \mp z_y\,dx\,dy,$$

从而　$\displaystyle\iint\limits_{\Sigma}(\boldsymbol{F}\cdot\boldsymbol{e}_n)dS = \iint\limits_{\Sigma}P\,dy\,dz + Q\,dz\,dx + R\,dx\,dy$

$$= \iint\limits_{\Sigma}\{P[x,y,z(x,y)]\cdot(\mp z_x) + Q[x,y,z(x,y)]\cdot(\mp z_y) + R[x,y,z(x,y)]\}dx\,dy$$

$$= \pm\iint\limits_{D_{xy}}\{P[x,y,z(x,y)]\cdot(-z_x) + Q[x,y,z(x,y)]\cdot(-z_y) + R[x,y,z(x,y)]\}dx\,dy\,.$$

同理　$\displaystyle\iint\limits_{\Sigma}P\,dy\,dz + Q\,dz\,dx + R\,dx\,dy = \pm\iint\limits_{D_{yz}}[P + Q\cdot(-x_y) + R\cdot(-x_z)]dy\,dz$

$$= \pm\iint\limits_{D_{xz}}[P\cdot(-y_x) + Q + R\cdot(-y_z)]dx\,dz$$

3. 第二类曲面积分的计算技巧

（1）计算积分曲面具有对称性的第二类曲面积分　设 Σ 关于 yOz 面对称，则

$$\iint\limits_{\Sigma}P(x,y,z)dy\,dz = \begin{cases} 2\iint\limits_{\Sigma_1}P(x,y,z)dy\,dz, & \text{当 }P(x,y,z)\text{ 关于 }x\text{ 为奇函数,}\\[2mm] 0, & \text{当 }P(x,y,z)\text{ 关于 }x\text{ 为偶函数.} \end{cases}$$

其中，Σ_1 是 Σ 在 yOz 面的前侧部分. 这里对坐标 y 和 z 的第二类曲面积分只能考虑 Σ 关于 yOz 面的对称性，而不能考虑其他面，这一点也与第一类曲面积分不同.

（2）利用第二类曲面积分与三重积分的联系——高斯（Gauss）公式　设空间闭区域 Ω 是由分片光滑的闭曲面 Σ 所围成，函数 $P(x,y,z),Q(x,y,z),R(x,y,z)$ 在 Ω 内具有一阶连续偏导数，则有

$$\iiint\limits_{\Omega}\left(\frac{\partial P}{\partial x} + \frac{\partial Q}{\partial y} + \frac{\partial R}{\partial z}\right)dv = \oiint\limits_{\Sigma}P\,dy\,dz + Q\,dz\,dx + R\,dx\,dy,$$

其中 Σ 是 Ω 的整个边界曲面的外侧.

注意　① 运用高斯公式时，应注意 Σ 是区域 Ω 的边界曲面外侧，若是封闭的内侧曲面，应注意三重积分前加负号；

② 要考查 P,Q,R 在 Ω 内具有一阶连续偏导数，否则不能用高斯公式；

③ 当积分曲面 Σ 不封闭时，也类似于格林公式，可对 Σ 作封闭化处理.

（3）利用第二类曲面积分与第二类曲线积分的联系——斯托克斯（Stokes）公式　设 Γ 为分段光滑的空间有向闭曲线，Σ 是以 Γ 为边界的分片光滑的有向曲面，Γ 的正向与 Σ 的侧符合右手规则，函数 $P(x,y,z)$、$Q(x,y,z)$、$R(x,y,z)$ 在包含曲面 Σ 的某个区域上具有一阶连续偏导数，则

$$\oint_{\Gamma}P\,dx + Q\,dy + R\,dz = \iint\limits_{\Sigma}\left(\frac{\partial R}{\partial y} - \frac{\partial Q}{\partial z}\right)dy\,dz + \left(\frac{\partial P}{\partial z} - \frac{\partial R}{\partial x}\right)dz\,dx + \left(\frac{\partial Q}{\partial x} - \frac{\partial P}{\partial y}\right)dx\,dy$$

（4）利用两类曲面积分之间的联系

$$\iint\limits_{\Sigma}P\,dy\,dz + Q\,dz\,dx + R\,dx\,dy = \iint\limits_{\Sigma}(P\cos\alpha + Q\cos\beta + R\cos\gamma)ds$$

式中，$\cos\alpha$，$\cos\beta$，$\cos\gamma$ 是有向曲面 Σ 上的点 (x,y,z) 处的法向量的方向余弦.

二、重点题型解析

【例 7.61】 （首届全国大学生数学竞赛决赛试题）计算 $\iint\limits_{\Sigma} \dfrac{ax\,dy\,dz + (z+a)^2\,dx\,dy}{\sqrt{x^2+y^2+z^2}}$ ，其

中 Σ 为下半球面 $z=-\sqrt{a^2-y^2-x^2}$ 的上侧，$a>0$.

解析 将 Σ（或分片后）投影到相应坐标平面上化为二重积分逐块计算

$$I_1 = \frac{1}{a}\iint\limits_{\Sigma} ax\,dy\,dz = -2\iint\limits_{D_{yz}} \sqrt{a^2-(y^2+z^2)}\,dy\,dz$$

式中，D_{yz} 为 yOz 平面上的半圆 $y^2+z^2\leqslant a^2$，$z\leqslant 0$. 利用极坐标，得

$$I_1 = -2\int_{\pi}^{2\pi}d\theta\int_0^a \sqrt{a^2-r^2}\,r\,dr = -\frac{2}{3}\pi a^3$$

$$I_2 = \frac{1}{a}\iint\limits_{\Sigma}(z+a)^2\,dx\,dy = \frac{1}{a}\iint\limits_{D_{xy}}[a-\sqrt{a^2-(x^2+y^2)}]^2\,dx\,dy$$

式中，D_{xy} 为 xOy 平面上的圆域 $x^2+y^2\leqslant a^2$. 利用极坐标，得

$$I_2 = \frac{1}{a}\int_0^{2\pi}d\theta\int_0^a(2a^2-2a\sqrt{a^2-r^2}-r^2)r\,dr = \frac{\pi}{6}a^3$$

因此，$I=I_1+I_2=-\dfrac{\pi}{2}a^3$.

评注 本题是基本的第二类曲面积分求解题型，在计算中应注意使用代入技巧，求解时注意曲面的方向.

【例 7.62】 计算 $\iint\limits_{\Sigma} y^2z\,dx\,dy + xz\,dy\,dz + x^2\,dz\,dx$ ，其中 Σ 是旋转抛物面 $z=x^2-y^2$（$0\leqslant z\leqslant 1$）的下侧.

解析 添加有向曲面 Σ'：$z=1,(x,y)\in D_{xy}=\{(x,y)\,|\,x^2+y^2\leqslant 1\}$，上侧为正侧，则有

$$原式 = \oiint\limits_{\Sigma+\Sigma'} - \iint\limits_{\Sigma'}$$

由 $\Sigma+\Sigma'$ 形成一封闭曲面，外侧为其正侧，且 $P=xz,Q=x^2z,R=y^2z$ 在 R^3 上具有连续的偏导数，运用高斯公式

$$\oiint\limits_{\Sigma+\Sigma'} y^2z\,dx\,dy + xz\,dy\,dz + x^2y\,dz\,dx = \iiint\limits_{\Omega}\left(\frac{\partial P}{\partial x}+\frac{\partial Q}{\partial y}+\frac{\partial R}{\partial z}\right)dV$$

$$=\iiint\limits_{\Omega}(z+x^2+y^2)\,dV = \iint\limits_{D_{xy}}\left[\int_{x^2+y^2}^1 (z+x^2+y^2)\,dz\right]dx\,dy$$

$$=\iint\limits_{D_{xy}}\left[\frac{1}{2}z^2+(x^2+y^2)z\right]\Big|_{x^2+y^2}^1 dx\,dy = \iint\limits_{D_{xy}}\left[\frac{1}{2}+x^2+y^2-\frac{3}{2}(x^2+y^2)\right]dx\,dy$$

$$=\int_0^{2\pi}d\theta\int_0^1\left(\frac{1}{2}+\rho^2-\frac{3}{2}\rho^4\right)\rho\,d\rho = 2\pi\int_0^1\left(\frac{1}{2}\rho+\rho^3-\frac{3}{2}\rho^5\right)d\rho$$

$$=2\pi\left(\frac{1}{4}\rho^2+\frac{1}{4}\rho^4-\frac{1}{4}\rho^6\right)\Big|_0^1 = \frac{\pi}{2},$$

$$\iint\limits_{\Sigma'} y^2z\,dx\,dy + xz\,dy\,dz + x^2y\,dz\,dx = \iint\limits_{\Sigma'} y^2z\,dx\,dy$$

$$= \iint\limits_{D_{xy}} y^2 \, dx \, dy = \int_0^{2\pi} d\theta \int_0^1 \rho^2 \sin^2\theta \rho \, d\rho = \int_0^{2\pi} \sin^2\theta \, d\theta \int_0^1 \rho^3 \, d\rho$$

$$= \frac{1}{2} \int_0^{2\pi} (1 - \cos 2\theta) \, d\theta \times \frac{1}{4} = \frac{1}{8} \left(\theta - \frac{1}{2} \sin 2\theta \right) \Big|_0^{2\pi} = \frac{\pi}{4}.$$

所以，原式 $= \oiint\limits_{\Sigma + \Sigma'} - \iint\limits_{\Sigma'} = \frac{\pi}{2} - \frac{\pi}{4} = \frac{\pi}{4}.$

评注 Σ 为非封闭曲面，很明显将积分化为二重积分计算是繁琐的，可考虑通过添置辅助有向曲面的方法对已知曲面进行封闭化处理，且辅助曲面往往选择易于在其上进行积分的平面，再运用高斯公式计算.

【例 7.63】 （第十八届北京市大学生数学竞赛试题）计算

$\iint\limits_{\Sigma} x^2 \, dy \, dz + y^2 \, dz \, dx + z^2 \, dx \, dy$，其中 Σ：$(x-1)^2 + (y-1)^2 + \dfrac{z^2}{4} = 1 (y \geq 1)$，取外侧.

解析 设 Σ_0：$y = 1$，左侧，D：$(x-1)^2 + \dfrac{z^2}{4} \leq 1$，则

$$原式 = \oiint\limits_{\Sigma + \Sigma_0} - \oiint\limits_{\Sigma_0}. \quad \oiint\limits_{\Sigma_0} = -\iint\limits_{D} dz \, dx = -2\pi,$$

由高斯公式得

$$\oiint\limits_{\Sigma + \Sigma_0} = 2 \iiint\limits_{\Omega} (x + y + z) \, dv = 2 \iiint\limits_{\Omega} (x + y) \, dv$$

$$= 2 \int_0^{\pi} d\theta \int_0^{\pi} d\phi \int_0^1 2 (r\cos\theta\sin\phi + r\sin\theta\sin\phi + 2) r^2 \sin\phi \, dr$$

$$= 4 \int_0^{\pi} d\theta \int_0^{\pi} \left(\frac{1}{4} \cos\theta \sin^2\phi + \frac{1}{4} \sin\theta \sin^2\phi + \frac{2}{3} \sin\phi \right) d\phi = \frac{19}{3} \pi,$$

所以 $\qquad\qquad\qquad 原式 = \dfrac{19}{3}\pi + 2\pi = \dfrac{25}{3}\pi.$

评注 本题先对曲面进行封闭化处理，利用高斯公式转化为三重积分的计算，计算时先利用对称奇偶性消去 z 变量的积分，然后采用球面坐标求解，也可以利用直角坐标的截面法求解.

【例 7.64】 （第二十届大连市高等数学竞赛）计算 $\iint\limits_{\Sigma} 5x^3 \, dy \, dz + y^2 \, dz \, dx + 3z^2 \, dx \, dy$，其中 Σ 为球面 Σ：$x^2 + y^2 + (z-1)^2 = 1$ 的外侧.

解析 记 Ω 为球体 $x^2 + y^2 + (z-1)^2 \leq 1$，由高斯公式，知

$$I = \iiint\limits_{\Omega} (15x^2 + 6z) \, dv = \iiint\limits_{\Omega} 15x^2 \, dv + \iiint\limits_{\Omega} 6z \, dv,$$

法 1 $\quad I = \int_0^{2\pi} d\theta \int_0^{\frac{\pi}{2}} d\varphi \int_0^{2\cos\varphi} (15r^2 \sin^2\varphi \cos^2\theta + 6r\cos\varphi) r^2 \sin\varphi \, dr = 12\pi.$

法 2 利用轮换对称性、重心坐标公式，分别算得

$$\iiint\limits_{\Omega} 15x^2 \, dv = 5 \iiint\limits_{\Omega} [x^2 + y^2 + (z-1)^2] \, dv = 5 \int_0^{2\pi} d\theta \int_0^{\pi} d\varphi \int_0^1 r^2 \cdot r^2 \sin\varphi \, dr = 4\pi,$$

$$6 \iiint\limits_{\Omega} z \, dv = 6 \times \frac{4}{3} \pi \times 1 = 8\pi.$$

评注 在本题中,法 2 巧妙地利用了轮换对称性、重心坐标公式,使计算得到了简化. 在被积函数只有一个变量,而 Ω 的体积又易求出时,则可利用重心计算公式求其三重积分.

【例 7.65】 设曲面 Σ 是由一段空间曲线 C:$x=t$,$y=2t$,$z=t^2$($0 \leqslant t \leqslant 1$)绕 z 轴旋转一周所成,其法向量指向与 z 轴正向成钝角,已知连续函数 $f(x,y,z)$ 满足

$$f(x,y,z) = (x+y+z)^2 + \iint\limits_{\Sigma} f(x,y,z)\mathrm{d}y\mathrm{d}z + x^2\mathrm{d}x\mathrm{d}y,$$

求 $f(1,1,1)$ 的值.

解析 曲面 Σ 的参数方程为 $\begin{cases} x=\sqrt{t^2+4t^2}\cos\theta \\ y=\sqrt{t^2+4t^2}\sin\theta \\ z=t^2 \end{cases}$,消去参数得直角坐标方程:$x^2+y^2=5z$,$0 \leqslant z \leqslant 1$.

令 $a = \iint\limits_{\Sigma} f(x,y,z)\mathrm{d}y\mathrm{d}z + x^2\mathrm{d}x\mathrm{d}y$,则 $f(x,y,z) = (x+y+z)^2 + a$,于是添加平面 Σ_1:$z=1$,$x^2+y^2 \leqslant 5$ 上侧与 Σ 构成封闭曲面外侧,由高斯公式,知

$$\oiint\limits_{\Sigma+\Sigma_1} [(x+y+z)^2+a]\mathrm{d}y\mathrm{d}z + x^2\mathrm{d}x\mathrm{d}y = \iiint\limits_{\Omega} 2(x+y+z)\mathrm{d}v$$

$$= 0+0+2\iiint\limits_{\Omega} z\mathrm{d}v = 2\int_0^1 z\mathrm{d}z\iint\limits_{D_z}\mathrm{d}\sigma = 10\pi\int_0^1 z^2\mathrm{d}z = \frac{10}{3}\pi.$$

$$\iint\limits_{\Sigma_1} f(x,y,z)\mathrm{d}y\mathrm{d}z + x^2\mathrm{d}x\mathrm{d}y = \iint\limits_{\Sigma_1} x^2\mathrm{d}x\mathrm{d}y = \frac{1}{2}\iint\limits_{D}(x^2+y^2)\mathrm{d}\sigma = \frac{1}{2}\int_0^{2\pi}\mathrm{d}\theta\int_0^{\sqrt{5}}\rho^3\mathrm{d}\rho = \frac{25}{4}\pi.$$

所以

$$a = \iint\limits_{\Sigma} f(x,y,z)\mathrm{d}y\mathrm{d}z + x^2\mathrm{d}x\mathrm{d}y = \frac{10}{3}\pi - \frac{25}{4}\pi = -\frac{35}{12}\pi.$$

于是

$$f(x,y,z) = (x+y+z)^2 - \frac{35}{12}\pi, \quad f(1,1,1) = 9 - \frac{35}{12}\pi.$$

评注 本题中有三个关键点:一是曲面方程的正确构造,由于曲面 Σ 是由一段空间曲线绕 z 轴旋转一周所成,用平行于 xOy 坐标面的平面与曲面 Σ 相截所得截痕为圆,其半径为 $\sqrt{t^2+4t^2}$,故可构造出曲面方程;二是令待定常数 $a = \iint\limits_{\Sigma} f(x,y,z)\mathrm{d}y\mathrm{d}z + x^2\mathrm{d}x\mathrm{d}y$,使得此常数融于积分的计算而得解;三是高斯公式的应用,进行补面求解.

【例 7.66】 设对于半空间 $x>0$ 内的任意光滑有向闭曲面 S,都有

$$\oiint\limits_{S} xf(x)\mathrm{d}y\mathrm{d}z - xyf(x)\mathrm{d}z\mathrm{d}x - \mathrm{e}^{2x}z\mathrm{d}x\mathrm{d}y = 0,$$

其中,$f(x)$ 在 $(0,+\infty)$ 具有连续的一阶导数,且 $\lim\limits_{x\to 0^+}f(x)=1$,求 $f(x)$.

解析 由高斯公式得:

$$0 = \oiint\limits_{S} xf(x)\mathrm{d}y\mathrm{d}z - xyf(x)\mathrm{d}z\mathrm{d}x - \mathrm{e}^{2x}z\mathrm{d}x\mathrm{d}y$$

$$= \pm \iiint\limits_{\Omega} \left[\frac{\partial (xf(x))}{\partial x} + \frac{\partial (-xyf(x))}{\partial y} + \frac{\partial (-e^{2x}z)}{\partial z} \right] \mathrm{d}v$$

式中，Ω 是由 S 围成的立体，当 S 为外侧时，三重积分前面取正号，否则取负号.

由于 S 是任意封闭曲面，所以 Ω 是半空间中的任意立体，因此在半空间 $x>0$ 内有

$$\iiint\limits_{\Omega} \left[\frac{\partial (xf(x))}{\partial x} + \frac{\partial (-xyf(x))}{\partial y} + \frac{\partial (-e^{2x}z)}{\partial z} \right] \mathrm{d}v = 0$$

即 $f'(x) + (\frac{1}{x} - 1)f(x) = \frac{1}{x} e^{2x}$，其通解为 $f(x) = \frac{e^x}{x}(c + e^x)$，再利用条件 $\lim\limits_{x \to 0^+} f(x) = 1$，

即 $\lim\limits_{x \to 0^+} \frac{e^x}{x}(c + e^x) = 1$，于是 $\lim\limits_{x \to 0^+}(c + e^x) = 0$，故 $c = -1$，因此，所求函数为 $f(x) = \frac{e^x}{x}(e^x - 1)$，

$x > 0$.

评注 本题中 $f(x)$ 存在于第二类曲面积分中，由曲面 S 的封闭性，可借助 Gauss 公式转化为三重积分的计算. 再由曲面 S 的任意性，可知被积函数恒为 0，从而通过求解微分方程解出 $f(x)$.

【例 7.67】（第五届全国大学生数学竞赛预赛试题）设 Σ 是一个光滑封闭的曲面，方向朝外. 给定第二型的曲面积分 $I = \iint\limits_{\Sigma} (x^3 - x) \, \mathrm{d}y\mathrm{d}z + (2y^3 - y) \, \mathrm{d}z\mathrm{d}x + (3z^3 - z) \, \mathrm{d}x\mathrm{d}y$，试确定曲面 Σ，使得积分 I 的值最小，并求该最小值.

解析 记 Σ 围成的立体为 V，由高斯公式

$$I = \iiint\limits_{V} (3x^2 + 6y^2 + 9z^2 - 3) \, \mathrm{d}v = 3 \iiint\limits_{V} (x^2 + 2y^2 + 3z^2 - 1) \, \mathrm{d}x\mathrm{d}y\mathrm{d}z$$

为了使得 I 达到最小，就要求 V 是使得 $x^2 + 2y^2 + 3z^2 - 1 \leqslant 0$ 的最大空间区域，即

$$V = \{(x, y, z) \mid x^2 + 2y^2 + 3z^2 \leqslant 1\}$$

所以 V 是一个椭球，Σ 是椭球 V 的表面时，积分 I 最小.

为求该最小值，作变换 $\begin{cases} x = u \\ y = \dfrac{v}{\sqrt{2}} \\ z = \dfrac{w}{\sqrt{3}} \end{cases}$，则 $\dfrac{\partial (x, y, z)}{\partial (u, v, w)} = \dfrac{1}{\sqrt{6}}$，有

$$I = \frac{3}{\sqrt{6}} \iiint\limits_{u^2 + v^2 + w^2 \leqslant 1} (u^2 + v^2 + w^2 - 1) \, \mathrm{d}u\mathrm{d}v\mathrm{d}w$$

使用球坐标变换，我们有

$$I = \frac{3}{\sqrt{6}} \int_0^{2\pi} \mathrm{d}\theta \int_0^{\pi} \mathrm{d}\varphi \int_0^1 (r^2 - 1) \, r^2 \sin\varphi \, \mathrm{d}r = -\frac{4\sqrt{6}}{15} \pi.$$

评注 本题求解过程中借助高斯公式将第二类曲面积分转化为三重积分的计算，并利用坐标变换将积分简化，在求解中利用积分性质确定 Σ 是椭球面时积分值最小是关键.

【例 7.68】 计算曲线积分 $\oint\limits_{\Gamma} z \, \mathrm{d}x + x \, \mathrm{d}y + y \, \mathrm{d}z$，其中 Γ 为平面 $x + y + z = 1$ 被三个坐标面所截成的三角形的整个边界，其正向与三角形的上侧符合右手规则.

解析 由已知，利用斯托克斯公式，得

$$\oint_{\Gamma} z\,\mathrm{d}x + x\,\mathrm{d}y + y\,\mathrm{d}z = \iint_{\Sigma} \mathrm{d}y\,\mathrm{d}z + \mathrm{d}z\,\mathrm{d}x + \mathrm{d}x\,\mathrm{d}y$$

由于 Σ 在 xOy 面上的投影区域为 D_{xy}：$0 \leqslant y \leqslant 1-x$，$0 \leqslant x \leqslant 1$，得 $\iint_{\Sigma} \mathrm{d}x\,\mathrm{d}y = \iint_{D_{xy}} \mathrm{d}\sigma = \dfrac{1}{2}$.

由对称性，得

$$\iint_{\Sigma} \mathrm{d}y\,\mathrm{d}z = \iint_{\Sigma} \mathrm{d}z\,\mathrm{d}x = \frac{1}{2}，\text{故} \oint_{\Gamma} z\,\mathrm{d}x + x\,\mathrm{d}y + y\,\mathrm{d}z = \frac{3}{2}.$$

【例 7.69】 计算曲面积分 $\displaystyle\iint_{\Sigma}(z^2+x)\mathrm{d}y\,\mathrm{d}z - z\,\mathrm{d}x\,\mathrm{d}y$，其中 Σ 是旋转抛物面 $z = \dfrac{1}{2}(x^2 + y^2)$ 介于平面 $z=0$ 及 $z=2$ 之间的部分的下侧.

解析 **法 1** 由两类曲面积分之间的联系，得

$$\iint_{\Sigma}(z^2+x)\mathrm{d}y\,\mathrm{d}z = \iint_{\Sigma}(z^2+x)\cos\alpha\,\mathrm{d}S$$

$$\iint_{\Sigma}(z^2+x)\frac{\cos\alpha}{\cos\gamma}\mathrm{d}x\,\mathrm{d}y = \iint_{\Sigma}(z^2+x)\cos\alpha\,\mathrm{d}S$$

因此，有

$$\iint_{\Sigma}(z^2+x)\mathrm{d}y\,\mathrm{d}z = \iint_{\Sigma}(z^2+x)\frac{\cos\alpha}{\cos\gamma}\mathrm{d}x\,\mathrm{d}y$$

又由于 $\cos\alpha = \dfrac{x}{\sqrt{1+x^2+y^2}}$，$\cos\gamma = \dfrac{-1}{\sqrt{1+x^2+y^2}}$，因此

$$\iint_{\Sigma}(z^2+x)\mathrm{d}y\,\mathrm{d}z - z\,\mathrm{d}x\,\mathrm{d}y = \iint_{\Sigma}[(z^2+x)(-x) - z]\mathrm{d}x\,\mathrm{d}y$$

$$= -\iint_{D_{xy}}\left\{\left[\frac{1}{4}(x^2+y^2)^2 + x\right](-x) - \frac{1}{2}(x^2+y^2)\right\}\mathrm{d}x\,\mathrm{d}y$$

由于 $\displaystyle\iint_{D_{xy}}\frac{1}{4}(x^2+y^2)^2 x\,\mathrm{d}x\,\mathrm{d}y = 0$，得

$$\iint_{\Sigma}(z^2+x)\mathrm{d}y\,\mathrm{d}z - z\,\mathrm{d}x\,\mathrm{d}y = \iint_{D_{xy}}\left[x^2 + \frac{1}{2}(x^2+y^2)\right]\mathrm{d}x\,\mathrm{d}y$$

$$= \int_0^{2\pi}\mathrm{d}\theta\int_0^2\left(\rho^2\cos^2\theta + \frac{1}{2}\rho^2\right)\rho\,\mathrm{d}\rho = 8\pi.$$

法 2 添加辅助平面 Σ_1：$z=2(x^2+y^2 \leqslant 4)$ 取上侧，使得 Σ 和 Σ_1 围成封闭曲面 Ω，利用高斯公式，$\displaystyle\oiint_{\Sigma+\Sigma_1}(z^2+x)\mathrm{d}y\,\mathrm{d}z - z\,\mathrm{d}x\,\mathrm{d}y = \iiint_{\Omega}0\,\mathrm{d}v = 0$，所以

$$\iint_{\Sigma}(z^2+x)\mathrm{d}y\,\mathrm{d}z - z\,\mathrm{d}x\,\mathrm{d}y = -\iint_{\Sigma_1}(z^2+x)\mathrm{d}y\,\mathrm{d}z - z\,\mathrm{d}x\,\mathrm{d}y = 8\pi.$$

评注 本题利用两种解法求解第二类曲面积分，显然法二更简便，但法一利用合一投影法也是一种常用的基本解法.

【例 7.70】 计算曲面积分 $\displaystyle\iint_{\Sigma}(x^2\cos\alpha + y^2\cos\beta + z^2\cos\gamma)\mathrm{d}S$，其中 Σ 为锥面 $x^2 + y^2 = z^2$ 介于平面 $z=0$ 及 $z=h$ $(h>0)$ 之间的部分的下侧.

解析　设 Σ_1：$z = h(x^2 + y^2 \leqslant h^2)$ 的上侧，则

$$\oiint_{\Sigma + \Sigma_1} (x^2 \cos\alpha + y^2 \cos\beta + z^2 \cos\gamma) \mathrm{d}S = \iiint_{\Omega} 2(x + y + z) \mathrm{d}v$$

$$= 2 \iint_{D_{xy}} \mathrm{d}x \mathrm{d}y \int_{\sqrt{x^2+y^2}}^{h} (x + y + z) \mathrm{d}z = 2 \iint_{D_{xy}} \left[(x+y)z + \frac{z^2}{2} \right]_{\sqrt{x^2+y^2}}^{h} \mathrm{d}x \mathrm{d}y$$

$$= 2 \iint_{D_{xy}} \left[(x+y)(h - \sqrt{x^2+y^2}) + \frac{1}{2}(h^2 - x^2 - y^2) \right] \mathrm{d}x \mathrm{d}y$$

$$= \iint_{D_{xy}} (h^2 - x^2 - y^2) \mathrm{d}x \mathrm{d}y = \frac{1}{2} \pi h^4$$

$$\iint_{\Sigma} (x^2 \cos\alpha + y^2 \cos\beta + z^2 \cos\gamma) \mathrm{d}S = \frac{1}{2} \pi h^4 - \iint_{\Sigma_1} (x^2 \cos\alpha + y^2 \cos\beta + z^2 \cos\gamma) \mathrm{d}S$$

$$= \frac{1}{2} \pi h^4 - \iint_{\Sigma_1} z^2 \cos\gamma \mathrm{d}S = \frac{1}{2} \pi h^4 - \iint_{\Sigma_1} h^2 \mathrm{d}S = \frac{1}{2} \pi h^4 - \pi h^4 = -\frac{1}{2} \pi h^4.$$

【例 7.71】　设 C 是平面 π 上的一条分段光滑曲线，其单位法向量为 $\boldsymbol{n} = [a, b, c]$，证明：$C$ 所包围的平面面积为 $\dfrac{1}{2} \oint_C (bz - cy) \mathrm{d}x + (cx - az) \mathrm{d}y + (ay - bx) \mathrm{d}z$．

证明　由斯托克斯公式，有

$$\frac{1}{2} \oint_C (bz - cy) \mathrm{d}x + (cx - az) \mathrm{d}y + (ay - bx) \mathrm{d}z = \iint_{\Sigma} a \mathrm{d}y \mathrm{d}z + b \mathrm{d}z \mathrm{d}x + c \mathrm{d}x \mathrm{d}y$$

$$= \iint_{\Sigma} \frac{a^2 + b^2 + c^2}{\sqrt{a^2 + b^2 + c^2}} \mathrm{d}S = \iint_{\Sigma} \mathrm{d}S = 曲线 C 所包围的平面面积.$$

三、综合训练

（1）求曲面积分 $\displaystyle\iint_{\Sigma} \frac{x \mathrm{d}y \mathrm{d}z + z^2 \mathrm{d}x \mathrm{d}y}{x^2 + y^2 + z^2}$，其中 Σ 是 $x^2 + y^2 + z^2 = 4$ 的外侧.

（2）求下列曲面积分 $\displaystyle\iint_{\Sigma} \frac{x^3 \mathrm{d}y \mathrm{d}z + y^3 \mathrm{d}z \mathrm{d}x + z^3 \mathrm{d}x \mathrm{d}y}{\sqrt{(x^2 + y^2 + z^2)^3}}$，其中 Σ 为曲线 $\Sigma \begin{cases} z = \sqrt{1 - x^2} \\ y = 0 \end{cases}$ 绕 z 轴旋转一周所成的曲面的上侧.

（3）计算 $\displaystyle\oiint_{\Sigma} \frac{\mathrm{e}^z}{\sqrt{x^2 + y^2}} \mathrm{d}x \mathrm{d}y$，其中 Σ 为锥面 $z = \sqrt{x^2 + y^2}$ 和 $z = 1, z = 2$ 所围成立体整个表面的外侧.

（4）计算 $\displaystyle\oiint_{\Sigma} \frac{1}{x} \mathrm{d}y \mathrm{d}z + \frac{1}{y} \mathrm{d}z \mathrm{d}x + \frac{1}{z} \mathrm{d}x \mathrm{d}y$，其中 Σ 是椭球面 $\dfrac{x^2}{a^2} + \dfrac{y^2}{b^2} + \dfrac{z^2}{c^2} = 1$ 的外侧.

（5）（2011 年湖南大学大学生数学竞赛试题）已知点 $A(1, 0, 0)$ 与点 $B(1, 1, 1)$，Σ 是由直线 AB 绕 Oz 轴旋转一周而成的旋转曲面介于平面 $z = 0$ 与 $z = 1$ 之间部分的外侧，函数 $f(u)$ 在 $(-\infty, +\infty)$ 内具有连续导数，计算曲面积分

$$I = \iint_{\Sigma} [xf(xy) - 2x] \mathrm{d}y \mathrm{d}z + [y^2 - yf(xy)] \mathrm{d}z \mathrm{d}y + (z + 1)^2 \mathrm{d}x \mathrm{d}y.$$

（6）设 Γ 为锥面 $z = \sqrt{x^2 + y^2}$ 与柱面 $x^2 + y^2 = 2ax$（$a > 0$）的交线，从 z 轴正向看 Γ

为逆时针方向. 求 $I=\oint_{\Gamma}xy\mathrm{d}x+(z^2-x)\mathrm{d}y+zx\mathrm{d}z$.

综合训练答案

(1) 2π. (提示：使用代入技巧，高斯公式)

(2) $\dfrac{6}{5}\pi$. (提示：使用代入技巧，补面，高斯公式)

(3) $2\pi\mathrm{e}^2$. (提示：使用高斯公式，三重积分柱面坐标)

(4) 解：由于 $P=\dfrac{1}{x},Q=\dfrac{1}{y},R=\dfrac{1}{z}$，在椭球面围成的区域内不满足具有一阶连续偏导的条件，因此无法用高斯公式，

$$I_1=\iint_{\Sigma}\frac{1}{x}\mathrm{d}y\mathrm{d}z=\iint_{D_{yz}}\frac{\mathrm{d}y\mathrm{d}z}{\sqrt{1-\dfrac{y^2}{b^2}-\dfrac{z^2}{c^2}}}-\iint_{D_{yz}}\frac{\mathrm{d}y\mathrm{d}z}{-a\sqrt{1-\dfrac{y^2}{b^2}-\dfrac{z^2}{c^2}}}=\frac{2}{a}\iint_{D_{yz}}\frac{\mathrm{d}y\mathrm{d}z}{\sqrt{1-\dfrac{y^2}{b^2}-\dfrac{z^2}{c^2}}}$$

$$\left(\text{其中 }D_{yz}:\frac{y^2}{b^2}+\frac{z^2}{c^2}\leqslant 1\right)$$

作广义极坐标变换：$y=b\rho\cos\varphi$，$z=b\rho\sin\varphi$，则 $\mathrm{d}y\mathrm{d}z=bc\rho\,\mathrm{d}\rho\,\mathrm{d}\varphi$，

$$I_1=\frac{2}{a}\int_0^{2\pi}\mathrm{d}\varphi\int_0^1\frac{bc\rho\,\mathrm{d}\rho\,\mathrm{d}\varphi}{\sqrt{1-\rho^2}}=\frac{4\pi bc}{a}=\frac{4\pi bca}{a^2},$$

同理 $I_2=\iint_{\Sigma}\frac{1}{y}\mathrm{d}y\mathrm{d}z=\frac{4\pi abc}{b^2}$，$I_3=\iint_{\Sigma}\frac{1}{z}\mathrm{d}x\mathrm{d}y=\frac{4\pi abc}{c^2}$，

于是原积分 $I=4\pi abc\left(\dfrac{1}{a^2}+\dfrac{1}{b^2}+\dfrac{1}{c^2}\right)$.

(5) 解：直线 AB 的方程为 $\dfrac{x-1}{0}=\dfrac{y}{1}=\dfrac{z}{1}$，直线 $AB:\begin{cases}x=1\\y=z\end{cases}$ 绕 z 轴旋转而形成的旋转曲面 Σ 的方程为 $x^2+y^2=1+z^2$，即 $x^2+y^2-z^2=1$，记

$$P=xf(xy)-2x,\quad Q=y^2-yf(xy),\quad R=(z+1)^2,$$

则

$$\frac{\partial P}{\partial x}=f(xy)+xyf'(xy)-2,$$

$$\frac{\partial Q}{\partial y}=2y-f(xy)-xyf'(xy),$$

$$\frac{\partial R}{\partial z}=2(z+1),$$

于是

$$\frac{\partial P}{\partial x}+\frac{\partial Q}{\partial y}+\frac{\partial R}{\partial z}=2y+2z.$$

补面 $\Sigma_1:z=0\,(x^2+y^2\leqslant 1)$，下侧；$\Sigma_2:z=1\,(x^2+y^2\leqslant 2)$，上侧. 由高斯公式知

$$I_0=\iint_{\Sigma+\Sigma_1+\Sigma_2}P\mathrm{d}y\mathrm{d}z+Q\mathrm{d}z\mathrm{d}x+R\mathrm{d}x\mathrm{d}y=\iiint_{\Omega}\left(\frac{\partial P}{\partial x}+\frac{\partial Q}{\partial y}+\frac{\partial R}{\partial z}\right)\mathrm{d}V=\iiint_{\Omega}(2y+2z)\,\mathrm{d}V$$

由对称性知 $\iiint_{\Omega}y\mathrm{d}V=0$；由截面法得

$$\iiint_{\Omega}z\mathrm{d}V=\int_0^1 z\,\mathrm{d}z\iint_{x^2+y^2\leqslant 1+z^2}\mathrm{d}\sigma=\pi\int_0^1(z+z^3)\,\mathrm{d}z=\frac{3}{4}\pi$$

故 $I_0 = \dfrac{3}{2}\pi$. 又

$$I_1 = \iint\limits_{\Sigma_1} P\,\mathrm{d}y\,\mathrm{d}z + Q\,\mathrm{d}z\,\mathrm{d}x + R\,\mathrm{d}x\,\mathrm{d}y = \iint\limits_{\Sigma_1} \mathrm{d}x\,\mathrm{d}y = -\iint\limits_{x^2+y^2\leqslant 1} \mathrm{d}x\,\mathrm{d}y = -\pi$$

$$I_2 = \iint\limits_{\Sigma_2} P\,\mathrm{d}y\,\mathrm{d}z + Q\,\mathrm{d}z\,\mathrm{d}x + R\,\mathrm{d}x\,\mathrm{d}y = 4\iint\limits_{\Sigma_2} \mathrm{d}x\,\mathrm{d}y = 4\iint\limits_{x^2+y^2\leqslant 2} \mathrm{d}x\,\mathrm{d}y = 8\pi$$

所以 $I = I_0 - I_1 - I_2 = \dfrac{3}{2}\pi - (-\pi) - 8\pi = -\dfrac{11}{2}\pi$.

（6）解：设 Γ 为锥面 $z = \sqrt{x^2+y^2}$ 被柱面 $x^2+y^2 = 2ax$ （$a>0$）所截有限部分，取上侧，则由斯托克斯公式得

$$I = \iint\limits_{\Sigma} \begin{vmatrix} \mathrm{d}y\,\mathrm{d}z & \mathrm{d}z\,\mathrm{d}x & \mathrm{d}x\,\mathrm{d}y \\ \dfrac{\partial}{\partial x} & \dfrac{\partial}{\partial y} & \dfrac{\partial}{\partial z} \\ xy & z^2-x & zx \end{vmatrix} = \iint\limits_{\Sigma} -2z\,\mathrm{d}y\,\mathrm{d}z - z\,\mathrm{d}z\,\mathrm{d}x - (1+x)\,\mathrm{d}x\,\mathrm{d}y$$

$$= \iint\limits_{\Sigma} [-2z(-z_x) - z(-z_y) - (1+x)]\,\mathrm{d}x\,\mathrm{d}y = \iint\limits_{\Sigma}(x+y-1)\,\mathrm{d}x\,\mathrm{d}y$$

$$= \iint\limits_{x^2+y^2\leqslant 2ax}(x+y)\,\mathrm{d}x\,\mathrm{d}y - \iint\limits_{x^2+y^2\leqslant 2ax} \mathrm{d}x\,\mathrm{d}y = \int_{-\frac{\pi}{2}}^{\frac{\pi}{2}}\mathrm{d}\theta\int_0^{2a\cos\theta}\rho(\cos\theta+\sin\theta)\rho\,\mathrm{d}\rho - \pi a^2$$

$$= \dfrac{16}{3}a^3\int_0^{\frac{\pi}{2}}\cos^4\theta\,\mathrm{d}\theta - \pi a^2 = \pi a^2(a-1).$$

7.9 曲面积分的应用

一、知识要点

1. 曲面积分在几何上的应用

（1）计算曲面面积．当 $f(x,y,z)\equiv 1$ 时，$\iint\limits_{\Sigma}\mathrm{d}s = \iint\limits_{Dxy}\sqrt{1+\left(\dfrac{\partial z}{\partial x}\right)^2+\left(\dfrac{\partial z}{\partial y}\right)^2}\,\mathrm{d}x\,\mathrm{d}y$ 即为二重积分中的曲面面积的计算公式．

（2）计算由曲面围成的体积．$V = \iiint\limits_{\Omega}\mathrm{d}V = \dfrac{1}{3}\oiint\limits_{\Sigma外} x\,\mathrm{d}y\,\mathrm{d}z + y\,\mathrm{d}z\,\mathrm{d}x + z\,\mathrm{d}x\,\mathrm{d}y$.

计算曲面面积及由曲面围成的体积问题可参见重积分的应用．

2. 曲面积分在物理上的应用

（1）质量．$M = \iint\limits_{\Sigma}\rho(x,y,z)\,\mathrm{d}S$ ，其中 $\rho(x,y,z)$ 为曲面 Σ 的密度．

（2）重心．$\bar{x} = \dfrac{1}{M}\iint\limits_{\Sigma}x\rho(x,y,z)\,\mathrm{d}S$ ，$\bar{y} = \dfrac{1}{M}\iint\limits_{\Sigma}y\rho(x,y,z)\,\mathrm{d}S$ ，$\bar{z} = \dfrac{1}{M}\iint\limits_{\Sigma}z\rho(x,y,z)\,\mathrm{d}S$.

（3）转动惯量．$I_x = \iint\limits_{\Sigma}(y^2+z^2)\rho(x,y,z)\,\mathrm{d}S$ ，$I_y = \iint\limits_{\Sigma}(x^2+z^2)\rho(x,y,z)\,\mathrm{d}S$

$$I_z = \iint\limits_{\Sigma}(x^2+y^2)\rho(x,y,z)\mathrm{d}S, \quad I_o = \iint\limits_{\Sigma}(x^2+y^2+z^2)\rho(x,y,z)\mathrm{d}S$$

（4）散度与旋度. 设向量场 $\quad \boldsymbol{F}(x,y,z)=P(x,y,z)\boldsymbol{i}+Q(x,y,z)\boldsymbol{j}+R(x,y,z)\boldsymbol{k}$

则散度 $$\mathrm{div}\boldsymbol{F}=\frac{\partial P}{\partial x}+\frac{\partial Q}{\partial y}+\frac{\partial R}{\partial z},$$

旋度 $$\mathrm{rot}\boldsymbol{F}=\begin{vmatrix} \boldsymbol{i} & \boldsymbol{j} & \boldsymbol{k} \\ \dfrac{\partial}{\partial x} & \dfrac{\partial}{\partial y} & \dfrac{\partial}{\partial z} \\ P & Q & R \end{vmatrix}=\left(\frac{\partial R}{\partial y}-\frac{\partial Q}{\partial z}\right)\boldsymbol{i}+\left(\frac{\partial P}{\partial z}-\frac{\partial R}{\partial x}\right)\boldsymbol{j}+\left(\frac{\partial Q}{\partial x}-\frac{\partial P}{\partial y}\right)\boldsymbol{k}$$

注意 ① $\mathrm{div}\boldsymbol{F}(M)$ 表示不可压缩流体的流速场 $\boldsymbol{F}$ 在点 M 处的源头强度，一个散度处处为零的向量场称为无源场. 高斯公式亦可写作 $\iiint\limits_{\Omega}\mathrm{div}\boldsymbol{F}\mathrm{d}V=\oiint\limits_{a\Omega^+}\boldsymbol{F}\cdot\mathrm{d}\boldsymbol{S}$，高斯公式的物理含义：单位时间内 Ω 中所产生流体的总质量等于流体通过 Ω 的边界流向外侧的总质量.

② 一个旋度处处为零向量的向量场称为无旋场. 斯托克斯公式也可记为

$$\iint\limits_{\Sigma}\mathrm{rot}\boldsymbol{F}\cdot\mathrm{d}\boldsymbol{S}=\oint_{\partial\Sigma^+}\boldsymbol{F}\cdot\mathrm{d}\boldsymbol{r}=\oint_{\Gamma}(\boldsymbol{F}\cdot\boldsymbol{e}_r)\mathrm{d}S.$$

（5）设向量场 $\boldsymbol{F}(x,y,z)=P(x,y,z)\boldsymbol{i}+Q(x,y,z)\boldsymbol{j}+R(x,y,z)\boldsymbol{k}$，则向量场 $\boldsymbol{F}$ 通过有向曲面 Σ 向着指定侧的通量（或流量）为 $\iint\limits_{\Sigma}\boldsymbol{F}\cdot\boldsymbol{n}\mathrm{d}s$，这里 $\boldsymbol{n}$ 是 Σ 上点 (x,y,z) 处的单位法向量.

（6）向量场 $\boldsymbol{F}(x,y,z)=P(x,y,z)\boldsymbol{i}+Q(x,y,z)\boldsymbol{j}+R(x,y,z)\boldsymbol{k}$ 沿着有向闭曲线 Γ 的环流量为 $\oint_{\Gamma}P\mathrm{d}x+Q\mathrm{d}y+R\mathrm{d}z$.

二、重要题型解析

【例 7.72】 设半径为 R 的球面 Σ 的球心在定球面 $x^2+y^2+z^2=a^2$ $(a>0)$ 上，问：R 为何值时，球面在定球面内部的那部分面积最大？

解析 先利用第一类曲面积分求出球面 Σ 在定球内那部分面积 $S(R)$. 不妨设 Σ 的球心在 z 轴的正半轴上，则 Σ 的方程为 $x^2+y^2+(z-a)^2=R^2$，由 $\begin{cases} x^2+y^2+(z-a)^2=R^2, \\ x^2+y^2+z^2=a^2, \end{cases}$ 消 z，得两球面交线在 xOy 面上的投影曲线为圆：

$$\begin{cases} x^2+y^2=\dfrac{R^2(4a^2-R^2)}{4a^2}, \\ z=0, \end{cases}$$

记此圆围成的投影区域为 D_{xy}，球面 Σ 在定球面内的部分的方程是：

$$z=a-\sqrt{R^2-x^2-y^2}, (x,y)\in D_{xy},$$

$$\mathrm{d}S=\sqrt{1+z_x^2+z_y^2}\,\mathrm{d}x\mathrm{d}y=\frac{R\,\mathrm{d}x\mathrm{d}y}{\sqrt{R^2-x^2-y^2}},$$

$$S(R)=\iint\limits_{\Sigma}\mathrm{d}S=\iint\limits_{D_{xy}}\frac{R\,\mathrm{d}x\mathrm{d}y}{\sqrt{R^2-x^2-y^2}}=R\int_0^{2\pi}\mathrm{d}\varphi\int_0^{\frac{R}{2a}\sqrt{4a^2-R^2}}\frac{\rho\mathrm{d}\rho}{\sqrt{R^2-\rho^2}}$$

$$= 2\pi R(-\sqrt{R^2-\rho^2}) \left|\begin{matrix} \dfrac{R}{2a}\sqrt{4a^2-R^2} \\ 0 \end{matrix}\right. = 2\pi R^2 - \dfrac{\pi R^2}{a}$$

令
$$S'(R) = 4\pi R - \frac{3\pi R^2}{a} = 0 \Rightarrow R = \frac{4}{3}a, R = 0 \ (舍去)$$

又
$$S''(R) = 4\pi - \frac{6\pi R}{a}, S''\left(\frac{4}{3}a\right) = -4\pi < 0$$

由此可知，$R = \dfrac{4}{3}a$ 时，球面 Σ 在定球内那部分面积最大.

评注　本题关键之处在于确定部分球面面积函数 $S(R)$，恰当地选择球面在坐标系中的位置能为问题求解带来方便，最后通过求导确定最值点.

【例 7.73】　在球面 $x^2+y^2+z^2=1$ 上以点 $A(1,0,0)$，$B(0,1,0)$，$C\left(\dfrac{1}{\sqrt{2}},0,\dfrac{1}{\sqrt{2}}\right)$ 为顶点的球面三角形 ABC（以 $\overset{\frown}{AB}$，$\overset{\frown}{BC}$，$\overset{\frown}{CA}$ 均为圆弧），设其面密度为 $\rho=x^2+z^2$，试求此球面三角形的质量.

解析　过原点 O 及点 B，C 的平面方程为 $x=z$，于是 $\overset{\frown}{BC}$ 的方程为 $\begin{cases} x^2+y^2+z^2=1 \\ x=z \end{cases}$，它在 xOy 面的投影为 $L:\begin{cases} 2x^2+y^2=1 \\ z=0 \end{cases}$，令球面三角形 ABC 表示的曲面为 S，则其质量为 $M=\displaystyle\iint_S (x^2+z^2)\mathrm{d}S$．记 xOy 平面上由 $x^2+y^2=1$，$2x^2+y^2=1$ 及 x 轴所围的区域为 D，则 D 可表示为 $\begin{cases} 0 \leqslant y \leqslant 1 \\ \sqrt{\dfrac{1-y^2}{2}} \leqslant x \leqslant \sqrt{1-y^2} \end{cases}$，故

$$M = \iint_D \frac{1-y^2}{\sqrt{1-x^2-y^2}}\mathrm{d}x\,\mathrm{d}y = \int_0^1 (1-y^2)\mathrm{d}y \int_{\sqrt{\frac{1-y^2}{2}}}^{\sqrt{1-y^2}} \frac{1}{\sqrt{1-y^2-x^2}}\mathrm{d}x = \frac{\pi}{6}.$$

评注　求解曲面质量时，注意质量公式 $M=\displaystyle\iint_\Sigma \rho(x,y,z)\mathrm{d}S$ 的使用，在求解过程中要将其转化为二重积分的计算，此时应注意投影区域的正确界定.

【例 7.74】　设 Σ 为抛物面 $z=x^2+y^2$ 位于 $z \leqslant 1$ 内的部分，面密度为常数 ρ，求它对于 z 轴的转动惯量.

解析　由题意知：

$$I_z = \iint_\Sigma (x^2+y^2)\rho\,\mathrm{d}S = \rho\iint_{D_{xy}} (x^2+y^2)\sqrt{1+z_x^2+z_y^2}\,\mathrm{d}x\,\mathrm{d}y$$

$$= \rho\iint_{D_{xy}} (x^2+y^2)\sqrt{1+(2x)^2+(2y)^2}\,\mathrm{d}x\,\mathrm{d}y$$

$$= \rho\int_0^{2\pi}\mathrm{d}\theta\int_0^1 r^2\sqrt{1+4r^2}\,r\,\mathrm{d}r = \frac{1}{60}(25\sqrt{5}+1)\pi\rho.$$

【例 7.75】　求向量场 $\boldsymbol{A}=\dfrac{1}{r}\boldsymbol{r}$ 的散度，其中 $\boldsymbol{r}=x\boldsymbol{i}+y\boldsymbol{j}+z\boldsymbol{k}$，$r=|\boldsymbol{r}|$.

解析 $r=|\boldsymbol{r}|=\sqrt{x^2+y^2+z^2}$，令

$$P=\frac{x}{\sqrt{x^2+y^2+z^2}},\ Q=\frac{y}{\sqrt{x^2+y^2+z^2}},\ R=\frac{z}{\sqrt{x^2+y^2+z^2}},$$

则
$$\mathrm{div}\boldsymbol{A}=\frac{\partial P}{\partial x}+\frac{\partial Q}{\partial y}+\frac{\partial R}{\partial z}=\frac{y^2+z^2}{(x^2+y^2+z^2)^{\frac{3}{2}}}+\frac{z^2+x^2}{(x^2+y^2+z^2)^{\frac{3}{2}}}+\frac{x^2+y^2}{(x^2+y^2+z^2)^{\frac{3}{2}}}$$

$$=\frac{2}{\sqrt{x^2+y^2+z^2}}=\frac{2}{r}.$$

【例 7.76】 求向量场 $\boldsymbol{A}=\{yz^2,xz^2,xyz\}$ 的旋度.

解析

$$\mathrm{rot}\boldsymbol{A}=\begin{vmatrix}\boldsymbol{i}&\boldsymbol{j}&\boldsymbol{k}\\\frac{\partial}{\partial x}&\frac{\partial}{\partial y}&\frac{\partial}{\partial z}\\yz^2&xz^2&xyz\end{vmatrix}=(xz-2xz)\boldsymbol{i}+(2yz-yz)\boldsymbol{j}+(z^2-z^2)\boldsymbol{k}=-xz\boldsymbol{i}+yz\boldsymbol{j}.$$

【例 7.77】 设 $\boldsymbol{A}=\{y-z,z-x,x-y\}$，计算向量场 $\boldsymbol{A}$ 关于曲线 Γ 的环流量，其中 Γ：
$$\begin{cases}x^2+y^2=a^2,\\\frac{x}{a}+\frac{x}{h}=1,\end{cases}(a>0,h>0)$$ 从 z 轴正向看去 Γ 取顺时针方向.

解析 取 Σ 为平面 $\frac{x}{a}+\frac{z}{h}=1$ 上以 Γ 为边界的椭圆的上侧，则由托斯克斯公式，环流量 I 为

$$I=\oint_\Gamma \boldsymbol{A}\cdot\mathrm{d}\boldsymbol{r}=-\iint_\Sigma \mathrm{rot}\boldsymbol{A}\cdot\mathrm{d}\boldsymbol{S}=-\iint_\Sigma\begin{vmatrix}\mathrm{d}y\,\mathrm{d}z&\mathrm{d}z\,\mathrm{d}x&\mathrm{d}x\,\mathrm{d}y\\\frac{\partial}{\partial x}&\frac{\partial}{\partial y}&\frac{\partial}{\partial z}\\y-z&z-x&x-y\end{vmatrix}=-2\iint_\Sigma \mathrm{d}y\,\mathrm{d}z+\mathrm{d}z\,\mathrm{d}x+\mathrm{d}x\,\mathrm{d}y$$

由于 Σ：$z=h-\frac{h}{a}x$，$z_x=-\frac{h}{a}$，$z_y=0$，由合一投影法：

$$\mathrm{d}y\,\mathrm{d}z=-z_x\mathrm{d}x\,\mathrm{d}y=\frac{h}{a}\mathrm{d}x\,\mathrm{d}y,\ \mathrm{d}z\,\mathrm{d}x=-z_y\mathrm{d}x\,\mathrm{d}y=0,$$

故 $$I=-2\iint_\Sigma\left(\frac{h}{a}+1\right)\mathrm{d}x\,\mathrm{d}y=-2\iint_{D_{xy}}\left(\frac{h}{a}+1\right)\mathrm{d}x\,\mathrm{d}y=-2\left(\frac{h}{a}+1\right)\cdot\pi a^2=-2\pi a(a+h).$$

【例 7.78】 （2011 年天津市大学生数学竞赛试题）设有向闭曲线 Γ 是由圆锥螺线 $\overset{\frown}{OA}$：$x=\theta\cos\theta$，$y=\theta\sin\theta$，$z=\theta$，（θ 从 0 变到 2π）和有向曲线段 $\overline{OA}$ 构成，其中 $O(0,0,0)$，$A(2\pi,0,2\pi)$. 闭曲线 Γ 将其所在的圆锥面 $z=\sqrt{x^2+y^2}$ 划分成两部分，Σ 是其中的有界部分. 如果 $F=(z,1,-x)$ 表示流体的流速，求流体通过 Σ 流向上侧的流量（单位从略）.

解析 Γ 所在的圆锥面方程为 $z=\sqrt{x^2+y^2}$，曲面 Σ 上任一点处向上的. 一个法向量为

$$n=(-z,-z,1)=\left(\frac{-x}{\sqrt{x^2+y^2}},\frac{-y}{\sqrt{x^2+y^2}},1\right)$$

Σ 在 xOy 面上的投影区域为 D，在极坐标系下表示为 $0\leqslant r\leqslant\theta,0\leqslant\theta\leqslant2\pi$. 故所求流体通过 Σ 流向上侧的流量为

$$\Phi = \iint_{\Sigma} z\,\mathrm{d}y\,\mathrm{d}z + \mathrm{d}z\,\mathrm{d}x - x\,\mathrm{d}x\,\mathrm{d}y = \iint_{\Sigma} [z(-z_x) + (-z_y) - x]\,\mathrm{d}x\,\mathrm{d}y$$

$$= \iint_{\Sigma} \left(-x - \frac{y}{\sqrt{x^2+y^2}} - x \right)\mathrm{d}x\,\mathrm{d}y = -\int_0^{2\pi}\mathrm{d}\theta\int_0^\theta (2r\cos\theta + \sin\theta)\,r\,\mathrm{d}r$$

$$= -\int_0^{2\pi}\left(\frac{2}{3}\theta^3\cos\theta + \frac{\theta^2}{2}\sin\theta \right)\mathrm{d}\theta = -6\pi^2.$$

【例 7.79】（2006 年天津市大学生数学竞赛试题）设均质半球壳的半径为 R，密度为 μ，在球壳的对称轴上，有一条长为 l 的均匀细棒，其密度为 ρ. 若棒的近壳一端与球心的距离为 a，$a>R$，求此半球壳对棒的引力.

解析　设球心在坐标原点上，半球壳为上半球面，细棒位于正 z 轴上，则由于对称性，所求引力在 x 轴与 y 轴上的投影 F_x 及 F_y 均为零. 设 k 为引力常数，则半球壳对细棒引力在 z 轴方向的分量为

$$F_z = k\rho\mu\iint_{\Sigma}\mathrm{d}S\int_a^{a+l} \frac{z-z_1}{[x^2+y^2+(z-z_1)^2]^{\frac{3}{2}}}\mathrm{d}z_1$$

$$= k\rho\mu\iint_{\Sigma} \{ [x^2+y^2+(z-a-l)^2]^{-\frac{1}{2}} - [x^2+y^2+(z-a)^2]^{-\frac{1}{2}} \}\,\mathrm{d}S$$

记 $M_1 = 2\pi R^2\mu$，$M_2 = l\rho$. 在球坐标下计算 F_x，得到

$$F_x = 2\pi k\rho\mu R^2\int_0^\pi \{ [R^2+(a+l)^2-2R(a+l)\cos\theta]^{-\frac{1}{2}} - (R^2+a^2-2a\cos\theta)^{-\frac{1}{2}}\sin\theta \}$$

$$= \frac{kM_1M_2}{Rl}\left[\frac{\sqrt{R^2+a^2}+R}{a} + \frac{\sqrt{R^2+(a+l)^2}-R}{a+l} \right]$$

若半球壳仍为上半球面，但细棒位于负 z 轴上，则

$$F_x = \frac{GM_1M_2}{Rl}\left[\frac{\sqrt{R^2+(a+l)^2}-R}{a} - \frac{\sqrt{R^2+a^2}-R}{a+l} \right].$$

三、综合训练

（1）求由曲面 $\Sigma: x^2+y^2+z^4-z^3=0$ 围成的立体体积.

（2）设曲面型板材为 $z=2-(x^2+y^2)$，$x^2+y^2\leqslant 2$，其面密度为 $\rho(x,y,z)=x^2+y^2$，计算板材的质量.

（3）求均匀的物质球面 $x^2+y^2+z^2=a^2$ 在第一卦限部分的重心.

（4）设 $u=\sqrt{x^2+y^2+z^2}$，计算 $\mathrm{div}(\mathbf{grad}\,u)$.

（5）设数量场 $u=\ln\sqrt{x^2+y^2+z^2}$，计算 $\mathbf{rot}(\mathbf{grad}\,u)\big|_{(1,0,1)}$.

综合训练答案

（1）$\dfrac{\pi}{20}$.

（2）解：$M = \iint\limits_{x^2+y^2\leqslant 2}\rho(x,y,z)\mathrm{d}S = \iint\limits_{x^2+y^2\leqslant 2}(x^2+y^2)\sqrt{1+z_x^2+z_y^2}\,\mathrm{d}x\,\mathrm{d}y$

$$= \iint\limits_{x^2+y^2\leqslant 2}(x^2+y^2)\sqrt{1+z_x^2+z_y^2}\,\mathrm{d}x\,\mathrm{d}y = \iint\limits_{x^2+y^2\leqslant 2}(x^2+y^2)\sqrt{1+4(x^2+y^2)}\,\mathrm{d}x\,\mathrm{d}y$$

$$= \int_0^{2\pi} \mathrm{d}\theta \int_0^{\sqrt{2}} \rho^2 \sqrt{1+4\rho^2}\, \rho\, \mathrm{d}\rho = \frac{181}{30}\pi.$$

（3）解：由题意知：$\bar{x} = \bar{y} = \bar{z}$，$\bar{z} = \dfrac{\displaystyle\iint_{\Sigma} \rho z\, \mathrm{d}S}{\displaystyle\iint_{\Sigma} \rho\, \mathrm{d}S}$，

$$\mathrm{d}S = \sqrt{1+z_x^2+z_y^2}\, \mathrm{d}x\, \mathrm{d}y = \frac{a}{\sqrt{a^2-x^2-y^2}}\, \mathrm{d}x\, \mathrm{d}y = \frac{a}{z}\, \mathrm{d}x\, \mathrm{d}y,$$

$$\iint_{\Sigma} \rho\, \mathrm{d}S = \rho \iint_{\Sigma} \mathrm{d}S = \rho\, \frac{4\pi a^2}{8} = \frac{\pi}{2} a\rho,$$

$$\rho \iint_{\Sigma} z\, \mathrm{d}S = \rho \iint_{D_{xy}} \sqrt{a^2-x^2-y^2} \cdot \frac{a}{a^2-x^2-y^2}\, \mathrm{d}x\, \mathrm{d}y = a\rho\sigma = \frac{1}{4}\pi\rho a^3,$$

所以　$\bar{z} = \dfrac{a^2}{2}$，$\bar{x} = \bar{y} = \bar{z} = \dfrac{a^2}{2}$.

（4）解：$\mathbf{grad}u = \left(\dfrac{x}{\sqrt{x^2+y^2+z^2}}, \dfrac{y}{\sqrt{x^2+y^2+z^2}}, \dfrac{z}{\sqrt{x^2+y^2+z^2}} \right)$

$$\mathrm{div}(\mathbf{grad}u) = \frac{\partial}{\partial x}\left(\frac{x}{\sqrt{x^2+y^2+z^2}} \right) + \frac{\partial}{\partial y}\left(\frac{y}{\sqrt{x^2+y^2+z^2}} \right) + \frac{\partial}{\partial y}\left(\frac{z}{\sqrt{x^2+y^2+z^2}} \right) = \frac{2}{\sqrt{x^2+y^2+z^2}}.$$

（5）解：$\mathbf{grad}u = \left(\dfrac{\partial u}{\partial x}, \dfrac{\partial u}{\partial y}, \dfrac{\partial u}{\partial z} \right) = \dfrac{1}{x^2+y^2+z^2}(x,y,z)$，

$$\mathbf{rot}(\mathbf{grad}u) = \begin{vmatrix} \boldsymbol{i} & \boldsymbol{j} & \boldsymbol{k} \\[4pt] \dfrac{\partial}{\partial x} & \dfrac{\partial}{\partial y} & \dfrac{\partial}{\partial z} \\[8pt] \dfrac{x}{x^2+y^2+z^2} & \dfrac{y}{x^2+y^2+z^2} & \dfrac{z}{x^2+y^2+z^2} \end{vmatrix} = (0,0,0).$$

专题 8　无穷级数

（1）常数项级数的收敛与发散、收敛级数的和、级数的基本性质与收敛的必要条件.

（2）几何级数与 p 级数及其收敛性、正项级数收敛性的判别法、交错级数与莱布尼茨（Leibniz）判别法.

（3）任意项级数的绝对收敛与条件收敛.

（4）函数项级数的收敛域与和函数的概念.

（5）幂级数及其收敛半径、收敛区间（指开区间）、收敛域与和函数.

（6）幂级数在其收敛区间内的基本性质（和函数的连续性、逐项求导和逐项积分）、简单幂级数的和函数的求法.

（7）初等函数的幂级数展开式.

（8）函数的傅里叶（Fourier）系数与傅里叶级数、狄利克雷（Dirichlei）定理、函数在 $[-1,1]$ 上的傅里叶级数、函数在 $[0,1]$ 上的正弦级数和余弦级数.

8.1　数项级数

一、知识要点

1. 数项级数的基本概念

给定常数项级数 $\sum\limits_{n=1}^{\infty} u_n$，称 $s_n = \sum\limits_{k=1}^{n} u_k = u_1 + u_2 + \cdots + u_n$ 为它的前 n 项的部分和，（$n=1,2,\cdots$）. 如果存在极限 $s = \lim\limits_{n\to\infty} s_n$，则称之为该级数的和，此时称该级数是收敛的，记为 $s = \sum\limits_{n=1}^{\infty} u_n$；如果极限 $\lim\limits_{n\to\infty} s_n$ 不存在，则称该级数是发散的.

称级数 $r_n = \sum\limits_{k=n+1}^{\infty} u_k = u_{n+1} + u_{n+2} + \cdots (n=1,2,\cdots)$ 为级数 $\sum\limits_{n=1}^{\infty} u_n$ 的余项. 若级数 $\sum\limits_{n=1}^{\infty} u_n$ 收敛，则 $r_n (n=1,2,\cdots)$ 也收敛，并有 $\lim\limits_{n\to\infty} r_n = 0$.

2. 数项级数收敛的基本性质

（1）设 c 是任意非零常数，则级数 $\sum\limits_{n=1}^{\infty} u_n$ 与 $c\sum\limits_{n=1}^{\infty} u_n$ 的敛散性相同（同敛散）.

当 $\sum\limits_{n=1}^{\infty} u_n$ 收敛时，对任何常数 c 都有 $c\sum\limits_{n=1}^{\infty} u_n = \sum\limits_{n=1}^{\infty} cu_n$（乘法对加法的分配律）.

（2）如果级数 $\sum\limits_{n=1}^{\infty} u_n$，$\sum\limits_{n=1}^{\infty} v_n$ 分别收敛于和 s,σ，则 $\sum\limits_{n=1}^{\infty}(u_n \pm v_n)$ 也收敛，其和为 $s\pm\sigma$.

（3）在级数中去掉、增加或改变有限项，其敛散性不变.

（4）收敛级数任意加括号所得的级数仍收敛，且其和不变（加法结合律）.

（5）若级数 $\sum\limits_{n=1}^{\infty} u_n$ 收敛，必有 $\lim\limits_{n\to\infty} u_n = 0$（级数收敛的必要条件）.

（6）两个重要级数及其敛散性

① 等比级数 $\sum\limits_{n=1}^{\infty} aq^{n-1}$：当 $|q|<1$ 时收敛，且 $\sum\limits_{n=1}^{\infty} aq^{n-1} = \dfrac{a}{1-q}$；当 $|q|\geqslant 1$ 时发散.

② p 级数 $\sum\limits_{n=1}^{\infty} \dfrac{1}{n^p}$：当 $p>1$ 时收敛；当 $p\leqslant 1$ 时发散.

当 $p=1$ 时，级数 $\sum\limits_{n=1}^{\infty} \dfrac{1}{n} = 1+\dfrac{1}{2}+\dfrac{1}{3}+\cdots+\dfrac{1}{n}+\cdots$ 称为调和级数.

（7）交错级数的莱布尼茨判别法. 设 $u_n>0 (n=1,2,\cdots)$，则称 $\sum\limits_{n=1}^{\infty}(-1)^{n-1}u_n$ 为交错级数.

如果交错级数中的数列 $\{u_n\}$ 满足①单调减少；②$\lim\limits_{n\to\infty} u_n = 0$，则 $\sum\limits_{n=1}^{\infty}(-1)^{n-1}u_n$ 收敛，且其和 $s\leqslant u_1$.

3. 正项级数的判别法

若对一切自然数 n，都有 $u_n\geqslant 0$，则称级数 $\sum\limits_{n=1}^{\infty} u_n$ 为正项级数.

（1）正项级数收敛的充要条件是它的部分和数列 $\{s_n\}$ 有界.

（2）正项级数敛散性的比较判别法

① 不等式形式：设 $0\leqslant u_n\leqslant v_n (n=1,2,\cdots)$，则当 $\sum\limits_{n=1}^{\infty} v_n$ 收敛时，$\sum\limits_{n=1}^{\infty} u_n$ 收敛；当 $\sum\limits_{n=1}^{\infty} u_n$ 发散时，$\sum\limits_{n=1}^{\infty} v_n$ 发散.

② 极限形式：设 $u_n\geqslant 0$，$v_n>0$，且 $\lim\limits_{n\to\infty} \dfrac{u_n}{v_n} = l$，则当 $0\leqslant l<+\infty$，$\sum\limits_{n=1}^{\infty} v_n$ 收敛时，$\sum\limits_{n=1}^{\infty} u_n$ 收敛；当 $0<l\leqslant +\infty$，$\sum\limits_{n=1}^{\infty} v_n$ 发散时，$\sum\limits_{n=1}^{\infty} u_n$ 发散.

（3）比值判别法：若正项级数 $\sum\limits_{n=1}^{\infty} u_n$ 满足 $\lim\limits_{n\to\infty} \dfrac{u_{n+1}}{u_n} = \rho$，则当 $\rho<1$ 时，该级数收敛；当 $\rho>1$ 时，该级数发散.

（4）根值判别法：若正项级数 $\sum\limits_{n=1}^{\infty} u_n$ 满足 $\lim\limits_{n\to\infty} \sqrt[n]{u_n} = \rho$，则当 $\rho<1$ 时，该级数收敛；当

$\rho > 1$ 时，该级数发散.

正项级数的判敛程序如图 8.1 所示.

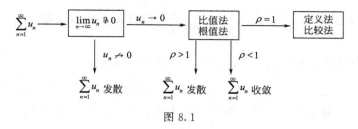

图 8.1

4. 任意项级数的判别法

如果级数 $\displaystyle\sum_{n=1}^{\infty} |u_n|$ 收敛，则称级数 $\displaystyle\sum_{n=1}^{\infty} u_n$ 绝对收敛. 绝对收敛的级数必收敛.

如果级数 $\displaystyle\sum_{n=1}^{\infty} u_n$ 收敛，而级数 $\displaystyle\sum_{n=1}^{\infty} |u_n|$ 发散，则称级数 $\displaystyle\sum_{n=1}^{\infty} u_n$ 条件收敛.

（1）若级数绝对收敛，则任意改变该级数各个项的次序构成的新级数也收敛，并且与原级数有相同的和（加法交换律成立）.

（2）若级数条件收敛，对于事先指定的任何实数 a，适当改变该级数各个项的次序，则可使构成的新级数收敛于 a（加法交换律不成立）.

任意项级数的判敛程序如图 8.2 所示.

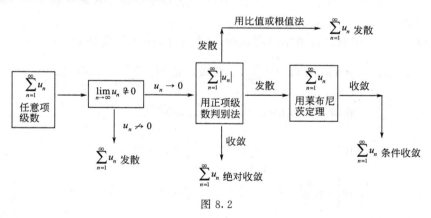

图 8.2

二、重点题型解析

【例 8.1】　判别下列正项级数的敛散性.

（1）$\displaystyle\sum_{n=1}^{\infty} \frac{3n^n}{(1+n)^n}$　　（2）$\displaystyle\sum_{n=1}^{\infty} \mathrm{e}^{-\sqrt[3]{n}}$　　（3）$\displaystyle\sum_{n=1}^{\infty} \sqrt{\frac{\ln n}{n}}$　　（4）$\displaystyle\sum_{n=1}^{\infty} \frac{(2n)!}{(n!)^2}$　　（5）$\displaystyle\sum_{n=1}^{\infty} \frac{1}{2^{n-(-1)^n}}$

解析　（1）因为 $\displaystyle\lim_{n\to\infty} \frac{3n^n}{(1+n)^n} = \frac{3}{\mathrm{e}} \neq 0$，由级数收敛的必要条件知该级数发散.

（2）因为 $\displaystyle\lim_{n\to\infty}\left(\mathrm{e}^{-\sqrt[3]{n}} \Big/ \frac{1}{n^2}\right) = 0$，而 $\displaystyle\sum_{n=1}^{\infty} \frac{1}{n^2}$ 收敛，由比较法的极限形式知，该级数收敛.

(3) 因为 $\lim\limits_{n\to\infty}\left(\sqrt{\dfrac{\ln n}{n}}\Big/\dfrac{1}{\sqrt{n}}\right)=\infty$，由比较法的极限形式知，该级数发散.

(4) 由比值判别法 $\lim\limits_{n\to\infty}\left\{\dfrac{(2n+2)!}{[(n+1)!]^2}\Big/\dfrac{(2n)!}{(n!)^2}\right\}=4>1$ 知该级数发散.

(5) 用根值判别法知 $\lim\limits_{n\to\infty}\sqrt[n]{\dfrac{1}{2^{n-(-1)^n}}}=\dfrac{1}{2}<1$ 知该级数收敛.

评注 ① 用比较法判断正项级数的敛散性时，无论是不等式形式还是极限形式，都是比较两个级数一般项趋于零的速度，速度越快的级数收敛的可能性越大. 我们通常以 p 级数作为比较的参照，尽可能找出与一般项同阶的 $\dfrac{1}{n^p}$，根据 p 的取值判断级数的敛散性. 这就需要读者能够熟练判断无穷小的阶.

② 比值与根值判别法使用的前提是所求的极限必须存在，且极限值不为 1. 而且可以证明，凡是能用比值判别法的级数，一定可以用根植判别法，而反之不然.

【例 8.2】 求实数 x 使得 $\sum\limits_{n=1}^{\infty}\dfrac{\sqrt{n+1}-\sqrt{n}}{n^x}$ 收敛.

解析 注意到 $\dfrac{\sqrt{n+1}-\sqrt{n}}{n^x}\sim\dfrac{1}{2n^{x+1/2}}(n\to\infty)$，所给定的级数与 $\sum\limits_{n=1}^{\infty}\dfrac{1}{n^{x+1/2}}$ 同时收敛同时发散. 当 $x>1/2$ 时，它们收敛.

评注 判断级数敛散性时，可以通过一般项等价无穷小的级数的敛散性来判断，它们具有相同的敛散性.

【例 8.3】（2002 年浙江省数学竞赛试题）设 $\{a_n\},\{b_n\}$ 为满足 $e^{a_n}=a_n+e^{b_n}(n\geq 1)$ 的两个实数列，已知 $a_n>0$ $(n\geq 1)$，且 $\sum\limits_{n=1}^{\infty}a_n$ 收敛，证明：$\sum\limits_{n=1}^{\infty}\dfrac{b_n}{a_n}$ 也收敛.

解析 由于 $\sum\limits_{n=1}^{\infty}a_n$ 收敛，所以 $\lim\limits_{n\to\infty}a_n=0$. 因 $a_n>0$，且

$$b_n=\ln(e^{a_n}-a_n)=\ln\left[1+a_n+\frac{a_n^2}{2}+o(a_n^2)-a_n\right]$$

$$=\ln\left[1+\frac{a_n^2}{2}+o(a_n^2)\right]\sim\frac{a_n^2}{2}+o(a_n^2)\sim\frac{a_n^2}{2}(n\to\infty)$$

故 $b_n>0$，且 $\dfrac{b_n}{a_n}\sim\dfrac{a_n}{2}$，于是级数 $\sum\limits_{n=1}^{\infty}\dfrac{b_n}{a_n}$ 收敛.

【例 8.4】 对参数 p，讨论级数 $\sum\limits_{n=2}^{\infty}\dfrac{\ln n}{n^p}$ 的收敛性.

解析 $p\leq 1$ 时，因为 $\lim\limits_{n\to\infty}\dfrac{\dfrac{\ln n}{n^p}}{\dfrac{1}{n^p}}=\infty$，所以原级数发散.

$p>1$ 时，取 $q:p>q>1$ $\lim\limits_{n\to\infty}\dfrac{\dfrac{\ln n}{n^p}}{\dfrac{1}{n^q}}=\lim\limits_{n\to\infty}\dfrac{\ln n}{n^{p-q}}=0$，所以原级数发散.

【例 8.5】 （第四届全国大学生数学竞赛预赛试题）设 $\sum\limits_{n=1}^{\infty} a_n$，$\sum\limits_{n=1}^{\infty} b_n$ 都为正项级数，（1）若 $\lim\limits_{n\to\infty}\left(\dfrac{a_n}{a_{n+1}b_n}-\dfrac{1}{b_{n+1}}\right)>0$，则 $\sum\limits_{n=1}^{\infty} a_n$ 收敛；（2）若 $\lim\limits_{n\to\infty}\left(\dfrac{a_n}{a_{n+1}b_n}-\dfrac{1}{b_{n+1}}\right)<0$，且 $\sum\limits_{n=1}^{\infty} b_n$ 发散，则 $\sum\limits_{n=1}^{\infty} a_n$ 发散.

解析 （1）设 $\lim\limits_{n\to\infty}\left(\dfrac{a_n}{a_{n+1}b_n}-\dfrac{1}{b_{n+1}}\right)=2\delta>\delta>0$，则存在 $N\in\mathbf{N}$，对于任意的 $n\geqslant N$ 时，

$$\frac{a_n}{a_{n+1}}\frac{1}{b_n}-\frac{1}{b_{n+1}}>\delta,\quad \frac{a_n}{b_n}-\frac{a_{n+1}}{b_{n+1}}>\delta a_{n+1},\quad a_{n+1}<\frac{1}{\delta}\left(\frac{a_n}{b_n}-\frac{a_{n+1}}{b_{n+1}}\right),$$

$$\sum_{n=N}^{m}a_{n+1}\leqslant\frac{1}{\delta}\sum_{n=N}^{m}\left(\frac{a_n}{b_n}-\frac{a_{n+1}}{b_{n+1}}\right)\leqslant\frac{1}{\delta}\left(\frac{a_N}{b_N}-\frac{a_{n+1}}{b_{n+1}}\right)\leqslant\frac{1}{\delta}\frac{a_N}{b_N},$$

因而 $\sum\limits_{n=1}^{\infty} a_n$ 的部分和有上界，从而 $\sum\limits_{n=1}^{\infty} a_n$ 收敛.

（2）若 $\lim\limits_{n\to\infty}\left(\dfrac{a_n}{a_{n+1}b_n}-\dfrac{1}{b_{n+1}}\right)<\delta<0$，则存在 $N\in\mathbf{N}$，对于任意的 $n\geqslant N$ 时，$\dfrac{a_n}{a_{n+1}}<\dfrac{b_n}{b_{n+1}}$

有

$$a_{n+1}>\frac{b_{n+1}}{b_n}a_n>\cdots>\frac{b_{n+1}}{b_n}\frac{b_n}{b_{n-1}}\cdots\frac{b_{N+1}}{b_N}a_N=\frac{a_N}{b_N}b_{n+1}$$

于是由 $\sum\limits_{n=1}^{\infty} b_n$ 发散，得到 $\sum\limits_{n=1}^{\infty} a_n$ 发散.

评注 对于抽象级数判断敛散性时，若能确定级数的类型可以利用相应类型级数的判别法来判断级数的敛散性. 此题能确定是正项级数①利用充要条件确定级数敛散性；②利用比较审敛法确定级数的敛散性.

【例 8.6】 回答下面问题，并说明理由（给出证明或举出反例）.

（1）如果级数 $\sum\limits_{n=1}^{\infty} a_n$，$\sum\limits_{n=1}^{\infty} b_n$ 都收敛，问：$\sum\limits_{n=0}^{\infty} a_nb_n$ 是否收敛？

（2）如果级数 $\sum\limits_{n=1}^{\infty} a_n$ 收敛，$\sum\limits_{n=1}^{\infty} b_n$ 绝对收敛，问：$\sum\limits_{n=1}^{\infty} a_nb_n$ 是否收敛？

解析 （1）$\sum\limits_{n=1}^{\infty} a_nb_n$ 未必收敛. 如 $a_n=b_n=\dfrac{(-1)^{n-1}}{\sqrt{n}}$，$n=1,2,\cdots$，则级数

$$\sum_{n=1}^{\infty} a_nb_n=\sum_{n=1}^{\infty}\frac{1}{n} \text{ 发散.}$$

（2）$\sum\limits_{n=1}^{\infty} a_nb_n$ 绝对收敛. 因为 $\sum\limits_{n=1}^{\infty} a_n$ 收敛，则 $\lim\limits_{n\to\infty}a_n=0$，于是存在正数 M 使得 $|a_n|\leqslant M$，$n=1,2,\cdots$，从而 $|a_nb_n|\leqslant M|b_n|$，$n=1,2,\cdots$，又 $\sum\limits_{n=1}^{\infty} b_n$ 绝对收敛由比较法 $\sum\limits_{n=1}^{\infty} a_nb_n$ 绝对收敛.

评注 收敛级数的性质对于级数的和、差成立，但对于级数的乘积需要举例或证明去验证敛散性.

【例 8.7】 （第五届全国大学生数学竞赛预赛试题）判断级数 $\sum\limits_{n=1}^{\infty}\dfrac{1+\dfrac{1}{2}+\cdots+\dfrac{1}{n}}{(n+1)(n+2)}$ 的敛

散性，若收敛，求其和.

解析 （1）记 $a_n = 1 + \dfrac{1}{2} + \cdots + \dfrac{1}{n}$，$u_n = \dfrac{a_n}{(n+1)(n+2)}$，$n = 1, 2, 3, \cdots$.

因为 n 充分大时，

$$0 < a_n = 1 + \frac{1}{2} + \cdots + \frac{1}{n} < 1 + \int_1^n \frac{1}{x} \, \mathrm{d}x = 1 + \ln n < \sqrt{n},$$

所以 $u_n \leqslant \dfrac{\sqrt{n}}{(n+1)(n+2)} < \dfrac{1}{n^{3/2}}$，而 $\displaystyle\sum_{n=1}^{\infty} \frac{1}{n^{3/2}}$ 收敛，所以 $\displaystyle\sum_{n=1}^{\infty} u_n$ 收敛.

（2）$a_k = 1 + \dfrac{1}{2} + \cdots + \dfrac{1}{k}$（$k = 1, 2, 3, \cdots$），

$$s_n = \sum_{k=1}^{n} \frac{1 + \dfrac{1}{2} + \cdots + \dfrac{1}{k}}{(k+1)(k+2)} = \sum_{k=1}^{n} \frac{a_k}{(k+1)(k+2)} = \sum_{k=1}^{n} \left(\frac{a_k}{k+1} - \frac{a_k}{k+2} \right)$$

$$= \left(\frac{a_1}{2} - \frac{a_1}{3} \right) + \left(\frac{a_2}{3} - \frac{a_2}{4} \right) + \cdots + \left(\frac{a_n}{n+1} - \frac{a_n}{n+2} \right)$$

$$= \frac{1}{2} a_1 + \frac{1}{3}(a_2 - a_1) + \frac{1}{4}(a_3 - a_2) + \cdots + \frac{1}{n+1}(a_n - a_{n-1}) - \frac{1}{n+2} a_n$$

$$= \left[\frac{1}{1 \times 2} + \frac{1}{2 \times 3} + \frac{1}{3 \times 4} + \cdots + \frac{1}{n(n-1)} \right] - \frac{1}{n+2} a_n = 1 - \frac{1}{n} - \frac{1}{n+2} a_n$$

因为 $0 < a_n < 1 + \ln n$，所以 $0 < \dfrac{a_n}{n+2} < \dfrac{1 + \ln n}{n+2}$ 且 $\displaystyle\lim_{n \to \infty} \frac{1 + \ln n}{n+2} = 0$. 所以 $\displaystyle\lim_{n \to \infty} \frac{a_n}{n+2} = 0$.

于是 $s = \displaystyle\lim_{n \to \infty} s_n = 1 - 0 - 0 = 1$，证毕.

评注 由已知确定此级数是正项级数，则利用正项级数审敛法判断级数敛散性，判断过程中利用积分把 a_n 放大，于是利用比较审敛法易知该级数收敛.

【例 8.8】 设 $a_1 = a_2 = 1$，$a_{n+2} = a_{n+1} + a_n$，$n \geqslant 1$，则 $\displaystyle\sum_{n=1}^{\infty} \frac{a_n}{2^n} = $ _____.

解析 应填 2. 设 $\displaystyle\sum_{n=1}^{\infty} \frac{a_n}{2^n} = s$，又 $a_{n+2} = a_{n+1} + a_n$，则

$$\sum_{n=1}^{\infty} \frac{a_{n+2}}{2^n} = \sum_{n=1}^{\infty} \frac{a_{n+1}}{2^n} + \sum_{n=1}^{\infty} \frac{a_n}{2^n} \Rightarrow 4\left(s - \frac{a_1}{2} - \frac{a_2}{2^2} \right) = 2\left(s - \frac{a_1}{2} \right) + s \Rightarrow s = 2.$$

评注 根据递推公式找到所给式子与和 s 的关系，从而求出和 s.

【例 8.9】 设 $x_1 = 1$，$x_{n+1} = x_n + x_n^2$，证明：$\displaystyle\sum_{n=1}^{\infty} \frac{1}{1+x_n}$ 收敛.

解析 $x_{n+1} = x_n + x_n^2 \Rightarrow x_{n+1} = x_n(1+x_n) \Rightarrow \dfrac{1}{x_{n+1}} = \dfrac{1}{x_n} - \dfrac{1}{1+x_n} \Rightarrow \dfrac{1}{1+x_n} = \dfrac{1}{x_n} - \dfrac{1}{x_{n+1}}$

部分和 $$s_n = \sum_{k=1}^{n} \frac{1}{1+x_n} = \sum_{k=1}^{n} \left[\frac{1}{x_k} - \frac{1}{x_{k+1}} \right] = 1 - \frac{1}{x_{n+1}},$$

又 $$x_{n+1} = x_n + x_n^2 \Rightarrow x_{n+1} > x_n \geqslant 1 \Rightarrow \left\{ \frac{1}{x_n} \right\} \downarrow \text{有下界 } 0.$$

【例 8.10】 判别下列级数的敛散性，若收敛是绝对收敛还是条件收敛.

(1) $\displaystyle\sum_{n=1}^{\infty}(-1)^{n}\frac{k+n}{n^{2}}$，$(k>0)$；　　(2) $\displaystyle\sum_{n=1}^{\infty}(-1)^{n}\frac{\ln(1+n)}{1+n}$．

解析　(1) 因为 $|u_{n}|=\left|(-1)^{n}\dfrac{k+n}{n^{2}}\right|=\dfrac{k+n}{n^{2}}$，且 $\displaystyle\lim_{n\to\infty}\frac{|u_{n}|}{1/n}=\lim_{n\to\infty}\frac{n^{2}+kn}{n^{2}}=1$，由比较

法的极限形式知 $\displaystyle\sum_{n=1}^{\infty}|u_{n}|$ 发散．又 $\{|u_{n}|\}$ 单调递减且 $\displaystyle\lim_{n\to\infty}|u_{n}|=0$，由莱布尼茨定理知

$\displaystyle\sum_{n=1}^{\infty}(-1)^{n}\frac{k+n}{n^{2}}$ 收敛，所以原级数条件收敛．

(2) 因为 $|u_{n}|=\left|(-1)^{n}\dfrac{\ln(1+n)}{1+n}\right|=\dfrac{\ln(1+n)}{1+n}$，且 $\displaystyle\lim_{n\to\infty}\frac{|u_{n}|}{1/n}=\lim_{n\to\infty}\frac{n\ln(1+n)}{1+n}=+\infty$，

由比较法的极限形式知 $\displaystyle\sum_{n=1}^{\infty}|u_{n}|$ 发散，又当 $n\geqslant2$ 时，$\{|u_{n}|\}$ 单调递减且 $\displaystyle\lim_{n\to\infty}|u_{n}|=0$，由

莱布尼茨定理及收敛级数的性质知 $\displaystyle\sum_{n=1}^{\infty}(-1)^{n}\frac{\ln(1+n)}{1+n}$ 收敛，所以原级数条件收敛．

评注　判断任意项级数 $\displaystyle\sum_{n=1}^{\infty}u_{n}$ 的敛散性，一般先判断是否绝对收敛即 $\displaystyle\sum_{n=1}^{\infty}|u_{n}|$ 是否收

敛，若 $\displaystyle\sum_{n=1}^{\infty}|u_{n}|$ 收敛，则 $\displaystyle\sum_{n=1}^{\infty}u_{n}$ 绝对收敛；若 $\displaystyle\sum_{n=1}^{\infty}|u_{n}|$ 发散，而用莱布尼茨定理判断 $\displaystyle\sum_{n=1}^{\infty}u_{n}$

收敛，则 $\displaystyle\sum_{n=1}^{\infty}u_{n}$ 条件收敛．

【例 8.11】 证明级数 $\displaystyle\sum_{n=2}^{\infty}\frac{(-1)^{n}}{\sqrt{n+(-1)^{n}}}$ 条件收敛．

解析　$\displaystyle\sum_{n=2}^{\infty}\frac{(-1)^{n}}{\sqrt{n+(-1)^{n}}}=\frac{1}{\sqrt{3}}-\frac{1}{\sqrt{2}}+\frac{1}{\sqrt{5}}-\frac{1}{\sqrt{4}}+\cdots$ 是交错级数但不满足莱布尼茨定理的条

件，因为 $|u_{n}|=\dfrac{1}{\sqrt{n+(-1)^{n}}}\geqslant\dfrac{1}{\sqrt{n+1}}$，所以由比较法知 $\displaystyle\sum_{n=2}^{\infty}|u_{n}|$ 发散，又因为

$$s_{2n}=\sum_{k=2}^{2n}\frac{(-1)^{k}}{\sqrt{k+(-1)^{k}}}=\left(\frac{1}{\sqrt{3}}-\frac{1}{\sqrt{2}}\right)+\left(\frac{1}{\sqrt{5}}-\frac{1}{\sqrt{4}}\right)+\cdots\left(\frac{1}{\sqrt{2n+1}}-\frac{1}{\sqrt{2n}}\right)$$

由于上式每个括号都小于 0，所以 $\{s_{2n}\}$ 单调递减．再由

$$s_{2n}>\left(\frac{1}{\sqrt{4}}-\frac{1}{\sqrt{2}}\right)+\left(\frac{1}{\sqrt{6}}-\frac{1}{\sqrt{4}}\right)+\cdots\left(\frac{1}{\sqrt{2n+2}}-\frac{1}{\sqrt{2n}}\right)=\frac{1}{\sqrt{2n+2}}-\frac{1}{\sqrt{2}}>-\frac{1}{\sqrt{2}}$$

知 $\{s_{2n}\}$ 单调递减有下界，故 $\{s_{2n}\}$ 收敛记 $\displaystyle\lim_{n\to\infty}s_{2n}=s$．易知 $\displaystyle\lim_{n\to\infty}u_{n}=0$，则 $\displaystyle\lim_{n\to\infty}s_{2n+1}=$

$\displaystyle\lim_{n\to\infty}(s_{2n}+u_{2n+1})=s+0=s$，所以原级数的部分和数列 $\{s_{n}\}$ 收敛从而级数收敛，故原级数条

件收敛．

注　读者考虑是否有其他简单有效的方法？

另解　由泰勒公式 $(1+x)^{\frac{1}{2}}=1-\dfrac{1}{2}x+o(x)$ 得到

$$\frac{(-1)^{n}}{\sqrt{n+(-1)^{n}}}=\frac{(-1)^{n}}{\sqrt{n}}\cdot\left(1+\frac{(-1)^{n}}{n}\right)^{-\frac{1}{2}}=\frac{(-1)^{n}}{\sqrt{n}}\cdot\left[1-\frac{(-1)^{n}}{2n}+o\left(\frac{1}{n}\right)\right]$$

$$= \frac{(-1)^n}{\sqrt{n}} - \frac{1}{2n\sqrt{n}} + o\left(\frac{1}{n\sqrt{n}}\right) \quad (n \to \infty)$$

故

$$原级数 = \sum_{n=2}^{\infty} \frac{(-1)^n}{\sqrt{n}} + \sum_{n=2}^{\infty} \frac{-1}{2n\sqrt{n}} + \sum_{n=2}^{\infty} o\left(\frac{1}{n\sqrt{n}}\right).$$

它是三个收敛级数的和，从而该级数收敛. 又因

$$\left| \frac{(-1)^n}{\sqrt{n+(-1)^n}} \right| \geqslant \frac{1}{\sqrt{n+1}},$$

则级数

$$\sum_{n=2}^{\infty} \left| \frac{(-1)^n}{\sqrt{n+(-1)^n}} \right|$$

发散，原级数条件收敛.

评注 此级数为交错级数，首先判断是否满足莱布尼茨定理，如不满足则改用定义来判断敛散性. 第二种方法，利用泰勒公式展开很容易判断一般项趋于零的速度，这是一种很有效的方法. 很容易证明：两个绝对收敛级数的和仍绝对收敛；绝对收敛与条件收敛级数的和是条件收敛的. 在本题中，第二种方法将原级数表达为两个绝对收敛与一个条件收敛级数的和，从而它是条件收敛.

【例 8.12】 讨论级数 $1 - \frac{1}{2^x} + \frac{1}{3} - \frac{1}{4^x} + \cdots + \frac{1}{2n-1} - \frac{1}{(2n)^x} + \cdots$ 的敛散性.

解析 当 $x=1$ 时，为交错级数由莱布尼茨判别法知该级数收敛.

当 $x>1$ 时，原级数为收敛级数与发散级数的和，该级数发散. 当 $x<1$ 时，级数化为

$$1 - \left(\frac{1}{2^x} - \frac{1}{3}\right) - \left(\frac{1}{4^x} - \frac{1}{5}\right) \cdots - \left(\frac{1}{(2n)^x} - \frac{1}{2n+1}\right) \cdots, \text{ 由比较法的极限形式可知，级数发散.}$$

评注 当所讨论级数含有变量 x 时，要通过讨论 x 取值来判断级数的敛散性，一般参考级数为 p 级数.

【例 8.13】 证明下列结论.

(1) 给定数列 $\{a_n\}$，则 $\lim\limits_{n\to\infty} a_n$ 存在的充要条件是 $\sum\limits_{n=1}^{\infty} (a_n - a_{n-1})$ 收敛.

(2) 设 $x_n = 1 + \frac{1}{2} + \frac{1}{3} + \cdots + \frac{1}{n} - \ln n$，则 $\lim\limits_{n\to\infty} x_n$ 存在.

解析 (1) 由拆项相消法可知，级数的部分和为 $s_n = a_n - a_0$，因此 $\lim\limits_{n\to\infty} a_n$ 存在的充要条件为 $\lim\limits_{n\to\infty} s_n$ 存在，即结论成立.

(2) 考虑级数 $\sum\limits_{n=2}^{\infty} (x_n - x_{n-1}) = \sum\limits_{n=2}^{\infty} \left[\frac{1}{n} + \ln\left(1 - \frac{1}{n}\right) \right]$，由泰勒公式

$$\ln(1+x) = x - \frac{x^2}{2} + o(x^2),$$

则有

$$\frac{1}{n} + \ln\left(1 - \frac{1}{n}\right) = \frac{1}{n} + \left[-\frac{1}{n} - \frac{1}{2n^2} + o\left(\frac{1}{n^2}\right) \right] = -\frac{1}{2n^2} + o\left(\frac{1}{n^2}\right)$$

这表明 $\left| \frac{1}{n} + \ln\left(1 - \frac{1}{n}\right) \right|$ 与 $\frac{1}{n^2}$ 同阶，因此级数 $\sum\limits_{n=2}^{\infty} (x_n - x_{n-1})$ 绝对收敛，故 $\lim\limits_{n\to\infty} x_n$ 存在.

评注 本题表明，判断数列的敛散性可以转化为判断级数的敛散性.

【例 8.14】 设 $u_n \neq 0 \, (n=1,2,\cdots)$ 且 $\lim\limits_{n\to\infty}\dfrac{n}{u_n}=1$，求证 $\sum\limits_{n=1}^{\infty}(-1)^{n-1}\left(\dfrac{1}{u_n}+\dfrac{1}{u_{n+1}}\right)$ 条件收敛.

解析 因 $\lim\limits_{n\to\infty}\dfrac{n}{u_n}=1$，得 $\lim\limits_{n\to\infty}u_n=+\infty$，由定义 $\exists N>0$，当 $n>N$ 时，$u_n>0$ 且 $\lim\limits_{n\to\infty}\dfrac{1}{u_n}=0$，则 $\sum\limits_{n=1}^{\infty}(-1)^{n-1}\left(\dfrac{1}{u_n}+\dfrac{1}{u_{n+1}}\right)$ 为交错级数. 又

$$\lim_{n\to\infty}\frac{\left|(-1)^{n-1}\left(\dfrac{1}{u_n}+\dfrac{1}{u_{n+1}}\right)\right|}{1/n}=\lim_{n\to\infty}\left(\frac{n}{u_n}+\frac{n}{u_{n+1}}\right)+\lim_{n\to\infty}\frac{n+1}{u_{n+1}}\cdot\frac{n}{n+1}=2,$$

所以级数不绝对收敛. 又有

$$s_n=\left(\frac{1}{u_1}+\frac{1}{u_2}\right)-\left(\frac{1}{u_2}+\frac{1}{u_3}\right)+\left(\frac{1}{u_3}+\frac{1}{u_4}\right)+\cdots+(-1)^{n-1}\left(\frac{1}{u_n}+\frac{1}{u_{n+1}}\right)=\frac{1}{u_1}+(-1)^{n-1}\frac{1}{u_{n+1}}$$

且 $\lim\limits_{n\to\infty}s_n=\lim\limits_{n\to\infty}\left[\dfrac{1}{u_1}+(-1)^{n-1}\dfrac{1}{u_{n+1}}\right]=\dfrac{1}{u_1}$，故级数条件收敛.

评注 判定级数条件收敛，由定义先判定级数不绝对收敛，再判定级数收敛，从而级数条件收敛. 判断级数收敛时，对于交错级数可用莱布尼茨定理，若不满足定理条件可用定义来判定级数收敛.

【例 8.15】 （第五届全国大学生数学竞赛预赛试题）设函数 $f(x)$ 在 $x=0$ 的某邻域内具有二阶连续导数且 $\lim\limits_{x\to 0}\dfrac{f(x)}{x}=0$. 证明：级数 $\sum\limits_{n=1}^{\infty}f\left(\dfrac{1}{n}\right)$ 绝对收敛.

解析 因为 $f(x)$ 在 $x=0$ 的某邻域内具有二阶连续导数且 $\lim\limits_{x\to 0}\dfrac{f(x)}{x}=0$，则

$$f(0)=\lim_{x\to 0}f(x)=\lim_{x\to 0}\frac{f(x)}{x}x=0 \text{ 且 } f'(0)=\lim_{x\to 0}\frac{f(x)-f(0)}{x}=0,$$

由洛比达法则有

$$\lim_{x\to 0}\frac{f(x)}{x^2}=\lim_{x\to 0}\frac{f'(x)}{2x}=\lim_{x\to 0}\frac{f''(x)}{2}=\frac{f''(0)}{2},$$

所以 $\lim\limits_{n\to\infty}\dfrac{\left|f\left(\dfrac{1}{n}\right)\right|}{\dfrac{1}{n^2}}=\dfrac{|f''(0)|}{2}$，由比较法的极限形式知 $\sum\limits_{n=1}^{\infty}f\left(\dfrac{1}{n}\right)$ 绝对收敛.

评注 当给出函数极限的条件时，可以通过将函数的自变量换成 n 的函数，然后来判断级数的敛散性.

【例 8.16】 （第二十届大连市高等数学竞赛试题）设 $f(x)$ 在 $[0,1]$ 上有连续的导数且 $\lim\limits_{x\to 0^+}\dfrac{f(x)}{x}=1$，证明：$\sum\limits_{n=1}^{\infty}f\left(\dfrac{1}{n}\right)$ 发散，而 $\sum\limits_{n=1}^{\infty}(-1)^{n-1}f\left(\dfrac{1}{n}\right)$ 收敛.

解析 （1）因 $f(x)$ 在 $[0,1]$ 上有连续的导数且 $\lim\limits_{x\to 0^+}\dfrac{f(x)}{x}=1$，则 $f(0)=0$，$f'(0)=1$ 且 $\lim\limits_{x\to 0^+}f'(x)=f'(0)=1>0$，由极限的保号性知 $\exists\, 0<\delta<1$，当 $0<x<\delta$ 时，$f'(x)>0$. 所

以 $f(x)$ 在 $[0,\delta]$ 上单调增加，于是有 $x>0$ 时 $f(x)>f(0)=0$，从而对于正整数 $m>\dfrac{1}{\delta}$ 正

数列 $f\left(\dfrac{1}{m}\right),f\left(\dfrac{1}{m+1}\right),\cdots$，单调减少且极限为 0，由莱布尼茨定理知 $\displaystyle\sum_{n=m}^{\infty}(-1)^{n-1}f\left(\dfrac{1}{n}\right)$ 收

敛，故级数 $\displaystyle\sum_{n=1}^{\infty}(-1)^{n-1}f\left(\dfrac{1}{n}\right)$ 收敛.

（2）$\displaystyle\lim_{n\to\infty}\dfrac{f\left(\dfrac{1}{n}\right)}{\dfrac{1}{n}}=\lim_{x\to0^{+}}\dfrac{f(x)}{x}=1$，而 $\displaystyle\sum_{n=1}^{\infty}\dfrac{1}{n}$ 发散，故 $\displaystyle\sum_{n=1}^{\infty}f\left(\dfrac{1}{n}\right)$ 发散.

评注 级数的一般项为关于 n 的抽象函数时，利用已知条件的极限判断其敛散性.

【例 8.17】 证明级数 $\displaystyle\sum_{n=1}^{\infty}\int_{0}^{\frac{\pi}{n}}\dfrac{\sin x}{1+x}\mathrm{d}x$ 是收敛的.

解析 当 $0\leqslant x\leqslant\dfrac{\pi}{n}$ 时，$\sin x\leqslant x\leqslant\dfrac{\pi}{n}$，则有

$$0\leqslant\int_{0}^{\frac{\pi}{n}}\dfrac{\sin x}{1+x}\leqslant\dfrac{\pi}{n}\int_{0}^{\frac{\pi}{n}}\dfrac{1}{1+x}\mathrm{d}x=\dfrac{\pi}{n}\ln\left(1+\dfrac{\pi}{n}\right),$$

因 $\dfrac{1}{n^2}$ 与 $\dfrac{\pi}{n}\ln\left(1+\dfrac{\pi}{n}\right)$ 是同阶无穷小，则级数 $\displaystyle\sum_{n=1}^{\infty}\dfrac{\pi}{n}\ln\left(1+\dfrac{\pi}{n}\right)$ 收敛，故原级数收敛.

评注 当级数的一般项是用定积分来表示时，可以利用定积分的性质将定积分放大或缩小，通过不等式两端对应的级数敛散性来判断所给级数的敛散性.

【例 8.18】 （第二届全国大学生数学竞赛决赛试题）设 $f(x)$ 是在 $(-\infty,+\infty)$ 内可微的函数且 $|f'(x)|<mf(x)$，其中 $0<m<1$，$\forall a_0\in\mathbf{R}$ 定义 $a_n=\ln f(a_{n-1}),n=1,2,\cdots$，证明：$\displaystyle\sum_{n=1}^{\infty}(a_n-a_{n-1})$ 绝对收敛.

解析 $|a_n-a_{n-1}|=|\ln f(a_{n-1})-\ln f(a_{n-2})|=\left|\dfrac{f'(\xi)}{f(\xi)}(a_{n-1}-a_{n-2})\right|\leqslant m|a_{n-1}-a_{n-2}|$

$$\leqslant m^2|a_{n-2}-a_{n-3}|\leqslant\cdots\leqslant m^{n-1}|a_1-a_0|$$

而 $0<m<1$，故 $\displaystyle\sum_{n=1}^{\infty}(a_n-a_{n-1})$ 绝对收敛.

评注 将所讨论级数的一般项加绝对值变成正项级数，然后利用所给条件根据正项级数审敛法，再判断所给级数是绝对收敛的.

【例 8.19】 设 $a_n=\displaystyle\int_{0}^{\frac{\pi}{4}}\tan^n x\mathrm{d}x$，$(n=1,2,\cdots)$. （1）求 $\displaystyle\sum_{n=1}^{\infty}\dfrac{1}{n}(a_n+a_{n+2})$ 的和；（2）证明：$\forall\lambda>0$，$\displaystyle\sum_{n=1}^{\infty}\dfrac{a_n}{n^{\lambda}}$ 收敛.

解析 （1）由 $a_{n+2}=\displaystyle\int_{0}^{\frac{\pi}{4}}\tan^{n+2}x\mathrm{d}x=\int_{0}^{\frac{\pi}{4}}\tan^n x(\sec^2 x-1)\mathrm{d}x$

$$=\int_{0}^{\frac{\pi}{4}}\tan^n x\sec^2 x\mathrm{d}x-\int_{0}^{\frac{\pi}{4}}\tan^n x\mathrm{d}x=\dfrac{1}{n+1}-a_n, \text{得 } a_n+a_{n+2}=\dfrac{1}{n+1}.$$

于是
$$\sum_{n=1}^{\infty}\frac{1}{n}(a_n+a_{n+2})=\sum_{n=1}^{\infty}\frac{1}{n(n+1)}=\sum_{n=1}^{\infty}\left(\frac{1}{n}-\frac{1}{n+1}\right)=1.$$

（2）因 $0\leqslant a_n\leqslant a_n+a_{n+2}=\dfrac{1}{n+1}$，即 $0\leqslant a_n\leqslant\dfrac{1}{n+1}$. 从而

$$0\leqslant\frac{a_n}{n^\lambda}\leqslant\frac{1}{n^\lambda(n+1)}=\frac{1}{n^{\lambda+1}+n^\lambda},$$

又 $\displaystyle\sum_{n=1}^{\infty}\frac{1}{n^\lambda(n+1)}$ 收敛，故 $\displaystyle\sum_{n=1}^{\infty}\frac{a_n}{n^\lambda}$ 收敛.

评注　本例题（1）是由条件找到级数一般项的关系式，然后再来求和.（2）是通过对一般项适当的放大和缩小利用比较审敛法来确定级数的敛散性，一般参考级数为 p 级数.

【例8.20】　设有两条抛物线 $y=nx^2+\dfrac{1}{n}$ 和 $y=(n+1)x^2+\dfrac{1}{n+1}$，记它们交点的横坐标的绝对值为 a_n，（1）求两条抛物线所围成的平面图形的面积 S_n；（2）求级数 $\displaystyle\sum_{n=1}^{\infty}\frac{S_n}{a_n}$ 的和.

解析　由 $y=nx^2+\dfrac{1}{n}$ 和 $y=(n+1)x^2+\dfrac{1}{n+1}$ 得 $a_n=\dfrac{1}{\sqrt{n(n+1)}}$，由于图形关于 y 轴对称，则

$$S_n=2\int_0^{a_n}\left[nx^2+\frac{1}{n}-(n+1)x^2-\frac{1}{n+1}\right]dx$$

$$=2\int_0^{a_n}\left[\frac{1}{n(n+1)}-x^2\right]dx=\frac{4}{3}\frac{1}{n(n+1)\sqrt{n(n+1)}}$$

因此
$$\frac{S_n}{a_n}=\frac{4}{3}\frac{1}{n(n+1)}=\frac{4}{3}\left(\frac{1}{n}-\frac{1}{n+1}\right),$$

所以
$$\sum_{n=1}^{\infty}\frac{S_n}{a_n}=\lim_{n\to\infty}\sum_{k=1}^{n}\frac{S_k}{a_k}=\lim_{n\to\infty}\left[\frac{4}{3}\left(1-\frac{1}{n+1}\right)\right]=\frac{4}{3}.$$

评注　由已知条件先求 a_n，再求 S_n 时注意图形对称性的应用.

【例8.21】　（第十九届大连市高等数学竞赛试题）设 $u_1=1,u_2=2,n\geqslant3$ 时，$u_n=u_{n-1}+u_{n-2}$. 求证：（1）$\dfrac{3}{2}u_{n-1}<u_n<2u_{n-1}$；（2）$\displaystyle\sum_{n=1}^{\infty}\frac{1}{u_n}$ 收敛.

解析　（1）因为 $u_1=1,u_2=2,n\geqslant3$ 时，$u_n=u_{n-1}+u_{n-2}$，所以，$u_n>0$，又 $u_n=u_{n-1}+u_{n-2}>u_{n-1}$，所以，$\{u_n\}$ 单调增加.

$$u_n=u_{n-1}+u_{n-2}<2u_{n-1}\ (n\geqslant3),$$

$$u_n=u_{n-1}+u_{n-2}>u_{n-1}+\frac{1}{2}u_{n-1}=\frac{3}{2}u_{n-1}\ (n\geqslant3),$$

所以，$\dfrac{3}{2}u_{n-1}<u_n<2u_{n-1}$.

（2）由（1）知：$\dfrac{3}{2}u_{n-1}<u_n$，所以，

$$0<\frac{1}{u_n}<\frac{2}{3u_{n-1}}<\left(\frac{2}{3}\right)^2\frac{1}{u_{n-2}}<\cdots<\left(\frac{2}{3}\right)^{n-1}\frac{1}{u_1}=\left(\frac{2}{3}\right)^{n-1},$$

故 $\displaystyle\sum_{n=1}^{\infty}\frac{1}{u_n}$ 收敛.

评注 由已知条件可知 $\{u_n\}$ 单调增加, 于是可以通过 u_n 与 u_{n-1} 的关系式来证明不等式成立; 利用 (1) 的结论和正项级数审敛法来判断级数 $\sum\limits_{n=1}^{\infty} \dfrac{1}{u_n}$ 的敛散性.

三、综合训练

(1) 判断下列级数的敛散性

① $\sum\limits_{n=1}^{\infty} (n^{\frac{1}{n^2+1}} - 1)$; ② $\sum\limits_{n=1}^{\infty} (a^{\frac{1}{n}} + b^{\frac{1}{n}} - 2)$; ③ $\sum\limits_{n=2}^{\infty} \dfrac{(n+1)^{\ln n}}{(\ln n)^n}$; ④ $\sum\limits_{n=1}^{\infty} \dfrac{a^n}{1+a^{2n}} (a>0)$.

(2) 判别级数 $\sqrt{2} + \sqrt{2-\sqrt{2}} + \sqrt{2-\sqrt{2+\sqrt{2}}} + \sqrt{2-\sqrt{2+\sqrt{2+\sqrt{2}}}} + \cdots$ 的敛散性.

(3) 设 $p>0$, $x_1 = \dfrac{1}{4}$, 且 $x_{n+1}^p = x_n^p + x_n^{2p} (n=1,2,\cdots)$, 证明 $\sum\limits_{n=1}^{\infty} \dfrac{1}{1+x_n^p}$ 收敛且求和.

(4) 设 $\{a_n\}$ 为单调减少的正项数列, 且 $\sum\limits_{n=1}^{\infty} (-1)^n a_n$ 发散, 试讨论级数 $\sum\limits_{n=1}^{\infty} \left(1 - \dfrac{a_{n+1}}{a_n}\right)$ 的敛散性.

(5) 讨论下列级数的敛散性, 若收敛, 指出是条件收敛还是绝对收敛, 说明理由.

① $\sum\limits_{n=1}^{\infty} \dfrac{(-3)^n}{3^n + (-2)^n} \cdot \dfrac{1}{n}$; ② $\sum\limits_{n=1}^{\infty} (1 + \dfrac{1}{n})^{n^2} a^n$; ③ $\sum\limits_{n=1}^{\infty} \dfrac{(-1)^n}{\sqrt{n} + (-1)^n}$;

④ $\dfrac{1}{\sqrt{2}-1} - \dfrac{1}{\sqrt{2}+1} + \dfrac{1}{\sqrt{3}-1} - \dfrac{1}{\sqrt{3}+1} + \cdots + \dfrac{1}{\sqrt{n}-1} - \dfrac{1}{\sqrt{n}+1} + \cdots$.

(6) 研究级数 $\sum\limits_{n=1}^{\infty} (-1)^{n+1} \left(\tan \dfrac{1}{n^p} - \dfrac{1}{n^p}\right)$ 的敛散性 (其中 $p>0$).

(7) 设 $f(x)$ 在 $(0,1)$ 内可导, 且导数 $f'(x)$ 有界, 证明: ① $\sum\limits_{n=1}^{\infty} \left[f\left(\dfrac{1}{2^n}\right) - f\left(\dfrac{1}{2^{n+1}}\right)\right]$ 绝对收敛; ② $\lim\limits_{n \to \infty} f\left(\dfrac{1}{2^n}\right)$ 存在.

(8) 设 F_n 满足条件 $F_0 = 1$, $F_1 = 1$, $F_n = F_{n-1} + F_{n-2} (n=2,3,\cdots)$. 判断两个级数 $\sum\limits_{n=1}^{\infty} \dfrac{1}{F_n}$, $\sum\limits_{n=2}^{\infty} \dfrac{1}{\ln F_n}$ 的敛散性.

(9) 已知 $a_1 = 1$, 对于 $n=1,2,\cdots$, 设曲线 $y = \dfrac{1}{x^2}$ 上点 $\left(a_n, \dfrac{1}{a_n^2}\right)$ 处的切线与 x 轴交点的横坐标是 a_{n+1}. ①求 $a_n, n=2,3,\cdots$; ②设 S_n 是以 $(a_n, 0)$, $\left(a_n, \dfrac{1}{a_n^2}\right)$ 和 $(a_{n+1}, 0)$ 为顶点的三角形的面积, 求级数 $\sum\limits_{n=1}^{\infty} S_n$ 的和.

(10) 设 $u_n \leqslant c_n \leqslant v_n (n=1,2,\cdots)$, 并且级数 $\sum\limits_{n=1}^{\infty} u_n$ 与 $\sum\limits_{n=1}^{\infty} v_n$ 都收敛, 证明: 级数 $\sum\limits_{n=1}^{\infty} c_n$ 收敛.

(11) 设级数 $\sum\limits_{n=1}^{\infty} a_n^2$ 与 $\sum\limits_{n=1}^{\infty} b_n^2$ 均收敛, 求证: ① $\sum\limits_{n=1}^{\infty} a_n b_n$ 绝对收敛; ② $\sum\limits_{n=1}^{\infty} (a_n + b_n)^2$ 收

敛；③ $\sum\limits_{n=1}^{\infty}\dfrac{|a_n|}{n}$ 收敛.

(12) 若 $f(x)$ 满足：①在区间 $[0,+\infty)$ 上单增；② $\lim\limits_{x\to+\infty}f(x)=A$；③ $f''(x)$ 存在，且 $f''(x)\leqslant0$. 证明：① $\sum\limits_{n=1}^{\infty}[f(n+1)-f(n)]$ 收敛；② $\sum\limits_{n=1}^{\infty}f'(n)$ 收敛.

(13) 证明级数 $\sum\limits_{n=1}^{\infty}\displaystyle\int_0^{\frac{1}{n}}\dfrac{\sqrt{x}}{1+x^4}\mathrm{d}x$ 是收敛的.

(14) 设 $x_n=1+\dfrac{1}{\sqrt{2}}+\dfrac{1}{\sqrt{3}}+\cdots+\dfrac{1}{\sqrt{n}}-2\sqrt{n}$ $(n=1,2,\cdots)$，用判断级数敛散的方法证明极限 $\lim\limits_{n\to\infty}x_n$ 存在.

综合训练答案

(1) ①收敛；②收敛；③收敛；④当 $0<a<1$ 时，收敛；当 $a=1$ 时，发散；当 $a>1$ 时，收敛.　　(2) 收敛.

(3) 记 $y_n=x_n^p$，由题设得 $y_{n+1}=y_n+y_n^2$ $(n=1,2,\cdots)$，以下步骤同例 8.9.

(4) 收敛.　　(5) ①条件收敛；②当 $|a|<\dfrac{1}{\mathrm{e}}$ 时，绝对收敛；当 $|a|\geqslant\dfrac{1}{\mathrm{e}}$ 时，原级数发散；③发散；④发散.

(6) 当 $p>\dfrac{1}{3}$，级数绝对收敛；当 $0<p\leqslant\dfrac{1}{3}$ 时，级数条件收敛.

(7) ①提示：对级数的一般项利用拉格朗日中值定理和导数的有界性；②利用定义.

(8) $\sum\limits_{n=1}^{\infty}\dfrac{1}{F_n}$ 收敛，$\sum\limits_{n=2}^{\infty}\dfrac{1}{\ln F_n}$ 发散.　　(9) ① $a_n=\left(\dfrac{3}{2}\right)^{n-1}a_1=\left(\dfrac{3}{2}\right)^{n-1}$；② $\sum\limits_{n=1}^{\infty}S_n=\dfrac{3}{4}$.

(10) 设 $w_n=v_n-u_n$，$t_n=v_n-c_n$ $(n=1,2,\cdots)$，则 $0\leqslant t_n\leqslant w_n$ 即级数 $\sum\limits_{n=1}^{\infty}w_n$ 与 $\sum\limits_{n=1}^{\infty}t_n$ 都是正项级数. 因为级数 $\sum\limits_{n=1}^{\infty}u_n$ 与 $\sum\limits_{n=1}^{\infty}v_n$ 都收敛，所以级数 $\sum\limits_{n=1}^{\infty}w_n$ 收敛，从而由正项级数比较判别法知级数 $\sum\limits_{n=1}^{\infty}t_n$ 也收敛. 故 $\sum\limits_{n=1}^{\infty}c_n=\sum\limits_{n=1}^{\infty}v_n-\sum\limits_{n=1}^{\infty}t_n$ 收敛.

(11) ① 因为 $|a_nb_n|\leqslant\dfrac{1}{2}(a_n^2+b_n^2)$，而级数 $\sum\limits_{n=1}^{\infty}a_n^2$ 与 $\sum\limits_{n=1}^{\infty}b_n^2$ 均收敛，所以 $\sum\limits_{n=1}^{\infty}\dfrac{1}{2}(a_n^2+b_n^2)$ 收敛，由正项级数的比较判别法知 $\sum\limits_{n=1}^{\infty}|a_nb_n|$ 收敛，故 $\sum\limits_{n=1}^{\infty}a_nb_n$ 收敛且绝对收敛.

② 因为级数 $\sum\limits_{n=1}^{\infty}a_n^2$ 与 $\sum\limits_{n=1}^{\infty}b_n^2$ 均收敛，又由①知 $\sum\limits_{n=1}^{\infty}a_nb_n$ 收敛，又由 $(a_n+b_n)^2=a_n^2+b_n^2+2a_nb_n$ 得 $\sum\limits_{n=1}^{\infty}(a_n+b_n)^2=\sum\limits_{n=1}^{\infty}a_n^2+\sum\limits_{n=1}^{\infty}b_n^2+\sum\limits_{n=1}^{\infty}2a_nb_n$ 收敛.

③ 由于 $0<\dfrac{|a_n|}{n}=|a_n|\cdot\dfrac{1}{n}\leqslant\dfrac{1}{2}\left(a_n^2+\dfrac{1}{n^2}\right)$，级数 $\sum\limits_{n=1}^{\infty}a_n^2$ 与 $\sum\limits_{n=1}^{\infty}\dfrac{1}{n^2}$ 均收敛 $\Rightarrow$ $\sum\limits_{n=1}^{\infty}\dfrac{1}{2}\left(a_n^2+\dfrac{1}{n^2}\right)$ 收敛. 再由正项级数的比较法得，级数 $\sum\limits_{n=1}^{\infty}\dfrac{|a_n|}{n}$ 收敛.

(12) ① 由于 $s_n = \sum_{k=1}^{n}[f(k+1)-f(k)] = f(n+1)-f(1)$，所以 $\lim_{n\to\infty} s_n = \lim_{n\to\infty} f(n+1) -$

$1 = A-1$，从而级数 $\sum_{n=1}^{\infty}[f(n+1)-f(n)]$ 收敛.

② 由于 $f''(x)$ 存在，且 $f''(x) \leqslant 0$，所以函数 $f'(x)$ 单调不增. 又因为 $f(x)$ 在区间

$[0,+\infty)$ 上单增，所以必有 $f'(x) \geqslant 0$，即级数 $\sum_{n=1}^{\infty} f'(n)$ 是正项级数. 根据拉格朗日中值

定理可得 $f(n+1)-f(n) = f'(\xi_n)$，$n < \xi_n < n+1$，所以 $f'(n+1) \leqslant f'(\xi_n) \leqslant f'(n)$. 由①

可知 $\sum_{n=1}^{\infty} f'(\xi_n)$ 收敛，所以根据正项级数的比较判别法知，级数 $\sum_{n=1}^{\infty} f'(n+1)$ 收敛，再根据

级数收敛的性质可得级数 $\sum_{n=1}^{\infty} f'(n)$ 收敛.

(13) 证明：由 $0 \leqslant \int_0^{\frac{1}{n}} \frac{\sqrt{x}}{1+x^4} dx \leqslant \int_0^{\frac{1}{n}} \sqrt{x}\, dx = \frac{2}{3} \frac{1}{n^{\frac{3}{2}}}$，由比较法可知该级数收敛.

(14) 考虑级数 $\sum_{n=2}^{\infty}(x_n - x_{n-1}) = \sum_{n=2}^{\infty}\left(\frac{1}{\sqrt{n}} - 2\sqrt{n} + 2\sqrt{n-1}\right)$ 的敛散性. 因一般项 $\frac{1}{\sqrt{n}} -$

$2\sqrt{n} + 2\sqrt{n-1} = \frac{-1}{\sqrt{n}\ (\sqrt{n} + \sqrt{n-1})^2}$. 当 $n \to \infty$ 时它与 $\frac{1}{n\sqrt{n}}$ 同阶，则该级数绝对收敛，从而

$\lim_{n\to\infty} x_n$ 存在.

8.2　函数项级数

一、知识要点

1. 函数项级数的收敛域与和函数

设函数列 $\{u_n(x)\}$ 的每个函数都在区间 I 上有定义，将它们依次用加号连接起来，即

$$\sum_{n=1}^{\infty} u_n(x) = u_1(x) + u_2(x) + \cdots + u_n(x) + \cdots, \qquad (8.1)$$

就是区间 I 上的函数项级数. 函数项级数（8.1）的前 n 项和

$$s_n(x) = u_1(x) + u_2(x) + \cdots + u_n(x)$$

就是函数项级数（8.1）的 n 项部分和函数，简称部分和、$\forall x_0 \in I$，函数项级数（8.1）在 x_0

处对应一个数项级数

$$\sum_{n=1}^{\infty} u_n(x_0) = u_1(x_0) + u_2(x_0) + \cdots + u_n(x_0) + \cdots \qquad (8.2)$$

它的敛散性可用数项级数敛散性的判别法判别. 若级数（8.2）收敛，则称 x_0 是函数项

级数（8.1）的收敛点；若级数（8.2）发散，则称 x_0 是函数项级数（8.1）的发散点.

函数项级数（8.1）收敛点的全体，称为函数项级数（8.1）的收敛域. 显然，函数项级

数（8.1）在收敛域的每个点都有和. 于是，函数项级数（8.1）的和是定义在收敛域的函

数，设此函数是 $s(x)$，即 $\lim_{n\to\infty} s_n(x) = s(x)$. 或 $s(x) = u_1(x) + u_2(x) + \cdots + u_n(x) + \cdots$，称

$s(x)$ 是函数项级数（8.1）的和函数.

函数项级数（8.1）的和函数 $s(x)$ 与它的 n 项部分和的差，记为 $R_n(x)$，即

$$R_n(x)=s(x)-s_n(x)=u_{n+1}(x)+u_{n+2}(x)+\cdots \qquad (8.3)$$

称为函数项级数（8.3）的第 n 项余和。由式(8.3) 知，对收敛域内任意 x，有

$$\lim_{n\to\infty}R_n(x)=s(x)-s(x)=0.$$

2. 幂级数的收敛半径、收敛域与和函数

对于幂级数 $\sum\limits_{n=0}^{\infty}a_nx^n$，若 $\lim\limits_{n\to\infty}\left|\dfrac{a_n}{a_{n+1}}\right|=R$，这里 $0\leqslant R\leqslant+\infty$. 当 $R=0$ 时，幂级数仅当 $x=0$ 时收敛（收敛于 a_0）；当 $R=+\infty$ 时，幂级数 $\forall x\in\mathbf{R}$ 收敛，即幂级数的收敛域为 $(-\infty,+\infty)$；当 $0<R<+\infty$ 时，称 R 为幂级数的收敛半径，称 $(-R,R)$ 为幂级数的收敛区间. 收敛区间与使幂级数收敛的端点 $x=R$ 或 $x=-R$ 的并集，称为幂级数的收敛域.

幂级数的和函数在其收敛域上为连续函数；幂级数在其收敛区间内可逐项求导数、逐项求积分，且其收敛半径不变，但在两个端点的敛散性可能改变，此性质常用于求幂级数的和函数.

3. 函数的幂级数展开式

（1）幂级数展开式的唯一性：如果在 $x=x_0$ 的一个邻域内幂级数 $\sum\limits_{n=0}^{\infty}a_n(x-x_0)^n$ 的和函数为 $s(x)$，则必有 $a_n=\dfrac{s^{(n)}(x_0)}{n!}$ $(n=0,1,2,\cdots)$.

（2）设函数 $f(x)$ 在点 $x=x_0$ 的一个邻域 $(x_0-\delta,x_0+\delta)$ 内具有任意阶导数，则 $f(x)$ 在该邻域内可以展开成泰勒级数

$$f(x)=f(x_0)+f'(x_0)(x-x_0)+\frac{f''(x_0)}{2!}(x-x_0)^2+\cdots+\frac{f^{(n)}(x_0)}{n!}(x-x_0)^n+\cdots$$

的充分必要条件是对于任何 $x\in(x_0-\delta,x_0+\delta)$，$f(x)$ 泰勒公式的余项 $\lim\limits_{n\to\infty}R_n(x)=0$.

（3）几个常用函数的麦克劳林级数

① $\mathrm{e}^x=\sum\limits_{n=0}^{\infty}\dfrac{1}{n!}x^n=1+x+\dfrac{1}{2!}x^2+\dfrac{1}{3!}x^3+\cdots$ $(|x|<+\infty)$.

② $\sin x=\sum\limits_{n=0}^{\infty}(-1)^n\dfrac{1}{(2n+1)!}x^{2n+1}=x-\dfrac{1}{3!}x^3+\dfrac{1}{5!}x^5-\cdots$ $(|x|<+\infty)$.

③ $\cos x=\sum\limits_{n=0}^{\infty}(-1)^n\dfrac{1}{(2n)!}x^{2n}=1-\dfrac{1}{2!}x^2+\dfrac{1}{4!}x^4-\cdots$ $(|x|<+\infty)$.

④ $\ln(1+x)=\sum\limits_{n=1}^{\infty}\dfrac{(-1)^{n-1}}{n}x^n=x-\dfrac{1}{2}x^2+\dfrac{1}{3}x^3-\cdots$ $(-1<x\leqslant1)$.

⑤ $\dfrac{1}{1+x}=\sum\limits_{n=0}^{\infty}(-x)^n=1-x+x^2-x^3+\cdots$ $(|x|<1)$.

4. 求函数的幂级数展开式的方法

（1）直接展开法：求出 $f(x)$ 的各阶导数，写出该函数的泰勒公式及其泰勒级数，并检查其泰勒公式的余项 $R_n(x)\to0$ 的区间，以给出该展开式成立的范围.

（2）间接展开法：利用 $f(x)$ 与已知的幂级数展开式的关系以及幂级数在收敛区间内的性质，求出 $f(x)$ 的幂级数展开式.

5. 傅里叶级数

（1）设 $f(x)$ 是周期为 2π 的可积函数，则有傅里叶系数公式：

$$a_n = \frac{1}{\pi}\int_{-\pi}^{\pi} f(x)\cos nx\,\mathrm{d}x, n = 0,1,2,\cdots$$

$$b_n = \frac{1}{\pi}\int_{-\pi}^{\pi} f(x)\sin nx\,\mathrm{d}x, n = 0,1,2,\cdots$$

函数 $f(x)$ 的傅里叶级数为 $\dfrac{a_0}{2} + \sum_{n=1}^{\infty}(a_n\cos nx + b_n\sin nx)$.

（2）收敛定理：若 $f(x)$ 是以 2π 为周期的函数，在 $[-\pi,\pi]$ 上除有限个第一类间断点外均连续，且在 $[-\pi,\pi]$ 上只有有限个极值点，则 $f(x)$ 的傅里叶级数展开式在 $x\in(-\infty,+\infty)$ 处收敛于 $\dfrac{1}{2}[f(x^-)+f(x^+)]$.

（3）正弦级数与余弦级数：若 $f(x)$ 是周期为 2π 的偶函数，则 $f(x)$ 的傅里叶级数展开式为余弦级数，即

$$\frac{a_0}{2} + \sum_{n=1}^{\infty} a_n\cos nx \quad 其中 a_n = \frac{2}{\pi}\int_0^{\pi} f(x)\cos nx\,\mathrm{d}x, n = 0,1,2,\cdots.$$

若 $f(x)$ 是周期为 2π 的奇函数，则 $f(x)$ 的傅里叶级数展开式为正弦级数，即

$$\sum_{n=1}^{\infty} b_n\sin nx \quad 其中 b_n = \frac{2}{\pi}\int_0^{\pi} f(x)\sin nx\,\mathrm{d}x, n = 0,1,2,\cdots.$$

若函数 $f(x)$ 只给出在 $[0,\pi]$ 上的定义，则既可将 $f(x)$ 作偶延拓，使 $f(x)$ 成为周期为 2π 的偶函数，求其余弦级数；也可将 $f(x)$ 作奇延拓，使 $f(x)$ 成为周期为 2π 的奇函数，求其正弦级数.

（4）设 $f(x)$ 是周期为 $2l$ 的可积函数，则有傅里叶系数公式：

$$a_n = \frac{1}{l}\int_{-l}^{l} f(x)\cos\frac{n\pi x}{l}\mathrm{d}x, n = 0,1,2,\cdots$$

$$b_n = \frac{1}{l}\int_{-l}^{l} f(x)\sin\frac{n\pi x}{l}\mathrm{d}x, n = 0,1,2,\cdots$$

函数 $f(x)$ 的傅里叶级数为

$$\frac{a_0}{2} + \sum_{n=1}^{\infty}\left(a_n\cos\frac{n\pi x}{l} + b_n\sin\frac{n\pi x}{l}\right).$$

特别地，当 $l=1$ 时，

$$a_n = \int_{-1}^{1} f(x)\cos n\pi x\,\mathrm{d}x, n = 0,1,2,\cdots,$$

$$b_n = \int_{-1}^{1} f(x)\sin n\pi x\,\mathrm{d}x, n = 0,1,2,\cdots$$

函数 $f(x)$ 的傅里叶级数为

$$\frac{a_0}{2} + \sum_{n=1}^{\infty}(a_n\cos n\pi x + b_n\sin n\pi x).$$

二、重点题型解析

【例 8.22】 求下列幂级数的收敛域

(1) $\displaystyle\sum_{n=1}^{\infty}\left(1+\frac{1}{n}\right)^{n^2}\left(\frac{1-x}{1+x}\right)^n$;　　(2) $\displaystyle\sum_{n=0}^{\infty}\frac{(n!)^3(2x-1)^{3n}}{(3n)!}$.

解析 (1) $\sqrt[n]{|u_n(x)|}=\left(1+\frac{1}{n}\right)^n\left|\frac{1-x}{1+x}\right|\to \mathrm{e}\left|\frac{1-x}{1+x}\right|$ $(n\to\infty)$,

当 $\mathrm{e}\left|\dfrac{1-x}{1+x}\right|<1$ 时, $\dfrac{\mathrm{e}-1}{\mathrm{e}+1}<x<\dfrac{\mathrm{e}+1}{\mathrm{e}-1}$, 原级数绝对收敛; 当 $\mathrm{e}\left|\dfrac{1-x}{1+x}\right|=1$ 时,

$$\lim_{n\to\infty}\left(1+\frac{1}{n}\right)^{n^2}\mathrm{e}^{-n}=\lim_{n\to\infty}\mathrm{e}^{\frac{1}{n}n^2}\mathrm{e}^{-n}=1,$$

原级数发散; 故原级数收敛域为 $\left(\dfrac{\mathrm{e}-1}{\mathrm{e}+1},\ \dfrac{\mathrm{e}+1}{\mathrm{e}-1}\right)$.

(2) $\displaystyle\lim_{n\to\infty}\left|\frac{u_{n+1}(x)}{u_n(x)}\right|=\lim_{n\to\infty}\frac{(n+1)^3|2x-1|^3}{(3n+3)(3n+2)(3n+1)}=\frac{|2x-1|^3}{27}<1$

当 $|2x-1|<3$ 时, 原级数绝对收敛; 当 $|2x-1|=3$ 时,

$$\lim_{n\to\infty}u_n=\lim_{n\to\infty}\frac{(n!)^3(\pm3)^{3n}}{(3n)!}\neq 0,$$

原级数发散. 故收敛域为 $|2x-1|<3$, 即 $x\in(-1,2)$.

　评注 (1) 中幂级数不是标准形式的幂级数, 于是可以把此级数看做一般的函数项级数, 利用比值审敛法确定级数的收敛域; (2) 中的幂级数是缺项情形, 直接用函数通项比值法求 R, 从而求出收敛域.

【例 8.23】 幂级数 $\displaystyle\sum_{n=1}^{\infty}\frac{[3+(-1)^n]^n}{n}x^n$ 的收敛域.

　解析 将该级数分为奇数次项和偶数次项两部分, 则

$$原级数=\sum_{n=1}^{\infty}\frac{2^{2n-1}}{2n-1}x^{2n-1}+\sum_{n=1}^{\infty}\frac{4^{2n}}{2n}x^{2n}.$$

易求得前一个级数的收敛域为 $\left(-\dfrac{1}{2},\dfrac{1}{2}\right)$, 后一个级数的收敛域为 $\left(-\dfrac{1}{4},\dfrac{1}{4}\right)$. 这两个收敛域的交集就是原级数的收敛域 $\left(-\dfrac{1}{4},\dfrac{1}{4}\right)$.

　评注 当两个幂级数的收敛域不相同时, 它们和的收敛域是两个收敛域的交集. 这种方法可以简化求幂级数的收敛域.

【例 8.24】 求级数 $\displaystyle\sum_{n=1}^{\infty}\frac{1}{1+\dfrac{1}{2}+\dfrac{1}{3}+\cdots+\dfrac{1}{n}}x^n$ 的收敛域.

　解析 令 $a_n=\dfrac{1}{1+\dfrac{1}{2}+\dfrac{1}{3}+\cdots+\dfrac{1}{n}}$, 由于 $\displaystyle\lim_{n\to\infty}\frac{a_n}{a_{n+1}}=1$ 所以, 收敛半径为 1.

当 $x=1$ 时,

$$a_n = \cfrac{1}{1+\cfrac{1}{2}+\cfrac{1}{3}+\cdots+\cfrac{1}{n}} > \cfrac{1}{1+1+\cdots+1} = \cfrac{1}{n},$$

原级数发散；当 $x=-1$ 时，原级数化为 $\displaystyle\sum_{n=1}^{\infty}(-1)^n a_n$ ，由于 $a_n = \cfrac{1}{1+\cfrac{1}{2}+\cfrac{1}{3}+\cdots+\cfrac{1}{n}}$ 单调

减少，且 $\lim\limits_{n\to\infty} a_n = 0$ 所以，原级数收敛. 故原级数的收敛域为 $[-1,1)$.

评注 标准形式的幂级数确定收敛域时，关键是 $x=\pm R$ 时如何确定数项级数的敛散性，此时利用数项级数判别法来判断级数的敛散性.

【例 8.25】 求级数 $\displaystyle\sum_{n=1}^{\infty} \frac{x^{n+1}}{n(n+1)}$ 的和函数.

解析 首先该级数的收敛域为 $[-1,1]$，设

$$s(x) = \sum_{n=1}^{\infty} \frac{x^{n+1}}{n(n+1)},\quad s''(x) = \sum_{n=1}^{\infty} x^n = \frac{x}{1-x}\ ,\quad (-1<x<1),$$

两次积分得，　　　　　　　　$s(x) = (1-x)\ln(1-x)+x.$

又当 $x=1$ 时，$\displaystyle\sum_{n=1}^{\infty} \frac{1}{n(n+1)} = 1$，当 $x=-1$ 时，$\displaystyle\sum_{n=1}^{\infty} \frac{1}{n(n+1)} = \lim_{x\to-1^+} s(x) = 2\ln 2 + 1.$

评注 求幂级数和函数时先求收敛域，然后设出和函数 $s(x)$，最后利用幂级数在其收敛区间内的基本性质（和函数的连续性、逐项求导和逐项积分）求出幂级数的和函数.

【例 8.26】 （第三届全国大学生数学竞赛预赛试题）求幂级数 $\displaystyle\sum_{n=1}^{\infty} \frac{2n-1}{2^{2n-1}} x^{2n-2}$ 的和函数，并求级数 $\displaystyle\sum_{n=1}^{\infty} \frac{2n-1}{2^{2n-1}}$ 的和.

解析 令 $s(x) = \displaystyle\sum_{n=1}^{\infty} \frac{2n-1}{2^{2n-1}} x^{2n-2}$，则其收敛域为 $(-\sqrt{2},\sqrt{2})$. $\forall x\in(-\sqrt{2},\sqrt{2})$，

$$\int_0^x s(t)\,\mathrm{d}t = \sum_{n=1}^{\infty}\int_0^x \frac{2n-1}{2^{2n-1}} t^{2n-2}\,\mathrm{d}t = \sum_{n=1}^{\infty} \frac{x^{2n-1}}{2^n} = \frac{x}{2}\sum_{n=1}^{\infty}\left(\frac{x^2}{2}\right)^{n-1} = \frac{x}{2-x^2},$$

于是　　　　　　$s(x) = \left(\frac{x}{2-x^2}\right)' = \frac{2+x^2}{(2-x^2)^2},\quad \forall x\in(-\sqrt{2},\sqrt{2}).$

又　　　　　　$\displaystyle\sum_{n=1}^{\infty} \frac{2n-1}{2^{2n-1}} = \sum_{n=1}^{\infty} \frac{2n-1}{2^{2n}}\left(\frac{1}{\sqrt{2}}\right)^{2n-2} = s\left(\frac{1}{\sqrt{2}}\right) = \frac{10}{9}.$

【例 8.27】 设幂级数 $\displaystyle\sum_{n=0}^{\infty} a_n x^n$ 在 $(-\infty,+\infty)$ 内收敛，其和函数 $y(x)$ 满足：

$$y'' - 2xy' - 4y = 0,\ y(0)=0,\ y'(0)=1$$

(1) 证明：$a_{n+2} = \cfrac{2}{n+1} a_n$，$n=1,2,\cdots$；

(2) 求 $y(x)$ 的表达式.

解析 (1) 由于 $y = \displaystyle\sum_{n=0}^{\infty} a_n x^n$，从而

$$y' = \sum_{n=1}^{\infty} n a_n x^{n-1},\quad y'' = \sum_{n=2}^{\infty} n(n-1) a_n x^{n-2}$$

故
$$y'' - 2xy' - 4y = \sum_{n=2}^{\infty} n(n-1)a_n x^{n-2} - 2x \sum_{n=1}^{\infty} na_n x^{n-1} - 4 \sum_{n=0}^{\infty} a_n x^n$$

$$= \sum_{k=0}^{\infty} (k+2)(k+1)a_{k+2} x^k - 2 \sum_{n=1}^{\infty} na_n x^n - 4 \sum_{n=0}^{\infty} a_n x^n$$

$$= 2a_2 - 4a_0 + \sum_{n=1}^{\infty} [(n+2)(n+1)a_{n+2} - 2na_n - 4a_n] x^n$$

所以 $a_2 = 2a_0$, $a_{n+2} = \dfrac{2a_n}{n+1}$, $(n=1,2,\cdots)$, $a_0 = 0, a_1 = 1$.

（2）因为 $y(0)=0$, $y'(0)=1$, $a_0 = 0, a_1 = 1$ 于是由（1）可得

$$a_{2n} = 0, \quad a_{2n+1} = \frac{1}{n!} a_1 = \frac{1}{n!}$$

所以级数为 $\displaystyle\sum_{n=0}^{\infty} a_n x^n = \sum_{n=0}^{\infty} \frac{1}{n!} x^{2n+1}$，而 $\displaystyle\sum_{n=0}^{\infty} \frac{1}{n!} x^{2n+1} = xe^{x^2}$，故 $y(x) = xe^{x^2}$，$x \in (-\infty, +\infty)$.

评注 用已知条件推证比较简单. 对于 $y(x)$ 的表达式想通过解方程得到非常困难，因为所给方程超出我们所学范围，不过可以通过（1）把 a_n 的具体表达式求出来，利用已知的常用幂级数展开式把幂级数的和函数写出来.

【例 8.28】 设 $F(x)$ 是 $f(x)$ 的一个原函数且 $F(0)=1$, $F(x)f(x) = \cos 2x$, $a_n = \displaystyle\int_0^{n\pi} |f(x)| dx$, $n=1,2,\cdots$，求 $\displaystyle\sum_{n=2}^{\infty} \frac{a_n}{n^2-1} x^n$ 的收敛域与和函数.

解析 由 $F'(x) = f(x)$ 得 $F(x)F'(x) = \cos 2x$，上式积分得 $F^2(x) = \sin 2x + C$ 代入初始条件得 $C = 1$，从而得 $|F(x)| = |\sin x + \cos x|$，于是有 $|f(x)| = \dfrac{|\cos 2x|}{|F(x)|} = |\cos x - \sin x|$. 代入得

$$a_n = \int_0^{n\pi} |f(x)| dx = \int_0^{n\pi} |\cos x - \sin x| dx = n \int_0^{\pi} |\cos x - \sin x| dx = 2\sqrt{2}\, n \ (n=1,2,\cdots).$$

所以
$$\sum_{n=2}^{\infty} \frac{a_n}{n^2-1} x^n = \sum_{n=2}^{\infty} \frac{2\sqrt{2}\, n}{n^2-1} x^n = 2\sqrt{2} \sum_{n=2}^{\infty} \frac{n}{n^2-1} x^n,\ \text{收敛域} [-1,1).$$

当 $x \neq 0$ 时，$s(x) = \displaystyle\sum_{n=2}^{\infty} \frac{a_n}{n^2-1} x^n = 2\sqrt{2} \sum_{n=2}^{\infty} \frac{n}{n^2-1} x^n = \sqrt{2} \sum_{n=2}^{\infty} \left(\frac{1}{n-1} + \frac{1}{n+1}\right) x^n$

$$= \sqrt{2} \left(x \sum_{n=1}^{\infty} \frac{x^n}{n} + \frac{1}{x} \sum_{n=3}^{\infty} \frac{x^n}{n} \right).$$

其中
$$\sum_{n=1}^{\infty} \frac{x^n}{n} = -\ln(1-x), (-1 \leqslant x < 1).$$

于是
$$s(x) = -\sqrt{2} \left(\frac{x^2+1}{x} \ln(1-x) + 1 + \frac{x}{2} \right)$$

又知 $s(0) = 0$，故有

$$s(x) = \begin{cases} -\sqrt{2} \left(\dfrac{x^2+1}{x} \ln(1-x) + 1 + \dfrac{x}{2} \right), & x \in [-1,0) \cup (0,1) \\ 0, & x = 0 \end{cases}.$$

评注 解题时注意原函数的定义 $F'(x) = f(x)$ 求出 $F(x)$，再求 $f(x)$，从而可求出 a_n. 求幂级数和函数时，可化为两个幂级数分别求和，可得幂级数的和.

【例 8.29】 设 $a_0=4$，$a_1=1$，$a_{n-2}=n(n-1)a_n$，$n\geq 2$，（1）求幂级数 $\sum_{n=0}^{\infty}a_nx^n$ 的和函数 $s(x)$；（2）求 $s(x)$ 的极值.

解析 （1）设幂级数 $\sum_{n=0}^{\infty}a_nx^n$ 的收敛区间为 $(-R,R)$，逐项求导得

$$s'(x)=\sum_{n=1}^{\infty}na_nx^{n-1},\quad s''(x)=\sum_{n=2}^{\infty}n(n-1)a_nx^{n-2},\quad x\in(-R,R).$$

依题意，得 $s''(x)=\sum_{n=2}^{\infty}a_{n-2}x^{n-2}=\sum_{n=0}^{\infty}a_nx^n$，所以，有 $s''(x)-s(x)=0$. 解此二阶常系数齐次线性微分方程，得 $s(x)=C_1\mathrm{e}^x+C_2\mathrm{e}^{-x}$. 代入初始条件 $s(0)=a_0=4$，$s'(0)=a_1=1$，得 $C_1=\frac{5}{2}$，$C_2=\frac{3}{2}$. 于是，$s(x)=\frac{5}{2}\mathrm{e}^x+\frac{3}{2}\mathrm{e}^{-x}$.

（2）令 $s'(x)=\frac{5}{2}\mathrm{e}^x-\frac{3}{2}\mathrm{e}^{-x}=0$，得 $x=\frac{1}{2}\ln\frac{3}{5}$，又 $s''(x)=\frac{5}{2}\mathrm{e}^x+\frac{3}{2}\mathrm{e}^{-x}>0$，所以 $s(x)$ 在 $x=\frac{1}{2}\ln\frac{3}{5}$ 处取极小值.

评注 由递推公式，利用收敛幂级数逐项求导建立关于 $s(x)$ 微分方程，从而求出 $s(x)$.

【例 8.30】 （2004 年北京市数学竞赛试题）设 $a_0=1$，$a_1=-2$，$a_2=\frac{7}{2}$，$a_{n+1}=-\left(1+\frac{1}{n+1}\right)a_n$，$(n\geq 2)$.

证明：当 $|x|<1$ 时，幂级数 $\sum_{n=0}^{\infty}a_nx^n$ 收敛，并求其和函数 $s(x)$.

解析 $\lim_{n\to\infty}\left|\frac{a_{n+1}}{a_n}\right|=\lim_{n\to\infty}\frac{n+2}{n+1}=1$，$r=1$ 所以当 $|x|<1$ 时，幂级数 $\sum_{n=0}^{\infty}a_nx^n$ 收敛.

由 $a_{n+1}=-\left(1+\frac{1}{n+1}\right)a_n$ 可推出 $a_n=\frac{7}{6}(-1)^n(n+1)(n\geq 3)$，则

$$s(x)=1-2x+\frac{7}{2}x^2+\sum_{n=3}^{\infty}\frac{7}{6}(-1)^nx^n=1-2x+\frac{7}{2}x^2+\frac{7}{6}\left[\sum_{n=3}^{\infty}(-1)^n\int_0^x(n+1)x^n\mathrm{d}x\right]'$$

$$=1-2x+\frac{7}{2}x^2+\frac{7}{6}\left(\frac{x^4}{1+x}\right)'=1-2x+\frac{7}{2}x^2+\frac{7}{6}\frac{4x^3+3x^4}{(1+x)^2}=\frac{1}{(1+x)^2}\left(\frac{x^3}{3}+\frac{x^2}{2}+1\right).$$

评注 利用数列 a_n 的递推关系式可得出级数的收敛半径 $r=1$，从而得到敛散性的结论，同时可证明 $a_n=\frac{7}{6}(-1)^n(n+1)$，代入 $\sum_{n=0}^{\infty}a_nx^n$ 后演变为普通的求和问题.

【例 8.31】 （首届全国大学生数学竞赛决赛试题）已知 $u_n(x)$ 满足 $u_n'(x)=u_n(x)+x^{n-1}\mathrm{e}^x$，（$n$ 为正整数）且 $u_n(1)=\frac{\mathrm{e}}{n}$，求函数项级数 $\sum_{n=1}^{\infty}u_n(x)$ 之和.

解析 由 $u_n'(x)=u_n(x)+x^{n-1}\mathrm{e}^x$，得 $u_n'(x)-u_n(x)=x^{n-1}\mathrm{e}^x$，解此一阶非齐次线性微分方程得 $u_n(x)=\mathrm{e}^x\left(\frac{x^n}{n}+C\right)$. 代入初始条件 $u_n(1)=\frac{\mathrm{e}}{n}$，得 $C=0$，故 $u_n(x)=\frac{\mathrm{e}^xx^n}{n}$.

从而

$$\sum_{n=1}^{\infty} u_n(x) = \sum_{n=1}^{\infty} \frac{e^x x^n}{n} = e^x \sum_{n=1}^{\infty} \frac{x^n}{n}.$$

令 $s(x) = \sum_{n=1}^{\infty} \frac{x^n}{n}$，$x \in [-1, 1)$，则 $s'(x) = \sum_{n=1}^{\infty} x^{n-1} = \frac{1}{1-x}$，所以 $s(x) = \int_0^x \frac{1}{1-t} dt =$

$-\ln(1-x)$. 于是，$\sum_{n=1}^{\infty} u_n(x) = -e^x \ln(1-x)$.

评注　本题表明，$u_n(x)$ 满足一阶非齐次线性微分方程，求其解得到 $u_n(x)$ 表达式，然后再由幂级数的性质求 $\sum_{n=1}^{\infty} u_n(x)$ 之和.

【例 8.32】　无穷级数 $\sum_{n=1}^{\infty} \frac{1}{n!\,(n+2)}$ 的和为 _____.

解析　$\sum_{n=1}^{\infty} \frac{1}{n!\,(n+2)}$ 为 $\sum_{n=1}^{\infty} \frac{x^{n+2}}{n!\,(n+2)}$ 在收敛点 $x=1$ 处的值. $\sum_{n=1}^{\infty} \frac{x^{n+2}}{n!\,(n+2)}$ 收敛域

为 $(-\infty, +\infty)$.

令 $s(x) = \sum_{n=1}^{\infty} \frac{x^{n+2}}{n!\,(n+2)}$，则

$$s'(x) = \sum_{n=1}^{\infty} \frac{x^{n+1}}{n!} = x \sum_{n=1}^{\infty} \frac{x^n}{n!} = x \left(\sum_{n=0}^{\infty} \frac{x^n}{n!} - 1 \right) = x(e^x - 1) \text{ 且 } s(0) = 0. \text{ 于是，}$$

$\int_0^x s'(t) dt = \int_0^x t(e^t - 1) dt$ 得 $s(x) = (x-1)e^x + 1 - \frac{x^2}{2}$，故 $\sum_{n=1}^{\infty} \frac{1}{n!\,(n+2)} = s(1) = \frac{1}{2}$.

评注　此题是借助幂级数求数项级数的和. 方法是把级数中 $A a^n$ 转变成 $x a^n$ 或 x^n，再利用求幂级数和函数的方法处理.

【例 8.33】　将函数 $\ln(4 - 3x - x^2)$ 展开为麦克劳林级数.

解析　因 $\ln(4 - 3x - x^2) = \ln(4+x)(1-x) = \ln 4 + \ln\left(1 + \frac{x}{4}\right) + (1-x)$.

由
$$\ln\left(1 + \frac{x}{4}\right) = \sum_{n=1}^{\infty} \frac{1}{n} \cdot \frac{(-1)^{n-1}}{4^n} x^n, \quad x \in (-4, 4],$$

$$\ln(1-x) = -\sum_{n=1}^{\infty} \frac{1}{n} \cdot x^n, \quad x \in [-1, 1).$$

得
$$\ln(4 - 3x - x^2) = \ln 4 + \sum_{n=1}^{\infty} \frac{1}{n} \left[\frac{(-1)^{n-1}}{4^n} - 1 \right] x^n, \quad x \in [-1, 1)$$

评注　本例题表明，将对数函数展开成麦克劳林级数时，可利用对数函数的性质将对数函数化为多个对数函数的代数和再分别展开，从而将对数函数展开成麦克劳林级数.

【例 8.34】　设函数 $f(x)$ 是以 2π 为周期的周期函数且 $f(x) = e^{ax}$ $(0 \leqslant x < 2\pi)$，其中 $a \neq 0$，试将 $f(x)$ 展开成傅里叶级数，并求数值级数 $\sum_{n=1}^{\infty} \frac{1}{1+n^2}$ 的和.

解析　$a_0 = \frac{1}{\pi} \int_0^{2\pi} e^{ax} dx = \frac{1}{a\pi} (e^{2\pi a} - 1)$

$$a_n = \frac{1}{\pi} \int_0^{2\pi} e^{ax} \cos nx \, dx = \frac{e^{2\pi a} - 1}{\pi} \cdot \frac{a}{a^2 + n^2}, n = 1, 2, \cdots$$

$$b_n = \frac{1}{\pi}\int_0^{2\pi} e^{ax}\sin nx\, dx = -\frac{e^{2\pi a}-1}{\pi}\cdot\frac{n}{a^2+n^2}, n=1,2,\cdots$$

因此，由狄利克雷收敛定理知

$$e^{ax} = \frac{e^{2\pi a}-1}{\pi}\left(\frac{1}{2a}+\sum_{n=1}^{\infty}\frac{a\cos nx - n\sin nx}{a^2+n^2}\right)$$

令 $a=1$，$x=0$ 由狄利克雷收敛定理知

$$\frac{e^{2\pi}-1}{\pi}\left(\frac{1}{2}+\sum_{n=1}^{\infty}\frac{1}{1+n^2}\right) = \frac{f(0)+f(2\pi)}{2} = \frac{e^{2\pi}+1}{2}$$

故

$$\sum_{n=1}^{\infty}\frac{1}{1+n^2} = \frac{\pi}{2}\cdot\frac{e^{2\pi}+1}{e^{2\pi}-1} - \frac{1}{2}.$$

评注 将 $f(x)$ 展开成傅里叶级数，必须要判断是否满足狄利克雷收敛定理的条件，再由公式求傅里叶系数 a_n, b_n.

【例 8.35】 将函数 $f(x) = 2+|x|(-1\leqslant x\leqslant 1)$ 展成以 2 为周期的傅里叶级数，并由此求级数 $\sum_{n=1}^{\infty}\frac{1}{2^n}$ 的和。

解析 按傅里叶系数公式，先求 $f(x)$ 的傅里叶系数 a_n 与 b_n.

因 $f(x)$ 为偶函数，$b_n=0(n=1,2,3\cdots)$.

$$a_n = \frac{2}{l}\int_0^l f(x)\cos\frac{n\pi}{l}x\, dx \xlongequal{l=1} 2\int_0^1(2+x)\cos n\pi x\, dx$$

$$= 4\int_0^1 \cos n\pi x\, dx + \frac{2}{n\pi}\int_0^1 x\, d\sin n\pi x = -\frac{2}{n\pi}\int_0^1 \sin n\pi x\, dx = \frac{2}{n^2\pi^2}\cos n\pi x\Big|_0^1$$

$$= \frac{2}{n^2\pi^2}[(-1)^n-1] = \begin{cases} \dfrac{-4}{(2k-1)^2\pi^2}, & n=2k-1, \\ 0, & n=2k. \end{cases} (n=1,2,\cdots),$$

$$a_0 = 2\int_0^1(2+x)\, dx = 5.$$

注意到 $f(x)$ 在 $[-1,1]$ 分段单调，连续且 $f(-1)=f(1)$，于是有傅里叶展开式

$$f(x) = 2+|x| = \frac{5}{2} - \sum_{n=1}^{\infty}\frac{4}{\pi^2}\frac{1}{(2n-1)^2}\cos(2n-1)\pi x, x\in[-1,1].$$

为了求 $\sum_{n=1}^{\infty}\frac{1}{n^2}$ 的值，上式中令 $x=0$ 得 $2=\frac{5}{2}-\frac{4}{\pi^2}\sum_{n=1}^{\infty}\frac{1}{(2n-1)^2}$，即 $\sum_{n=1}^{\infty}\frac{1}{(2n-1)^2}=\frac{\pi^2}{8}$.

现由

$$\sum_{n=1}^{\infty}\frac{1}{n^2} = \sum_{n=1}^{\infty}\left[\frac{1}{(2n-1)^2}+\frac{1}{(2n)^2}\right] = \sum_{n=1}^{\infty}\frac{1}{(2n-1)^2}+\frac{1}{4}\sum_{n=1}^{\infty}\frac{1}{n^2},$$

$$\Rightarrow \frac{3}{4}\sum_{n=1}^{\infty}\frac{1}{n^2} = \frac{\pi^2}{8}, \quad \sum_{n=1}^{\infty}\frac{1}{n^2} = \frac{\pi^2}{6}.$$

评注 首先可以确定 $f(x)$ 为偶函数则 $b_n=0$，这样只需要求 a_n 即可，函数展开成的是余弦级数，在（2）中求数项级数和的时候，观察已求出的展开式，找出级数和与展开式的关系，从而利用展开式求出级数的和.

三、综合训练

（1）求下列幂级数的收敛域

① $\sum\limits_{n=1}^{\infty}\dfrac{(x-1)^{2n}}{n-3^{2n}}$;　　　　　　② $\sum\limits_{n=1}^{\infty}\dfrac{x^n}{n3^n+n^2 2^n}$;

③ $\sum\limits_{n=1}^{\infty}(-1)^n\dfrac{1}{n2^n}x^{2n-1}$;　　　　　④ $\sum\limits_{n=1}^{\infty}\left[\dfrac{1}{2^n}+(-1)^n+\sin n\right](x+1)^n$.

(2) 求幂级数 $\sum\limits_{n=1}^{\infty}\left(\dfrac{a^n}{n}+\dfrac{b^n}{n^2}\right)x^n\,(a,b>0)$ 的收敛域.

(3) 求下列幂级数的和函数

① $\sum\limits_{n=1}^{\infty}\dfrac{x^{2n-1}}{2n-1}$;　　　② $\sum\limits_{n=0}^{\infty}\dfrac{x^{2n}}{(2n)!}$;　　　③ $\sum\limits_{n=0}^{\infty}\dfrac{(-1)^n n^2}{(n+1)!}x^n$;

④ $\sum\limits_{n=1}^{\infty}\dfrac{x^{2n-1}}{1\cdot 3\cdot 5\cdot\cdots(2n-1)}$;　　　⑤ $\sum\limits_{n=0}^{\infty}nx^{n-1}$;　　　⑥ $\sum\limits_{n=0}^{\infty}\dfrac{x^{4n}}{(4n)!}$;

⑦ $\sum\limits_{n=1}^{\infty}n(n+1)x^n$;　　　⑧ $\sum\limits_{n=1}^{\infty}\dfrac{x^{n-1}}{n(n+1)}(-1<x<1)$.

(4) 求幂级数 $\sum\limits_{n=2}^{\infty}\dfrac{3n+5}{n(n-1)}x^n$ 的收敛半径，收敛域及其和函数；并求数项级数 $\sum\limits_{n=2}^{\infty}\dfrac{(-1)^{n-1}(3n+5)}{n(n-1)}$ 的和.

(5) 求下列数项级数的和

① $\sum\limits_{n=1}^{\infty}\dfrac{(-1)^{n-1}}{n(2n-1)3^n}$;　　　② $\sum\limits_{n=2}^{\infty}\dfrac{(-1)^n[(n-2)!+n]}{(n-1)!}$;

③ $\sum\limits_{n=1}^{\infty}(-1)^n\dfrac{n^2+n}{2^n}$;　　　④ $\sum\limits_{n=2}^{\infty}\dfrac{1}{(n^2-1)2^n}$.

(6) 将 $f(x)=\ln(1+x+x^2)$ 展开为 x 的幂级数.

(7) 将 $f(x)=\dfrac{1}{4}\ln\dfrac{1+x}{1-x}+\dfrac{1}{2}\arctan x$ 展开成 x 的幂级数，并求 $f^{(101)}(0)$.

(8) 将函数 $f(x)=\dfrac{x}{1-x-x^2+x^3}$ 展开为 x 的幂级数.

(9) 将 $f(x)=\dfrac{\pi-x}{2}(0\leqslant x\leqslant\pi)$ 展开成正弦级数，并求 $\sum\limits_{n=1}^{\infty}(-1)^{n+1}\dfrac{1}{2n+1}$ 的和.

(10) 对于不同的 p，求幂级数 $\sum\limits_{n=1}^{\infty}\dfrac{x^n}{n^p\ln n}$ 的收敛域.

(11) 两个正项级数 $\sum\limits_{n=1}^{\infty}a_n,\sum\limits_{n=1}^{\infty}b_n$，若其满足 $\dfrac{a_n}{a_{n+1}}\geqslant\dfrac{b_n}{b_{n+1}}$ $(n=1,2,\cdots)$，试讨论这两个级数收敛性之间的关系，并证明你的结论.

(12) 证明级数 $\sum\limits_{n=1}^{\infty}\arctan\dfrac{1}{2n^2}$ 收敛，并求其和.

(13) 令 $f_0(x)=\mathrm{e}^x$，对于 $n=0,1,2,\cdots$，定义 $f_{n+1}(x)=xf_n'(x)$. 证明 $\sum\limits_{n=0}^{\infty}\dfrac{f_n(x)}{n!}=\mathrm{e}^{\mathrm{e}^x}$.

综合训练答案

(1) ① $(-2,4)$；② $[-3,3]$；③ $[-\sqrt{2},\sqrt{2}]$；④ $(-2,0)$.

(2) ① 若 $a \geqslant b$，收敛域为 $\left[-\dfrac{1}{a}, \dfrac{1}{a}\right)$；② 若 $a < b$，收敛域为 $\left[-\dfrac{1}{b}, \dfrac{1}{b}\right]$．

(3) ① $s(x) = \dfrac{1}{2}\ln\dfrac{1+x}{1-x}$，$(-1 < x < 1)$；　② $s(x) = \dfrac{e^x + e^{-x}}{2}$；

③ $s(x) = -(x+1)e^{-x} - \dfrac{1}{x}(e^{-x} - 1)$，$(x \neq 0)$，而 $s(0) = 0$；

④ $s(x) = e^{\frac{1}{2}x^2}\displaystyle\int_0^x e^{-\frac{1}{2}t^2}\,dt$，$-\infty < x < +\infty$；　⑤ $s(x) = \dfrac{1}{(1-x)^2}$，$x \in (-1, 1)$；

⑥ $y = \dfrac{e^x + e^{-x}}{4} + \dfrac{1}{2}\cos x$，$x \in (-\infty, +\infty)$；　⑦ $s(x) = \dfrac{2x}{(1-x)^3}$，$(-1 < x < 1)$；

⑧ 当 $|x| < 1$ 且 $x \neq 0$ 时，$s(x) = \dfrac{(1-x)\ln(1-x) + x}{x^2}$，而 $s(0) = \dfrac{1}{2}$．

(4) 收敛域为 $[-1, 1)$；$s(x) = 5x + (5 - 8x)\ln(1-x)$，$-1 \leqslant x < 1$；$-13\ln 2 + 5$．

(5) ① $\dfrac{\pi}{3\sqrt{3}} - 2\ln 2 + \ln 3$；　② $1 + \ln 2$；　③ $-\dfrac{8}{27}$；　④ $\dfrac{5 - 6\ln 2}{8}$．

(6) $f(x) = x + \dfrac{x^2}{2} - \dfrac{2}{3}x^3 + \dfrac{x^4}{4} + \dfrac{x^5}{5} - \dfrac{2}{6}x^6 + \cdots + \dfrac{x^{3n-2}}{3n-2} + \dfrac{x^{3n-1}}{3n-1} - \dfrac{2x^{3n}}{3n} + \cdots -1 < x \leqslant 1$．

(7) $f(x) = \displaystyle\sum_{k=0}^{\infty} \dfrac{x^{4k+1}}{4k+1}$，$-1 < x < 1$，$f^{(101)}(0) = (101)!\cdot\dfrac{1}{101} = 100!$．

(8) $\displaystyle\sum_{n=0}^{\infty}\left[-\dfrac{1}{4} - \dfrac{1}{4}(-1)^n + \dfrac{1}{2}(n+1)\right]x^n$，$-1 < x < 1$．

(9) $f(x) = \displaystyle\sum_{n=1}^{\infty}\dfrac{1}{n}\sin nx$，$(0 < x \leqslant \pi)$，$\displaystyle\sum_{k=1}^{\infty}\dfrac{(-1)^{k+1}}{2k+1} = 1 - \dfrac{\pi}{4}$．

(10) $p < 0$ 时为 $(-1, 1)$；$0 \leqslant p \leqslant 1$ 时为 $[-1, 1)$；$p > 1$ 时为 $[-1, 1]$．

(11) 当 $\displaystyle\sum_{n=1}^{\infty}a_n$，发散时，$\displaystyle\sum_{n=1}^{\infty}b_n$ 必发散；当 $\displaystyle\sum_{n=1}^{\infty}b_n$ 收敛时，$\displaystyle\sum_{n=1}^{\infty}a_n$，必收敛．

(12) $s_n = \arctan(2n+1) - \arctan 1$，$\displaystyle\sum_{n=1}^{\infty}\arctan\dfrac{1}{2n^2} = \lim_{n\to\infty}s_n = \dfrac{\pi}{2} - \dfrac{\pi}{4} = \dfrac{\pi}{4}$．

(13) 提示：用数学归纳法．